新工科建设之路·数据科学与大数据系列

大数据理论与应用基础

吴慧欣　韩　珂　主　编

谢昊洋　魏富鹏　乔亚琼　副主编

U0180211

电子工业出版社

Publishing House of Electronics Industry

北京·BEIJING

内 容 简 介

本书从初学者的角度详细介绍大数据的核心技术。全书共 11 章，包括绪论、Linux 的基础操作、Hadoop 大数据处理架构、HDFS 分布式文件系统、MapReduce 分布式计算框架、ZooKeeper 分布式协调服务、YARN 资源管理器、HBase 分布式数据库、Hive 数据仓储、PySpark 数据处理与分析及综合案例。此外，本书还提供了相应的示例代码，以帮助读者进一步理解相关方案的实现过程。

本书可作为高等院校相关专业开设大数据有关课程的本科生、研究生的教材，也可作为从事大数据挖掘等工作的科研或工程技术人员的参考书。

图书在版编目（CIP）数据

大数据理论与应用基础 / 吴慧欣，韩珂主编. — 北京：电子工业出版社，2023.9
ISBN 978-7-121-46348-8

Ⅰ. ①大⋯　Ⅱ. ①吴⋯　②韩⋯　Ⅲ. ①数据处理－研究　Ⅳ. ①TP274

中国国家版本馆 CIP 数据核字(2023)第 175534 号

责任编辑：李　蕊　　　特约编辑：田学清
印　　刷：三河市鑫金马印装有限公司
装　　订：三河市鑫金马印装有限公司
出版发行：电子工业出版社
　　　　　北京市海淀区万寿路 173 信箱　　邮编：100036
开　　本：787×1092　1/16　印张：25　　字数：640 千字
版　　次：2023 年 9 月第 1 版
印　　次：2023 年 9 月第 1 次印刷
定　　价：79.00 元

凡所购买电子工业出版社图书有缺损问题，请向购买书店调换。若书店售缺，请与本社发行部联系，联系及邮购电话：（010）88254888，88258888。
质量投诉请发邮件至 zlts@phei.com.cn，盗版侵权举报请发邮件至 dbqq@phei.com.cn。
本书咨询联系方式：lir@phei.com.cn。

前　言

大数据（Big Data）一词最早由美国航空航天局提出，用来描述海量数据，指一般的软件工具难以捕捉、管理和分析的大容量数据。在数字经济时代，数据已逐渐成为驱动经济发展的新的生产要素，而大数据从计算领域萌芽，逐步延伸到科学和商业领域，给人们提供了一种认识复杂系统的全新思维和探究客观规律的全新手段。对大数据的处理和分析也正成为新一代信息技术融合应用的热点。

在阅读本书前，读者应该具有如下基础：有一定的计算机网络基础知识，了解 Linux 的基本原理，对 Java 语言有一定的了解，了解传统的数据库理论知识。

本书定位为大数据从入门到应用的简明系统教材，特色是理论和实践相结合，全面、深入浅出地讲解每个知识点，内容通俗易懂。本书共 11 章，各章主要内容如下。

第 1 章主要介绍大数据的基本概念和特征，涉及大数据采集、预处理、存储与管理、分析与挖掘等关键技术，同时阐述大数据领域对专业人才的要求。

第 2 章主要介绍 Linux 的基础操作，包括使用 Linux 操作系统中的常用命令进行文件与目录操作、文件权限管理、归档与压缩等，以及用 vim 或 vi 编辑器进行文本编辑。

第 3 章主要介绍 Hadoop 大数据处理架构，包括 Hadoop 的概念、生态系统、集群环境搭建、安装和验证等。

第 4 章主要介绍 HDFS 分布式文件系统，包括分布式文件系统的发展、HDFS 的基本概念和特点、HDFS 的存储架构和文件的读/写原理、HDFS 的 Shell 操作和 HDFS 的 Java API。

第 5 章主要介绍 MapReduce 分布式计算框架，包括 MapReduce 的工作原理、MapReduce 应用中涉及的组件，以及 MapReduce 的相关案例等。

第 6 章主要介绍 ZooKeeper 分布式协调服务，包括 ZooKeeper 的基本概念和特性、数据模型、相关机制，以及 ZooKeeper 典型应用等。

第 7 章主要介绍 YARN 资源管理器，包括 YARN 的基本组成、工作流程、调度器和常用命令等。

第 8 章主要介绍 HBase 分布式数据库，包括 HBase 的基本组成结构、数据模型、系统架构、安装部署，以及 HBase 的 Shell 操作和 HBase 的 Java API。

第 9 章主要介绍 Hive 数据仓储，包括 Hive 的体系结构、数据类型、安装配置，以及使用数据定义语言 DDL 和数据操纵语言 DML 对表与数据的操作。

第 10 章主要介绍 PySpark 数据处理与分析，包括 Spark 的基本组成与架构、Spark 编程模型与 Spark 集群结构、PySpark 与 Spark 的关系、PySpark 部署与快速启动 DataFrame，以及 Spark Pandas API 的相关内容。

第 11 章通过构建搜索引擎这一典型案例系统地讲解如何开发一个基于 Hadoop 平台的大数据系统，让读者在实践中学习并掌握大数据相关技术和大数据系统的开发原理。

本书内容条理清晰，讲解循序渐进，理论与实践相结合，使读者在学习中持续保持浓厚的兴趣，以加深对大数据技术的理解和应用；同时，使用大量直观的图表、真实环境截图和案例，使读者快速地了解和掌握大数据开发知识。本书所用软件及相关资源可通过华信教育资源网（www.hxedu.com.cn）注册后免费下载。

本书得到了 2021 年河南省高等教育教学改革研究与实践重点项目（2021SJGLX167）的支持。

本书的第 1、2 章由吴慧欣编写，第 3、11 章由韩珂编写，第 4、8 章由谢昊洋编写，第 5～7 章由乔亚琼编写，第 9、10 章由魏富鹏编写。

虽然编者在编写本书的过程中力求叙述准确、完善，但由于编者水平和能力有限，书中难免有不当之处，希望广大读者给予指正，不吝赐教。编者邮箱：wuhuixin@ncwu.edu.cn。

编　者

目　　录

## 第 1 章

绪　　论

新一轮科技革命和变革正在加速推进，技术创新日益成为重塑经济发展模式和促进经济增长的重要驱动力量，而"大数据"无疑是核心推动力。最早提出"大数据"时代到来的麦肯锡咨询公司称，"数据，已经渗透到当今每一个行业和业务职能领域，成为重要的生产因素。人们对海量数据的挖掘和运用，预示着新一波产生率增长和消费者盈余浪潮的到来。"

本章作为大数据基本理论及实践的概述部分，主要介绍大数据的形成、发展、基本概念、关键技术，以及大数据在行业中的应用与大数据的主要职位和能力要求。

1.1　大数据的形成和发展

大数据这个概念早在 1980 年就由美国的 Alvin Toffler 提出，因为作为一个未来学家，他所提出的仅仅是概念性的理论，所以大数据在信息资源并不是那么丰富的当时没有受到很大的关注，直至谷歌（Google）提出了基于分布式技术的存储、处理和分析技术，才引爆大数据技术的发展。随着这种新型数据管理和分析技术在业界的逐步推广与应用，海量数据驱动的网络业务模式取得商业成功。大数据的发展历程总体上分为 3 个重要阶段：萌芽期、成熟期和大规模应用期。

大数据萌芽期出现于 20 世纪 90 年代至 21 世纪初，随着数据挖掘理论和数据库技术的逐步成熟，一批商业智能工具和知识管理技术开始被应用，如数据仓库、专家系统、知识管理系统等。

21 世纪的前 10 年，Web2.0 应用迅猛发展，大数据进入成熟期，非结构化数据大量产生，传统处理方法难以应对，带动了大数据技术的快速发展。在大数据成熟期，大数据解决方案走向成熟，形成了并行计算与分布式系统两大核心技术，谷歌的分布式文件系统（Google File System，GFS）和分布式计算框架（MapReduce）等大数据技术受到追捧，Hadoop 平台开始被业界广泛使用。Hadoop 是一个模仿谷歌大数据技术的开源实现，是一个开源的分布式存储（Hadoop Distributed File System，HDFS）和 MapReduce 框架平台。

2010 年以后，随着智能手机的应用，数据碎片化、分布式、流媒体特征更加明显，移动数据量急剧增长，大数据进入大规模应用期。2011 年，麦肯锡咨询公司发布《大数据：下一个创新、竞争和生产力的前沿》研究报告；2012 年，维克托·迈尔·舍恩伯格所著的《大数据时代：生活、工作与思维的大变革》出版，大数据开始风靡全球；2013 年 5 月，麦肯锡咨询公司发布《颠覆性技术：技术改进生活、商业和全球经济》研究报告，确认了未来 12 种新兴技术，而大数据是这其中需求技术的基石。从此，大数据应用渗透到各行各业，信息社会智能化程度大幅度提高。

从我国大数据近年来的发展情况来看，大数据政策日渐完善，技术、产业和应用都取得了非常明显的进展。

1. 政策方面

我国从中央到地方的大数据政策体系已经基本完善，目前已经进入落地实施阶段。2014 年 12 月，中国计算机学会发布《中国大数据技术与产业发展白皮书》，系统地总结了大数据的核心科学与技术问题，推动了我国大数据学科的建设与发展，并为政府部门提供了战略性的意见和建议。随后，《促进大数据发展行动纲要》《大数据产业发展规划（2016—2020）》等文件相继出台。党的十九大报告中提出，"加快建设制造强国，加快发展先进制造业，推动互联网、大数据、人工智能和实体经济深度融合，在中高端消费、创新引领、绿色低碳、共享经济、现代供应链、人力资本服务等领域培育新增长点、形成新动能。""十三五"规划中提出，"实施国家大数据战略"。2019 年 10 月，党的十九届四中全会首次将数据纳入生产要素范畴。在 2021 年 11 月发布的《"十四五"大数据产业发展规划》中，大数据标准体系的完善成为发展重点。可以说，大数据的政策体系已经基本搭建完成，目前已经逐渐进入落地实施甚至评估检查阶段。2022 年 12 月，《中共中央国务院关于构建数据基础制度更好发挥数据要素作用的意见》发布，以数据产权、流通、交易、使用、分配、治理、安全为重点，系统搭建了数据基础制度体系的"四梁八柱"。2023 年 2 月，中共中央国务院印发的《数字中国建设整体布局规划》（以下简称《规划》），将数据要素放到一个更为宏大的"数字中国"图景中。《规划》提出，"到 2025 年，基本形成横向打通、纵向贯通、协调有力的一体化推进格局，数字中国建设取得重要进展。"数据作为关键生产要素的地位进一步明确。

2. 技术方面

随着数字中国建设的推进，各行业的数据资源采集、应用能力不断提升，数据量爆发式地增长，我国大数据技术整体发展属于"全球第一梯队"。我国独有的大体量应用场景和多类型实践模式促进了大数据领域技术创新速度和能力水平的提升，处于国际领先地位。在技术全面性方面，我国平台类、管理类、应用类技术均具有大面积落地案例和研究；在应用规模方面，我国已经完成大数据领域的最大集群公开能力测试，达到万个节点；在效率能力方面，我国大数据产品在国际大数据技术能力竞争平台上也取得了前几名的好成绩。

3. 产业方面

我国大数据产业多年来保持平稳快速增长，但面临提质增效的关键转型挑战。2022 年 5 月 23 日，国家互联网信息办公室发布的《数字中国发展报告（2022 年）》显示，我国数据资源规模快速增长，2022 年，我国数据产量达 8.1ZB，同比增长 22.7%，全球占比达 10.5%，位居世界第二；我国大数据产业规模达 1.57 万亿元，同比增长 18%。《"十四五"大数据产业发展规划》明确，"到 2025 年，大数据产业测算规模突破 3 万亿元，年均复合增长率保持在 25%左右，创新力强、附加值高、自主可控的现代化大数据产业体系基本形成。"

4. 应用方面

大数据的行业应用更加广泛，正加速渗透到经济社会的方方面面。无论是从新增企业数量、融资规模还是应用热度方面来说，与大数据结合紧密的行业正在从传统的电信业、金融业扩展到政务、健康医疗、工业、交通物流、能源行业、教育文化等领域，行业应用"脱虚向实"趋势明显，与实体经济的融合更加深入。全球各主要经济体都将以数据开发作为国家战略，促进未来经济发展，我国在顶层设计上已经开始布局大数据产业。

1.2 大数据的基本概念

1.2.1 什么是大数据

有关大数据的定义目前并没有统一的说法，这反映出了大数据作为快速发展中事物的特点。《大数据：创新、竞争和生产力的下一个前沿》以数据为业务依托的创新模式进行了阐述，大数据从此引起社会各界的广泛注意。以下是大数据的几个比较典型的定义。

Gartner 公司定义大数据是海量化、多样化、快速化的信息资产，它需要新的数据处理形式来增强决策、提升洞察力、优化处理过程。

麦肯锡咨询公司给出的定义：大数据是一种规模大到在获取、存储、管理、分析方面远远超出了传统数据库软件工具能力范围的数据集合，具有海量的数据规模、快速的数据流转、多样的数据类型和价值密度低四大特征。

美国国家标准与技术研究院给出的定义：大数据是数量大、获取速度快和形态多样的数据，难以用传统关系型数据分析方法进行有效分析，或者需要大规模的水平扩展才能高效处理。

大数据是一个笼统的术语，它是指以往难以处理和利用的，以及海量化、多样化、快速化的数据集合，这些数据源自人们在各个领域的生产和活动，包括社交网络、物联网、金融、医疗等。通过对大数据进行挖掘和分析，为业务发展提供策略和方向。因此，大数据已成为企业、政府和个人等重要的资源和工具。

1.2.2 大数据的特征

对于大数据的特征，学术界普遍认可麦肯锡咨询公司提出的 4V 特征，即海量化（Volume）、多样化（Variety）、快速化（Velocity）、价值密度低（Value）。

1. 海量化

随着信息技术的发展，以及互联网规模的不断扩大，每个人的生活都被记录在了大数据之中，由此数据本身也爆发式地增长。其中，大数据的计量单位也逐渐发展，如今对大数据的计量已达到 BB（珀字节）；数据的存储量也正在急剧增长。商业中用到的最基本的数据容量单位已经达到 TB（太字节），百度、腾讯、阿里等的数据容量单位已达到 ZB（泽字节）。典型个人计算机硬盘容量为 TB 量级，而一些大型企业的数据量已接近 EB（艾字节）量级。表 1-1 所示为数据存储单位之间的换算关系。

表 1-1　数据存储单位之间的换算关系

名　称	单　位	英文名称	换　算
比特	bit（位）	bit	最小的基本单位
字节	B（Byte）	Byte	1B=8bit
千字节	KB	Kilobyte	1KB=1024B
兆字节	MB	Megabyte	1MB=1024KB
吉字节	GB	Gigabyte	1GB=1024MB
太字节	TB	Terabyte	1TB=1024GB
拍字节	PB	Petabyte	1PB=1024TB
艾字节	EB	Exabyte	1EB=1024PB
泽字节	ZB	Zettabyte	1ZB=1024EB
尧字节	YB	Yottabyte	1YB=1024ZB
珀字节	BB	Brontobyte	1BB=1024YB

2. 多样化

通常所说的数据是一个整体性的概念，按照不同的划分方式，数据可以划分为多种类型，最常用和最基本的就是利用数据关系进行划分，这种类型的多样化也让数据被分为结构化数据、半结构化数据和非结构化数据。结构化数据是包含预先定义的数据类型、格式和结构的数据。结构化数据有时也称为行数据，是使用二维表结构进行逻辑表达和实现的数据，严格遵循数据格式与长度规范，主要通过关系型数据库进行存储和管理。半结构化数据是一种介于结构化数据和非结构化数据之间的数据形式。与结构化数据相比，半结构化数据更加灵活，可以存储和表示不同类型和格式的信息。常见的半结构化数据包括XML、JSON、HTML 等格式，它们使用标记或键值对的方式来组织数据。非结构化数据是数据结构不规则或不完整，没有预定义的数据，是不方便用数据库二维表结构来表现的数据，包括办公文档、文本、网络日志、音频、视频、图片、地理位置信息等，伴随着数字化的快速发展，非结构化数据扮演起越来越重要的角色，图片、视频、语音蕴含的丰富信息将被广泛利用。

3. 快速化

数据处理和分析的速度通常要达到秒级响应，如物联网每秒都在采集数据，微博内容随时都在更新，处理速度达到每小时 10TB 或更高。要求数据处理速度和时效性高，在Web2.0 应用领域的 1 分钟内，新浪可以产生 2 万条微博，Twitter 可以产生 10 万条推文，苹果可以下载 4.7 万次应用，淘宝可以卖出 6 万件商品。2021 年 11 月 12 日，中国人民银行发布的数据显示，在"双 11"期间，网联、银联共处理支付交易 270.48 亿笔，金额达22.32 万亿元，分别同比增长 17.96%和 14.98%。大数据时代的很多应用都需要基于快速生成的数据给出实时分析结果，用于指导生产和生活实践。

4. 价值密度低

大数据由于其体量不断增大，单位数据的价值密度在不断降低，然而，数据的整体价值在提高。例如，在某城市的主干道监控视频中，实时记录来往车辆的信息，但真正有用的数据可能只是特定事件下的某时间范围内某地的某些数据。

1.3 大数据关键技术

大数据关键技术是指伴随着大数据的采集、存储、分析和应用的相关技术，是一系列使用非传统工具对大量的结构化数据、半结构化数据和非结构化数据进行处理，从而获得分析和预测结果的数据处理与分析技术。大数据关键技术一般包括大数据采集技术、大数据预处理技术、大数据存储与管理技术、大数据分析与挖掘技术、大数据展现与应用技术。

1.3.1 大数据采集技术

数据采集是大数据分析过程中最基本的环节，是指从传感器和智能设备、企业在线系统、企业离线系统、社交网络和互联网平台等获取数据的过程。由于数据产生的种类很多，而且方式不同，大数据采集的方法主要有以下几类。

1. 系统日志采集

系统日志采集是指对日志数据进行收集。Flume 是 Hadoop 生态系统中的功能组件，是一个高可用的、高可靠的、分布式的海量日志采集、聚合和传输系统。Flume 支持在日志系统中定制各类数据发送方，用于收集数据；同时，Flume 提供对数据进行简单处理并写到各种数据接收方的能力。Flume 具有以下优点：Flume 可以水平扩展，适应不同规模和负载的数据传输需求；支持多个代理节点的分布式架构，可以方便地增加或删除节点来适应系统的需求；提供了数据的可靠传输保证，使用事务机制和数据重传策略，确保数据从源头到目标端的可靠传输，即使在网络故障或节点故障的情况下也能保证数据不丢失。

2. 分布式发布订阅消息

分布式发布订阅消息也是一种常见的数据采集方式。其中，Kafka 就是一种具有代表性的产品。Kafka 是一种高吞吐量的分布式发布订阅消息系统，它可以处理消费者在网站中的所有动作流数据。用户通过 Kafka 系统可以发布大量的消息，同时可以实时订阅消费消息。Kafka 设计的初衷是构建一个可以处理海量日志、用户行为和网站运营统计等的数据处理框架。作为分布式消息订阅分发中的代表性产品，Kafka 具有以下优点：采用 Scala 和 Java 语言编写，使用了多种效率优化机制，整体架构比较新颖，更适合异构集群；可以同时满足在线实时处理和批量离线处理的要求。

3. ETL

ETL 是 Extract-Transform-Load 的缩写，用来描述将数据从来源端抽取（Extract）、转换（Transform）、加载（Load）至目的端的过程。ETL 是实现大规模数据初步加载的理想解决方案，它提供了高级转换能力。ETL 的目的是将企业中分散、零乱、标准不统一的数据整合到一起，为企业的决策提供分析依据，ETL 是商业智能项目的一个重要环节。目前，市场上主流的 ETL 工具包括 DataPipeline、Kettle、Talend、Informatica、DataX、Oracle Goldengate 等。ETL 具有以下优点：既可用于数据采集环节，又可用于数据预处理环节。

4. 网络数据采集

网络数据采集是指通过网络爬虫或网站公开应用程序编程接口等方式从网站上获取数据信息。该方法可以将非结构化数据从网页中提取出来，将其存储为统一的本地数据文件，并以结构化的方式存储。其中，网络爬虫是用于网络数据采集的关键技术。网络爬虫是一个自动提取网页的程序，它为搜索引擎从万维网上下载网页，是搜索引擎的重要组成部分。传统网络爬虫从一个或若干初始网页的 URL 开始，获得初始网页上的 URL，在提取网页的过程中，不断地从当前网页上提取新的 URL 放入队列，直到满足系统一定的停止条件。网络爬虫由控制节点、爬虫节点和资源库构成。网络爬虫中可以有多个控制节点，每个控制节点下可以有多个爬虫节点，控制节点可以互相通信；同时，控制节点和其下的各个爬虫节点也可以互相通信，属于同一个控制节点的各个爬虫节点也可以互相通信。常用的网络爬虫工具有八爪鱼、集搜客、后羿采集器等。网络数据采集具有以下优点：效率高，可以自动化地收集大量信息；可靠性高，可以通过进行程序控制来避免因人为因素而出现误差。

1.3.2 大数据预处理技术

数据预处理包括数据清洗、数据转换和数据脱敏。数据清洗是发现并纠正数据文件中可识别错误的一道程序，针对数据审查过程中发现的明显错误值、缺失值、异常值、可疑值，选用适当的方法进行"清理"，使"脏"数据变为"干净"数据，有利于通过后续的统计分析得出可靠的结论。数据转换把原始数据转换成符合目标算法要求的数据。数据脱敏的目的是实现可靠保护敏感隐私数据。

1. 数据清洗

数据清洗主要对缺失值、异常值、数据类型有误的数据和重复值进行处理。由于调查、编码和录入误差，数据中可能存在一些缺失值。针对缺失值，需要给予适当的处理，常用的处理方法有估算、整列删除、变量删除和成对删除。异常值处理是指根据每个变量的合理取值范围和相互关系，检查数据是否符合要求，发现超出正常范围、逻辑上不合理或相互矛盾的数据。数据类型往往会影响后续的数据处理分析环节，因此，需要明确每个字段的数据类型。重复值的存在会影响数据分析和挖掘结果的准确性，因此，在进行数据分析和建模前，需要进行数据重复性检验，如果存在重复值，就需要将其删除。

2. 数据转换

数据转换就是将数据进行转换或归并，从而将数据构成适合进行数据处理的形式。常见的数据转换策略有平滑处理、聚集处理、数据泛化处理、规范化处理和属性构造处理。平滑处理帮助去除数据中的噪声，常用的方法包括分箱、回归和聚类等。聚集处理对数据进行汇总操作，可帮助发现异常数据。数据泛化处理用更高层次的概念来取代低层次的数据对象。规范化处理将一个属性取值范围投射到一个特定范围，以消除数值型属性由于大小不一而造成挖掘结果的偏差。属性构造处理根据已有属性集构造新的属性，后续数据处理直接使用新增的属性。

3. 数据脱敏

数据脱敏是在给定的规则、策略下对敏感数据进行变换、修改的技术，能够在很大程度上解决敏感数据在非可信环境中使用的问题。它会根据数据保护规范和脱敏策略，通过对业务数据中的敏感信息实施自动变形来实现对敏感信息的隐藏和保护。数据脱敏不仅需要抹去数据中的敏感内容，还需要保持原有的数据特征、业务规则和数据关联性，保证开发、测试和大数据类业务不会受到脱敏的影响，达成脱敏前后数据的一致性和有效性。数据脱敏主要包括以下方法：数据替换、无效化、随机化、偏移和取整、掩码屏蔽、灵活编码。

1.3.3　大数据存储与管理技术

数据存储与管理是大数据分析流程中的重要一环。通过数据采集得到的数据必须进行有效的存储和管理，才能用于高效地处理和分析环节。数据存储与管理是利用计算机硬件和软件技术对数据进行有效的存储、应用的过程，其目的在于充分、有效地发挥数据的作用。在大数据时代，数据存储与管理面临着巨大的挑战，一方面，需要存储的数据类型越来越多，包括结构化数据、半结构化数据和非结构化数据；另一方面，涉及的数据量越来越大，已经超出了很多传统数据存储与管理技术的处理范围。因此，大数据时代涌现出了大量新的大数据存储与管理技术，包括分布式文件系统和分布式数据库等。

在大数据存储与管理的发展过程中，出现了几种较为有效的数据存储与管理技术。

1. HDFS 分布式文件系统

Hadoop 分布式文件系统 HDFS 是针对 GFS 的开源实现，提供了在廉价服务器集群中进行大规模分布式文件存储的能力。HDFS 的架构是基于主从结构的，其中有一个主节点（NameNode）和多个从节点（DataNode）。主节点负责管理文件系统的命名空间、文件的元数据和数据块的位置信息，而从节点则负责存储与管理实际的数据块。HDFS 使用块（Block）的概念来管理数据，每个块的大小通常为 128MB，这使得 HDFS 可以处理大量的数据。HDFS 的优点主要有：可以部署在廉价的计算机上，对硬件没有太高的要求，成本较低；应用程序能以流的形式访问数据集，而访问整个数据集要比访问单条记录更加高效；可以并行处理海量数据，大大缩短了处理时间，提高了数据吞吐量。HDFS 的具体内容将在第 4 章进行讲解。

2. HBase 分布式数据库

HBase 是一种分布式的 NoSQL（Not Only SQL）数据库，适用于十亿级甚至百亿级的数据存储。HBase 的设计目标是提供一个高可靠性、高性能、可伸缩的分布式数据库系统，能够处理海量数据。HBase 的数据模型类似谷歌的 Bigtable，采用列式存储的方式，每个列族可以包含多个列。HBase 支持数据的版本控制，可以存储多个版本的数据，同时支持数据的快速读/写和随机访问。HBase 还提供了强大的数据查询功能，支持基于行键、列族、列和时间戳的查询。HBase 的优点主要有：高可靠性，HBase 采用分布式架构，当某个节点出现故障时，系统可以自动进行数据恢复，保证数据的高可靠性；高扩展性，HBase 可以通过添加新的节点来扩展集群，支持水平扩展，可以轻松地应对数据量的增长；高性能，HBase 采用内存和磁盘相结合的方式进行数据存储，可以快速地进行数据读/写操作，同时支持数据的批量处理，提高了系统的处理效率；易于使用，HBase 提供了丰富的 API 和工具，可以方便地进行数据的管理和操作，还支持多种编程语言，包括 Java、Python、Ruby 等。HBase 在大数据领域得到了广泛应用，尤其在互联网、社交网络、电子商务等领域。它可以作为 Hadoop 生态系统中的重要组件，为企业提供高效、可靠的数据存储与处理解决方案。HBase 的具体内容将在第 8 章进行讲解。

3．NoSQL 数据库

NoSQL（Not Only SQL）数据库是一种非关系型数据库，与传统的关系型数据库不同，它不使用表格来存储数据，而使用键值对、文档、列族或图形等方式来存储数据。NoSQL 数据库通常具有高可扩展性、高性能、高可用性、高灵活性和可伸缩性等优点，适用于大规模数据的存储与处理。NoSQL 数据库可以分为以下几种类型：键值存储数据库，以键值对的形式存储数据，如 Redis、Memcached 等；文档存储数据库，以类似 JSON 格式的文档形式存储数据，如 MongoDB、Couchbase 等；列族存储数据库，以列族的形式存储数据，如 HBase、Cassandra 等；图形数据库，以图形的形式存储数据，如 Neo4j、OrientDB 等。NoSQL 数据库的应用场景包括大数据、云计算、社交网络、物联网、实时数据处理等领域。

4．云数据库

云数据库是一种基于云计算技术的数据库服务，它将数据库软件和硬件资源放置在云端，用户可以通过互联网访问和使用数据库服务。云数据库具有高可用性、高性能、高扩展性、高安全性等优点，可以满足企业在数据存储、数据处理、数据分析等方面的需求。

云数据库的优势在于它可以提供弹性的计算和存储资源，用户可以根据实际需求随时调整数据库的规模和配置，避免传统数据库的硬件投入和维护成本。同时，云数据库还提供了自动备份、容灾、监控等功能，保障了数据的安全性和可靠性。目前，市场上比较常见的云数据库包括：Amazon RDS，由亚马逊提供的关系型数据库服务，支持 MySQL、PostgreSQL、Oracle、SQL Server 等多种数据库引擎；Google Cloud SQL，由谷歌提供的云端关系型数据库服务，支持 MySQL、PostgreSQL 和 SQL Server；Alibaba Cloud RDS，由阿里云提供的关系型数据库服务，支持 MySQL、SQL Server、PostgreSQL、PPAS 等多种数据库引擎；Microsoft Azure SQL Database，由微软提供的云端关系型数据库服务，支持 SQL Server 引擎。

1.3.4　大数据分析与挖掘技术

数据分析可以分为广义的数据分析和狭义的数据分析，广义的数据分析包括狭义的数据分析和数据挖掘。广义的数据分析是用适当的分析方法（来自统计学、机器学习和数据挖掘等领域）对收集的数据进行分析，提取有效信息和形成结论的过程。在广义的数据分析中，可以使用复杂的机器学习和数据挖掘算法，也可以不使用这些算法，而只使用一些简单的统计分析方法，如汇总求和、求平均值、求均方差等。狭义的数据分析是指根据分析目的，用适当的统计分析方法和工具对收集的数据进行处理与分析，提取有价值的信息，发挥数据的作用。

到了大数据时代，数据量爆发式地增长，很多时候需要对规模巨大的全量数据而不是小规模的抽样数据进行分析。这时，单机工具和单机程序显得"无能为力"，需要采用分布式实现技术，如使用 MapReduce、Spark 或 Flink 编写分布式分析程序，借助集群，并行地对数据进行处理和分析，这个过程就被称为大数据处理与分析。以下是几种常用的大数据处理与分析技术。

1. MapReduce 分布式计算框架

MapReduce 是一种分布式计算模型，由谷歌提出，旨在解决大规模数据处理问题。MapReduce 将数据处理任务分为两个阶段：Map 和 Reduce。Map 阶段将输入数据分割成若干小数据块，并对每个小数据块进行处理，生成中间结果。Reduce 阶段将中间结果进行合并，生成最终结果。MapReduce 的优点在于它能够处理大规模数据集，因为它可以将数据分成若干小数据块，并在多台计算机上并行处理这些小数据块，这样可以大大提高数据处理的效率。此外，MapReduce 还具有容错性，即使某台计算机出现故障，也不会影响整个数据处理过程。MapReduce 已经成为大数据处理的标准之一，许多大型互联网企业都在使用 MapReduce 来处理海量数据。同时，MapReduce 也是 Hadoop 等大数据处理框架的核心组件之一。MapReduce 的具体内容将在第 5 章进行讲解。

2. Spark 流计算框架

Spark 是一个快速、通用、可扩展的大数据处理引擎，它提供了一种基于内存的分布式计算模型，可以在大规模数据集上进行高效的数据处理和分析。Spark 的核心是 RDD（Resilient Distributed Datasets，弹性分布式数据集）。RDD 是一个可分区、可并行计算、容错的数据集合，可以在集群中进行分布式计算。Spark 提供了丰富的 API，包括 MapReduce、SQL、流处理、机器学习等，可以满足不同场景下的数据处理需求。Spark 的优点主要有：高速处理，Spark 使用内存计算，其速度在 Hadoop MapReduce 的 10 倍以上；多种数据源支持，Spark 支持多种数据源，包括 HDFS、Cassandra、HBase 等；易于使用，Spark 提供了易于使用的 API，包括 Scala、Java、Python、R 等语言的 API；支持实时处理，Spark Streaming 支持实时数据处理，可以处理流式数据；支持机器学习，Spark 提供了机器学习库 MLlib，可以进行机器学习和数据挖掘；可扩展性，Spark 可以在集群中运行，可以通过添加更多的节点来扩展集群。PySpark 是一个基于 Python 编程语言的 Spark API，允许 Python 开发人员使用 Spark 的分布式计算能力来处理大规模数据集。PySpark 提供了 Python 编程语言的接口，使得 Python 开发人员可以使用 Spark 的强大功能，如分布式数据处理、机器学习、图形处理等。PySpark 还提供了许多 Python 库的支持，如 NumPy、Pandas 和 Matplotlib 等，这些库可以帮助 Python 开发人员更方便地进行数据分析和可视化。PySpark 的具体内容将在第 10 章进行讲解。

3. Hive 数据仓储

Hive 是针对大规模数据的分布式开源数据仓库工具，它允许用户在 Hadoop 生态系统中使用 SQL 进行数据查询和分析。Hive 提供了一个类似 SQL 的查询语言，称为 HiveQL（或 HQL），支持丰富的数据类型和复杂的查询语句。Hive 将 SQL 查询转换为 MapReduce 任务，而不必开发专门的 MapReduce 应用程序，因而十分适合数据仓库的统计分析。它还支持数据分区和桶分区功能，并建立了多种索引类型以优化查询性能。用户可以通过自定义的函数和聚合操作来扩展 Hive，使其适应特定场景和数据处理需求。Hive 的优点主要有：高可扩展性，Hive 可以处理大规模数据，支持分布式存储和计算，可以轻松地扩展到数百台服务器；简单易用，Hive 使用类 SQL 语言进行查询和分析，即使是没有编程经验的用户，也可以轻松上手；多种数据源支持，Hive 支持多种数据源，包括 HDFS、HBase、Amazon S3 等，可以方便地处理不同类型的数据；多种数据格式支持，Hive 支持多种数据格式，包括文本、CSV、JSON、Parquet 等，可以方便地处理不同格式的数据；集成性强，Hive 可以与其他 Hadoop 生态系统中的工具集成，如 Pig、Spark、HBase 等，可以方便地进行数据处理和分析。Hive 的具体内容将在第 9 章进行讲解。

1.3.5 大数据展现与应用技术

数据可视化是指大规模数据集中的数据以图形、图像形式表示，并利用数据分析和开发工具发现其中未知信息的处理过程。数据可视化通过丰富的视觉效果，把数据以直观、生动、易理解的方式呈现给用户，可以有效提升数据分析的效率和效果。目前已经有许多数据可视化工具，主要包括信息图表工具、地图工具、高级分析工具等。

1. 信息图表工具

信息图表是信息、数据、知识等的视觉化表达，它利用人脑对于图形信息比对于文字信息更易理解的特点，更高效、直观、清晰地传递信息，在计算机科学、数学及统计学领域有着广泛的应用。信息图表工具主要包括 Google Chart API、D3、Tableau 等。

（1）Google Chart API。

谷歌的制图服务接口 Google Chart API 可以用来为统计数据自动生成图片。该工具使用非常简单，不需要安装任何软件，可以通过浏览器在线查看统计图表。Google Chart API 提供了折线图、条形图、饼图、Venn 图和散点图 5 种图表。

（2）D3。

D3 是最流行的可视化库之一，是一个用于网页制图、生成互动图形的 JavaScript 函数库。它提供了一个 D3 对象，所有方法都通过这个对象来调用。D3 能够提供大量线性图和条形图之外的复杂图表样式，如 Voronoi 图、树状图、圆形集群和单词云等。

（3）Tableau。

Tableau 是桌面系统中最简单的商业智能工具软件，更适合企业和部门进行日常数据报表和数据可视化分析工作。Tableau 实现了数据运算与美观图表的完美结合，用户只要将大量数据拖曳到数字"画布"上，瞬间就能看到创建好的各种图表。

2. 地图工具

地图工具在数据可视化中较为常见，它在展现数据基于空间或地理分布上有很强的表现力，可以直观地展现各分析指标的分布、区域等特征。当指标数据要表达的主题与地域有关联时，就可以选择以地图作为大背景，从而帮助用户更加直观地了解整体的数据情况，同时可以根据地理位置快速地定位某一地区来查看详细数据。地图工具主要包括 Google Fusion Tables、Leaflet 等。

（1）Google Fusion Tables。

Google Fusion Tables 让一般用户也可以轻松地制作出专业的统计地图。该工具可以让数据呈现为图表、图形和地图，从而帮助用户发现一些隐藏在数据背后的模式和趋势。

（2）Leaflet。

Leaflet 是一个小型化的地图框架，通过小型化和轻量化来满足移动网页的需要。

3. 高级分析工具

高级分析工具主要包括 R、Weka、Gephi 等。

（1）R。

R 是一款属于 GNU 系统的自由免费、源代码开放的软件，是一个用于统计计算和统计制图的优秀工具，使用难度较大。R 提供了一套广泛的数据分析和统计技术，包括线性回归、非线性建模、分类、聚类和时间序列分析等。R 语言具有丰富的图形和数据可视化功能，可以创建各种类型的图表和图形。此外，R 语言还支持各种数据操作和处理技术，包括数据清洗、数据转换和数据合并等。

（2）Weka。

Weka 是一款免费的、基于 Java 环境的、开源的机器学习与数据挖掘软件。Weka 不仅可以进行数据分析，还可以生成一些简单的图表。Weka 提供的功能有数据处理、特征选择、分类、回归、聚类、关联规则、可视化等。

（3）Gephi。

Gephi 主要用于社交图谱数据可视化分析，可以生成非常酷炫的可视化图形。Gephi 由内置的快速 OpenGL 引擎提供支持，易于安装和使用。

1.4 大数据的行业应用

大数据根基于互联网，数据仓库、数据挖掘、云计算等互联网技术的发展为大数据应用奠定基础，面向大数据市场的新技术、新产品、新服务、新业态不断涌现。大数据的灵魂在于应用，只有持续迭代升级，不断产生效益，才能保持其旺盛的生命力。大数据与各个领域紧密结合，共同促进社会经济的大变革、大发展。大数据技术在水利领域、生物医学领域、智慧城市领域、商业领域、信息安全领域都发挥着重要作用，能够给相关行业发展提供技术支持和战略指导。

1.4.1 水利领域

在水利领域，通过大数据创新应用为协调解决水资源、水环境、水生态、灾害问题、提升水安全保障能力，提供有效的大数据支撑服务，实现"保障防洪安全、优化配置水资源、维护河湖健康、防治水土流失、促进生态文明"政务目标。

1. 水灾害领域应用

在水灾害领域应用方面，目前的研究重点集中在全国分布式洪水预报、旱情综合监测评估预警、城市内涝监测预警等方面。

在全国分布式洪水预报方面，通过大数据应用构建计算和存储平台，结合分布式洪水预报技术，可以构建全国分布式洪水预报系统，实现对所有预报断面的连续滚动预报，全面提升全国分布式洪水预报预警服务能力。在旱情综合监测评估预警方面，利用网格化分布式旱情综合评估模型实现全国农作物、林木、牧草、重点湖泊湿地生态和因旱导致的人畜饮水困难的旱情综合监测评估预警，实时监测和研判旱情形势。在城市内涝监测预警方面，利用大数据应用技术，针对城市下沉式立交桥区积水的监测预警，可以利用降水监测、手机位置移动、交通事故等大数据的综合分析研判，及时对其进行监测和预警。针对低洼小区积水的监测预警，可以利用社交图片和文字信息及视频监控图像信息，及时发现因下雨等造成的积水，从而打破低洼小区积水无法监测的被动局面。

2. 水资源领域应用

在水资源领域应用方面，目前的研究重点集中在地下水储量动态监测、灌区用水量动态监测、用水效率动态监测、水资源供需情势研判等方面。

在地下水储量动态监测方面，通过全面整合各类影响地下水变化的信息资源，开展多源、多维、大量、多态水利数据的精细和动态分析，实现对地下水储量的动态监测。在灌区用水量动态监测方面，基于遥感影像及地面观测数据，采用大数据关联分析算法构建用水分析模型，对灌区的各项用水指标进行分析，从而实现对灌区用水量的动态监测。在用水效率动态监测方面，以水利行业监控取水量数据为基础，综合企业用水户生产经营、农作物播种与长势、水文气象监测、灌溉机井用电、城镇人口位置等数据，生成基于大数据的重点用水户的用水量和效率，以及区域用水总量和效率，加强用水管理。在水资源供需情势研判方面，利用区域社会经济动态信息，综合多源、多尺度嵌套的气候及气象监测与预测预报信息，基于全国水资源供用关系知识图谱，进行水资源配置分析计算，动态研判全国水资源供需情势。

3. 水环境领域应用

在水环境领域应用方面，目前的研究重点集中在河湖"四乱"综合监管、基于多源信息水质监测等方面。

在河湖"四乱"综合监管方面，构建河湖"四乱"样本库，利用航天航空遥感影像，采用人工、半自动、人工智能自动识别等方式，结合涉河建设项目等管理业务数据进行证据固定，实现对河流湖泊管理范围内"四乱"问题的快速监测和有效治理。在基于多源信息水质监测方面，利用历年水质（氮、磷含量）监测、水文气象监测、工农业生产等大数据构建大数据分析预测模型，对河流湖泊进行及时有效的监测和精准的预测预报。

4. 水生态领域应用

在水生态领域应用方面，目前的研究重点集中在区域水土流失动态监测评价、生产建设项目综合监管两方面。

在区域水土流失动态监测评价方面，基于大数据，完善数据采集、数据挖掘和数据利用的手段与方法，实现基础数据的资源共享利用与快速调取，掌握水土流失状况及其防治成效，提高监测成果的科学性、完整性和时效性。在生产建设项目综合监管方面，利用航天遥感，结合互联网舆情、公众举报等信息，实现对全国生产建设项目的有效监管。

5. 水工程领域应用

在水工程领域应用方面，目前的研究重点集中在大中型水库安全风险应对、小型水库防洪安全远程诊断、农村饮水安全监测等方面。

在大中型水库安全风险应对方面，通过对地形、地质、气象、水雨情、蓄滞洪区空间分布，以及社会和经济等大数据进行分析，构建面向水利工程分析主题的多维大数据库，实现大坝安全监测、汛情分析、暴雨洪水预报、旱情预测和灾情评估等。在小型水库防洪安全远程诊断方面，利用航天遥感监测流域前期土壤含水量、库区水体情况，利用雷达及时监测小型水库流域降雨及短临降水预报，综合地面观测技术，构建天地一体化的观测体系，远程开展小型水库洪水风险预测和安全诊断。在农村饮水安全监测方面，根据农村供水工程位置，利用手机位置、社交等信息动态获取供水范围和受益人口，利用呼叫中心、网上舆情（污染事件、投诉举报等）及时获得相关突发事件信息，对涉及农村饮水安全的有关内容进行监测。

1.4.2 生物医学领域

随着数据信息技术逐渐向生物医学领域渗入和扩展，生物医学的大数据时代已经到来，数据的存储和分析处理技术也在生物医学领域得到实际的应用与推广。大数据技术在生物医学领域的应用前景广阔，将为人类健康事业的发展带来更多的机遇和挑战。

1. 基于大数据的流行病预测

基于大数据的流行病预测是利用大规模数据和分析技术来预测与监测疾病的传播及爆发趋势的。传统的流行病学数据收集和监测方法通常基于报告的疾病病例，这可能会有一定的滞后性和不准确性。而基于大数据的流行病预测则通过分析各种来源的数据（如社交媒体数据、搜索引擎查询数据、移动设备定位数据等）来获取更实时和全面的流行病信息。这种方法利用机器学习、人工智能和统计模型等技术，对大规模数据进行分析和建模，以预测疾病的传播趋势、地理分布和高风险区域。通过监测人们的搜索行为、社交媒体上的讨论、移动设备上的位置信息等，可以及早发现流行病爆发的迹象，并采取相应的措施来应对。

2. 智慧医疗

医疗大数据与互联网+的深度融合催生了互联网健康咨询、网上预约分诊、移动支付和检查结果查询、随访跟踪等应用，患者可在网上预约挂号、远程候诊，并通过智能终端实现诊间支付、报告查询，较好地解决了排队长、等待时间久的问题，提升了患者的就医体验。利用大数据引进优质医疗资源，使高水平医生的知识和能力通过数字化的手段传递到基层、偏远和不发达地区，促进分级诊疗制度的有效落实，提升基层医疗机构的服务能力，方便患者看病。

3. 生物信息学

生物信息学作为一门跨生物学、计算机科学和数学的交叉学科，主要研究生物数据的管理、分析和解释。近年来，随着高通量测序技术的快速发展，生物数据量以惊人的速度增长，这就对数据处理和分析提出了更高的要求。正是这个时候，大数据技术为生物信息学带来了新的机遇。大数据技术在基因组学研究中的应用非常广泛。基因组学研究需要对大量的基因组数据进行处理和分析，以便发现新的基因和基因变异，理解基因的功能与相互作用。利用大数据技术，可以更好地管理和组织这些数据，并且，通过数据挖掘和分析可以发现隐藏在数据中的有价值的信息。大数据技术在蛋白质组学研究中也有着重要的应用。蛋白质组学研究关注蛋白质的表达水平和相互作用，这对于理解生物的生命活动和疾病的发生和发展具有重要的意义。通过大数据分析，可以更深入地理解蛋白质的复杂网络和相互作用，从而提供新的疾病诊断和治疗思路。

1.4.3　智慧城市领域

智慧城市是通过各种物联网、传感器等信息技术，对城市各类基础设施进行复杂而高效的管理和优化，以改善人民生活质量的城市。智慧城市的建设离不开大数据的支持，随着智慧城市的不断建设和发展，大数据技术在智慧城市领域的应用已经取得了令人瞩目的进展。

1. 智慧交通

智慧交通将在缓解未来智慧城市的拥堵方面发挥关键作用。智慧交通大数据技术将大量摄像头、传感器、GPS 等设备采集的海量图像信息、车辆行驶信息、道路信息、GIS 信息、气象环境信息等进行综合处理和挖掘，分析并预测交通流量、出行规律等统计数据，并通过可视化的手段进行展示，能够提高交通主管部门的管理效率和突发事件响应速度，缓解城市拥堵程度，降低事故发生率。通过智慧交通大数据技术，将行车方向、车辆数量、交通拥堵情况、停车场空位信息、出行方案等及时提供给市民，将有效提升市民的出行效率，缓解"行车难、停车难"的城市通病。借助大数据，可以密切监控城市中的私人和公共交通流量，以确定严重拥堵的区域和时间，从而制定有效的解决方案。

2. 智慧能源

大数据技术与智慧能源相结合的大数据智慧能源管理系统为社会的发展提供了新的模式。通过大数据智慧能源管理系统的调配，可以保障智慧能源在分配过程中降低消耗成本，突破了以前采用传统方式对单一能量的控制，实现了各种能源之间的优化生产，从而提高了生产效率。以大数据为核心的智慧能源管理系统能够更好地掌握用户的需求，根据用户的需求将能源进行分配并整合调控，实现各用户之间的优势互补，可以通过用户的反馈智能化调控能源的分配机制，适应市场的发展需求。

3. 智慧政务

电子政务云平台提供对政务信息、互联网信息、民众舆情等综合信息的筛选、挖掘功能，将科学分析和预测的结果进行快速、直观的展示，提高政府决策的科学性和精准性，提高政府在社会管理、宏观调控、社会服务等方面的预测预警能力、响应能力及服务水平，降低决策成本。将大数据技术应用于电子政务，逐步实现立体化、多层次、全方位的电子政务公共服务平台和数据交换中心，推进信息公开，促进网上办事一站式、全天候、部门协同办理、反馈网上统一查询等服务功能，降低企业和公众办事成本。

1.4.4 商业领域

大数据技术的发展带来企业经营决策模式的转变，驱动着行业变革，衍生出新的商机和发展契机。驾驭大数据的能力已被证实为领军企业的核心竞争力，这种能力能够帮助企业打破数据边界，绘制企业运营全景视图，做出最优的商业决策和制定发展战略。

1. 基于客户行为分析的产品推荐

根据客户信息、客户交易历史、客户购买过程的行为轨迹，以及成交客户的客户行为数据，进行客户行为的相似性分析，为客户推荐产品。通过对客户行为数据的分析，产品推荐将更加精准、个性化。

2. 基于客户评价的产品设计

客户评价数据具有非常大的潜在价值，是企业改进产品设计、产品定价、运营效率、客户服务等方面的一个很好的数据渠道，也是实现产品创新的重要方式之一。客户评价既有客户对产品满意度、物流效率、客户服务质量等方面的建设性改进意见，又有客户对产品的外观、功能、性能等方面的体验和期望，有效采集和分析客户评价数据，将有助于企业改进产品、运营和服务，有助于企业建立以客户为中心的产品。

3. 基于数据分析的广告投放

依托数据平台记录每次用户会话中每个页面事件的海量数据，可以在很短的时间内完成一次广告位置、颜色、大小、用词和其他特征的试验。例如，当试验表明广告中的这种特征更改促成了更好的点击行为时，这个更改和优化就可以实时实施。再如，根据广告被点击和产品被购买的效果数据分析、广告点击时段分析等，针对性地进行广告投放。

4. 基于数据分析的产品定价

产品定价的合理性需要进行数据试验和分析，主要研究客户对产品定价的敏感度，将客户按照敏感度进行分类，测量不同价格敏感度的客户群对产品价格变化的直接反应和容忍度，通过这些数据试验为产品定价提供决策参考。

1.4.5 信息安全领域

随着经济的发展与时代的进步，企业发展所需的信息量也大幅度提升，信息在人们生活中无处不在，对人们的生活有着重要的意义，一旦个人与企业信息发生泄露，就会带来较为严重的经济损失。由此可见，信息安全已成为人们普遍关注的问题之一，因此需要顺应当前的智能化发展趋势，将大数据技术应用到信息安全领域。

1. 完善大数据技术的应用制度

大数据技术的使用需要有相关管理制度的支持。首先，建立健全大数据技术的管理制度，规范大数据技术的使用模式与范围；其次，提前进行预防制度的建立，在信息安全问题发生时，可以更快、更高效地解决问题，从而更好地防止信息泄露，为大数据技术提供保障。

2. 打造安全服务后台

安全服务后台能够有效地对各个行业中的信息系统进行控制，实时监督信息运行状况并及时掌握其中存在的问题，通过分析判断制定最优的解决策略，形成较为完善的动态化监督防御机制。大数据技术能够及时解决信息安全领域的数据量巨大与异构数据问题，对安全服务后台中存储的用户信息、日志信息及流量数据等进行高效化处理，促进安全服务后台管理机制的平稳运行。大数据技术同时能够匹配知识库中的相关决策经验，为安全服务后台策略的制定提供依据。

3. 实现智能安全运维

随着信息科学技术的发展，在我国，黑客采取的攻击方式与传统攻击方式相比有着较大的转变，形式趋于多元化。通过大数据技术能够将先验知识库、基础算法与机器学习进行结合，实现安全智能机和框架的搭建，更好地在大量信息安全数据中判定安全事故。

4. 实现准确的安全趋势预测

网络安全领域经常出现的一大问题就是网络攻击。网络攻击具有一定的不连续性、偶然性与突发性，其发生时间与频率都是难以预测的。在这一状况下，利用大数据思维能够分析攻击目标，通过大量数据分析，并结合安全防护状况来大致确定下一时间段的安全风险分布情况。同时，大数据技术还能够促进数据共享，提高预测的准确性与范围，为各行各业信息安全保护提供较为准确的依据。

1.5 大数据领域的主要职位及其能力要求

随着大数据技术的快速发展，大数据相关人才需求也开始增长。大数据处理流程的各个环节都需要专业的技术支持，对应不同的职位。由于大数据处理流程的层次性和复杂性，大数据领域的职位有不同的特点和能力要求。

1.5.1 首席数据官

首席数据官（Chief Data Officer，CDO）是随着企业的不断发展而出现的一个新型的管理者。CDO 主要负责根据企业的业务需求选择数据库，以及进行数据提取、转换和分析等的工具，进行相关的数据挖掘、数据处理和分析，并且根据数据分析结果战略性地对企业未来的业务发展和运营提供战略性建议与意见。CDO 已经进入企业最高决策层，一般直接向 CEO 进行汇报。CDO 掌握了企业内部核心的数据资源，需要对历史数据进行整理，对业务发展进行分析和预测，从而提高企业在数据获取、存储和分析方面的水平，为高层管理者提供更科学有效的决策支持，开拓新的业务领域。

CDO 必须具备 5 种能力或知识：统计学和数学知识、洞悉网络产业和发展趋势的能力、IT 设备和技术选型的能力、商业运营能力、管理和沟通能力。CDO 不仅要关注系统架构中所承载的内容，还要成为企业决策和数据分析汇总的"枢纽"；要熟悉面向服务的架构（SOA）、商业智能（BI）、大规模数据集成系统、数据存储交换机制，以及数据库、可扩展标记语言（XML）、电子数据交换（EDI）等系统架构；要深入地了解企业的业务状况和所处的产业背景，清楚地了解组织的数据源、大小和结构等，只有这样才可将数据资料与业务状况联合起来分析，并提出相对应的市场和产品策略。

1.5.2 数据科学家

数据科学家（Data Scientist）是采用科学方法、运用数据挖掘工具寻找新的数据洞察的工程师，往往集技术专家和数据分析师的角色于一身。数据科学家的根本在于对数据有极敏锐的直觉和本质的认知，对问题和业务有深入的洞察与理解，因而能够解决复杂数据带来的问题。

大部分数据科学家担任企业产品开发或营销部门的职位。数据科学家通过对企业的内部数据进行分析来支持领导层的决策，通过关注面向用户的数据来创造具有不同特性的产品和流程，为用户提供有意义的增值服务。成熟的数据科学家通过数据分析对已发生的问题查找原因，结合专业知识发掘未知问题、把握数据趋势，从既有的数据中挖掘出新的价值，推动企业发展。

数据科学家需要具备以下能力或知识：统计学知识、编程能力、数据可视化能力、基本的机器学习知识、沟通和理解能力。数据科学家职业的核心是通过庞大的数据和算法抽象出知识与决策，提高企业运营效率，构建更好的产品。数据科学家处理更多开放式的问题并利用其专业的统计学知识和编程知识发挥更大的杠杆作用，专注于做出对未来更可信的预测。数据科学家精通数据可视化与机器学习等领域，能够快速将信息提炼为知识，从复杂、大量、多维度的数据中快速挖掘有效信息。除了具有专业知识技能，一个合格的数据科学家还要与团队成员或组织领导交流自己的想法，应具有较强的沟通能力与对商业的深刻认知和理解能力。

1.5.3 大数据开发工程师

大数据开发工程师是从事大数据采集、清洗、分析、治理、挖掘等技术研究，并对研究结果加以利用、管理、维护和服务的人员，主要负责数据仓库的建设、ETL 开发、数据分析、数据指标统计、大数据实时计算平台及业务开发、平台建设及维护等工作。大数据开发工程师使用各种大数据技术和工具来处理与分析大规模数据集，从而提供有价值的业务见解，推动企业的发展和社会的进步。

大数据开发工程师需要具备以下能力：编程能力、大数据技术能力、数据库技术能力、数据分析技术能力、问题解决能力、团队合作能力。大数据开发工程师熟悉各种大数据技术和工具（如 Hadoop、Spark、Hive 等），以及编程语言（如 Java、Python 等），以进行数据处理和分析。大数据开发工程师还具备良好的问题解决能力和团队合作能力，能够快速识别问题、定位问题、解决问题，以成功地构建和维护大规模的数据处理应用程序，保证项目成功实施。

一个优秀的大数据开发工程师还必须深入理解大数据系统架构，以及各个组件的基本原理、实现机制和其中涉及的算法。利用这些知识与能力，大数据开发工程师能够构建一个强大且稳定的分布式集群系统，并充分利用该系统的分布式存储和并行计算的能力处理大数据，满足企业处理超大规模数据的需求。

1.5.4 大数据运维工程师

大数据系统是一个非常复杂的系统，涉及的技术繁多，尤其在基于开源的平台下，对大数据运维工程师提出了非常高的能力要求。大数据运维工程师负责和参与公司大数据基础架构平台的规划、运维、监控和优化工作，保障数据平台服务的稳定性和可用性；及时反馈技术处理过程中的异常情况，及时向上级反馈告警，同时主动协调资源，推动问题解决进程；研究大数据前沿技术，改进现有系统的服务和运维架构，提升系统的可靠性和可运维性；负责和参与自动化运维系统及平台的建设；负责优化部门运维流程，从而提升运维效率。

大数据运维工程师应熟悉 Java、Python、Shell 等语言；Hadoop 的工作原理，对 HDFS、MapReduce 的运行过程要有深入的理解，具备 MapReduce 开发经验，熟悉数据仓库体系架构和数据建模；熟悉至少一种 RDBMS，如 MySQL、Oracle、SQL Server，熟练使用 SOL 语言；熟悉大数据生态圈及其他技术，如熟悉 HBase、Storm、Spark、Impala、Kafka、Sqoop 等技术的细节。

目前，大数据运维方面的人才非常缺乏，也很难培养。因为大数据系统是一个非常复杂的系统，要想熟悉其中的每个组件是非常不容易的，所以企业要特别注意储备和培养大数据运维方面的人才。

1.6 本章小结

本章是大数据基本理论及实践的绪论部分，重点介绍了大数据的基本概念和特征，讨论了大数据关键技术，包括大数据采集技术、大数据预处理技术、大数据存储与管理技术、大数据分析与挖掘技术、大数据展现与应用技术，同时阐述了大数据领域对专业人才的要求。

1.7 习题

1. 简述大数据的基本概念。
2. 简述大数据的 4V 特征。
3. 简述大数据关键技术。
4. 简述大数据领域的主要职位及其能力要求。

## 第 2 章

Linux 的基础操作

　　Linux 系统是一个开源的操作系统，其稳定性、安全性、处理多并发性能得到业界的广泛认可。目前，常见的大数据平台大多基于 Linux 系统，掌握 Linux 系统的基本知识是学习大数据的前置条件之一。本章主要对 Linux 系统进行介绍，并对其常用命令进行详细的讲解，这是本章的重点内容，读者务必亲自实践并牢记，因为这些内容将在以后的学习中经常用到。

2.1　Linux 概述

　　Linux 内核最初是由芬兰人林纳斯·托瓦兹（Linus Benedict Torvalds）在赫尔辛基大学上学时出于个人爱好而编写的。在诞生之初，Linux 系统就是一套可以免费使用和自由传播的类 UNIX 操作系统，是一个基于 POSIX 和 UNIX 的多用户、多任务、支持多线程和多 CPU 的操作系统。

2.1.1　Linux 系统的发行版本及特点

　　在其逐步的发展过程中，Linux 系统继承了 UNIX 以网络为核心的设计思想，能够运行主要的 UNIX 工具软件、应用程序和网络协议。它支持 32 位和 64 位硬件，是一个性能稳定的多用户网络操作系统。Linux 系统有多种发行版本。经典的 Linux 系统发行版本有 CentOS、Red Hat、Debian、Ubuntu、Slackware、红旗 Linux、SUSE、Fedora 等，但需要注意的是，这些不同的版本使用相同的内核。

　　Linux 系统具有以下特点：开放性、多任务、多用户、支持多种硬件平台、可靠的安全系统、良好的用户界面、强大的网络功能、设备独立、支持多种文件系统、良好的可移植性。与 Windows 系统相比，Linux 系统具有较高的稳定性和可靠性，因此大部分服务器都使用 Linux 系统。Windows 系统是世界上占比最高的个人计算机操作系统，而 Linux 系统是世界上使用最多的服务器操作系统，这是由它们具有的不同特点决定的。

2.1.2　Linux 与 Windows 系统对比

1. 界面风格

　　Windows 系统界面统一，外壳程序固定，所有 Windows 程序菜单几乎一致，快捷键也几乎相同，这些特点方便了个人计算机用户的使用。Linux 系统最初没有图形界面，随后的发行版本的图形界面风格依据发行版本的不同而不同，可能互不兼容。但 GNU/Linux 的终端机从 UNIX 系统传承下来，基本命令和操作方法几乎一致。

2. 驱动程序获取

Windows 系统的驱动程序丰富，版本更新频繁，默认安装程序中一般包含该版本发布时流行的硬件驱动程序，之后推出的新硬件驱动由硬件厂商提供；但对于一些旧版本的硬件，如果没有原配的驱动，那么有时难以支持。Linux 系统的驱动程序由志愿者开发，Linux 核心开发小组发布，在开源开发模式下，许多旧版本的硬件很容易找到驱动。

3. 用户体验

Windows 系统的图形界面对没有计算机背景知识的用户十分有利；Linux 系统的图形界面使用简单，容易入门，但在命令行界面，只有学习相关知识后才能熟练操作。

4. 学习难易度

Windows 系统构造复杂、变化频繁，并且知识、技能淘汰速度快，深入学习较困难。Linux 系统构造简单、稳定，并且知识、技能传承性好，深入学习相对容易。

5. 软件获取

Windows 系统的每种特定功能可能都需要商业软件的支持，需要购买相应的授权。Linux 系统的大部分软件都可以自由获取，同样功能的软件选择较少。

大数据技术常使用分布式集群架构，支持在 GNU/Linux 和 Windows 系统上进行安装与使用。在实际开发中，由于 Linux 系统的便捷性和稳定性，大数据集群通常在 Linux 系统上运行，因此本章主要介绍 Linux 系统的相关知识。

2.2 Linux 命令

与 Windows 系统不同，Linux 系统使用常用命令行对计算机进行操作，学习难度大于 Windows 系统，但熟悉相关操作后，后续学习会相对容易。

Linux 常用命令的格式如下：

```
command+[-options]+parameter
```

command：命令名，相应功能的英文单词或单词的缩写。
[-options]：选项，可用来对命令进行控制，也可以省略。
parameter：传给命令的参数，可以没有，也可以有一个或多个。
由此可知，Linux 命令的格式为"命令名+选项+参数"。

2.2.1 命令行技巧

在使用命令行时，可能会遇到一些复杂的参数，或者需要多次输入较长的命令。在很多时候，用户需要掌握一些技巧来提升命令行的使用效率。这些技巧可能是 Linux 系统内置的或是 Bash 专门提供的功能，下面介绍这些常用技巧。

1. Tab 自动补全

Bash 提供了自动补全功能，在输入命令时，按 Tab 键，如果已敲出的字符匹配到的命令或文件唯一，那么系统会自动补全。

假设用户目录如下：

```
[root@hadoop ~]# ls
data  data.zip  file  result
```

现在要使用 cat 命令输出 file 文件的内容，先输入如下命令，但不要按 Enter 键：

```
[root@hadoop ~]# cat fi
```

然后按 Tab 键：

```
[root@hadoop ~]# cat file
```

可以看到，Bash 根据 file 的前两个字母自动补全了完整的文件名。

2. 命令历史记录

Bash 会自动保存使用过的命令。在按向上方向键时，会发现上一次输入的命令再次出现在命令提示符后，这些就是命令历史记录。在 Linux 环境中，可以通过方向键查看近期输入的命令，提高命令行的使用效率。

实际上，命令历史记录保存在用户主目录的.bash_history 文件中，默认会保存用户最近输入的 500 条命令。

可以通过 history 命令查看命令历史记录的内容。例如：

```
[root@hadoop ~]# history #查看所有命令历史记录
[root@hadoop ~]# history 100 | more #查看最近输入的 100 条命令，包括重复命令
```

Bash 也有命令历史记录的搜索功能，按 Ctrl+R 组合键，进入命令历史记录搜索模式。此时，命令提示符变成如下格式：

```
(reverse-i-search) '':
```

输入要查找的内容，就可以开始搜索并将匹配的最新一条命令显示出来。例如，输入 file，可以显示之前输入的命令：

```
(reverse-i-search)'file': vi file
```

若需要继续搜索更早输入的命令，则只需再次按 Ctrl+R 组合键即可。当搜索到要查找的命令时，按 Enter 键可以立即执行此命令，按 Ctrl+J 组合键可以把搜索到的命令复制到当前命令行。若要退出命令历史记录搜索模式，则只需按 Ctrl+C 组合键即可。

3. 快速中断进程与清屏

Linux 内核通过进程对任务进行管理，在终端界面启动一个进程后，使用 Ctrl+C 组合键中断进程，返回终端界面。我们还经常需要清理终端屏幕内容，即"清屏"，可以使用 Ctrl+L 组合键实现。

2.2.2　Linux 帮助命令

Linux 系统的命令数量庞大，每个命令又有若干参数适用于不同的情景。用户只需正确使用 Linux 系统的帮助命令，就能够快速地定位到所需的命令和参数。

1. help 命令与--help 参数

使用 help 命令能够在控制台上打印出所需命令的帮助信息：

```
help <command>
```

例如，查看 cd 命令的帮助文档，部分结果如下：

```
[root@hadoop ~]# help cd
cd: cd [-L|[-P [-e]]] [dir]
    Change the shell working directory.
    Change the current directory to DIR.  The default DIR is the value of
the HOME shell variable.
    The variable CDPATH defines the search path for the directory
containing DIR.  Alternative directory names in CDPATH are separated by a
colon (:).
```

又如，查看 mv 命令的帮助文档，结果如下：

```
[root@hadoop ~]# help mv
-bash: help: 没有与 'mv' 匹配的帮助主题。尝试 'help help' 或者 'man -k mv' 或者
'info mv'。
```

出现上面这种情况是因为 Linux 命令分为内部命令（内建命令）和外部命令两类。内部命令和外部命令的功能基本相同，但也有些细微差别。Linux 的内部命令是 Shell 程序的一部分，通常在 Linux 系统加载运行时就被加载并驻留在系统内存中，解析内部命令，Shell 不需要创建子进程，因此运行速度较快。Linux 的外部命令是通过额外安装获得的命令，在系统加载运行时并不随系统一起被加载到内存中，只有在需要时才将其调入内存，因此运行速度慢，但功能强大。

使用 type 命令可以查看某命令是内部命令还是外部命令：

```
type <command>
```

例如，查看 cd 和 mv 是否为内部命令：

```
[root@hadoop ~]# type cd
cd 是 shell 内嵌
[root@hadoop ~]# type mv #在某些 Linux 发行版中，mv 可能是 mv 命令的别名
mv 是 'mv -i' 的别名
```

从上述信息中可以看出，cd 命令是一个内部命令，mv 命令是一个外部命令。help 命令只能用于内部命令的查询，而外部命令的查询则需要使用其他方式。

对于内部命令，help 命令的查询格式如下：

```
help [option] <command>
```

若想用 help 命令来查询外部命令的帮助文档，则上述格式是行不通的，但是可以用下述格式来查询外部命令的帮助文档：

```
<command> --help
```

例如，查询 mv 命令的帮助文档：

```
[root@hadoop ~]# mv --help
```

具体用法如下：

```
mv [选项]... [-T] 源文件 目标文件
```

或

```
mv [选项]... 源文件... 目录
```

或

```
mv [选项]... -t 目录 源文件...
```

需要注意的是，这两种格式的 help 命令并不能完全等同。前一种通过执行内部的 help 命令来查看内部命令的帮助文档，后一种通过在命令后携带参数--help 的方式来展示所查询命令的帮助文档。不难发现，mv 命令只有支持--help 的参数，才能展示这个命令的帮助文档。

2. man 命令

man 命令的格式如下：

```
man [选项] command
```

man 命令可以查询某个命令的帮助文档。

man 是 manual 的简写，与 help 命令和--help 参数不同，在使用 man 命令查询某个命令的帮助文档时，会进入 man page 界面，而非直接打印在控制台上。同时，相比于 help 命令，man 命令展示的信息更加详细。

man 命令相比于 help 命令最大的优势在于用户可以在 man page 界面通过按键交互进行翻页、查找等操作。man page 界面常见的按键操作如表 2-1 所示。

表 2-1　man page 界面常见的按键操作

按　　键	功　　能
空格键	翻页
/str	向后查找 str 字符串
?str	向前查找 str 字符串
n,N	n 为搜索到的上一个字符串，N 为搜索到的下一个字符串
q	退出 man page 界面

例如，使用 man 命令查看 mv 命令的帮助文档，部分结果如下：

23

```
[root@hadoop ~]# man mv
MV(1)                    User Commands                              MV(1)
NAME
      mv - move (rename) files
SYNOPSIS
      mv [OPTION]... [-T] SOURCE DEST
      mv [OPTION]... SOURCE... DIRECTORY
      mv [OPTION]... -t DIRECTORY SOURCE...
DESCRIPTION
      Rename SOURCE to DEST, or move SOURCE(s) to DIRECTORY.
      Mandatory  arguments  to  long  options  are  mandatory  for  short
options too.
```

man 命令展示的信息有许多值得关注。其中，第一行有"MV(1)"的字样，它是对所查询信息的一个分类。man 命令数字代表的具体含义如表 2-2 所示。

表 2-2　man 命令数字代表的具体含义

数　字	含　义
1	用户在 Shell 环境中可操作命令或可执行文件
2	系统内核调用的函数及工具
3	常用的库函数
4	设备文件与设备说明
5	配置文件或文件格式
6	游戏等娱乐
7	协议信息等
8	系统管理员可用的管理命令
9	与 Linux 内核相关的文件文档

2.2.3　Linux 文件类型及查看操作

1. Linux 文件类型

因为 Linux 文件没有扩展名，所以 Linux 系统下的文件名称和它的文件类型没有任何关系。例如，bc.exe 可以是文本文件，而 bc.txt 可以是可执行文件。Linux 常用的文件类型有普通文件、目录文件、链接文件、设备文件、套接字文件和管道文件。

（1）普通文件。

Linux 系统的普通文件是以字节为单位的数据流类型文件，是最常用的一类文件，其特点是不包含文件系统的结构信息。通常用户接触到的文件，如图形文件、数据文件、文档文件、声音文件等都属于普通文件。这种类型的文件按其内部结构又可细分为文本文件和二进制文件。普通文件的第一个属性为"-"。

（2）目录文件。

目录文件是一种特殊的文件，专门用于管理其他文件。目录文件不存放常规数据，而用来组织、访问其他文件，是内核组织文件系统的基本节点。目录文件可以包含下一级目录文件或普通文件。在 Linux 系统中，目录文件是一种文件，与其他操作系统中"目录"的概念不同，它是 Linux 文件中的一种类别。目录文件的第一个属性为"d"。

（3）链接文件。

链接文件也是一种特殊的文件，它实际上是指向一个真实存在的文件的链接，类似 Windows 系统下的快捷方式。链接文件又可以细分为硬链接（Hard Link）文件和符号链接（Symbolic Link，又称为软链接）文件。链接文件的第一个属性为"l"。

（4）设备文件。

设备文件是 Linux 系统最特殊的文件。正是由于它的存在，Linux 系统可以十分方便地访问外部设备。Linux 系统为外部设备提供了多种标准接口，将外部设备视为一种特殊的文件。用户可以像访问普通文件一样访问任何外部设备，使 Linux 系统可以很方便地适应不断变化的外部设备。通常 Linux 系统将设备文件放在/dev 目录下。设备文件使用设备的主设备号和次设备号来指定某外部设备。

根据访问数据方式的不同，设备文件又可以细分为块设备文件和字符设备文件。

块设备文件：存储数据以供系统存取的接口设备，简单而言就是硬盘，如一号硬盘的代码是/dev/hda1 等文件。块设备文件的第一个属性为"b"。

字符设备文件：串行端口的接口设备，如键盘、鼠标等。字符设备文件的第一个属性为"c"。

（5）套接字文件。

套接字文件专门用于网络通信。启动一个程序来监听客户端的要求，客户端就可以通过套接字进行数据通信。套接字文件的第一个属性为"s"。

（6）管道文件。

管道文件是一种很特殊的文件，主要用于不同进程的信息传递，即当两个进程间需要传递数据或信息时，可以使用管道文件。一个进程将需要传递的数据或信息写入管道的一端，另一个进程从管道的另一端获取所需的数据或信息。管道文件的第一个属性为"p"。可以使用 mkfifo 命令创建一个管道文件：

```
[root@hadoop ~]# mkfifo fifo_file
[root@hadoop ~]# ls -lF fifo_file
prw-r--r--. 1 root root 0 11月 15 11:41 fifo_file|
```

2. 在 Linux 系统中查看文件类型的方法

（1）ls 命令。

ls 命令仅罗列出当前文件名或目录名，就像 Windows 系统里的文件列表一样。使用参数-a 列出目录下的所有文件，包括以"."开头的隐含文件。例如，查看/root 目录下的文件类型：

```
[root@hadoop ~]# ls
data  data.zip  file  result
[root@hadoop ~]# ll -a
总用量 60
dr-xr-x---.  4 root root  222 10月  5 13:33 .
dr-xr-xr-x. 17 root root  224 9月  16 19:26 ..
-rw-------.  1 root root 5369 10月  5 10:37 .bash_history
-rw-r--r--.  1 root root   18 12月 29 2013 .bash_logout
```

```
-rw-r--r--. 1 root root   176 12月 29 2013 .bash_profile
-rw-r--r--. 1 root root   176 12月 29 2013 .bashrc
-rw-r--r--. 1 root root   100 12月 29 2013 .cshrc
drwxr-xr-x. 3 root root    18 10月 4 19:48 data
-rw-r--r--. 1 root root   160 10月 4 18:49 data.zip
```

data 目录文件的第一个属性为"d"，故 data 为一个目录文件；data.zip 文件的第一个属性为"-"，故 data.zip 文件为一个普通文件。

（2）file 命令。

file 命令能够比较简单地给出文件的类型。例如，查看 data 和 data.zip 的文件类型：

```
[root@hadoop ~]# ls
data  data.zip  file  result
[root@hadoop ~]# file data
data: directory
[root@hadoop ~]# file data.zip
data.zip: Zip archive data, at least v1.0 to extract
```

由此可以比较清晰地得出 data 是目录文件；data.zip 属于 zip 文件，而 zip 文件也是一种普通文件，因此 data.zip 是普通文件。

（3）stat 命令。

stat 命令可以查看文件的详细属性（包括文件的时间属性）。例如，查看 data 和 data.zip 的文件属性：

```
[root@hadoop ~]# stat data
  文件："data"
  大小：18      块：0        IO 块：4096    目录
设备：fd00h/64768d  Inode：4726       硬链接：3
权限：(0755/drwxr-xr-x) Uid: (    0/    root) Gid: (    0/    root)
环境：unconfined_u:object_r:admin_home_t:s0
最近访问：2022-10-05 01:28:53.622564362 +0800
最近更改：2022-10-04 19:48:50.631407493 +0800
最近改动：2022-10-04 19:48:50.631407493 +0800
创建时间：-
[root@hadoop ~]# stat data.zip
  文件："data.zip"
  大小：160      块：8        IO 块：4096    普通文件
设备：fd00h/64768d  Inode：33574978    硬链接：1
权限：(0644/-rw-r--r--) Uid: (    0/    root) Gid: (    0/    root)
环境：unconfined_u:object_r:admin_home_t:s0
最近访问：2022-10-05 21:47:44.830912621 +0800
最近更改：2022-10-04 18:49:14.992841521 +0800
最近改动：2022-10-04 18:49:14.992841521 +0800
创建时间：-
```

可以看出，stat 命令直接给出 data 属于目录文件，data.zip 属于普通文件。

2.2.4　文件与目录操作

文件管理是操作系统的重要功能，在 Linux 系统中，所有的软/硬件资源都被认为是特殊文件。文件的组织方式从根目录开始，以树的形式不断延伸。

Linux 系统的目录结构如图 2-1 所示。

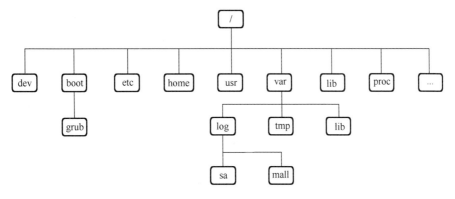

图 2-1　Linux 系统的目录结构

1. Linux 系统的目录结构

/：根目录，位于 Linux 文件系统目录结构的顶层，是整个系统最重要的目录，因为所有的目录都是由根目录"生"出来的。它是 Linux 文件系统的入口，是最高一级的目录。

/bin：bin 是 binary（二进制文件）的缩写。该目录存放经常使用的命令。

/boot：引导目录，主要放置开机时会使用到的文档，即该目录下存放系统的内核文件和引导装载程序文件。

/dev：dev 是 device（设备）的缩写。该目录保存所有的设备文件，用户可以通过这些文件访问外部设备，如 sda 文件表示硬盘设备。并且，该目录下有一些由 Linux 内核创建的用来控制硬件设备的特殊文件。在 Linux 系统中，访问设备的方式和访问文件的方式是相同的。

/etc：用来存放所有的系统管理所需的配置文件和子目录。该目录保存绝大部分的系统配置文件，基本都为纯文本，一般以扩展名.conf 或.cnf 结尾，如 resolv.conf、my.cnf 等。

/home：家目录，用来存放普通用户的主目录，每个用户都有一个目录，用来保存该用户的私有数据。在默认情况下，除 root 外的用户，主目录都会放在该目录下。在 Linux 系统中，可以通过 cd 命令切换至自己的主目录。

/lib：lib 是 library（库）的缩写。该目录存放着系统最基本的动态连接共享库，其作用类似 Windows 系统中的.dll 文件，几乎所有的应用程序都需要用到这些共享库。非启动用的库文件存放在/usr/lib 目录下，内核模块存放在/lib/modules（内核版本）目录下。

/lost+found：一般情况下是空的，当系统非法关机后，这里就会存放一些文件。

/media：Linux 系统会自动识别一些设备，如 U 盘、光驱等，识别后，Linux 系统会把所识别的设备挂载到该目录下。

/mnt：一般用于存放挂载储存设备的挂载目录（一个分区挂载在一个已存在的目录上，该目录可以不为空；但挂载后，该目录下以前的内容将不可用）。它是安装软盘、光盘、U 盘的挂载点（挂载点实际上就是 Linux 系统中的磁盘文件系统的入口目录，类似 Windows 系统中用来访问不同分区的 C、D、E 等盘符）。/media 目录是自动挂载目录，与 /mnt 目录相同，但有些 Linux 系统没有/media 目录，而所有 Linux 系统都有/mnt 目录。

/opt：opt 是 optional（可选）的缩写，是存储主机额外安装软件的目录。例如，安装一个 ORACLE 数据库，就可以将其放到这个目录下。该目录默认为空。

/proc：proc 是 processes（进程）的缩写，是一种伪文件系统（虚拟文件系统），存储的是当前内核运行状态的一系列特殊文件。这个目录是一个虚拟的目录，是系统内存的映射，可以通过直接访问它来获取系统信息。该目录在磁盘中是不存在的，在启动 Linux 系统时创建，里面的文件都是关于当前系统的实时状态信息，包括正在运行的进程、硬件状态、内存使用信息等。

/root：系统管理员，也称为超级权限者的用户主目录。

/sbin：s 是 superuser 的缩写，/sbin 是 superuser binary（超级用户的二进制文件）的缩写。该目录存放的是系统管理员使用的系统管理程序，是二进制文件，只有超级用户 root 才可以使用，普通用户无权执行这个目录下的命令。也就是说，该目录中包含的命令只有具有 root 权限的用户才能执行。

/srv：存放一些服务启动之后需要提取的数据。

/sys：存放系统内核相关文件。

/tmp：tmp 是 temporary（临时）的缩写，在运行程序时，有时会产生临时文件，这个目录就用来存放这些临时文件。因为/tmp 目录会自动删除文件，所以有用的文件不要放在该目录下。/var/tmp 目录和这个目录相似。

/usr：usr 是 unix shared resources（共享资源）的缩写。该目录是一个非常重要的目录。用户的很多应用程序和文件都放在这个目录下，它类似 Windows 系统下的/program files 目录。该目录是系统存放程序的目录，其空间比较大。例如，/usr/src 目录中存放着 Linux 内核的源代码，/usr/include 目录中存放着在 Linux 系统下开发和编译应用程序所需的头文件。当安装一个 Linux 官方提供的发行版软件包时，大多文件都安装在该目录中。

/var：var 是 variable（变量）的缩写。这个目录中存放着在不断扩充的东西，我们习惯将那些经常被修改的目录放在该目录下，即该目录的内容经常变动。例如，/var/tmp 目录就是用来存储临时文件的。

/run：临时文件系统，存储系统启动以来的信息。当系统重启时，该目录下的文件应该被删掉或清除。如果系统有/var/run 目录，那么要将其链接到/run 目录。通过此操作，在系统重启后，/var/run 目录下的文件也会被删掉或清除。

Linux 系统中的/etc、/bin、/sbin、/usr/bin、/usr/sbin 和/var 目录非常重要，不要随意更改，否则会出现一些不可预知的错误。Linux 系统的目录结构为树状结构，顶级目录为根目录"/"。其他目录通过挂载可以添加到树中，通过解除挂载可以移除它们。

在 Linux 系统中，路径的格式有两种，分别是绝对路径和相对路径。

绝对路径：路径的写法由根目录"/"写起，如/usr/share/doc。

相对路径：路径的写法不由根目录"/"写起。例如，当要由/usr/share/doc 目录切换到 /usr/share/man 目录时，可以写成 cd ../man。

　　绝对路径不管当前在哪个目录下，切换到某个确定目录的格式是一样的；而相对路径在不同的当前目录下，其格式不一样。一般在编写程序或脚本时使用绝对路径。

2. Linux 系统有关文件与目录操作命令

（1）ls 命令。

ls 命令的格式如下：

```
ls [选项] [参数]
```

　　ls 命令是最常用的命令之一。对于目录，使用 ls 命令将输出该目录下的所有子目录与文件；对于文件，使用 ls 命令将输出其文件名及要求的其他信息。在默认情况下，输出条目按字母顺序排序。ls 命令选项的功能说明如表 2-3 所示。

表 2-3　ls 命令选项的功能说明

选　　项	功　能　说　明
-a	显示包括隐藏文件（文件名以"."开头）在内的所有文件
-l	以长格式显示文件的详细信息
-L	若指定的名称为一个符号链接文件，则显示链接指向的文件
-h	以人性化的方式显示出来
-A	显示指定目录下的所有子目录与文件，包括隐藏文件，但不列出"."和".."
-t	按照修改时间排序
-n	输出格式与-l 选项相同，只不过在输出中，文件属主和文件属组是用相应的 UID 号与 GID 号表示的，而不是用实际的名称表示的
-s	按文件的大小排序
-r	逆序排列
-i	显示文件的索引号
-R	递归显示目录下的所有文件列表和子目录列表

　　例如，以长格式显示/usr/lib 目录下的所有文件，包括隐藏文件，部分结果如下：

```
[root@hadoop ~]# ls -la /usr/lib
总用量 36
dr-xr-xr-x. 27 root root  4096 9月  16 19:25 .
drwxr-xr-x. 13 root root   155 10月  5 03:28 ..
drwxr-xr-x.  2 root root     6 10月  2 2020 binfmt.d
drwxr-xr-x.  3 root root    64 4月  11 2018 debug
```

（2）cd 命令。

cd 命令的格式如下：

```
cd [选项] [directory]
```

　　cd 命令将当前目录改变为 directory 指定的目录。若没有指定 directory，则回到用户主目录。"~"是/home 目录的意思，用户主目录是当前用户的 home 目录，是添加用户时指定的。一般用户默认的/home 目录是/home/xxx（xxx 是用户名），root 用户的默认/home 目录是/root。cd 命令选项的功能说明如表 2-4 所示。

表 2-4　cd 命令选项的功能说明

选　项	功 能 说 明
cd /	进入系统根目录
cd 或 cd~	进入当前用户主目录
cd /目录名称/目录名称/目录名称/	跳转到指定目录
cd -	返回此目录之前所在的目录
cd ..	回到当前目录的上一级目录

要进入指定目录，用户必须拥有对指定目录的执行和读权限。该命令可以使用通配符。

假设当前目录是/root/data，则要切换到/usr/src 目录的命令如下：

```
[root@hadoop data]# cd /usr/src/
[root@hadoop src]# pwd
/usr/src
```

（3）pwd 命令。

pwd 命令的格式如下：

```
pwd [选项]
```

在 Linux 文件系统中，每个 Shell 或系统进程都有一个当前工作目录，使用 pwd 命令可以显示当前工作目录的绝对路径。pwd 命令选项的功能说明如表 2-5 所示。

表 2-5　pwd 命令选项的功能说明

选　项	功 能 说 明
-L	打印$PWD 变量的值（如果它命名了当前的工作目录）。在默认情况下，'pwd' 的行为与带'-L' 选项一致
-P	打印当前的物理路径，不带有任何的符号链接

例如，用户 root 查看当前工作目录：

```
[root@hadoop data]# pwd
/root/data
```

（4）touch 命令。

touch 命令的格式如下：

```
touch [选项] filename
```

touch 命令有两个功能，一是用于把已存在文件的时间标签更新为系统当前的时间（默认方式），文件中的数据将原封不动地保留下来；二是用来创建新的空文件，filename 是将要创建的文件的名称。touch 命令选项的功能说明如表 2-6 所示。

表 2-6　touch 命令选项的功能说明

选　项	功 能 说 明
-a	只更新访问时间，不改变修改时间
-c	假如目的文件不存在，则不会创建新的文件

续表

选　　项	功 能 说 明
-m	只更新修改时间，不改变访问时间
-r	把指定文档或目录的日期时间都设成参考文档或目录的日期时间
-t	将时间修改为参数指定的时间

例如，在/root 目录下创建一个名为 file 的空文件（需要拥有 root 权限）：

```
[root@hadoop ~]# ls
data data.zip result
[root@hadoop ~]# touch file
[root@hadoop ~]# ls
data data.zip file result
```

（5）cp 命令。

cp 命令的格式如下：

```
cp [选项] source dest
```

cp 命令用来将一个或多个源文件或目录复制到指定的目标文件或目录中，可以同时复制多个文件。其中，source 表示需要复制的文件，dest 表示需要复制到的目录。cp 命令选项的功能说明如表 2-7 所示。

表 2-7　cp 命令选项的功能说明

选　　项	功 能 说 明
-a	通常在复制目录时使用。它保留链接、文件属性，并递归地复制目录
-d	复制时保留链接
-f	若目标文件已经存在且无法开启，则移除后重新尝试
-R	递归地复制整个目录

例如，将/root 目录下的 file 文件复制到/root/data 目录中：

```
[root@hadoop data]# ls
[root@hadoop data]# cp ../file ../data
[root@hadoop data]# ls
file
```

（6）mv 命令。

mv 命令的格式如下：

```
mv [选项] source dest
```

根据 mv 命令中第二个参数类型的不同（是目标文件还是目标目录），mv 命令将文件重命名或将其移动到一个新的目录中。当第二个参数类型是文件时，mv 命令完成文件重命名操作，此时，源文件名只能有一个（也可以是源目录名），mv 命令将所给的源文件或目录重命名为给定的目标文件名；当第二个参数类型是已存在的目录名称时，源文件或目录参数可以有多个，mv 命令将各参数指定的源文件均移至目标目录中。在跨文件系统移

31

动文件时，mv 命令先复制文件，再将原有文件删除，而链接该文件的链接也将丢失。mv 命令选项的功能说明如表 2-8 所示。

表 2-8 mv 命令选项的功能说明

选　项	功　能　说　明
-i	以交互方式操作。若 mv 命令将覆盖已经存在的目标文件，则系统会询问用户是否重写，要求用户回答 y 或 n，这样可以避免误覆盖文件
-f	禁止交互操作。在 mv 命令要覆盖某已有的目标文件时不给任何提示，指定此选项后 ，-i 选项将不再起作用。如果所给目标文件（不是目录）已存在，那么该文件的内容将被新文件覆盖

例如，将/root 目录下的文件 file 文件改名为 test：

```
[root@hadoop ~]# ll
总用量 8
drwxr-xr-x. 2 root root  31 10月  6 00:02 data
-rw-r--r--. 1 root root 160 10月  4 18:49 data.zip
-rw-r--r--. 1 root root   0 10月  5 23:56 file
-rw-r--r--. 1 root root  60 10月  4 17:42 result
[root@hadoop ~]# mv file test
[root@hadoop ~]# ll
总用量 8
drwxr-xr-x. 2 root root  31 10月  6 00:02 data
-rw-r--r--. 1 root root 160 10月  4 18:49 data.zip
-rw-r--r--. 1 root root  60 10月  4 17:42 result
-rw-r--r--. 1 root root   0 10月  5 23:56 test
```

（7）rm 命令。

rm 命令的格式如下：

```
rm [选项] filename
```

rm 命令的功能是删除一个目录中的一个或多个文件，也可以将某个目录及其下的所有文件和子目录均删除。对于链接文件，rm 命令只删除链接，源文件均保持不变。rm 命令选项的功能说明如表 2-9 所示。

表 2-9 rm 命令选项的功能说明

选　项	功　能　说　明
-i	删除文件前逐一询问确认，进行交互式删除
-f	删除文件前不询问确认，强制删除
-r	将参数中列出的全部目录和子目录均递归地删除。若未使用-r 选项，则 rm 命令不会删除目录
-v	显示命令的详细执行过程

例如，删除/root/data 目录下的 test 文件：

```
[root@hadoop data]# ls -l
总用量 0
-rw-r--r--. 1 root root 0 10月  6 00:01 file
-rw-r--r--. 1 root root 0 10月  6 00:02 file2
-rw-r--r--. 1 root root 0 10月  5 23:56 test
```

```
#在递归删除不同层级目录及其包含的所有文件前，不再询问确认
[root@hadoop data]# rm -rf test
[root@hadoop data]# ls -l
总用量 0
-rw-r--r--. 1 root root 0 10月  6 00:01 file
-rw-r--r--. 1 root root 0 10月  6 00:02 file2
```

例如，用户想要删除/root/data 目录下的文件 file 和 file2，系统会要求对每个文件进行确认：

```
[root@hadoop data]# ls -l
总用量 0
-rw-r--r--. 1 root root 0 10月  6 00:01 file
-rw-r--r--. 1 root root 0 10月  6 00:02 file2
[root@hadoop data]# rm -i file file2
rm: 是否删除普通空文件 "file"? y
rm: 是否删除普通空文件 "file2"? n
[root@hadoop data]# ls -l
总用量 0
-rw-r--r--. 1 root root 0 10月  6 00:02 file2
```

（8）mkdir 命令。

mkdir 命令的格式如下：

```
mkdir [选项] [dirname]
```

mkdir 命令用于创建目录，其中 dirname 是要创建的目录名称。mkdir 命令选项的功能说明如表 2-10 所示。

表 2-10   mkdir 命令选项的功能说明

选　项	功　能　说　明
-p	创建一个完整的目录结构，即使用-p 选项时，可在指定目录下逐级创建目录
-m	对新创建的目录设置存取权限，也可以使用 chmod 命令设置

例如，在/root 目录下创建一个 data 目录：

```
[root@hadoop ~]# ls
[root@hadoop ~]# mkdir data
[root@hadoop ~]# ls -l
总用量 0
drwxr-xr-x. 2 root root 6 10月  6 00:20 data
```

（9）rmdir 命令。

rmdir 命令的格式如下：

```
rmdir [选项] [dirname]
```

rmdir 命令只能用来删除空目录，若目录中存在文件，则先要使用 rm 命令删除文件，再使用 rmdir 命令删除目录。其中，dirname 为所要删除的目录名。rmdir 命令选项的功能说明如表 2-11 所示。

表 2-11 rmdir 命令选项的功能说明

选 项	功 能 说 明
-p	递归删除空目录
-i	在删除过程中，以询问的方式完成删除操作

例如，在/root 目录中删除 data 目录，命令如下：

```
[root@hadoop ~]# ls -l
总用量 0
drwxr-xr-x. 3 root root 15 10月  6 00:26 a
drwxr-xr-x. 2 root root  6 10月  6 00:26 data
[root@hadoop ~]# rmdir data
[root@hadoop ~]# ls -l
总用量 0
drwxr-xr-x. 3 root root 15 10月  6 00:26 a
总用量 0
```

（10）ln 命令。

ln 命令的格式如下：

```
ln [参数] [源文件或目录] [目标文件或目录]
```

ln 命令可用于创建链接文件。在 Linux 系统中，有软链接和硬链接两种特殊文件。软链接文件的作用与 Windows 系统的快捷方式的作用相同。硬链接文件与源文件拥有相同的 i（inode）节点和存储 block 块，即硬链接文件与源文件可以看作同一个文件。ln 命令选项的功能说明如表 2-12 所示。

表 2-12 ln 命令选项的功能说明

选 项	功 能 说 明
-i	交互模式，如果文件存在，则询问用户是否覆盖
-s	创建软链接（符号链接）
-d	允许超级用户制作目录的硬链接
-b	删除、覆盖以前建立的链接

例如，创建软链接的命令如下：

```
[root@hadoop ~]#ln -s test test_ln
[root@hadoop ~]# ls
a.txt fifo_file file2 test_ln
[root@hadoop ~]#rm -rf ./test_ln #删除软链接(注意：不要写最后的/)
[root@hadoop ~]# ls
a.txt fifo_file file2
```

2.2.5 文本编辑

操作系统中的信息以文件的方式保存在储存介质中，而文本文件则是最常使用的文本格式。在 Linux 系统中，即使在命令行状态下，也需要做大量的文本处理工作，如修改各种服务器程序配置文件，以及对创建的文件进行编辑等工作。文本编辑是系统管理员最常见的操作任务。

vi 是命令行界面下的一个文本编辑工具，由美国加州大学伯克利分校以 UNIX 行编辑器 ed 等为基础进行开发，取 visual（可视化）单词的前两个字母进行命名。在 Linux 系统诞生时，vi 与基本 UNIX 应用程序一样被保留下来，为用户提供了一个全屏幕的窗口编辑平台。同时，vi 融合了强大的行编辑器 ed 的功能，用户在使用 vi 的同时，可以使用行编辑器的命令。

1991 年，Bram Moolenaar 对 vi 进行了改进和优化，发布了 vim 编辑器，其主要特点为加入了对 GUI 的支持。也就是说，相对于 vi，vim 编辑器可以用颜色或底线等方式来表示一些特殊的信息，但两者的使用方法相同。大多数 Linux 系统的发行版本配备的都是vim 编辑器，我们只需通过 vim 命令就可以直接打开 vim 编辑器。在使用 vi 命令时，指向的也是 Linux 系统中的 vim 编辑器。在命令行模式下输入 vi，显示结果（vim 界面）如图 2-2 所示。

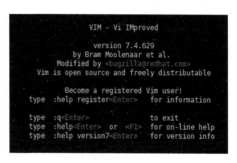

图 2-2　vim 界面

在此环境下，输入 ":q" 可退回终端，下面详细介绍 vi（vim）的操作。

vi 命令的格式如下：

```
vi [选项] filename
```

vi 编辑器是所有 UNIX 和 Linux 系统下标准的编辑器，能够对文件进行编辑，它的强大不逊色于任何最新的文本编辑器。其中，filename 是待编辑的文件名。

vi 编辑器有 3 种模式，分别是命令模式、插入模式、末行模式。

1. 命令模式

在命令模式（Command Mode）下，可以移动光标位置，还可以通过快捷键对文件内容进行复制、粘贴、删除等操作。命令模式常用命令如表 2-13 所示。vi 编辑器启动后，默认进入命令模式（在任何模式下，都可以按 Esc 键返回命令模式）。

表 2-13　命令模式常用命令

命　　令	功　能　说　明
yy	复制当前行
yw	复制光标后的一个单词
y0	复制当前字符到当前行的起始
y$	复制当前字符到当前行的末尾
yG	复制当前行到文件末尾

续表

命　　令	功　能　说　明
n+yy	复制 n 行
p	粘贴
x	删除当前字符
X	删除前一个字符
dd	删除当前行
dw	删除光标后的一个单词
d$	删除当前字符到当前行的末尾
d0	删除当前字符到当前行的起始
dG	删除当前行到文件末尾
J	与下一行合并
u	撤销上一个操作
r	替换当前字符

通过键盘命令控制光标在文本中的移动（最常用的就是键盘上的方向键）。控制光标的常用命令如表 2-14 所示（注意命令的大小写）。

表 2-14　控制光标的常用命令

命　　令	功　能　说　明
h 或向左方向键	左移一位
l 或向右方向键	右移一位
j 或向下方向键	下移一位
k 或向上方向键	上移一位
数字 0	移至本行起始
$	移至本行末尾
w	移至下一个单词的起始
b	移至上一个单词的起始
e	移至当前单词的末尾
H	移至屏幕最上面一行
M	移至屏幕中间一行
L	移至屏幕最下面一行
gg	移至文件起始
G	移至文件末尾

2. 插入模式

在插入模式（Insert Mode）下可以编辑文本内容。在命令模式下按 I、O、A 等键可以进入插入模式，在此模式下可以输入文本，但命令执行后的字符插入位置不同。插入模式常用命令如表 2-15 所示。

表 2-15　插入模式常用命令

命　　令	功　能　说　明
i	插入当前字符之前

命　　令	功 能 说 明
I	插入当前行首第一个非空白字符之前
a	插入当前字符之后
A	插入当前行尾
s	删除当前字符，光标停留在下一个字符处
S	删除当前行，光标停留在行首
o	在当前行的下方插入一个新行，光标停在新行行首
O	在当前行的上方插入一个新行，光标停在新行行首

插入模式下的键盘输入与平时的键盘输入相似，但又有一定的区别。插入模式下的键盘输入说明如表 2-16 所示。

表 2-16　插入模式下的键盘输入说明

键 盘 输 入	功 能 说 明
Esc	只有在插入模式下，才可以进行文字的输入，按 Esc 键可回到命令模式
字符按键和 Shift 键的组合	输入字符
Enter	回车键，换行
BackSpace	退格键，删除光标前一个字符
Delete	删除键，删除光标后一个字符
方向键	在文本中移动光标
HOME/END	移动光标到行首/行尾
PageUp/PageDown	上/下翻页
Insert	切换光标为输入/替换模式，光标将变成竖线/下画线

3. 末行模式

在命令模式下按 ":" 键进入末行模式（Last Line Mode）。这时，光标会移动到屏幕底部，在这里可以保存修改或退出 vi 编辑器，也可以设置编辑环境、寻找字符串、列出行号等。末行模式常用命令如表 2-17 所示。

表 2-17　末行模式常用命令

命　　令	功 能 说 明
:w filename	以指定的文件名 filename 保存并退出（类似另存为）
:w	保存当前修改，还可继续编辑
:wq	保存并退出 vi 编辑器
:q	退出 vi 编辑器
:q!	不保存修改，并强制退出 vi 编辑器
:x	保存并退出 vi 编辑器，相当于 ":wq" 命令
ZZ	保存并退出 vi 编辑器，相当于 ":wq" 命令
:set number	显示行号
:! 系统命令	执行一个系统命令并显示结果
:sh	切换到命令行，按 Ctrl+D 组合键切换回 vi 编辑器

表 2-17 中有许多功能相似的命令，如:q、:q!、:wq 都是退出 vi 编辑器，但在使用上有差别。当使用:q 命令退出 vi 编辑器时，如果在执行该命令前没有保存文本，就会出现错误提示。:q! 命令强制退出 vi 编辑器，即使没有保存文本，也可成功退出。:wq 命令保存文本并退出 vi 编辑器。vi 模式的切换如图 2-3 所示。

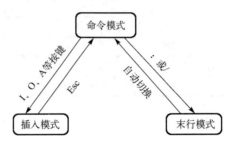

图 2-3　vi 模式的切换

vi 命令的用法很简单，直接使用"vi+文件名"就能对文件进行编辑。例如，创建一个 file 文件，使用 vi 命令对其进行编辑：

```
[root@hadoop ~]# vi file
```

输入"i"切换到插入模式，并输入以下文本：

```
resh milk
metamorphic fruit
fresh vegetable
vegetable soup
test1
test2
test3
```

按 Esc 键回到命令模式后，按":"键进入末行模式，在冒号后输入 q，系统将会提示修改的内容还没有保存：

```
E37: No write since last change (add ! to override)
```

如果先保存文本再退出，就不会出现这样的提示，即在进入末行模式后，在冒号后输入 w 保存文本，屏幕下方出现如下内容：

```
"file" 7L, 77C written
```

此时进入末行模式，在冒号后输入 q 就可以成功退出 vi 编辑器了。在文本内容修改完成后，进入末行模式，在冒号后输入 wq 也可以成功退出 vi 编辑器。但是如果不想保存就退出 vi 编辑器，就输入 q!。

当文本内容很多时，为方便查找文本，通过 set number 命令（可简写为 set nu）对文本内容添加行号。进入末行模式，在冒号后输入 set nu，输入完毕按 Enter 键，在文本行首显示相应的行号：

```
1 resh milk
2 metamorphic fruit
```

```
3 fresh vegetable
4 vegetable soup
5 test1
6 test2
7 test3
:set nu
```

2.2.6 文本过滤器与处理

文本的规模有时非常庞大，文本过滤器主要用来在复杂的文件中显示用户想要的部分。

1. cat 命令

cat 命令的格式如下：

```
cat [选项] filename
```

cat 命令的主要功能是查看文件内容，依次读取其后所指文件的内容并将其输出到标准输出设备上。另外，cat 命令还能够用来连接两个或多个文件，形成新文件。其中，filename 是操作对象的文件名称。cat 命令选项的功能说明如表 2-18 所示。

表 2-18　cat 命令选项的功能说明

选　项	功　能　说　明
-n	由 1 开始对所有输出行进行编号
-b	与-n 选项相似，只不过对于空白行不编号
-s	当遇到有连续两行以上的空白行时，就代换为一行空白行
-v	使用^和 M-符号，除了 LFD 和 TAB
-E	在每行结束处显示$
-T	将 TAB 字符显示为^I
-A	等价于-vET 选项
-e	等价于-vE 选项
-t	等价于-vT 选项

cat 命令的使用很简单。例如，在屏幕上显示 file 文件的内容：

```
[root@hadoop ~]# cat file
resh milk
metamorphic fruit
fresh vegetable
vegetable soup
test1
test2
test3
```

把 file 文件的内容加上行号后输入 file1 文件中：

```
[root@hadoop ~]# cat -n file > file1
[root@hadoop ~]# cat file1
    1    resh milk
```

```
    2    metamorphic fruit
    3    fresh vegetable
    4    vegetable soup
    5    test1
    6    test2
    7    test3
```

使用 cat 命令把 file 和 file1 文件的内容加上行号（空白行不加）后输入 file2 文件中：

```
[root@hadoop ~]# cat -b file file1 >>file2
[root@hadoop ~]# cat file2
    1    resh milk
    2    metamorphic fruit
    3    fresh vegetable
    4    vegetable soup
    5    test1
    6    test2
    7    test3
    8        1    resh milk
    9        2    metamorphic fruit
   10        3    fresh vegetable
   11        4    vegetable soup
   12        5    test1
   13        6    test2
   14        7    test3
```

使用 cat 命令清空 file2 文件的内容：

```
[root@hadoop ~]# cat /dev/null >file2
[root@hadoop ~]# cat file2
[root@hadoop ~]#
```

cat 命令也可以用来制作镜像文件和将镜像文件写入软盘，这里不做演示。

2. more 命令

more 命令的格式如下：

```
more [选项] 要查看的文件
```

more 命令可以用于分屏显示文件内容，每次只显示一页内容，适合查看内容较多的文本文件。more 命令选项的功能说明如表 2-19 所示。

表 2-19　more 命令选项的功能说明

选　项	功　能　说　明
空格键（Space）	向下翻一页
Enter	向下翻 1 行或多行，需要定义，默认为 1 行
q	返回命令行，不再显示该文件的内容
Ctrl+F	向下滚动一屏
Ctrl+B	返回上一屏

选　　项	功　能　说　明
=	输出当前行的行号
:f	输出文件名和当前行的行号
!命令	调用 Shell，并执行命令
V	调用 vi 编辑器
+n	从第 n 行开始显示
-n	设定每屏显示 n 行

例如，显示文件中从第 3 行起的内容：

```
[root@hadoop ~]# more +3 a.txt
3
4
```

设定每屏显示的行数：

```
[root@hadoop ~]# more -3 a.txt
1
2
3
--More--(75%)
```

3. head 命令

head 命令的格式如下：

```
head [选项] filename
```

head 命令可以显示指定文件前若干行内容，如果不设置显示的具体行数，则默认显示前 10 行内容。head 命令选项的功能说明如表 2-20 所示。

表 2-20　head 命令选项的功能说明

选　　项	功　能　说　明
-n K	这里的 K 表示行数，该选项用来显示文件前 K 行内容；如果使用-K 作为参数，则表示除文件最后 K 行外，显示剩余的全部内容
-c K	这里的 K 表示字节数，该选项用来显示文件前 K 字节的内容；如果使用-K 参数，则表示除文件最后 K 字节外，显示剩余的全部内容
-v	显示文件名

例如，显示文件 file 的前 3 行内容：

```
[root@hadoop ~]# head -n 3 file
resh milk
metamorphic fruit
fresh vegetable
```

又如，显示文件 file 的前 10 个字母：

```
[root@hadoop ~]# head -c 10 file
```

```
resh milk
```

再如，显示文件 file 的文件名及文件内容：

```
[root@hadoop ~]# head -v file
==> file <==
resh milk
metamorphic fruit
fresh vegetable
vegetable soup
test1
test2
test3
```

4. tail 命令

tail 命令的格式如下：

```
tail [选项] filename
```

tail 命令与 head 命令正好相反，它用来查看文件末尾的数据。在默认情况下，tail 命令显示文件的后 10 行内容。tail 命令选项的功能说明如表 2-21 所示。

表 2-21　tail 命令选项的功能说明

选　　项	功　能　说　明
-n K	这里的 K 指的是行数，该选项表示输出最后 K 行内容，在此基础上，如果使用-n K，则表示输出文件的最后 K 行内容
-c K	这里的 K 指的是字节数，该选项表示输出文件最后 K 字节的内容，在此基础上，如果使用-c K，则表示输出文件的最后 K 字节内容
-f	输出文件变化后新增加的数据

例如，使用 tail 命令查看/etc/passwd 文件的最后 3 行内容：

```
[root@hadoop ~]# tail -n 3 /etc/passwd
tt:x:1003:1004::/home/tt:/bin/bash
user:x:1001:1001::/home/user:/bin/bash
testUser:x:1002:1003::/home/testUser:/bin/bash
```

又如，使用 tail 命令查看/etc/passwd 文件末尾的 100 字节内容：

```
[root@hadoop ~]# tail -c 100 /etc/passwd
/tt:/bin/bash
user:x:1001:1001::/home/user:/bin/bash
testUser:x:1002:1003::/home/testUser:/bin/bash
```

5. file 命令

file 命令的格式如下：

```
file [选项] filename
```

file 命令用于辨识文件类型。其中，filename 是操作对象的文件名称。file 命令选项的功能说明如表 2-22 所示。

表 2-22　file 命令选项的功能说明

选　项	功　能　说　明
-b	在列出辨识结果时，不显示文件名称
-c	详细显示命令执行过程，便于排错或分析程序执行的情形
-f	指定名称文件，其内容有一个或多个文件名称，让 file 依序辨识这些文件，格式为每列一个文件名称
-L	直接显示符号链接指向的文件的类别
-v	显示版本信息
-z	尝试解读压缩文件的内容

例如，使用 file 命令显示文件 file1 的文件类型：

```
[root@hadoop ~]# file file1
file1: ASCII text
```

2.2.7　用户与用户组管理

Linux 系统是一个多用户、多任务的分时操作系统。换句话说，Linux 系统支持多个用户在同一时间登录，不同用户可以执行不同的任务，并且互不影响。不同用户具有不同的权限，每个用户在权限允许的范围内完成不同的任务。Linux 系统正是通过这种权限的划分与管理实现了多用户、多任务的运行机制。

任何一个要使用系统资源的用户都必须首先向系统管理员申请一个账号，然后以这个账号的身份进入系统。建立不同属性的用户一方面可以合理地利用和控制系统资源；另一方面，每个用户账号都拥有一个唯一的用户名和口令，可以帮助用户组织文件，提供对用户文件的安全性保护。

实现用户与用户组的管理，要完成的工作主要有用户账号的添加、删除与修改，用户口令的管理，用户组的管理。通过定义用户组，在很多程序上简化了对用户的管理工作。

由于 Linux 系统是多用户操作系统，因此可以在其中新建若干用户（user），每个用户都有唯一的一个 UID（用户 ID），Linux 系统通过 UID 来识别不同的用户。

在 Linux 系统中，用户可分为以下 3 种类型。

（1）root 用户：又称为超级用户，ID 为 0，拥有最高权限，可以对普通用户和整个系统进行管理。

（2）系统用户：又称为虚拟用户、伪用户或假用户，不具有登录 Linux 系统的能力，却是系统运行不可缺少的用户，ID 一般为 1～499。

（3）普通用户：ID 在 500 以上，可以登录 Linux 系统，但是使用的权限有限。这类用户由系统管理员创建。

用户组是具有相同特征用户的集合，每个用户都有一个用户组，方便系统集中管理一个用户组中的所有用户。例如，同时赋予多个用户相同的权限，就可以把用户都定义到同一个用户组中，此时指定用户组的权限就可以使用户组下的所有用户具有同样的权限。用户组的管理主要包括用户组的添加、修改和删除。

用户和用户组的对应关系有以下 4 种。

（1）一对一：一个用户可以存在一个用户组中，是用户组中的唯一成员。

（2）一对多：一个用户可以存在多个用户组中，此用户具有这多个用户组的共同权限。

（3）多对一：多个用户可以存在一个用户组中，这些用户具有与用户组相同的权限。

（4）多对多：多个用户可以存在多个用户组中，是以上 3 种关系的扩展。

有关用户和用户组的命令如下。

1. useradd 命令

useradd 命令的格式如下：

```
useradd [选项] username
```

useradd 命令用于在 Linux 系统中创建新的系统用户。添加用户就是在系统中创建一个新账号，并为新账号分配用户 ID、用户组、主目录和登录 Shell 等资源。useradd 命令选项的功能说明如表 2-23 所示。

表 2-23　useradd 命令选项的功能说明

选　　项	功 能 说 明
-c <备注>	加上备注文字，备注文字会保存在 passwd 的备注栏中
-d<登入目录>	指定用户登录时的起始目录（主目录）
-D	变更预设值
-e <有效期限>	指定账号的有效期限
-f <缓冲天数>	指定在口令过期后多少天即关闭该账号
-g <群组>	指定用户所属的群组
-G <群组>	指定用户所属的附加群组
-m	自动建立用户的登录目录
-M	不自动建立用户的登录目录
-N	取消建立以用户名称为名的群组
-r	建立系统账号
-s	指定用户登录后所使用的 Shell
-u	指定用户 ID

例如，执行"useradd tt"命令，添加一般系统用户 tt，查看/etc/passwd 文件（存放用户账户信息），如果存在以 tt 开头的一条记录（如 tt:x:1003:1004::/home/tt:/bin/bash），则表示添加成功：

```
[root@hadoop data]# useradd tt
[root@hadoop data]# tail -n 1 /etc/passwd
tt:x:1003:1004::/home/tt:/bin/bash
```

在 useradd 命令后添加-d 参数指定主目录：

```
[root@hadoop data]# useradd -d /usr/test test
[root@hadoop data]# tail -n 1 /etc/passwd
test:x:1004:1005::/usr/test:/bin/bash
```

通过-g、-G 参数指定用户所属组和附加组。例如，执行命令"useradd -g user -G root myu"创建 myu 用户，并指定 myu 用户属于 user 用户组，同时属于 root 用户组，且主组为 user 用户组。在/etc/passwd 文件中的记录为"myu:x:1004:1001::/home/myu:/bin/bash"，

其中 1001 表示用户所属组的组 ID（gid）：

```
[root@hadoop data]# useradd -g user -G root myu
[root@hadoop data]# tail -n 1 /etc/passwd
myu:x:1004:1001::/home/myu:/bin/bash
```

2. userdel 命令

userdel 命令的格式如下：

```
userdel [选项] username
```

userdel 命令用于删除指定的用户，以及相关的文件。如果一个用户账号不再使用，则可从系统中将其删除。删除用户就是删除与用户有关的系统配置文件中的记录（如 /etc/passwd）。userdel 命令选项最常用的参数是-r，表示同时删除用户的主目录。其中，参数 username 表示要删除的用户。userdel 命令选项的功能说明如表 2-24 所示。

表 2-24   userdel 命令选项的功能说明

选　　项	功　能　说　明
-f	强制删除用户，即使用户当前已登录
-r	在删除用户的同时删除与用户相关的所有文件

例如，删除用户 test：

```
[root@hadoop data]# userdel -r test
```

此时，再次查看/etc/passwd 文件中的信息，将不会找到与 test 有关的信息行。

3. passwd 命令

passwd 命令的格式如下：

```
passwd [选项] [username]
```

passwd 命令用于设置用户的认证信息，包括用户信息、口令过期时间等。passwd 命令选项的功能说明如表 2-25 所示。

用户账号刚创建时没有口令，用户口令被系统锁定而无法使用，只有为其指定口令后才可以使用它，此时可以使用 passwd 命令指定和修改口令。超级用户可以为自己和其他用户指定口令，普通用户只能用它修改自己的口令。其中的 username 参数也可以省略，在没有指定该参数时，表示修改当前用户的口令；如果指定了该参数，则表示修改指定用户的口令，只有 root 用户才有修改指定用户口令的权限。

表 2-25   passwd 命令选项的功能说明

选　　项	功　能　说　明
-l	锁定用户口令（密码）
-u	解锁用户口令
-d	删除用户口令
-f	强制操作
-n	多久不可以修改口令

45

选　　项	功 能 说 明
-x	多久内必须修改口令
-w	口令过期前的警告天数
-i	口令过期后多少天，用户被禁止
-S	列出口令相关参数，即 shadow 文件内的大部分信息
-stdin	将前一个来自管道的数据作为口令输入

普通用户在修改口令时，passwd 命令会先询问原口令，验证后要求用户输入两遍新口令，如果两次输入的口令一致，则将这个口令指定给用户。超级用户（root 用户）在为用户指定口令时，不需要知道原口令，直接修改即可。

例如，使用 passwd 命令锁定用户口令：

```
[root@hadoop data]# passwd -l tt
锁定用户 tt 的密码 。
passwd: 操作成功
```

又如，使用 passwd 命令解锁用户口令：

```
[root@hadoop data]# passwd -u tt
解锁用户 tt 的密码。
passwd: 警告：未锁定的密码将是空的。
passwd: 不安全的操作(使用 -f 参数强制进行该操作)
```

root 用户在修改指定用户的口令时，如果设置的口令长度少于 8 位，则会提示"无效的密码：密码少于 8 个字符"，但是不影响对口令的设置，仍可以修改成功：

```
[root@hadoop data]# passwd myuser
更改用户 myuser 的密码 。
新的 密码：
无效的密码：　密码少于 8 个字符
重新输入新的 密码：
passwd: 所有的身份验证令牌已经成功更新。
```

4. usermod 命令

usermod 命令的格式如下：

```
usermod [选项] username
```

修改用户信息就是更改用户的属性，如用户 ID、主目录、用户所属组、登录 Shell 等。usermod 命令选项的功能说明如表 2-26 所示。

表 2-26　usermod 命令选项的功能说明

选　　项	功　　能
-a	把用户追加到某些组中，仅与-G 选项一起使用
-c	修改用户账号的描述信息
-d	修改用户的宿主目录

选 项	功 能
-e	修改用户账号的有效期限
-f	修改用户口令过期多少天后就禁用该账号
-g	修改用户所属组
-G	修改用户所属的附加组
-l	修改用户的登录名称
-L	锁定用户的口令
-s	修改用户登入后所用的 Shell
-u	修改用户 ID，必须唯一
-U	解锁用户口令

例如，将用户 myuser 的用户名改为 user1。查看/etc/passwd 文件中的信息，假设此时与 myuser 有关的记录为 "myuser:x:1007:1001::/home/myuser:/bin/bash"，执行 "usermod -l user1 myuser" 命令，其中的-l 表示修改用户的登录名称。需要注意的是，-l 参数后跟新的用户名。此时，/etc/passwd 文件中与之相关的信息行将会变更为 "user1:x:1007:1001::/home/myuser:/bin/bash"，表示用户名修改成功。

```
[root@hadoop data]# tail -n 5 /etc/passwd
testUser:x:1002:1003::/home/testUser:/bin/bash
tt:x:1003:1004::/home/tt:/bin/bash
myu:x:1005:1001::/home/myu:/bin/bash
testuser:x:1006:1001::/home/testuser:/bin/bash
myuser:x:1007:1001::/home/myuser:/bin/bash
[root@hadoop data]# usermod -l user1 myuser
[root@hadoop data]# tail -n 5 /etc/passwd
testUser:x:1002:1003::/home/testUser:/bin/bash
tt:x:1003:1004::/home/tt:/bin/bash
myu:x:1005:1001::/home/myu:/bin/bash
testuser:x:1006:1001::/home/testuser:/bin/bash
user1:x:1007:1001::/home/myuser:/bin/bash
```

5. groupadd 命令

groupadd 命令的格式如下：

```
groupadd [选项] group
```

groupadd 命令用于创建新的用户组，新的用户组的信息将被添加到系统文件中。groupadd 命令选项的功能说明如表 2-27 所示。group 表示用户组的组名。

表 2-27 groupadd 命令选项的功能说明

选 项	功 能 说 明
-g（组 ID）	指定新用户组的组标识号
-r	创建系统用户组
-k	覆盖配置文件 "/etc/login.defs"
-o	允许添加组 ID 不唯一的用户组

例如，添加一个组名为 myGroup 的用户组，通过 grep 命令在/etc/group 中查找与 myGroup 有关的记录：

```
[root@hadoop data]# groupadd myGroup
[root@hadoop data]# grep myGroup /etc/group
myGroup:x:1005:
```

又如，添加组名为 youGroup 的用户组，并指定组 ID 为 2000：

```
[root@hadoop data]# groupadd -g 2000 youGroup
[root@hadoop data]# grep youGroup /etc/group
youGroup:x:2000:
```

6. groupmod 命令

groupmod 命令的格式如下：

```
groupmod [选项] group
```

使用 groupmod 命令修改用户组的属性。其中，group 表示需要修改属性的用户组的名称。groupmod 命令选项的功能说明如表 2-28 所示。

表 2-28 groupmod 命令选项的功能说明

选 项	功 能 说 明
-g	修改用户组的组 ID
-n	将用户组的名称改为新名称
-o	允许使用重复的 GID

例如，将 youGroup 用户组的 ID 改为 1999：

```
[root@hadoop data]# groupmod -g 1999 youGroup
[root@hadoop data]# grep youGroup /etc/group
youGroup:x:1999:
```

又如，将 youGroup 用户组的名称修改为 otherGroup：

```
[root@hadoop data]# groupmod -n otherGroup youGroup
[root@hadoop data]# grep otherGroup /etc/group
otherGroup:x:1999:
```

7. groupdel 命令

groupdel 命令的格式如下：

```
groupdel group
```

使用 groupdel 命令删除用户组。其中，group 表示要删除用户组的名称。

例如，删除用户组 otherGroup：

```
[root@hadoop data]# groupdel otherGroup
[root@hadoop data]# grep otherGroup /etc/group
[root@hadoop data]#
```

8. su 命令

su 命令的格式如下：

```
su[选项] [参数]
```

su 命令用于切换当前用户身份为其他用户身份。

例如，从 root 身份切换为 tt 身份：

```
[root@hadoop data]# su tt
[tt@hadoop data]$
```

又如，从 tt 身份切换为 root 身份：

```
[tt@hadoop data]$ su root
密码：
[root@hadoop data]#
```

2.2.8 文件权限管理

在 Linux 系统中，有 3 种类型的用户可以访问文件或目录：文件所有者、同组用户、其他用户。文件所有者一般是文件的创建者，对该文件的访问权限拥有控制权。系统中绝大多数系统文件都是由 root 建立的，因此大多数系统文件的所有者都是 root。文件所有者可以允许同组用户有权限访问文件，还可以将文件的访问权限赋予系统中的其他用户。在这种情况下，系统中的每个用户都能访问该用户拥有的文件或目录。每个文件都有自己的所有者和所属组。通过 chown 和 chgrp 命令可以改变文件的所有者和所属组。

1. chown 命令

chown 命令的格式如下：

```
chown [选项] [owner] [:[group]] file
```

只有拥有超级用户 root 的权限才能执行 chown 命令。通过 chown 命令将文件所有者修改为指定用户。其中，owner 表示文件所有者，可以是用户名，也可以是用户 ID；group 表示文件的所属组、组名或组 ID 均可；file 是文件的名称。chown 命令选项的功能说明如表 2-29 所示。

表 2-29 chown 命令选项的功能说明

选　　项	功　能　说　明
-c	显示更改的部分信息
-f	忽略错误信息
-v	显示详细的处理信息
-h	修复符号链接
-R	递归处理所有的文件及子目录

例如，在 user 用户目录下新建 test 目录，并在 test 目录下创建 a、b 两个文件：

```
[user@hadoop ~]$ mkdir test
[user@hadoop ~]$ ls
```

```
test
[user@hadoop ~]$ cd test
[user@hadoop test]$ touch a b
[user@hadoop test]$ ls
a  b
```

使用 ls 命令查看 test 目录和文件 a、b 的详细信息：

```
[user@hadoop ~]$ ls -ld test
drwxr-xr-x. 2 user myuser 24 10月  6 01:48 test
[user@hadoop ~]$ ls -l test
总用量 0
-rw-r--r--. 1 user myuser 0 10月  6 01:48 a
-rw-r--r--. 1 user myuser 0 10月  6 01:48 b
```

结果中出现的"user myuser"表示 test 目录和文件 a、b 的所有者为 user，所在的用户组为 myuser。切换为 root 用户，新建用户 testUser，并执行"chown testUser test"命令，将 test 目录的所有者指定为 testUser：

```
[user@hadoop ~]$ su root
密码：
[root@hadoop user]# useradd testUser
[root@hadoop user]# chown testUser test
```

通过 ls 命令查看 test 目录的详细信息，可以看出，test 目录的所有者已变更为 testUser：

```
[root@hadoop user]# ls -ld test
drwxr-xr-x. 2 testUser myuser 24 10月  6 01:48 test
```

查看 test 目录下的 a、b 两个文件的所有者：

```
[root@hadoop user]# ls -l test
总用量 0
-rw-r--r--. 1 user myuser 0 10月  6 01:48 a
-rw-r--r--. 1 user myuser 0 10月  6 01:48 b
```

由结果得出，a、b 两个文件的所有者依旧是 user，即改变目录的所有者对目录下的文件没有影响，若想将目录下文件的所有者一同改变为 testUser，则可以在 chown 命令后添加-R 参数，即执行命令"chown -R testUser test"：

```
[root@hadoop user]# chown -R testUser test
[root@hadoop user]# ls -l test
总用量 0
-rw-r--r--. 1 testUser myuser 0 10月  6 01:48 a
-rw-r--r--. 1 testUser myuser 0 10月  6 01:48 b
```

2. chgrp 命令

chgrp 命令的格式如下：

```
chgrp [选项] group file
```

通过 chgrp 命令变更目录和文件的所属组，只有超级用户才拥有此权限。其中，group 表示目录或文件的所属组，可以是组名或组 ID；file 是目录或文件的名称。chgrp 命令选项的功能说明如表 2-30 所示。

表 2-30　chgrp 命令选项的功能说明

选　　项	功　能　说　明
-c	效果类似-v 选项，但当目录和文件的所属组发生改变时，输出调试信息
-f	忽略错误信息，不显示
-h	只对符号链接的文件做修改，而不修改其他任何相关文件
-R	递归处理，对指定目录下的所有文件及子目录一并进行处理
-v	显示详细的处理信息

例如，修改 test 目录的所属组为 myGroup：

```
[root@hadoop user]# ls -ld test
drwxr-xr-x. 2 testUser myuser 24 10月  6 01:48 test
[root@hadoop user]# chgrp myGroup test
[root@hadoop user]# ls -ld test
drwxr-xr-x. 2 testUser myGroup 24 10月  6 01:48 test
```

因为没有添加-R 参数，所以 test 目录下的 a、b 两个文件的所属组依旧是 myuser：

```
[root@hadoop user]# ls -l test
总用量 0
-rw-r--r--. 1 testUser myuser 0 10月  6 01:48 a
-rw-r--r--. 1 testUser myuser 0 10月  6 01:48 b
```

添加-R 参数后，即执行命令"chgrp -R myGroup test"，a、b 两个文件的所属组也一同更改为 myGroup：

```
[root@hadoop user]# chgrp -R myGroup test
[root@hadoop user]# ls -l test
总用量 0
-rw-r--r--. 1 testUser myGroup 0 10月  6 01:48 a
-rw-r--r--. 1 testUser myGroup 0 10月  6 01:48 b
```

每个文件或目录的访问权限都有 3 组，每组用 3 位表示，分别为文件属主的读、写和执行权限，与属主同组用户的读、写和执行权限，系统中其他用户的读、写和执行权限。文件被创建时，文件所有者自动拥有对该文件的读、写和执行权限，以便于阅读和修改文件。普通用户不能改变文件所有者，但是在一定程度上可以改变它的组所有者，用户也可以根据需要把访问权限设置为需要的任何组合，目录必须拥有执行权限，否则无法查看其内容。r 表示读权限，w 表示写权限，x 表示执行权限，不同权限对应文件和目录的不同操作。权限对文件和目录的影响如表 2-31 所示。

表 2-31　权限对文件和目录的影响

权　　限	对文件的影响	对目录的影响
r（读）	可读取文件内容	可列出目录内容

续表

权　限	对文件的影响	对目录的影响
w（写）	可修改、删除文件内容	可在目录中创建、删除文件
x（执行）	可作为命令执行	可访问目录内容

当用 ls -l 命令显示文件或目录的详细信息时，最左边一列为文件的访问权限：

```
[root@hadoop ~]# ls -l /etc/passwd
-rw-r--r--. 1 root root 967 10 月  6 01:55 /etc/passwd
```

输出结果的前 10 个字符 "-rw-r--r--" 表示文件属性，第 1 个字符表示文件类型，其余的 9 个字符（3 个一组）分别表示文件所有者、文件所属组，以及其他用户对该文件的读、写和执行权限。每组属性的具体含义如表 2-32 所示，访问权限位的含义如表 2-33 所示。

表 2-32　每组属性的具体含义

-	rw-	r--	r--
文件类型	所有者权限	所属组权限	其他用户权限

表 2-33　访问权限位的含义

属　性	含　义
所有者权限	用于限制文件或目录的创建者
所属组权限	用于限制文件或目录所属组的成员
其他用户权限	用于限制既不是所有者又不是所属组的能访问该文件或目录的其他人员

3. chmod 命令

通过 chmod 命令改变不同用户对文件或目录的访问权限，文件或目录的所有者和超级用户拥有修改权限。chmod 命令选项的功能说明如表 2-34 所示。

表 2-34　chmod 命令选项的功能说明

选　项	功　能　说　明
-c	只有在该文件权限确实已经更改后才显示其更改动作
-f	该文件权限无法被更改，也不显示错误信息
-v	显示权限变更的详细资料
-R	对当前目录下的所有文件与子目录进行相同的权限变更（以递归方式逐个变更）

该命令有两种使用方法：表达式法和数字法。

（1）表达式法。

表达式法的 chmod 命令格式如下：

```
chmod [who] [operator] [mode] file
```

其中，who 指定用户身份，其选项说明如表 2-35 所示。若此参数省略，则表示对所有用户进行操作；operator 表示添加或取消某个权限，取值为 "+" 或 "−"；mode 指定读、写和执行权限，取值为 r、w、x 的任意组合。

表 2-35　who 参数选项的功能说明

选　项	功 能 说 明
u	文件或目录的所有者
g	同组用户
o	其他用户
a	所有用户，默认值

例如，查看 test 目录下的 a 文件的访问权限：

```
[root@hadoop test]# ls -ld a
-rw-r--r--. 1 testUser myGroup 0 10月  5 13:59 a
```

所有者拥有读、写权限，同组用户和其他用户只拥有读权限。为了保证 a 文件是可执行的，赋予所有者和同组用户执行权限。同时其他用户可修改文件内容，即其他用户拥有写权限。

```
[root@hadoop test]# chmod u+x,g+x,o+w a
[root@hadoop test]# ls -ld a
-rwxr-xrw-. 1 testUser myGroup 0 10月  5 13:59 a
```

（2）数字法。

chmod 命令支持以数字方式修改权限，读、写和执行权限分别用 3 个数字表示：r（读）=4，w（写）=2，x（执行）=1。每组权限分别为对应数字之和，如"rw-r--r--"为"644"（"-"表示没有某一个权限，取值为 0）。当前 a 文件的访问权限为"rwxr-xrw-"，将其恢复为原来的"rw-r--r--"，只需执行命令"chmod 644 a"：

```
[root@hadoop test]# chmod 644 a
[root@hadoop test]# ls -ld a
-rw-r--r--. 1 testUser myGroup 0 10月  5 13:59 a
```

2.2.9　归档与压缩

归档是指把多个文件组合到一个文件中。归档文件没有经过压缩，因此它占用的空间是其中所有文件和目录的总和。通常，归档总是会与系统（数据）备份联系在一起。与归档文件类似，压缩文件也是一个文件或目录的集合，且这个集合也被存储在一个文件中。它们的不同之处在于，压缩文件采用了不同的存储方式，使其所占用的磁盘空间比集合中所有文件大小的总和要小。压缩是指利用算法对文件进行处理，达到保留最大文件信息而让文件体积变小的目的。压缩的基本原理为，通过查找文件内的重复字节建立一个相同字节的词典文件，并用一个代码表示。例如，在压缩文件中，不只一处出现了"大数据"，那么，在压缩文件时，这个词就会用一个代码表示并写入词典文件，这样就可以实现缩小文件体积的目的。

1. tar 命令

tar 命令的格式如下：

```
tar [选项] [参数]
```

53

tar 是一个归档程序，即 tar 命令可以将许多文件打包成一个归档文件或把它们写入备份设备，如一个磁带驱动器。因此，通常在 Linux 系统下，保存文件都是先用 tar 命令将目录或文件打包成 tar 归档文件（也称 tar 包），然后压缩。tar 命令选项的功能说明如表 2-36 所示。

表 2-36　tar 命令选项的功能说明

选　　项	功　能　说　明
-t 或--list	列出备份文件的内容
-z	使 tar 命令具有 gzip 命令的功能，通过 gzip 命令处理备份文件
-Z	使 tar 命令具有 compress 命令的功能，通过 compress 命令处理备份文件
-v	显示打包的详细过程
-f	指定 tar 包的文件名
-c	建立新的备份文件，即建立压缩档案
-x	从备份文件中还原文件，即解压

当有多个参数时，-f 参数必须在最后一个，否则会报错，原因是-f 后面跟的是目标文件名称，如果使用-fc，则会把 c 当作源文件名称。

例如，使用 tar 命令压缩文件 file1：

```
[root@hadoop ~]# ll
总用量 12
-rw-r--r--. 1 root root  78 10月  6 01:00 file
-rw-r--r--. 1 root root 127 10月  6 01:08 file1
-rw-r--r--. 1 root root   0 10月  6 01:13 file2
-rw-r--r--. 1 root root  59 10月  6 00:33 result
[root@hadoop ~]# tar -zcvf file.tar.gz file1
file1/
[root@hadoop ~]# ll
总用量 16
-rw-r--r--. 1 root root  78 10月  6 01:00 file
-rw-r--r--. 1 root root 127 10月  6 01:08 file1
-rw-r--r--. 1 root root   0 10月  6 01:13 file2
-rw-r--r--. 1 root root 184 10月  6 02:22 file.tar.gz
-rw-r--r--. 1 root root  59 10月  6 00:33 result
```

又如，列出压缩文件的内容：

```
[root@hadoop ~]# tar -ztvf file.tar.gz
-rw-r--r-- root/root        127 2022-10-06 01:08 file1/
```

2. zip 命令

zip 命令的格式如下：

```
zip [选项] filename
```

zip 命令可以用来解压文件，或者对文件进行打包操作。zip 是一个使用广泛的压缩程序，文件经它压缩后会另外产生具有 ".zip" 扩展名的压缩文件。有些服务器如果没有安装 zip 包，就执行不了 zip 命令，但基本上都可以使用 tar 命令。zip 命令选项的功能说明如表 2-37 所示。

表 2-37 zip 命令选项的功能说明

选 项	功 能 说 明
-c	为每个被压缩的文件加上注释
-d	从压缩文件内删除指定的文件
-D	压缩文件内不建立目录名称
-f	此选项的效果与指定-u 选项类似，但它不只更新既有文件，如果某些文件原本不存在于压缩文件内，那么使用本参数会一并将其加入压缩文件
-r	递归压缩目录，即指定目录下的所有文件及子目录全部被压缩
-m	将文件压缩之后删除原始文件，相当于把文件移到压缩文件中
-v	显示详细的压缩过程信息
-q	在压缩时不显示命令的执行过程
-u	更新压缩文件，即向压缩文件中添加新文件

例如，将/root 目录下的 file 文件压缩为当前目录下的 file.zip：

```
[root@hadoop ~]# ls
file  result
[root@hadoop ~]# zip file.zip file
  adding: file (deflated 19%)
[root@hadoop ~]# ls -l
总用量 12
-rw-r--r--. 1 root root  78 10月  6 01:00 file
-rw-r--r--. 1 root root 221 10月  6 02:26 file.zip
-rw-r--r--. 1 root root  59 10月  6 00:33 result
```

3. unzip 命令

unzip 命令的格式如下：

```
unzip [选项] filename
```

unzip 命令可以查看和解压 zip 文件。其中，filename 为压缩文件名。unzip 命令选项的功能说明如表 2-38 所示。

表 2-38 unzip 命令选项的功能说明

选 项	功 能 说 明
-d	将压缩文件解压到指定目录下
-n	解压时并不覆盖已经存在的文件
-o	解压时覆盖已经存在的文件，且无须用户确认

例如，将 file.zip 文件解压：

```
[root@hadoop ~]# ls
file.zip  result
[root@hadoop ~]# unzip file.zip
Archive:  file.zip
```

```
inflating: file
[root@hadoop ~]# ls
file file.zip result
```

2.2.10 进程管理

进程是正在执行的一个程序或命令，每个进程都是一个运行的实体，都有自己的地址空间，并占用一定的系统资源。

1. ps 命令

ps 命令的格式如下：

```
ps [参数]
```

ps 命令用来列出系统中当前运行的进程。ps 选项的功能说明如表 2-39 所示。

表 2-39 ps 选项的功能说明

选 项	功 能 说 明
a	显示终端机下的所有程序，包括其他用户的程序
-A	显示所有进程
-e	此选项的效果与指定-A 选项相同
f	用 ASCII 字符显示树状结构，表达程序间的相互关系
-u root	显示 root 用户信息

例如，查看所有进程：

```
[root@hadoop ~]#ps -ef #查看所有进程
UID        PID   PPID  C STIME TTY          TIME CMD
root         1      0  0 15:56 ?        00:00:00 [kthreadd]
root         2      2  0 15:56 ?        00:00:00 [ksoftirqd/0]
root         3      2  0 15:56 ?        00:00:00 [kworker/0:0]
root         4      2  0 15:56 ?        00:00:00 [kworker/0:0H]
```

2. kill 命令

kill 命令的格式如下：

```
kill [参数][进程号]
```

kill 命令用来终止执行中的程序。kill 命令选项的功能说明如表 2-40 所示。

表 2-40 kill 命令选项的功能说明

选 项	功 能 说 明
-l	信号，如果不加信号的编号参数，则使用-l 选项会列出全部的信号名称
-a	在处理当前进程时，不限制命令名和进程号的对应关系
-p	指定 kill 命令只打印相关进程的进程号，而不发送任何信号
-s	指定发送信号
-u	指定用户
-9	强制终止

例如，终止 DataNode：

```
[root@hadoop ~]#> jpsall  #可使用 jpsall 查看 DataNode 进程号
=============== hadoop ===============
5569 DataNode
5889 Jps
5431 NameNode
[root@hadoop ~]#> kill 5569
[root@hadoop ~]#> kill 5569
bash: kill: (5569) - 没有那个进程
```

2.3 本章小结

本章主要介绍了 Linux 系统的相关内容，重点介绍了 Linux 常使用的命令，用户使用 Linux 命令行技巧可以方便、快捷地输入命令，使用帮助命令可以更好地了解一个命令的用法；目录和文件操作主要用来进行目录和文件的增、删、移动、修改名称等操作；文本编辑用来对文件进行编辑操作；文件权限管理用来控制文件使用权限；归档和压缩主要对目录与文件进行备份、压缩操作。

2.4 习题

一、选择题

1. 对于 Linux 命令行通用格式，以下不属于其组成部分的是（   ）。

    A．命令字　　　　　　B．选项　　　　　　C．返回值　　　　　　D．参数

2. 用于存放系统配置文件的目录是（   ）。

    A．/etc　　　　　　　B．/home　　　　　　C．/var　　　　　　D．/root

3. 要显示含有权限信息的目录内容可用下面哪个命令？（   ）。

    A．ls　　　　　　　　B．ls -A　　　　　　C．ls -la　　　　　　D．ls -r

4. 下列命令中可以对文件进行压缩的是（   ）。

    A．tar　　　　　　　B．less　　　　　　C．mv　　　　　　D．ls

5. 对于自己的文件，用户拥有（   ）权限。

    A．限制的　　　　　　B．相对的　　　　　　C．部分受限的　　　　　　D．绝对的

6. 在 vi 编辑器的（   ）中，可以设置当前文件内容的行号。

    A．末行模式　　　　　　　　　　B．命令模式
    C．插入模式　　　　　　　　　　D．终端模式

7. 在 Linux 系统中建立一个新文件可以使用的命令为（   ）。

    A．chmod　　　　　　B．more　　　　　　C．cp　　　　　　D．touch

8. 在 Linux 系统中，对 file.sh 文件执行 "#chmod 645 file.sh" 命令，该文件的访问权限是（   ）。

    A．-rw-r--r--　　　　　　　　　　B．-rw-r--rx-
    C．-rw-r--rw-　　　　　　　　　　D．-rw-r--r-x

二、简答题

1. Linux 文件可以分为哪几种类型？如何在使用过程中进行判断？

2. 简述 vi 编辑器的 3 种模式，以及它们之间是如何转换的。

3. 归档和压缩操作有何异同？压缩操作是如何实现的？

4. 简述如何使用 tar 命令备份/etc/目录下的内容。

5. 简述如何使用 cat 命令将几个文件合并为一个文件。

## 第 3 章

Hadoop 大数据处理架构

Hadoop 是一个开源的、可运行于大规模集群上的分布式计算平台，实现了 MapReduce 计算模型和 HDFS 分布式文件系统等功能，主要解决海量数据的存储与计算问题，是大数据技术中的基石。本章首先介绍 Hadoop 的概念和生态系统，然后讲解高可用的 Hadoop 集群搭建与配置，最后通过例子验证 Hadoop 集群是否搭建成功。

3.1 Hadoop 简介

3.1.1 Hadoop 的概念

Hadoop 是 Apache 旗下的开源软件平台，是一种分布式框架，能够基于用户自定义的逻辑和服务器集群对海量数据进行分布式处理。

Hadoop 有 3 个核心组件：HDFS（Hadoop Distributed File System，Hadoop 分布式文件系统）、MapReduce（分布式并行计算模型）和 YARN（Yet Another Resource Negotiator，另一种资源协调者），分别负责分布式存储、分布式计算与硬件资源的调度。然而，Hadoop 的核心组件位于 Hadoop 框架的底层，直接基于底层进行数据分析和处理比较烦琐，开发效率低下，因此，在 Hadoop 之上又衍生出了 Hive、Spark、HBase 等快捷的开发工具（组件），这些开发工具共同构成了完善的 Hadoop 生态系统。广义上讲，目前 Hadoop 一词可以泛指 Hadoop 生态系统，将在 3.3 节对 Hadoop 生态系统进行简要介绍。

3.1.2 Hadoop 的发展史

一切技术的发展归因为需求推动，要了解 Hadoop 的发展史，首先要了解大数据的需求所在。数据量的增长给数据的存储和分析提出了新的要求，原有系统的存储量、读/写速度、计算效率已无法满足用户在大数据时代的需求。为解决这些问题，谷歌于 2003 年发表了极具影响力的论文 *The Google File System*（GFS），介绍了谷歌的分布式文件系统，引起巨大反响。

与此同时，Doug Cutting（Appache Lucene 项目创始人）正在开发 Nutch 项目（后来的 Hadoop 源自 Nutch），他认为 GFS 的思想有助于 Nutch 项目的开发。因此在 2004 年，Nutch 项目借鉴了 GFS 的思想，开发了一个分布式文件系统，命名为 Nutch Distributed File System（NDFS）。NDFS 其实就是 HDFS 的前身，第 4 章将会详细介绍 HDFS。

2004 年，谷歌又发表了另一篇极具影响力的论文，阐述了 MapReduce 的分布式编程思想，于是 Nutch 项目组又根据谷歌 MapReduce 实现并开源了 MapReduce 分布式编程系统。2006 年，NDFS 和 MapReduce 从 Nutch 项目中独立出来，形成了一个新的子项目 Hadoop，NDFS 也更名为 HDFS，Hadoop 正式登上历史舞台。同年，Doug Cutting 加盟 Yahoo，因此 Yahoo 也成为最早使用 Hadoop 并建立 Hadoop 集群的公司。

目前，Hadoop 在大数据处理领域处于领跑地位。下面简要回顾一下 Hadoop 的主要发展历程。

- 2006 年，Hadoop 项目正式成立。
- 2008 年 1 月，Hadoop 成为 Apache 的顶级项目。
- 2008 年 4 月，Hadoop 打破世界纪录，成为速度最快的 TB 级数据排序系统。在一个有 910 个节点的集群上，Hadoop 在 209s 内完成了对 1TB 数据的排序。
- 2008 年 6 月，Hadoop 的第一个 SQL 框架 Hive 成为 Hadoop 的子项目。
- 2009 年 7 月，MapReduce 和 HDFS 成为 Hadoop 的独立子项目。
- 2009 年 7 月，Avro 和 Chukwa 成为 Hadoop 新的子项目
- 2010 年 5 月，Avro 脱离 Hadoop 成为 Apache 的顶级子项目。
- 2010 年 5 月，HBase 脱离 Hadoop 成为 Apache 的顶级子项目。
- 2010 年 9 月，Hive 脱离 Hadoop 成为 Apache 的顶级子项目。
- 2010 年 9 月，Pig 脱离 Hadoop 成为 Apache 的顶级子项目。
- 2011 年 1 月，ZooKeeper 脱离 Hadoop 成为 Apache 的顶级子项目。
- 2011 年，Yahoo 将 Hadoop 团队独立，成立了一个子公司 Hortonworks，专门提供 Hadoop 相关服务。
- 2011 年 12 月，Hadoop 1.0.0 版本发布，标志着 Hadoop 已经初具生产规模。
- 2012 年 5 月，Hadoop 2.0.0-alpha 版本发布，这是 Hadoop 2.X 中的第 1 个版本。与之前的 Hadoop 1.X 版本相比，它加入了 YARN，同时，YARN 成为 Hadoop 的子项目。
- 2012 年 10 月，Impala 加入 Hadoop 生态系统。
- 2013 年 10 月，Hadoop 2.0.0 版本发布，Hadoop 正式进入 2.0 时代。
- 2014 年 2 月，Spark 开始替代 MapReduce 成为 Hadoop 的默认执行引擎，并成为 Apache 的顶级项目。
- 2015 年 4 月，Hadoop 2.7.0 版本正式发布，对 HDFS、MapReduce、YARN 进行了大量更新。
- 2016 年 9 月，Hadoop 3.0.0 首个 Alpha 版本发布，Hadoop 进入 3.0 时代。但 Hadoop 2.X 版本仍会持续更新。
- 2017 年 12 月，继 Hadoop 3.0.0 的 4 个 Alpha 版本和 1 个 Beta 版本后，第 1 个可用的 Hadoop 3.0.0 版本发布。
- 2018 年 5 月，Hadoop 3.0.1 可用版本发布。
- 2019 年 8 月，Hadoop 3.1.3 版本发布，并成为之后较长一段时间内采用 Hadoop 3.X 的首选版本。

随后几年，Hadoop 2.X 版本和 Hadoop 3.X 版本持续进行漏洞修复与更新迭代。目前，Hadoop 2.X 版本和 Hadoop 3.X 版本已分别更新至 Hadoop 2.10.2 Available 版本与

Hadoop 3.3.4 Available 版本。以上只列出了 Hadoop 发展的重要节点，详细发展历程可参见 Hadoop 官网。

3.1.3　Hadoop 版本介绍

通过 Hadoop 的发展史不难看出，Hadoop 主要出现了 Hadoop 1.X、Hadoop 2.X 和 Hadoop 3.X 三个主要版本。

HDFS 和 MapReduce 是 Hadoop 1.X 版本的核心组件，Hadoop 生态系统中的很多组件都是基于 HDFS 和 MapReduce 发展而来的。Hadoop 2.X 版本和 Hadoop 3.X 版本对 Hadoop 1.X 版本做了增强，主要在于添加 YARN 作为核心组件。业界现状是 Hadoop 2.X 版本和 Hadoop 3.X 版本共存，但是出于学习目的，本书以 Hadoop 3.3.4 版本为例进行讲解。

3.2　Hadoop 的特性

Hadoop 具有高可靠性、高效性、高可扩展性、高容错性、低成本、多编程语言支持等特性。

1．高可靠性

Hadoop 能自动维护数据的多个备份，并且在任务失败后自动重新部署计算任务。因此 Hadoop 的按位存储和处理数据能力值得人们信赖，具备很高的可靠性。

2．高效性

Hadoop 能够在节点之间以并行方式工作，动态地移动数据，并保证各个节点的动态平衡，因此其处理速度非常快，效率极高。

3．高可扩展性

Hadoop 具有很高的可扩展性，可以很容易地向节点中添加新硬件。该特性也使 Hadoop 具有水平扩展的能力，可以在不停机的情况下动态地向集群中添加新的节点。

4．高容错性

高容错性是 Hadoop 的一个非常重要的特性。在 Hadoop 集群中，每个数据块默认可以存储 3 份，而且用户可以按照自己的需求进行调整。任何节点发生故障后，都可以轻松地从其他节点恢复此节点的数据，这就是 Hadoop 的容错机制。

5．低成本

Hadoop 可以运行在普通硬件下，因此不需要高昂的成本来建立集群，也不需要特殊的计算机，故 Hadoop 可以节约成本，用户可以非常容易地按需添加更多节点。如果需求增长，则可随时增加节点，而不需要事先制订周详的计划。

6．多编程语言支持

Hadoop 是用 Java 语言写的一个开源框架，Java 是 Hadoop 的基础开发语言，但这不妨碍用户使用其他语言进行编码，包括 C、C++、Perl、Python、Ruby 等。但是使用 Java 语言将可以控制 Hadoop 框架的底层。

3.3 Hadoop 生态系统

3.3.1 Hadoop 集群的架构

Hadoop 面世之后快速发展，相继开发出了很多组件。这些组件各有特点，共同提供服务给 Hadoop 相关的工程，并逐渐形成系列化的组件系统，通常被称为 Hadoop 生态系统，如图 3-1 所示。下面结合图 3-1 简要介绍 Hadoop 生态系统中的主要组件。

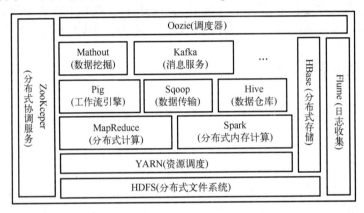

图 3-1　Hadoop 生态系统

3.3.2 Hadoop 生态系统的组件

1. HDFS

HDFS 是 Hadoop 分布式文件系统，为 Hadoop 核心项目之一，是分布式计算中数据存储管理的基础。HDFS 具备高容错性的数据备份机制，能检测硬件故障并及时做出响应，可在低成本硬件上运行。此外，HDFS 具备流式数据访问的特点，可满足高吞吐量应用场景。

2. MapReduce

MapReduce 是一种计算模型，用于大规模数据的并行计算。Map 对数据集上的独立元素进行指定操作，生成键值对形式的中间结果；Reduce 对中间结果中相同的键的所有值进行规约得到最终结果。MapReduce 也是 Hadoop 生态系统的核心组件之一。

3. YARN 资源管理

YARN 是 Hadoop 的另一核心组件，与 HDFS 和 MapReduce 并称为 Hadoop 三大核心组件。它是自 Hadoop 2.x 版本开始引入的资源管理器，可为上层应用提供统一的资源管理和调度服务。

4. Sqoop

Sqoop 是一款开源的 ETL 工具，主要用于在 Hadoop 与传统数据之间进行数据转换，可将一个关系型数据库中的输入导入 Hadoop 的 HDFS 中，也可将 HDFS 中的数据导出到关系型数据库中。

5. Mahout

Mahout 提供了一些可扩展机器学习领域经典算法的实现，旨在帮助开发人员方便、快捷地创建智能应用。Mahout 包含许多实现，包括聚类、分类、推荐过滤、频繁子项挖掘。此外，通过使用 Apache Hadoop 库，Mahout 可以有效地扩展到云中。

6. HBase

HBase 是一个针对非结构化数据的可伸缩、高可靠、高性能、分布式和面向列的动态模式数据库。HBase 提供了对大规模数据的随机、实时读/写访问，同时，HBase 中保存的数据可以使用 MapReduce 来处理，它将数据存储和并行计算完美地结合在一起。

7. ZooKeeper

ZooKeeper 是一个开放源码的分布式应用程序协调服务，是谷歌的 Chubby 的一个开源的实现，是 Hadoop 和 HBase 的重要组件。ZooKeeper 可解决分布式环境下的数据管理问题：统一命名、状态同步、集群管理、配置同步等。

8. Hive

Hive 是建立在 Hadoop 上的数据仓库基础构架。它提供了一系列的工具，可存储、查询和分析存储在 Hadoop 中的大规模数据。前面提到，Hive 定义了 HQL 语言，通过简单的 HQL 语言将数据操作转换为复杂的 MapReduce，运行在 Hadoop 大数据平台上。

9. Pig

Pig 是一个基于 Hadoop 的大规模数据分析框架，它提供的 SQL-LIKE 语言叫作 Pig Latin。该语言的编译器会把 HQL 语言的数据分析请求转换成一系列经过优化处理的 MapReduce 运算，数据格式非常灵活，可以自由转换，并且在运算过程中用关系进行存储，减少了文件的输出。

10. Flume

Flume 是 Cloudera 提供的一个高可用的、高可靠的、分布式的进行海量日志采集、聚合和传输的系统。Flume 支持在日志系统中定制各类数据发送方，用于收集数据；同时，Flume 可对数据进行简单处理，并写给各种数据接收方（可定制）。

11. Spark

Spark 是在 MapReduce 之上发展起来的一种通用内存并行计算框架，专为快速计算而设计，继承了 MapReduce 并行计算的优点并改进了 MapReduce 的明显缺陷。Spark 旨在涵盖各种工作负载，如批处理应用程序、迭代算法、交互式查询和流式处理。除在相应系统中支持所有这些工作负载之外，它还减轻了维护单独工具的管理负担。

3.4 部署 Hadoop 集群

3.4.1 Hadoop 集群的部署方式

Hadoop 集群的部署方式分为独立模式（Standalone Mode）、伪分布模式（Pseudo-Distributed Mode）和完全分布模式（Cluster Mode）。

1. 独立模式

独立模式又称单机模式，是 Hadoop 集群的默认部署方式，无须运行任何守护进程（Daemon），所有程序都在单台虚拟机上执行。由于在独立模式下测试和调试 MapReduce 程序较为方便，因此，这种模式适宜用于开发阶段。但该模式使用的本地文件系统不属于分布式文件系统。

2. 伪分布模式

伪分布模式是指在一台主机上模拟多台主机。也就是说，Hadoop 的守护进程在本地计算机上运行，模拟集群环境，并且是相互独立的 Java 进程。在这种模式下，Hadoop 使用的是分布式文件系统，各个作业也是由 JobTraker 服务来管理的独立进程。

3. 完全分布模式

完全分布模式是指守护进程运行在由多台主机搭建的集群上，是真正的生产环境。

在 Hadoop 环境中，所有服务器节点分为两种角色：master 节点[①]（主节点，1 个）和 slave 节点（从节点，多个）。下面以 3 台虚拟机来模拟 1 个主节点和 2 个从节点，详细讲解在完全分布模式下，Hadoop 集群的搭建与配置方法。

3.4.2 虚拟机的创建和配置

Hadoop 可以安装在 Linux 系统或 Windows 系统中，但在实际开发中，因为 Linux 系统具备更好的稳定性，所以，在大多数情况下，Hadoop 集群是在 Linux 系统上运行的。因此这里以 Linux 系统作为底层操作系统进行讲解。

大数据集群的搭建涉及多台机器，而在日常学习和个人开发测试过程中，这显然是不必要的，为此，可以使用虚拟机软件在同一台计算机上构建多个 Linux 系统虚拟机环境，从而进行大数据集群的学习和个人开发测试。

虚拟机的软件有很多，目前功能强大且比较主流的虚拟机软件首选 VMware Workstation。VMware Workstation 可以在现有的操作系统上虚拟出一个新的硬件环境，相当于模拟出一台新的计算机，以此来实现在一台机器上真正同时运行两个独立的操作系统。

VMware Workstation 的主要特点：不需要分区或重新开机就能在同一台计算机上使用两种以上的操作系统；本机系统可以与虚拟机系统网络通信；可以设定并随时修改虚拟机操作系统的硬件环境，如内存配置、硬盘大小（注意：不能超过真实主机硬件上限）；虚拟机快照可以保存操作系统当前的状态，若后续 Linux 系统崩溃，则可以使用快照恢复。

虚拟机的镜像选择 CentOS 7 系统。CentOS 系统的主要特点和优势之一是稳定，从而

---

① 注意区分 Master 和 master，本书中的 master 指的是本章配置的虚拟机名称，也泛指主节点。

在很大程度上避免了系统因完全阻塞而崩溃。CentOS 系统是由另一个商业 Red Hat Enterprise Server 操作系统派生而来的。当然，它也是基于 Linux 系统的，并且遵从 Red Hat Enterprise Server 的整体设计，质量非常高，它只负责执行最稳定的版本，以尽可能降低系统崩溃的风险。

本节要搭建的 Hadoop 集群的 IP 规划（实验拓扑）如图 3-2 所示。其中，master 为主节点，slave01 和 slave02 为从节点，下面介绍详细步骤。

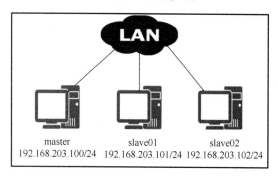

图 3-2　实验拓扑

1. 创建虚拟机

（1）创建新的虚拟机。

按照说明下载并安装好 VMware Workstation（此次演示的是 VMware Workstation 16，其下载和安装都非常简单，具体可以查阅相关资料）。安装成功后打开 VMware Workstation，如图 3-3 所示。单击"创建新的虚拟机"按钮，进入"新建虚拟机向导"对话框，如图 3-4 所示。

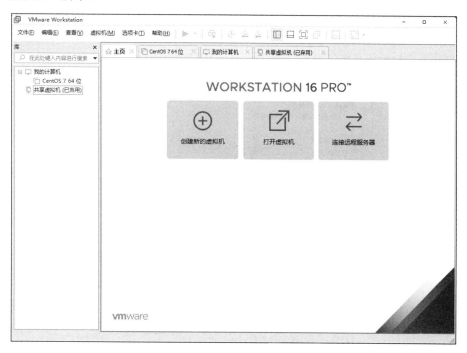

图 3-3　VMware Workstation 界面

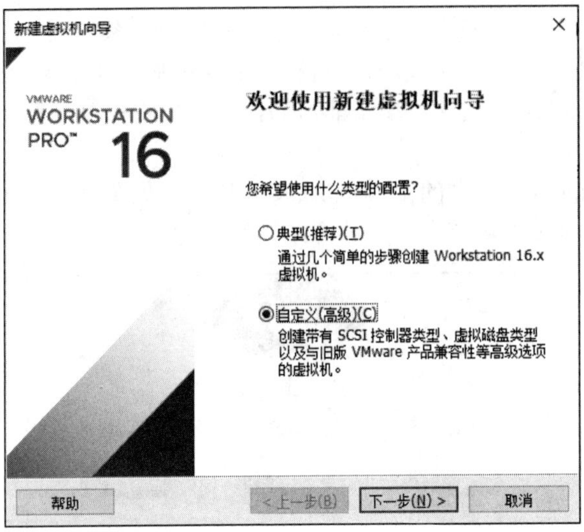

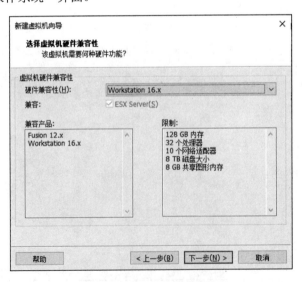

图 3-4 "新建虚拟机向导"对话框

（2）典型安装和自定义安装。

典型安装：VMware Workstation 会将主流的配置应用在虚拟机的操作系统上，对于新用户很友好。

自定义安装：可以针对性地把一些资源加强，把不需要的资源移除，避免资源浪费。

在图 3-4 中选择"自定义（高级）"单选按钮，单击"下一步"按钮，进入"选择虚拟机硬件兼容性"界面。

（3）选择虚拟机硬件兼容性。

将 VMware Workstation 创建的虚拟机复制到其低版本中会出现兼容性问题，而将由其低版本创建的虚拟机复制到高版本中则不会出现兼容性问题。如图 3-5 所示，在"选择虚拟机硬件兼容性"界面选择默认提供的版本。完成硬件兼容性选择后，单击"下一步"按钮，进入"安装客户机操作系统"界面。

图 3-5 选择虚拟机硬件兼容性

（4）安装客户机操作系统。

如图 3-6 所示，选中"稍后安装操作系统"单选按钮，安装客户机操作系统后，单击"下一步"按钮，进入"选择客户机操作系统"界面。

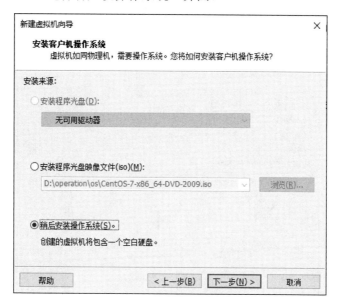

图 3-6　安装客户机操作系统

（5）选择客户机操作系统。

如图 3-7 所示，在"选择客户机操作系统"界面选择此次要安装的客户机操作系统，即选中"Linux"单选按钮，操作系统版本为 CentOS 7 64 位。选择客户机操作系统后，单击"下一步"按钮，进入"命名虚拟机"界面。

图 3-7　选择客户机操作系统

67

（6）虚拟机的命名和安装位置。

虚拟机的命名和安装位置可以随意更改，但尽量使用英文字符，防止出现兼容性问题。自定义虚拟机的名称（这里定义的虚拟机名称为 Hadoop01）和安装位置，如图 3-8 所示。完成后单击"下一步"按钮，进入"处理器配置"界面。

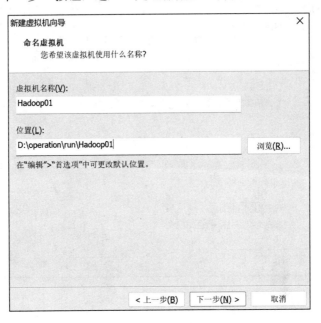

图 3-8　虚拟机的命名和安装位置

（7）处理器配置。

根据个人计算机端的硬件质量和使用需求，自定义处理器数量和每个处理器的内核数量，如图 3-9 所示。完成处理器配置后，单击"下一步"按钮，进入"此虚拟机的内存"界面。

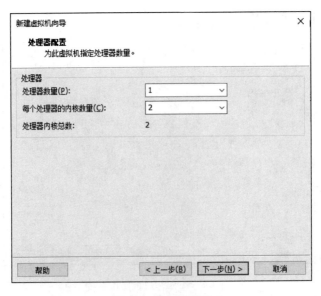

图 3-9　处理器配置

（8）虚拟机内存分配。

根据个人计算机的物理内存和系统需求对虚拟机内存进行合理的分配，但不建议低于 2GB。这里为虚拟机分配了 4GB（4096MB）内存，如图 3-10 所示。完成虚拟机内存分配后，单击"下一步"按钮，进入"网络类型"界面。

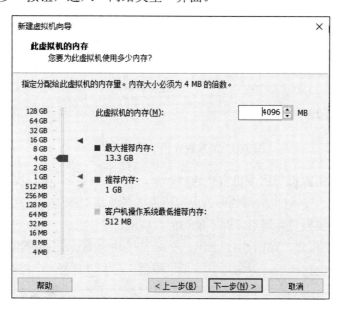

图 3-10　虚拟机内存分配

（9）网络类型的选择。

虚拟机网络支持桥接、NAT 和仅主机 3 种模式。这里对这 3 种模式做简要介绍。

桥接模式：如果选择桥接模式，那么虚拟机和宿主机在网络上就是平级关系，相当于连接在同一交换机上。桥接模式可以理解为通过物理主机网卡建立网桥，从而连接到实际网络。因此，该模式可以为虚拟机分配与物理主机相同网段的独立 IP 地址，所有网络功能几乎与网络中的真实机器完全相同。处于桥接模式的虚拟机与网络中的真实计算机处于相同的位置。在桥接模式下，计算机设备创建的虚拟机就像一台真实的计算机，它会直接连接到实际网络，即在逻辑上，它上网与主机（计算机设备）没有联系，其原理如图 3-11（a）所示。

NAT 模式：一种比较简单的实现虚拟机上网的方式。NAT 模式下的虚拟机通过主机（物理主机）访问互联网并交换数据。在 NAT 模式下，虚拟机的网卡连接到主机的 VMnet8 上。此时，系统的 VMware NAT Service 服务充当路由器，负责将虚拟机发送到 VMnet8 中的数据包经过地址转换后发送到实际网络中，并将实际网络返回的数据包经过地址转换后通过 VMnet8 发送到虚拟机中。虚拟机 DHCP 服务负责为虚拟机分配 IP 地址。在 NAT 模式下，虚拟机要上网，必须先通过宿主机，只有这样，它才能和外面进行通信。NAT 网络特别适合家中计算机直接连接网线的情况，办公室局域网环境也适合。NAT 模式的优点是虚拟机不会与其他物理主机的 IP 地址冲突，在没有路由器的环境下可以通过 SSH NAT 连接虚拟机进行学习，不会影响网络环境下的虚拟机 IP 地址。NAT 模式的原理如图 3.11（b）所示。

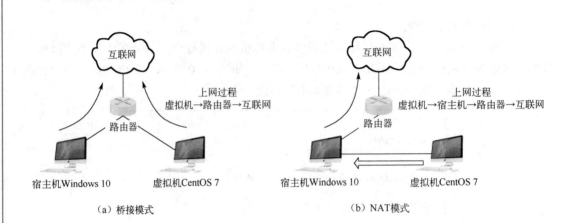

图 3-11　桥接模式和 NAT 模式的原理

仅主机模式：虚拟机与宿主机直接连接起来。在仅主机模式下，虚拟机的网卡会连接到主机的 VMnet1 上，但主机系统不为虚拟机提供任何路由服务，因此虚拟机只能与主机进行通信，不能连接到实际网络，即不能访问互联网。

此处选择 NAT 模式，如图 3-12 所示。在配置好 IP 地址后，多台虚拟机之间能相互访问。完成网络类型的选择后，单击"下一步"按钮，进入"选择 I/O 控制器类型"界面。

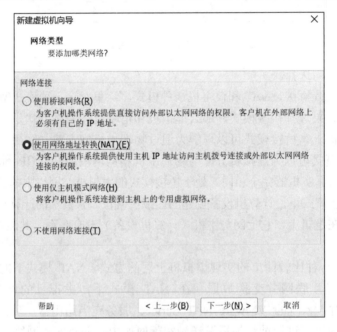

图 3-12　网络类型的选择

（10）I/O 控制器和磁盘选择。

I/O 控制器和磁盘类型选择推荐项，分别如图 3-13、图 3-14 所示；在"选择磁盘"界面选择"创建新虚拟磁盘"单选按钮，如图 3-15 所示。完成后，单击"下一步"按钮，进入"指定磁盘容量"界面。

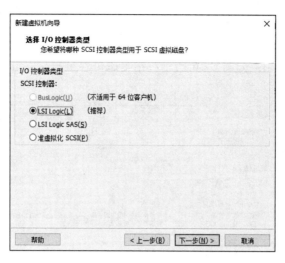

图 3-13　I/O 控制器类型的选择

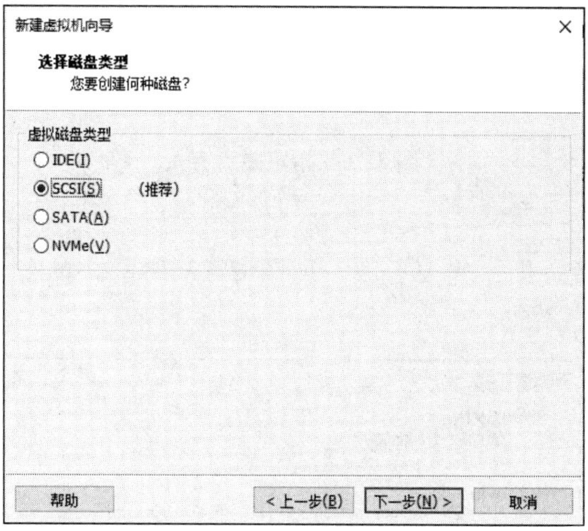

图 3-14　磁盘类型的选择

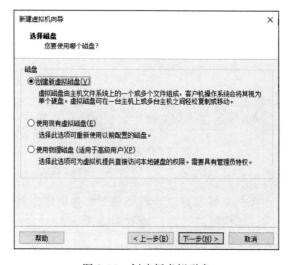

图 3-15　创建新虚拟磁盘

（11）指定磁盘容量。

磁盘容量（最大磁盘大小）可以根据实际需要并结合计算机端硬件情况合理设置，这里选择使用默认值 20GB，如图 3-16 所示。指定磁盘容量后，单击"下一步"按钮，进入"指定磁盘文件"界面。

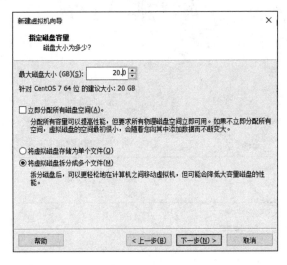

图 3-16　指定磁盘容量

（12）指定磁盘文件。

此处保持默认设置，即不需要更改，如图 3-17 所示。单击"下一步"按钮，进入"已准备好创建虚拟机"界面。

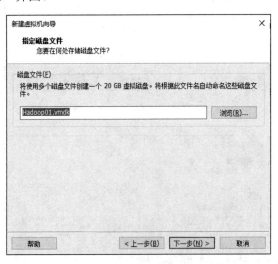

图 3-17　指定磁盘文件

（13）完成虚拟机的创建。

在"已准备好创建虚拟机"界面可以查看当前要创建的虚拟机参数，在确定无误后单击"完成"按钮，即可完成虚拟机的创建，如图 3-18 所示。

接下来还需要对该虚拟机进行启动和初始化。

图 3-18　完成虚拟机的创建

2. 启动和初始化虚拟机

（1）选择 ISO 镜像文件。

右击创建成功的 Hadoop01 虚拟机，在右键菜单中选择"虚拟机设置"选项，在弹出的对话框中选择"硬件"→"CD/DVD（IDE）"选项，选中"使用 ISO 映像文件"单选按钮，浏览选择 ISO 镜像文件，设置 ISO 镜像文件的具体地址（此处根据前面操作系统的设置使用 CentOS 7 镜像文件来初始化 Linux 系统），如图 3-19 所示。

图 3-19　选择 ISO 镜像文件①

---

① 软件图中的"映像文件"的正确写法为"镜像文件"。

（2）启动虚拟机。

设置完 ISO 镜像文件后，单击图 3-19 中的"确定"按钮，选择当前主机 Hadoop01 主界面（见图 3-20）中的"开启此虚拟机"选项，启动 Hadoop01 虚拟机。

图 3-20　Hadoop01 主界面

（3）初始化操作系统。

在图 3-21 中单击虚拟机界面任意位置，使用 Tab 键或上/下方向键切换到"Install CentOS 7"选项，按 Enter 键确认，开始 CentOS 7 操作系统的安装。

图 3-21　安装界面

（4）系统语言设置。

初始化后会进入系统语言设置界面，为了后续软件及系统兼容性，通常会选择系统默认的 English 作为系统语言，为了方便查看可以选择中文，如图 3-22 所示。完成系统语言设置后，单击"继续"按钮，进入"安装信息摘要"界面。

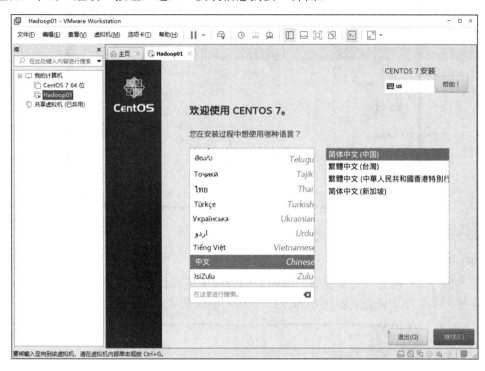

图 3-22　系统语言设置

（5）配置安装位置。

单击图 3-23 中的"安装位置"按钮，在弹出的界面中，选择"自动配置分区"单选按钮，如图 3-24 所示。

图 3-23　单击"安装位置"按钮

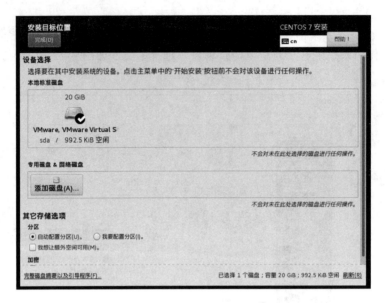

图 3-24　配置安装目标位置[1]

（6）开始安装。

单击图 3-23 中的"开始安装"按钮。执行完上述操作后，该虚拟机就会进入磁盘格式化进程，稍等片刻就会跳转到 CentOS 7 系统安装成功界面，如图 3-25 所示。

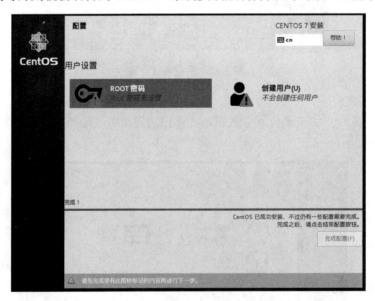

图 3-25　CentOS 7 系统安装成功界面

（7）设置 ROOT 密码。

在图 3-25 中，单击"ROOT 密码"按钮，为 root 账户设置密码（此处设置为 000000），如图 3-26 所示。单击"完成"按钮，结果如图 3-27 所示。

---

① 软件图中的"其它"的正确写法为"其他"。

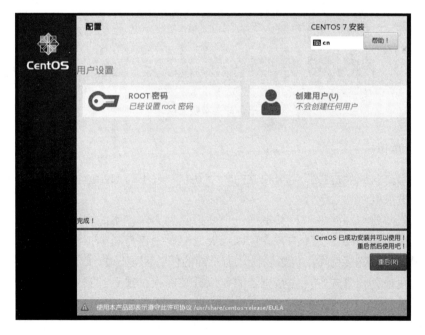

图 3-26　设置密码①

图 3-27　设置完成

（8）安装完成。

在图 3-27 中，单击"重启"按钮重新启动系统，结果如图 3-28 所示。至此，就完成了 CentOS 7 虚拟机的安装。

---

① 软件图中的"帐户"的正确写法为"账户"。

目前已经成功安装了一台 CentOS 镜像文件的虚拟机，而一台虚拟机远远不能满足 Hadoop 集群的需求，因此需要对已经安装好的虚拟机进行克隆。

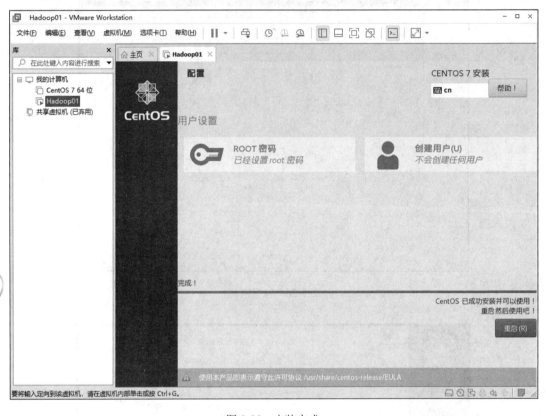

图 3-28　安装完成

3. 克隆虚拟机

完整克隆是对原始虚拟机完全独立的一个复制，它不与原始虚拟机共享任何资源，可以脱离原始虚拟机而独立运行。

链接克隆需要与原始虚拟机共享同一个虚拟磁盘文件，不能脱离原始虚拟机而独立运行。但是，采用共享磁盘文件的方式可以极大地缩短创建克隆虚拟机的时间，同时节省物理磁盘空间。通过链接克隆，可以轻松地为不同的任务创建一个独立的虚拟机。

在以上两种克隆方式中，完整克隆的虚拟机文件相对独立且安全，在实际开发中较为常用。

此处以完整克隆为例来演示虚拟机的克隆过程。

（1）开始克隆。

关闭 Hadoop01 虚拟机，在 VMware Workstation 左侧右击"Hadoop01"选项，在右键菜单中选择"克隆"选项，进入"克隆虚拟机向导"对话框，如图 3-29 所示。

（2）选择克隆类型。

根据克隆向导连续单击"下一页"按钮，直到进入"克隆类型"界面，选择"创建完整克隆"单选按钮，如图 3-30 所示。完成设置后，单击"下一页"按钮，进入"新虚拟机名称"界面。

图 3-29 "克隆虚拟机向导"对话框

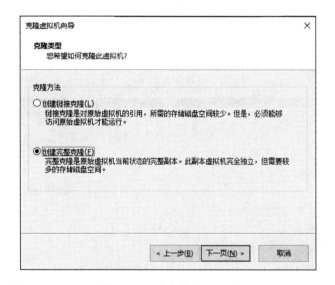

图 3-30 "克隆类型"界面

（3）为新虚拟机命名并选择安装位置。

对克隆的新虚拟机进行命名并选择安装位置，完成克隆。

如图 3-31 所示，设置好新虚拟机的名称和安装位置后，单击"完成"按钮就会进入新虚拟机克隆过程，稍等就会跳转到虚拟机克隆成功界面。在虚拟机克隆成功界面单击"关闭"按钮就完成了虚拟机的克隆。

上面完整演示了一台虚拟机的克隆过程，如果想克隆多台虚拟机，则只需重复上述操作即可。

4. VMware Workstation 的网络配置（具体请查阅 Linux 相关教程）

（1）设置虚拟机中 NAT 模式的选项。打开 VMware Workstation，选择"编辑"→"虚拟网络编辑器"选项，如图 3-32 所示。

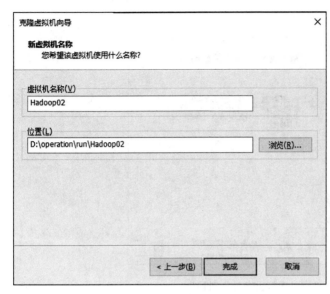

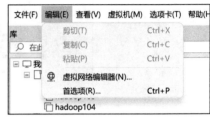

图 3-31 为新虚拟机命名并选择安装位置

图 3-32 打开虚拟网络编辑器

（2）单击图 3-33 中的"更改设置"按钮。

图 3-33 虚拟机网络编辑器

（3）如图 3-34 所示，单击"VMnet8"栏，设置子网 IP 为"192.168.203.0"、子网掩码为"255.255.255.0"。

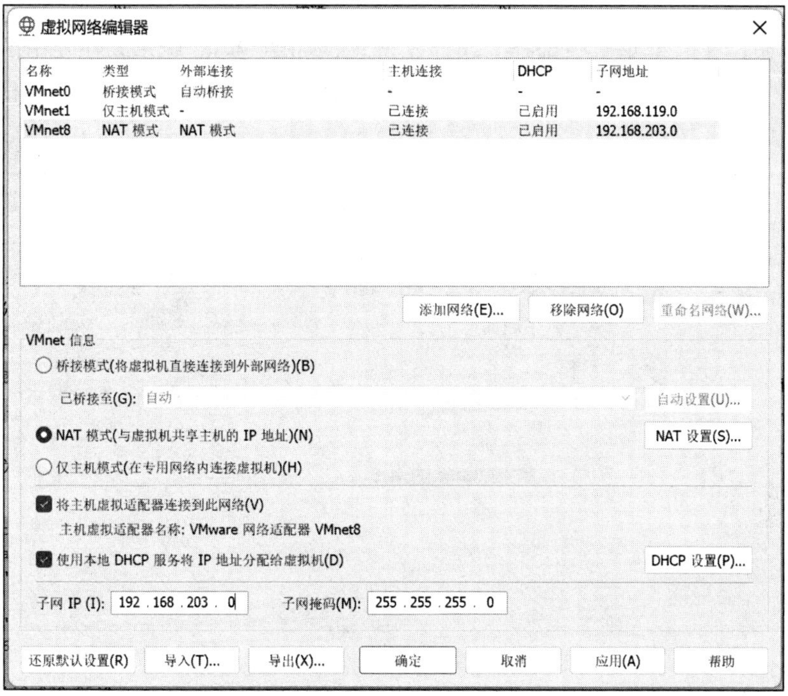

图 3-34　更改设置

（4）单击图 3-34 中的"NAT 设置"按钮，将网关 IP 设置为"192.168.203.2"，如图 3-35 所示。

图 3-35　NAT 设置

（5）在 Windows 系统下，打开"网络连接"界面，右击"VMware Network Adapter VMnet8"按钮，在右键菜单中选择"属性"选项，如图 3-36 所示。在弹出的对话框中双击"Internet 协议版本 4（TCP/IPv4）"复选框，如图 3-37 所示。在弹出的对话框中进行具体配置，如图 3-38 所示。

图 3-36 在右键菜单中选择"属性"选项

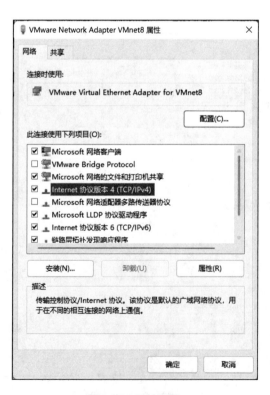

图 3-37 属性设置

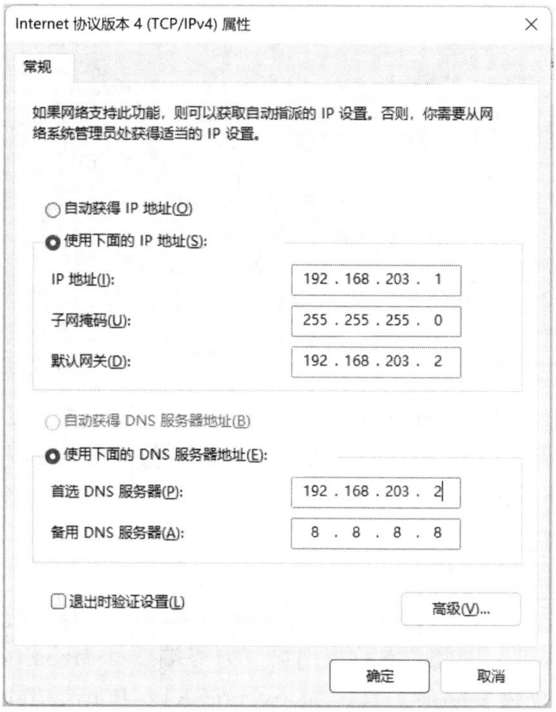

图 3-38　具体配置

5. 配置虚拟机

（1）IP 地址配置。

在安装虚拟机时，若没有指定虚拟机的 IP 地址，则需要在安装完成后配置 3 台虚拟机的 IP 地址（不建议使用 DHCP 自动分配 IP 地址）。

由于本次安装采用的是最小化安装方式，因此有些插件需要读者自行查找安装，如 vim 编辑器。运行下面的命令可以安装 vim 编辑器：

```
[root@localhost ~]#  yum -y install vim*
```

利用 vim 编辑器打开配置文件/etc/sysconfig/network-script/ifcfg-ens33：

```
[root@localhost ~]# vim /etc/sysconfig/network-script/ifcfg-ens33
```

注意：本章提到的打开或修改（配置）文件均使用 vim 编辑器打开，读者需要掌握 vim 编辑器的基础用法。

其中，ifcfg-ens33 为网卡名，与读者的网卡名可能不同。将该配置文件中的 BOOTPROTO 属性修改为 static，在配置文件末尾添加如下内容：

```
TYPE="Ethernet"
PROXY_METHOD="none"
BROWSER_ONLY="no"
BOOTPROTO="static"
DEFROUTE="yes"
IPV4_FAILURE_FATAL="no"
```

```
IPV6INIT="yes"
IPV6_AUTOCONF="yes"
IPV6_DEFROUTE="yes"
IPV6_FAILURE_FATAL="no"
IPV6_ADDR_GEN_MODE="stable-privacy"
NAME="ens33"
UUID="2b33fc52-d7a5-4e13-9ed0-4aa7a53ccbfd"
DEVICE="ens33"
ONBOOT="yes"
IPADDR=192.168.203.100
GATEWAY=192.168.203.2
DNS1="192.168.203.2"
```

保存配置后，需要使用 systemctl restart network 命令重启网络服务方可生效。

完成一台虚拟机配置后，对于其余两台虚拟机，按照相同的方法修改配置文件（注意：3 台虚拟机需要处于相同的网段中，且 IP 地址切勿相同）。全部配置完成后，可通过互 ping 命令测试网络连通性。

（2）SSH 登录虚拟机。

虚拟机安装完成后，虽可直接在虚拟机终端进行操作，但实际操作中需要在多台虚拟机间进行切换，多有不便。因此，本章采用第三方终端工具 MobaXterm 来连接虚拟机。

现今软件市场上有很多终端工具，如 SecureCRT、Putty、Telnet、MobaXterm 等。SecureCRT 是一款很强大的终端工具，但它是收费软件。Putty 非常小巧，而且免费，但不支持标签，不适合开多个会话的实验。MobaXterm 是一款免费的全能终端，功能十分强大，支持 SSH、FTP、串口、VNC、X Server 等功能；支持标签，切换也十分方便；具有众多快捷键，操作方便；有丰富的插件，可以进一步增强功能。

可从 MobaXterm 官网直接下载该工具，双击安装即可。安装后打开它，单击"Session"按钮，选择"SSH"选项，输入待连接虚拟机的 IP 地址和用户名，单击"OK"按钮即可，如图 3-39 所示。

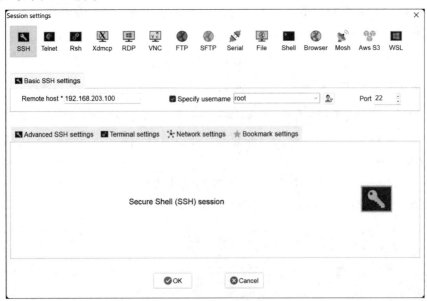

图 3-39　配置 SSH 登录

随后，在终端中输入虚拟机密码即可登录，如图 3-40 所示。

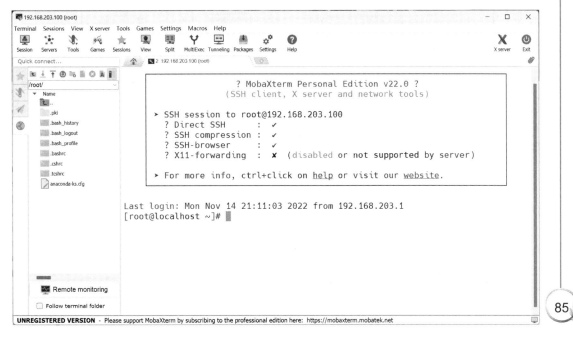

图 3-40　登录成功

当然，MobaXterm 的功能不仅如此，后续在用到相关功能时也会进行介绍。读者也可使用其他终端软件连接虚拟机。

（3）修改主机名。

首次登录终端后，提示符会显示"[root@localhost ~]"，其中的 localhost 为主机名，这里要搭建的 Hadoop 集群涉及 3 个节点，我们不希望它们具有相同的主机名，因此要分别修改 3 台虚拟机的主机名。

这里分别修改 3 台虚拟机的主机名为 master、slave01 和 slave02。注意：三者对应的 IP 地址分别为 192.168.203.100、192.168.203.101 和 192.168.203.102。具体方法为修改配置文件/etc/hostname。

打开配置文件/etc/hostname 后，若该文件中有内容，则直接删除即可。例如，对 IP 地址为 192.168.203.100 的虚拟机的主机名进行修改，结果如图 3-41 所示。

```
# localhost.localdomain
master
~
```

图 3-41　修改配置

修改完成后，需要重启虚拟机使其生效，重启后，再次登录系统，可看到主机名已被修改，如图 3-42 所示。

按照以上步骤，将 IP 地址为 192.168.203.101 和 192.168.203.102 的虚拟机的主机名分别修改为 slave01 与 slave02。

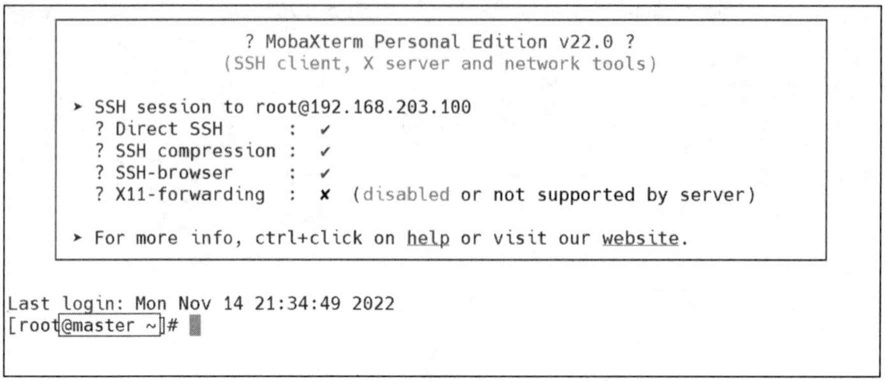
? MobaXterm Personal Edition v22.0 ?
(SSH client, X server and network tools)
➤ SSH session to root@192.168.203.100
? Direct SSH : ✔
? SSH compression : ✔
? SSH-browser : ✔
? X11-forwarding : ✘ (disabled or not supported by server)
➤ For more info, ctrl+click on help or visit our website.
Last login: Mon Nov 14 21:34:49 2022
[root@master ~]#

图 3-42　主机名已被修改

（4）设置 IP 地址和域名映射。

为方便后期配置，避免与 IP 地址相关的配置错误，要配置 IP 地址和域名映射。在每个节点上修改配置文件/etc/hosts，加入如下配置：


```
192.168.203.100 master
192.168.203.101 slave01
192.168.203.102 slave02
```

修改后的配置文件如图 3-43 所示。

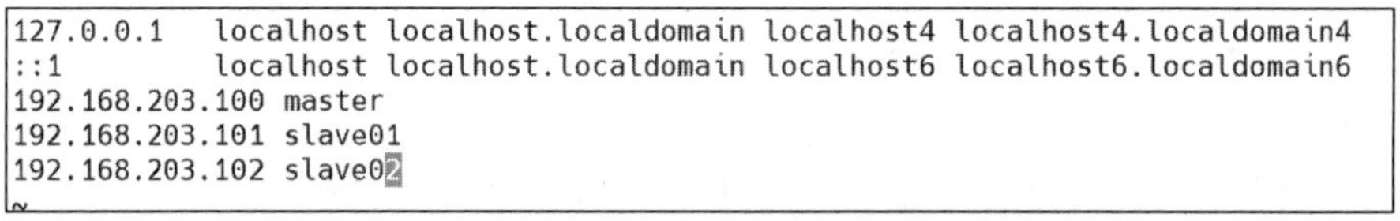
127.0.0.1 localhost localhost.localdomain localhost4 localhost4.localdomain4
::1 localhost localhost.localdomain localhost6 localhost6.localdomain6
192.168.203.100 master
192.168.203.101 slave01
192.168.203.102 slave02

图 3-43　修改后的配置文件

修改后，重启网络即可：

```
systemctl restart network
```

也可通过重启虚拟机使其生效。

类似地，对 IP 地址为 192.168.203.101 和 192.168.203.102 的虚拟机做同样的配置。由于此处 3 台虚拟机的配置文件相同，因此也可通过 scp 命令将已配置过的配置文件复制到其他两台虚拟机中。例如，将 IP 地址为 192.168.203.100 的虚拟机中已配置的文件复制到 IP 地址为 192.168.203.101 的虚拟机中：

```
[root@master ~]# scp /etc/hosts root@192.168.203.101:/etc/hosts
```

运行结果如图 3-44 所示，在方框内输入密码即可。

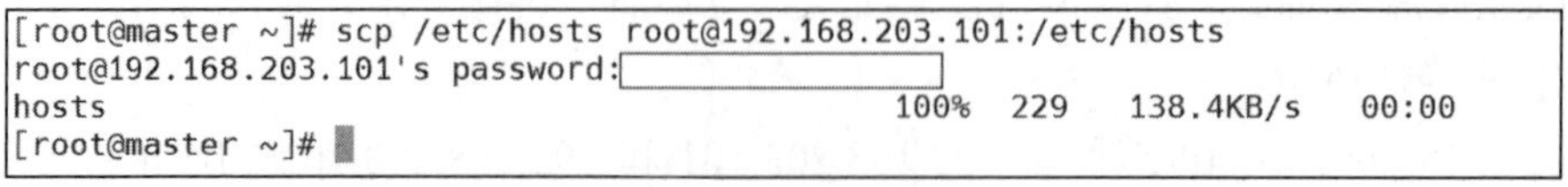
[root@master ~]# scp /etc/hosts root@192.168.203.101:/etc/hosts
root@192.168.203.101's password:
hosts 100% 229 138.4KB/s 00:00
[root@master ~]#

图 3-44　运行结果

注意：将配置文件远程复制到另外两台虚拟机中后，需要使用 systemctl restart network 命令重启网络服务。

配置完成后，可通过直接 ping 主机名进行测试。图 3-45 显示了从 master 节点 ping slave01 节点的测试结果。

```
[root@master ~]# vi /etc/hosts
[root@master ~]# systemctl restart network
[root@master ~]# ping slave01
PING slave01 (192.168.203.101) 56(84) bytes of data.
64 bytes from slave01 (192.168.203.101): icmp_seq=1 ttl=64 time=0.733 ms
64 bytes from slave01 (192.168.203.101): icmp_seq=2 ttl=64 time=0.762 ms
64 bytes from slave01 (192.168.203.101): icmp_seq=3 ttl=64 time=0.981 ms
^C
--- slave01 ping statistics ---
3 packets transmitted, 3 received, 0% packet loss, time 2016ms
rtt min/avg/max/mdev = 0.733/0.825/0.981/0.113 ms
[root@master ~]#
```

图 3-45　从 master 节点 ping slave01 节点的测试结果

可以看到，此时可以直接使用主机名进行 ping 测试，而不必使用 IP 地址。

（5）修改宿主机 hosts 文件。

为了模拟真实环境，同时方便后面的测试，这里在宿主机上修改 hosts 文件，其具体位置如图 3-46 所示。

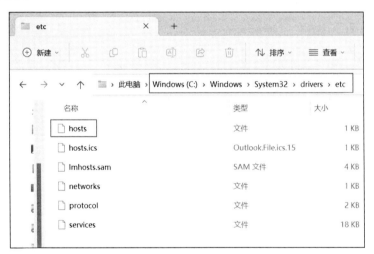

图 3-46　hosts 文件的具体位置

以系统管理员权限打开 hosts 文件，并在其末尾追加如下配置：

```
192.168.203.100        master
192.168.203.101        slave01
192.168.203.102        slave02
```

（6）关闭防火墙。

在实验测试环境中，为了消除防火墙安全策略的干扰，可将系统防火墙关闭；然而，在实际生产环境中，需要开启防火墙并配置必要的安全策略。关闭防火墙和禁止防火墙开机启动的命令如下：

```
[root@master ~]# systemctl stop firewalld.service          # 关闭防火墙
[root@master ~]# systemctl disable firewalld.service       # 禁止防火墙开机启动
```

注意：在 3 个节点上均需要关闭防火墙。

（7）关闭 SELinux。

SELinux 是 Linux 系统的一种安全子系统。Linux 系统中的权限管理是针对文件的，而不是针对进程的。如果 root 启动了某个进程，则这个进程可以操作任何一个文件，SELinux 在 Linux 系统的文件权限之外增加了对进程的限制，进程只能在进程允许的范围内操作。

如果开启了 SELinux，就需要做非常复杂的配置，只有这样才能正常使用系统，在学习阶段或非生产环境中，一般不使用 SELinux。要关闭 SELinux，需要修改配置文件 /etc/selinux/config，将 SELINUX 设置为 disable，如图 3-47 所示。

```
 1
 2 # This file controls the state of SELinux on the system.
 3 # SELINUX= can take one of these three values:
 4 #     enforcing - SELinux security policy is enforced.
 5 #     permissive - SELinux prints warnings instead of enforcing.
 6 #     disabled - No SELinux policy is loaded.
 7 # SELINUX=enforcing  注释或删掉此行
 8 SELINUX=disable
 9 # SELINUXTYPE= can take one of three values:
10 #     targeted - Targeted processes are protected,
11 #     minimum - Modification of targeted policy. Only selected processes
   are protected.
12 #     mls - Multi Level Security protection.
13 SELINUXTYPE=targeted
14
15
```

图 3-47　关闭 SELinux

配置完成，保存、重启后生效。3 台虚拟机均需要配置。

（8）配置 SSH 免密登录。

Hadoop 集群节点众多，一般在主节点上启动从节点，此时就需要程序自动从主节点登录到从节点，如果不能免密登录，就需要每次都输入密码，非常麻烦，因此需要配置 SSH 免密登录。以下以两个节点 A、B 为例来简单说明 SSH 免密登录的原理。

① 在 A 节点上生成公钥和私钥。

② 在 B 节点上配置 A 节点的公钥。

③ A 节点请求 B 节点，要求登录。

④ B 节点使用 A 节点的公钥加密一段随机文本。

⑤ A 节点使用私钥解密文本并发回给 B 节点。

⑥ B 节点验证文本是否正确。

虽然 SSH 免密登录的原理看似有些复杂，但在实际使用中比较简单，具体配置如下。

①在 3 个节点上生成公钥与私钥（命令为 ssh-keygen -t rsa），如果出现如图 3-48 所示的内容，就说明生成成功。在图 3-48 的方框处直接按 Enter 键即可；下画线处给出了生成的公钥的存储位置。（图 3-48 仅展示了在 master 节点上生成公钥与私钥的过程，仍需要在其他两个节点上做相同的操作。）

生成公钥与私钥后，进入/root/.ssh/目录进行查看，id_rsa.pub 即生成的公钥，id_rsa.pub 为私钥，如图 3-49 所示。

```
[root@master ~]# ssh-keygen -t rsa
Generating public/private rsa key pair.
Enter file in which to save the key (/root/.ssh/id_rsa):
Enter passphrase (empty for no passphrase):
Enter same passphrase again:
Your identification has been saved in /root/.ssh/id_rsa.
Your public key has been saved in /root/.ssh/id_rsa.pub.
The key fingerprint is:
SHA256:MC2LTXs+myGl2qQaLaBJyfv3YI7wHSDtBWKBKd8PvCQ root@master
The key's randomart image is:
+---[RSA 2048]----+
|.o               |
|+ .   .          |
|.+ +  = .        |
|o E *+ *         |
|.= =.=+ S        |
|oo+.+ .=         |
|ooo..++ +        |
|  +o=*o. =       |
|   .=+oo.o       |
+----[SHA256]-----+
[root@master ~]#
```

图 3-48　生成公钥与私钥

```
[root@master ~]# ll /root/.ssh/
total 12
-rw-------. 1 root root 1675 Nov 14 22:06 id_rsa
-rw-r--r--. 1 root root  393 Nov 14 22:06 id_rsa.pub  公钥
-rw-r--r--. 1 root root  177 Nov 14 21:46 known_hosts
[root@master ~]#
```

图 3-49　查看生成的公钥与私钥

②为了达到 SSH 免密登录的目的，每个节点均要存储其他节点的公钥，因此要将每个节点的公钥分发给其他节点。例如，在 master 节点上运行 ssh-copy-id slave01 命令，会将 master 节点的公钥复制给 slave01 节点，如图 3-50 所示。在图 3-50 的第一个方框中输入 "yes"，在第二个方框中输入 slave01 节点的密码。

```
[root@master ~]# ssh-copy-id slave01
/usr/bin/ssh-copy-id: INFO: Source of key(s) to be installed: "/root/.ssh/id_rsa
.pub"
The authenticity of host 'slave01 (192.168.203.101)' can't be established.
ECDSA key fingerprint is SHA256:y6az7u4pX6h25QufvAvgBTkfP2JBfkFG8x8MfBX+Uvs.
ECDSA key fingerprint is MD5:bf:97:b7:6d:84:a3:9f:94:11:4d:51:e6:1f:dc:1f:17.
Are you sure you want to continue connecting (yes/no)? yes
/usr/bin/ssh-copy-id: INFO: attempting to log in with the new key(s), to filter
out any that are already installed
/usr/bin/ssh-copy-id: INFO: 1 key(s) remain to be installed -- if you are prompt
ed now it is to install the new keys
root@slave01's password:

Number of key(s) added: 1

Now try logging into the machine, with:   "ssh 'slave01'"
and check to make sure that only the key(s) you wanted were added.

You have new mail in /var/spool/mail/root
[root@master ~]#
```

图 3-50　复制公钥

之后，便可直接在 master 节点上使用 ssh slave01 命令登录至 slave01 节点且无须输入密码。但此时只能实现从 master 节点向 slave01 节点的 SSH 免密登录，还需要在 slave01 节点上使用命令 ssh-copy-id master 实现从 slave01 节点向 master 节点的 SSH 免密登录。类似地，若要实现所有集群节点间均能 SSH 免密登录，则需要在各节点上执行相关命令。

通常，我们会将所有节点的公钥分发至同一节点，并将汇总的公钥分发至各节点，如此，所有节点便拥有了其他节点的公钥，进而实现 SSH 免密登录。

SSH 免密登录配置成功后，每个节点的/root/.ssh/目录下的 authorized_keys 文件中均含有 3 个节点的公钥，如图 3-51 所示。

```
[root@master .ssh]# cat authorized_keys
ssh-rsa AAAAB3NzaC1yc2EAAAADAQABAAABAQDX+aTGx7tk9e0/3QLwE3ZqEHY+Cl4uCAxlcqjVcU3o
SzdfPgiSK0YyHUtgu30EREjx3sptDsyjFYDCGm8edJBOd/6B769xAjIWQI8Yva9E4ALP/Qm4+MZUwGwC
N3kH0zNSdKVB0HwVtBcB4RqM5K2ZElK+7uY41N0chsE9gn/5Ye5b+zQDim4qQTbM85/bqOi1ZOKQ9jcK
Aqmk20Z40pU2rHlp7CghamD1xnJMSCibX98L10H6E7CRrhZ6neJRQb3KSvA2fs6708cj+rXDRPygXeEL
yajePNJqgrAV6Ni067otJFvMmiklqYorLGf6P9oaGrrmKt+jFEC9E4P5JxSz root@slave01
ssh-rsa AAAAB3NzaC1yc2EAAAADAQABAAABAQDX3hGUnAEmxCGrAfX6V5gph8q4qycHbr/ugSRXeIDx
YygyG9IoC5D716WyclWgvtpUrnfOSKUdB2wQn81N3a+StCLgLPhFwBaFWAIziiYiSEVxEaPtYOQz4cpW
qcuYl5B5qROREmaZxxryjMEynnsZfZbGoXS7IL2nOaNFLF6ekBK8F1p7b2LzCJHIjV5ZYnp8JBvv9xvZ
AhEKb0f+fx0Glv2EqvbsNjP5LljTlpIDC0HaAVadBHMy5ccuSfRRHvS+PQ1NTm5cHo1rXdMfz+18L0qJ
1zM1wt8GVkORT7pbNnjf6bIE98eHv+YKfV5QZjsjqUrr0vCwD1ePJ3AkAs0F root@slave02
ssh-rsa AAAAB3NzaC1yc2EAAAADAQABAAABAQDZ+y7jG9I/F5w1LP5v+Ax91hQWNfhnXPcA9Jec6oAD
SI13Tb7+PjRWtPx3UxHREiBvd+H3NCTR5M8Bdntg/kOHWL+yd+1W/CpZgmXbOSBGktEuXUN2JoG3Y7Sm
spxQhhwZmDPmhSVMW5V6oWx60vAhBQDwWU9kw9wnRufx+X/qTbFulcxLw4Z7dm38HRLHJjmVaPruv5tM
9n68rfAX7aOx2lngGSYTdxprKrBf+Z2UyvW+xHrPCH+sth0feCeYRByWsKjdZ2m/xaqDlNPPVxI3wkeu
BidZXiMxJcKia7FVFdD59uHGIpIPYaKBLUb5HZQaF4gEwHK10dnetZfPGb61 root@master
[root@master .ssh]#
```

图 3-51　SSH 免密登录配置成功

（9）设置时间同步。

很多分布式系统都是有状态的。例如，存储一个数据，A 节点记录的时间是 t_1，B 节点记录的时间可能是 t_2，二者不一致便会出现问题。为使它们一致，通常有两种方法，第一种方法是使所有主机和网络时间保持一致，第二种方法是使所有主机和某台主机时间保持一致。这里采用第一种方法，利用阿里云 NTP 实现时间同步。具体步骤如下。

① 安装 NTP：

```
[root@master ~]# yum install -y ntp
```

② 启动定时任务：

```
[root@master ~]# crontab -e
```

随后，在界面中输入"* */1 * * * /usr/sbin/ntpdate ntp2.aliyun.com"，其中的 5 个"*"分别代表分、时、日、月、周，"*/1"代表每小时都执行后面的命令。保存并退出之后，每小时都会进行时间同步操作。

③ 查看命令：

```
[root@master ~]# crontab -l
```

注意：配置完时间同步后，有时命令行会出现邮件提示（You have new mail in/var/spool/mail/root），若想取消，则只需在.bashrc 或/etc/profile 文件中加入 unset MAILCHECK 即可。

3.4.3 安装 JDK

Hadoop 等很多大数据框架都使用 Java 语言开发，依赖 Java 语言环境，因此在搭建 Hadoop 集群之前需要安装好 JDK。若系统安装时自带了 JDK，则建议先卸载自带的 JDK 再安装。以下仅在 master 节点上安装并配置 JDK，并利用 scp 命令将安装内容与配置文件远程复制到其他节点中。

1. 上传安装包

用户可将下载好的 JDK 直接拖曳到 master 节点的 MobaXterm 对应的目录/export/software 中，该目录需要提前创建，也可放到其他目录中，如图 3-52 所示。（为方便后面安装 Hadoop，此时可以把 Hadoop 的安装包也拖曳过来。）

图 3-52　上传安装包

2. 解压

若复制的安装包并无执行权限，则可先使用 chmod 命令添加权限，如图 3-53 所示。

```
-rw-r--r--. 1 root root 695457782 Nov 14 22:37 hadoop-3.3.4.tar.gz
-rw-r--r--. 1 root root 194042837 Nov 14 22:37 jdk-8u202-linux-x64.tar.gz
[root@master software]# chmod 777 hadoop-3.3.4.tar.gz
[root@master software]# chmod 777 jdk-8u202-linux-x64.tar.gz
```

图 3-53　添加权限

然后利用 tar 命令将 JDK 解压至/export/servers/目录（也可放到其他目录中），该目录需要提前创建：

```
[root@master ~] tar -zxvf jdk-8u202-linux-x64.tar.gz -C /export/servers
```

接着使用 vim ~/.bashrc 命令打开文件，在.bashrc 文件中配置环境变量，在文件末尾加入如下语句：

```
export JAVA_HOME=/export/servers/jdk1.8.0_202
export PATH=$JAVA_HOME/bin:$PATH
```

此时，.bashrc 文件中的内容如图 3-54 所示。

```
# .bashrc

# User specific aliases and functions

alias rm='rm -i'
alias cp='cp -i'
alias mv='mv -i'

# Source global definitions
if [ -f /etc/bashrc ]; then
        . /etc/bashrc
fi
export JAVA_HOME=/export/servers/jdk1.8.0_202
export PATH=$JAVA_HOME/bin:$PATH
```

图 3-54 .bashrc 文件中的内容

保存后使用 source ~/.bashrc 命令使.bashrc 文件生效。最后，在终端输入命令"java-version"进行验证，若显示如图 3-55 所示的界面，则说明安装成功。

```
[root@master jdk1.8.0_202]# java -version
java version "1.8.0_202"
Java(TM) SE Runtime Environment (build 1.8.0_202-b08)
Java HotSpot(TM) 64-Bit Server VM (build 25.202-b08, mixed mode)
You have new mail in /var/spool/mail/root
[root@master jdk1.8.0_202]#
```

图 3-55 安装成功

截至目前，我们已经在 master 节点中安装并配置好了 JDK，但 slave01 节点和 slave02 节点尚未配置。此时，只需在这两个节点中创建/export/servers 目录，并利用 scp 命令将/export/servers/jdk1.8.0_202 目录和.bashrc 文件复制到 slave01 节点与 slave02 节点中即可完成两个节点的 JDK 的安装，从而避免在其他虚拟机上重新安装的麻烦：

```
[root@master ~]# scp -r /export/servers/jdk1.8.0_202 /root@slave01:/export/servers/
[root@master ~]# scp ~/.bashrc root@slave01:~/.bashrc
[root@master ~]# scp -r /export/servers/jdk1.8.0_202 /root@slave02:/export/servers/
[root@master ~]# scp ~/.bashrc root@slave02:~/.bashrc
```

注意：复制目录和.bashrc 文件后，需要在 slave01 节点和 slave02 节点中使用 source ~/.bashrc 命令使配置生效。

3.4.4 安装 Hadoop

以下主要以 NameNode 为例来演示 Hadoop 的安装与配置过程，随后会将安装内容与配置文件分发至其他节点，之后只需对其他节点的配置做相应修改即可。

1. 上传安装包

与 JDK 类似，此处也将下载好的 Hadoop 安装包上传至 master 节点的/export/software 目录中。本书已在上传 JDK 时将 Hadoop 的安装包拖曳至 master 节点，故此处不再上传。

2. 解压

利用 tar 命令解压 Hadoop 安装包（注意权限问题，参见 3.4.3 节）：

```
[root@master  ~]#  tar  -xzvf  /export/software/hadoop-3.3.4.tar.gz  -C
/export/servers/
```

3. 配置

Hadoop 的配置文件位于 Hadoop 安装目录的/etc/hadoop/目录下，如图 3-56 所示。Hadoop 的配置文件在早期版本中都放在同一个文件 hadoop-site.xml 中；但在新版本中，Hadoop 把配置文件做了区分，主要分成以下 4 个配置文件。

- core-site.xml：配置 Common 组件的属性。
- hdfs-site.xml：配置 HDFS 组件的属性。
- mapred-site.xml：配置 MapReduce 组件的属性。
- yarn-site.xml：配置 YARN 组件的属性。

除了这 4 个配置文件，还需要配置 hadoop-env.sh 文件，用来设置 Hadoop 用到的环境变量。

```
[root@master hadoop]# pwd
/export/servers/hadoop-3.3.4/etc/hadoop
[root@master hadoop]# ls
capacity-scheduler.xml              kms-log4j.properties
configuration.xsl                   kms-site.xml
container-executor.cfg              log4j.properties
core-site.xml                       mapred-env.cmd
hadoop-env.cmd                      mapred-env.sh
hadoop-env.sh                       mapred-queues.xml.template
hadoop-metrics2.properties          mapred-site.xml
hadoop-policy.xml                   shellprofile.d
hadoop-user-functions.sh.example    ssl-client.xml.example
hdfs-rbf-site.xml                   ssl-server.xml.example
hdfs-site.xml                       user_ec_policies.xml.template
httpfs-env.sh                       workers
httpfs-log4j.properties             yarn-env.cmd
httpfs-site.xml                     yarn-env.sh
kms-acls.xml                        yarnservice-log4j.properties
kms-env.sh                          yarn-site.xml
[root@master hadoop]#
```

图 3-56　Hadoop 的配置文件及其所在目录

（1）core-site.xml 配置文件。

如图 3-57 所示，打开 core-site.xml 配置文件。

```
[root@master hadoop]#
[root@master hadoop]# vi /export/servers/hadoop-3.3.4/etc/hadoop/core-site.xml
```

图 3-57　打开 core-site.xml 配置文件

在<configuration>中做如下配置：

```
<configuration>
    <property>
        <name>fs.defaultFS</name>
        <value>hdfs://master:8020</value>
```

```
    </property>
    <property>
        <name>hadoop.tmp.dir</name>
        <value>/usr/local/hadoop-3.3.4/tmp</value>
    </property>
</configuration>
```

core-site.xml 配置文件中的关键参数如表 3-1 所示。

表 3-1　core-site.xml 配置文件中的关键参数

参　数　名	说　　明
fs.defaultFS	指定文件系统类型，此处选择 HDFS
hadoop.tmp.dir	临时文件存储目录，可自己指定，若目录不存在，则需要创建

以上列出的仅为最小化配置，Hadoop 还有很多默认配置，在实际生产环境中，需要结合 Apache 手册和实际配置编写该配置文件，根据硬件配置的不同，参数大小需要调整。详细配置参见 Hadoop 官方文档。

（2）hdfs-site.xml 配置文件。

打开 hdfs-site.xml 配置文件，在<configuration>中做如下配置：

```
<configuration>
    <property>
        <name>dfs.namenode.http-address</name>
        <value>master:9870</value>
    </property>
    <property>
        <name>dfs.namenode.secondary.http-address</name>
        <value>slave01:9868</value>
    </property>
</configuration>
```

hdfs-site.xml 配置文件中的关键参数如表 3-2 所示。

表 3-2　hdfs-site.xml 配置文件中的关键参数

参　数　名	说　　明
dfs.namenode.http-address	HDFS Name Node 的默认端口，Hadoop 3.X 版本的默认端口号已改为 9870
dfs.namenode.secondary.http-address	Secondary Name Node 的默认端口

（3）mapred-site.xml 配置文件。

打开 mapred-site.xml 配置文件，在<configuration>中做如下配置：

```
<configuration>
    <property>
        <name>mapreduce.framework.name</name>
        <value>yarn</value>
    </property>
    <property>
        <name>mapreduce.application.classpath</name>
```

```xml
            <value>/export/servers/hadoop-3.3.4/share/hadoop/mapreduce/*:
/export/servers/hadoop-3.3.4/share/hadoop/mapreduce/lib/*</value>
    </property>
    <property>
        <name>mapreduce.jobhistory.address</name>
        <value>master:10020</value>
    </property>
    <property>
        <name>mapreduce.jobhistory.webapp.address</name>
        <value>master:19888</value>
    </property>
<property>
        <name>mapreduce.application.classpath</name>
        <value>
            /export/servers/hadoop-3.3.4/etc/*,
            /export/servers/hadoop-3.3.4/etc/hadoop/*,
            /export/servers/hadoop-3.3.4/lib/*,
            /export/servers/hadoop-3.3.4/share/hadoop/common/*,
            /export/servers/hadoop-3.3.4/share/hadoop/common/lib/*,
            /export/servers/hadoop-3.3.4/share/hadoop/mapreduce/*,
            /export/servers/hadoop-3.3.4/share/hadoop/mapreduce/lib-
examples/*,
            /export/servers/hadoop-3.3.4/share/hadoop/hdfs/*,
            /export/servers/hadoop-3.3.4/share/hadoop/hdfs/lib/*,
            /export/servers/hadoop-3.3.4/share/hadoop/yarn/*,
            /export/servers/hadoop-3.3.4/share/hadoop/yarn/lib/*,
        </value>
</property>
</configuration>
```

mapred-site.xml 配置文件中的关键参数如表 3-3 所示。

表 3-3　mapred-site.xml 配置文件中的关键参数

参 数 名	说 明
mapreduce.framework.name	指定执行 MapReduce 作业的运行框架
mapreduce.jobhistory.address	指定查看执行 MapReduce 作业的服务器的 IPC 协议的主机名和端口号
mapreduce.jobhistory.webapp.address	指定使用 Web UI 查看 MapReduce 作业的 IPC 协议的主机名和端口号

（4）yarn-site.xml 配置文件。

打开 yarn-site.xml 配置文件，在<configuration>中做如下配置：

```xml
<configuration>
    <property>
        <name>yarn.nodemanager.aux-services</name>
        <value>mapreduce_shuffle</value>
    </property>
```

95

```
    <property>
        <name>yarn.resourcemanager.hostname</name>
        <value>master</value>
    </property>
    <property>
        <name>yarn.nodemanager.env-whitelist</name>
        <value>JAVA_HOME,HADOOP_COMMON_HOME,HADOOP_HDFS_HOME,HADOOP_CONF_
DIR,CLASSPATH_PREPEND_DISTCACHE,HADOOP_YARN_HOME,HADOOP_MAPRED_HOME</value>
    </property>
    <property>
        <name>yarn.application.classpath</name>
        <value>/export/servers/hadoop-3.3.4/etc/hadoop:/export/servers/
hadoop-3.3.4/share/hadoop/common/lib/*:/export/servers/hadoop-3.3.4/share/
hadoop/common/*:/export/servers/hadoop-3.3.4/share/hadoop/hdfs:/export/
servers/hadoop-3.3.4/share/hadoop/hdfs/lib/*:/export/servers/hadoop-3.3.4/
share/hadoop/hdfs/*:/export/servers/hadoop-3.3.4/share/hadoop/mapreduce/*:/
export/servers/hadoop-3.3.4/share/hadoop/yarn:/export/servers/hadoop-3.3.4/
share/hadoop/yarn/lib/*:/export/servers/hadoop-3.3.4/share/hadoop/yarn/*
    </value>
    </property>
    <property>
        <name>yarn.log-aggregation-enable</name>
        <value>true</value>
    </property>
    <property>
        <name>yarn.log.server.url</name>
        <value>http://master:19888/jobhistory/logs</value>
    </property>
    <property>
        <name>yarn.log-aggregation.retain-seconds</name>
        <value>604800</value>
    </property>
    <property>
        <name>yarn.nodemanager.vmem-check-enabled</name>
        <value>false</value>
    </property>
<property>
        <name>yarn.application.classpath</name>
        <value>
                /export/servers/hadoop-3.3.4/etc/*,
                /export/servers/hadoop-3.3.4/etc/hadoop/*,
                /export/servers/hadoop-3.3.4/lib/*,
                /export/servers/hadoop-3.3.4/share/hadoop/common/*,
                /export/servers/hadoop-3.3.4/share/hadoop/common/lib/*,
```

```
              /export/servers/hadoop-3.3.4/share/hadoop/mapreduce/*,
              /export/servers/hadoop-3.3.4/share/hadoop/mapreduce/lib-
examples/*,
              /export/servers/hadoop-3.3.4/share/hadoop/hdfs/*,
              /export/servers/hadoop-3.3.4/share/hadoop/hdfs/lib/*,
              /export/servers/hadoop-3.3.4/share/hadoop/yarn/*,
              /export/servers/hadoop-3.3.4/share/hadoop/yarn/lib/*,
        </value>
    </property>
</configuration>
```

yarn-site.xml 配置文件中的关键参数如表 3-4 所示。

表 3-4　yarn-site.xml 配置文件中的关键参数

参　数　名	说　　明
yarn.nodemanager.aux-services	指定在进行 MapReduce 作业时，YARN 使用 mapreduce_shuffle 混洗技术
yarn.resourcemanager.hostname	用于指定 ResourceManager 的主机名
yarn.log-aggregation-enable	开启日志聚集功能
yarn.log.server.url	设置日志聚集服务器地址
yarn.log-aggregation.retain-seconds	设置日志保留时间

（5）hadoop-env.sh 配置文件。

hadoop-env.sh 配置文件用来定义 Hadoop 运行环境相关的配置信息，按照打开 core-site.xml 配置文件的方式打开本配置文件，在其末尾追加如下内容：

```
export JAVA_HOME=/export/servers/jdk1.8.0_202
export HDFS_NAMENODE_USER="root"
export HDFS_DATANODE_USER="root"
export HDFS_SECONDARYNAMENODE_USER="root"
export YARN_RESOURCEMANAGER_USER="root"
export YARN_NODEMANAGER_USER="root"
```

（6）workers 文件。

除了上面 5 个配置文件，Hadoop 配置目录下还有一个 workers 文件，用于配置从机，只需将 3 个节点的主机名加入即可。

打开 workers 文件，删除原内容，并写入如下内容：

```
master
slave01
slave02
```

（7）添加 Hadoop 环境变量。

在.bashrc 配置文件中添加 Hadoop 环境变量：

```
export HADOOP_HOME=/export/servers/hadoop-3.3.4
export HADOOP_LOG_DIR=$HADOOP_HOME/logs
```

```
export PATH=$HADOOP_HOME/sbin:$HADOOP_HOME/bin:$PATH
```

使用 source ~/.bashrc 命令使配置生效，可用命令 hadoop version 验证 Hadoop 环境变量是否添加成功，如图 3-58 所示。

```
[root@master hadoop]# hadoop version
Hadoop 3.3.4
Source code repository https://github.com/apache/hadoop.git -r a585a73c3e02ac623
50c136643a5e7f6095a3dbb
Compiled by stevel on 2022-07-29T12:32Z
Compiled with protoc 3.7.1
From source with checksum fb9dd8918a7b8a5b430d61af858f6ec
This command was run using /export/servers/hadoop-3.3.4/share/hadoop/common/hado
op-common-3.3.4.jar
[root@master hadoop]#
```

图 3-58　验证 Hadoop 环境变量是否添加成功

（8）将 Hadoop 分发到其他节点中。

目前，我们已在 master 节点中安装并配置了 Hadoop，slave01 节点与 slave02 节点并未安装和配置 Hadoop。此时，只需按照安装 JDK 的方法，利用 scp 命令将 master 节点中的安装内容复制到其他两个节点中即可：

```
[root@master ~]# cd /export/servers
[root@master servers]# scp -r hadoop-3.3.4/ slave01:$PWD
[root@master servers]# scp -r hadoop-3.3.4/ slave02:$PWD
[root@master servers]# scp ~/.bashrc slave01:~/.bashrc
[root@master servers]# scp ~/.bashrc slave02:~/.bashrc
```

注意：复制完成后，不要忘记用 source ~/.bashrc 命令使配置生效。

至此，一个简单的具有 3 个节点的 Hadoop 集群配置完成。下面进行测试验证。

3.4.5　验证

1. 格式化 HDFS

HDFS 需要一个格式化的过程来创建存放元数据(image,editlog)的目录。注意：只有在第一次启动集群时需要格式化 HDFS，如果后续再次对 HDFS 执行格式化操作，就会由于每次格式化都会产生新的集群 ID 而导致 NameNode 和 DataNode 的集群 ID 不一样，使集群找不到以往的数据。如果非要再次格式化 HDFS，就需要把每个节点的/export/servers/hadoop-3.3.4/目录下的 tmp 和 logs 目录删除后进行。

在 NameNode 上运行以下命令：

```
[root@master ~]# cd /export/servers/hadoop-3.3.4/bin
[root@master bin]# hdfs namenode -format
```

运行结果如图 3-59 所示。

```
2022-11-15 00:28:17,204 INFO util.GSet: 0.029999999329447746% max memory 839.5 M
B = 257.9 KB
2022-11-15 00:28:17,204 INFO util.GSet: capacity        = 2^15 = 32768 entries
2022-11-15 00:28:17,225 INFO namenode.FSImage: Allocated new BlockPoolId: BP-129
976252-192.168.203.100-1668443297218
2022-11-15 00:28:17,242 INFO common.Storage: Storage directory /usr/local/hadoop
-3.3.4/tmp/dfs/name has been successfully formatted.
2022-11-15 00:28:17,260 INFO namenode.FSImageFormatProtobuf: Saving image file /
usr/local/hadoop-3.3.4/tmp/dfs/name/current/fsimage.ckpt_0000000000000000000 usi
ng no compression
2022-11-15 00:28:17,344 INFO namenode.FSImageFormatProtobuf: Image file /usr/loc
al/hadoop-3.3.4/tmp/dfs/name/current/fsimage.ckpt_0000000000000000000 of size 39
9 bytes saved in 0 seconds .
2022-11-15 00:28:17,355 INFO namenode.NNStorageRetentionManager: Going to retain
 1 images with txid >= 0
2022-11-15 00:28:17,377 INFO namenode.FSNamesystem: Stopping services started fo
r active state
2022-11-15 00:28:17,377 INFO namenode.FSNamesystem: Stopping services started fo
r standby state
2022-11-15 00:28:17,382 INFO namenode.FSImage: FSImageSaver clean checkpoint: tx
id=0 when meet shutdown.
2022-11-15 00:28:17,383 INFO namenode.NameNode: SHUTDOWN_MSG:
/************************************************************
SHUTDOWN_MSG: Shutting down NameNode at master/192.168.203.100
```

图 3-59　运行结果

2. 启动集群

（1）启动 HDFS。

在 master 节点上运行以下命令以启动 HDFS，结果如图 3-60 所示。

```
[root@master ~]# start-dfs.sh
```

```
[root@master hadoop]# start-dfs.sh
Starting namenodes on [master]
Last login: Tue Nov 15 00:48:15 CST 2022 on pts/0
master: namenode is running as process 11206.  Stop it first and ensure /tmp/had
oop-root-namenode.pid file is empty before retry.
Starting datanodes
Last login: Tue Nov 15 00:51:11 CST 2022 on pts/0
slave01: datanode is running as process 10262.  Stop it first and ensure /tmp/ha
doop-root-datanode.pid file is empty before retry.
master: datanode is running as process 11376.  Stop it first and ensure /tmp/had
oop-root-datanode.pid file is empty before retry.
slave02: datanode is running as process 10234.  Stop it first and ensure /tmp/ha
doop-root-datanode.pid file is empty before retry.
Starting secondary namenodes [master]
Last login: Tue Nov 15 00:51:12 CST 2022 on pts/0
You have new mail in /var/spool/mail/root
[root@master hadoop]#
```

图 3-60　启动 HDFS

可在 3 个节点中分别输入 jps 来查看 HDFS 是否启动成功。HDFS 启动成功后，3 个节点的状态如图 3-61 所示。

```
[root@master hadoop]# jps
11376 DataNode
12017 SecondaryNameNode
11206 NameNode
12151 Jps
[root@master hadoop]#
```
```
[root@slave01 hadoop]# jps
10262 DataNode
10589 Jps
You have new mail in /var/sp
[root@slave01 hadoop]#
```
```
[root@slave02 hadoop]# jps
10234 DataNode
10559 Jps
You have new mail in /var/sp
[root@slave02 hadoop]#
```

图 3-61　3 个节点的状态（HDFS 启动成功后）

在浏览器的地址栏中输入 192.168.203.100:9870，出现如图 3-62 所示的界面，也说明 HDFS 启动成功。

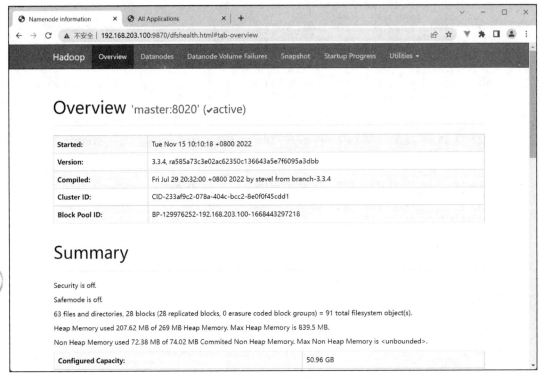

图 3-62　HDFS 启动成功界面

（2）启动 YARN。

在 master 节点上运行以下命令以启动 YARN，运行结果如图 3-63 所示。

```
[root@master ~]# start-yarn.sh
```

```
[root@master ~]# start-yarn.sh
Starting resourcemanager
Last login: Tue Nov 15 00:51:13 CST 2022 on pts/0
Starting nodemanagers
Last login: Tue Nov 15 00:57:13 CST 2022 on pts/0
[root@master ~]#
```

图 3-63　启动 YARN

同样，可在 3 个节点中分别输入 jps 来查看 YARN 是否启动成功。YARN 启动成功后，3 个节点的状态如图 3-64 所示。

```
[root@master ~]# jps
11376 DataNode
12832 Jps
12017 SecondaryNameNode
11206 NameNode
12343 ResourceManager
12488 NodeManager
You have new mail in /var
[root@master ~]#
```

```
[root@slave01 hadoop]# jps
10677 NodeManager
10262 DataNode
10783 Jps
You have new mail in /var/sp
[root@slave01 hadoop]#
```

```
[root@slave02 hadoop]# jps
10753 Jps
10648 NodeManager
10234 DataNode
You have new mail in /var/sp
[root@slave02 hadoop]#
```

图 3-64　3 个节点的状态（YARN 启动成功后）

可以看到，在 master 节点上，已经启动了 NameNode、SecondaryNameNode、DataNode、ResourceManager、NodeManager 等进程。在从节点上，启动了 NodeManager 和 DataNode 等进程，但并不会启动 NameNode 和 ResourceManager 进程。

在浏览器的地址栏中输入 192.168.203.100:8088/cluster，出现如图 3-65 所示的界面，说明 YARN 启动成功。

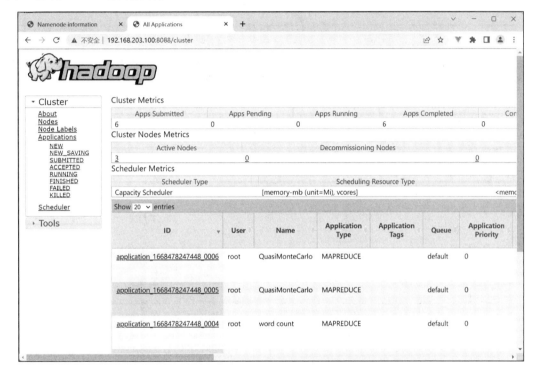

图 3-65　YARN 启动成功界面

（3）启动历史服务器。

在 master 节点中输入：

```
[root@master ~]# mapred --daemon start historyserver
```

此时，输入 jps 会看到新启动的 JobHistoryServer 进程。

3. 文件上传测试

在任一节点上创建一个文件 hello_hadoop.txt：

```
[root@master ~]# touch hello_hadoop.txt
```

使用 vim 编辑器 hello_hadoop.txt 文件打开，编辑如图 3-66 所示的内容后保存。

```
Hello Hadoop.
Hello Hadoop HDFS.
Hello Hadoop MapReduce.
Hello HDFS.
Hello MapReduce.
~
```

图 3-66　测试文件内容

使用如下命令将 hello_hadoop.txt 文件上传到 HDFS 的 test 目录下：

```
[root@master ~]# hadoop fs -put ~/hello_hadoop.txt /test
```

此时，可在宿主机上打开 192.168.203.100:9870，选择"Utilities"→"Browse the file system"选项，如图 3-67 所示，可看到刚刚上传的文件，如图 3-68 所示。

图 3-67　选择"Utilities"→"Browse the file system"选项

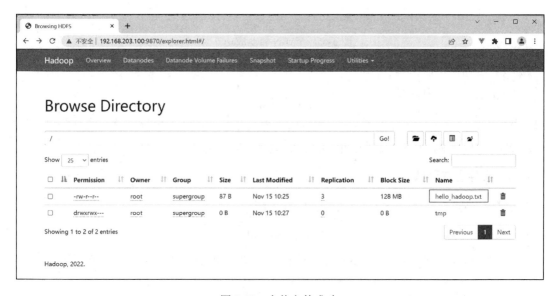

图 3-68　上传文件成功

选中该文件，单击"Download"按钮，即可将文件下载至本地，如图 3-69 所示。

图 3-69　下载文件

4. MapReduce 功能测试

利用 MapReduce 的示例程序测试 MapReduce 是否可以正常工作。输入如下命令：

```
[root@master hadoop]# hadoop jar /export/servers/hadoop-3.3.4/share/
hadoop/mapreduce/hadoop-mapreduce-examples-3.3.4.jar pi 10 10
```

该命令用于计算圆周率，看到如图 3-70 所示的结果说明运行成功。

```
                    BAD_ID=0
                    CONNECTION=0
                    IO_ERROR=0
                    WRONG_LENGTH=0
                    WRONG_MAP=0
                    WRONG_REDUCE=0
            File Input Format Counters
                    Bytes Read=1180
            File Output Format Counters
                    Bytes Written=97
Job Finished in 53.435 seconds
Estimated value of Pi is 3.20000000000000000000
[root@master hadoop]#
```

图 3-70　圆周率计算结果

5. 关闭集群

下面介绍 Hadoop 集群的关闭方法。只需依次输入如下命令即可：

```
[root@master hadoop]# stop-dfs.sh
[root@master hadoop]# stop-yarn.sh
[root@master hadoop]# mapred --daemon stop historyserver
```

3.5 本章小节

本章介绍了 Hadoop 的概念及其发展史、Hadoop 的特性和生态系统，并从零开始搭建了一个具有 3 个节点的小型 Hadoop 集群。

3.6 习题

一、填空题

1. Hadoop 的三大核心组件包括_____、_____和_____。
2. Hadoop 集群的部署方式分为_____、_____和_____。
3. 格式化 HDFS 集群的命令是_____。
4. Hadoop 3.X 版本的默认端口号为_____。

二、简答题

1. NAT 模式、桥接模式和仅主机模式有什么区别？本章为什么选择 NAT 模式进行网络配置？
2. 简述 Hadoop 与谷歌 GFS、MapReduce 之间的关系。

HDFS 分布式文件系统

HDFS 是 Hadoop 生态系统中的重要组成部分，也是当前应用最广泛的分布式文件系统，主要目的是解决海量数据文件的存储问题。本章从 HDFS 的发展入手，随后深入讲解 HDFS 的架构、工作原理及常见的使用方式。

4.1 HDFS 简介

HDFS 的产生与发展并不是一蹴而就的，是伴随着数据量的不断增长和对数据存储需求的不断扩大而产生与发展的，其发展脉络也可归溯为分布式文件系统的发展。

4.1.1 分布式文件系统的发展

传统的文件系统如图 4-1 所示，它将数据直接存放在单一的文件服务器上。这种文件系统在存储数据时会遇到两个主要问题：一是数据量增长后的存储瓶颈问题，二是大文件的上传和下载效率低下问题。

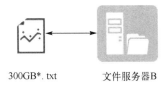

图 4-1　传统的文件系统

为解决传统的文件系统的存储瓶颈问题，首先考虑的便是扩容。扩容有两种形式：一种是直接添加存储磁盘，称为纵向扩容，单一服务器采用的就是这种形式；另一种是增加服务器数量，通过规模的扩充达到分布式存储。分布式文件存储系统的雏形如图 4-2 所示。

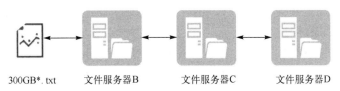

图 4-2　分布式文件系统的雏形

为解决大文件的上传和下载效率低下问题，通常采用的方法是将一个大文件进行切片，即先将一个大文件分为多个数据块（Block，本章图中简写为 Blk），然后将多个数据块以并行的方式进行上传或下载。以一个 300GB 的文件为例，可将其分为 3 个数据块，每个数据块的大小为 100GB，将其分布式地存储在文件系统中。文件分块存储如图 4-3 所示。（在实际使用中，每个数据块都比较小，约为 100MB。）

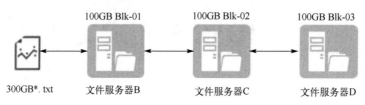

图 4-3　文件分块存储

从图 4-3 中可以看出，之前在一台服务器上存储的一个 300GB 的文件被分块存储在 3 台服务器上，每台服务器只存储 100GB 的文件，从而解决了大文件的上传和下载效率低下问题。但同时带来了另一个问题，即如何将 3 个数据块合并（恢复）为一个完整的文件。针对此问题，通常考虑额外增加一台服务器，用以存储文件的元数据，即分块后数据块的大小、名称、存储位置等信息。增加额外服务器后的架构如图 4-4 所示。当客户端需要下载文件时，先访问文件服务器 A，获取要下载的数据块信息，然后到对应的服务器中获取文件。

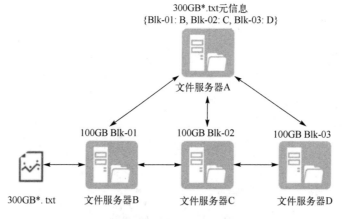

图 4-4　增加额外服务器后的架构

此时，还有一个关键问题，若某台服务器宕机，则无法正常获取文件，此类问题被称为单点故障。针对此类问题，可以采用如图 4-5 所示的冗余机制解决，即每台文件服务器都存储多个数据块。例如，文件服务器 B 存储 100GB Blk-01 和 100GB Blk-02，文件服务器 C 存储 100GB Blk-02 和 100GB Blk-03，文件服务器 D 存储 100GB Blk-01 和 100GB Blk-03。当文件服务器 B 突然宕机时，还可以通过文件服务器 C 和 D 获取完整的数据块，这就形成了简单的 HDFS。

结合 HDFS，图 4-5 中的文件服务器 A 称为 NameNode，用于维护文件系统中所有文件和目录的相关信息；文件服务器 B、C 和 D 称为 DataNode，用于实际存储数据块。

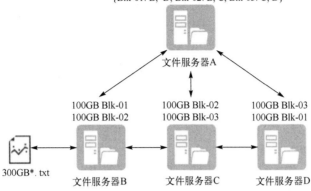

图 4-5　HDFS 节点示意图（冗余机制）

4.1.2　HDFS 的基本概念

HDFS 是一个易于扩展的分布式文件系统，可运行在成千上万台计算机上。这些计算机构成了 HDFS 集群。

1. NameNode

NameNode 是 HDFS 集群的主服务器，也称为名称节点或主节点。一旦 NameNode 关闭，HDFS 集群便无法访问。NameNode 主要存储文件的元数据，负责整个集群的管理，如配置存储的副本数量等均由 NameNode 负责。

2. DataNode

DataNode 是 HDFS 集群的从服务器，称为数据节点。DataNode 存储真正的数据块，因此 DataNode 需要大量的存储空间。集群中所有的 DataNode 都要与 NameNode 保持通信，在 NameNode 的调度下存储并检索数据块，对数据块进行创建、删除等操作，并定期向 NameNode 汇报自身存储的数据块列表。当 DataNode 启动时，会将自己的数据块列表发送给 NameNode。

3. 数据块

磁盘读/写的最小单位是数据块，每个磁盘都有默认的数据块大小。HDFS 也有数据块的概念，但它是抽象的，在 Hadoop 中，默认的数据块大小为 128MB，且有 3 个副本，并尽可能存储于不同的 DataNode 中。

4. Rack

Rack 是用来放置 Hadoop 集群服务器的机架，不同机架之间通过交换机连接通信。HDFS 通过机架感知策略使 NameNode 得到每个 DataNode 所在的机架 ID，并将副本存储在相应的机架上。下面以默认的 3 个副本为例进行说明，具体策略如下。

（1）第 1 个副本放在本地机架的一个 DataNode 上。

（2）第 2 个副本放在同一个机架的另一个 DataNode 上（随机选择）。

（3）第 3 个副本放在不同的机架节点上。

如果还有更多的副本，则随机地将其放在集群的其他节点上。这种策略减少了机架间的数据传输，从而提高了数据的写操作效率。机架故障的可能性远低于节点故障的可能性，因此也提高了数据的可靠性。为了降低整体的带宽消耗和读取延时，HDFS 会让程序尽量读取离它最近的副本。例如，若读取程序的同一个机架上有一个副本，则读取该副本。

5. Metadata

Metadata（元数据）是描述数据属性的数据，涵盖 3 种形式：一是保存和维护 HDFS 中文件与目录的信息，如文件名、目录名、文件大小、创建时间、权限等；二是记录文件内容，如文件分块情况、副本个数，每个副本所在的 DataNode 信息等；三是保存 HDFS 集群中所有的 DataNode 信息。

4.1.3 HDFS 的特点

HDFS 是大数据广泛使用的分布式文件系统，但并不代表 HDFS 对所有情况均适用，本节从辩证的观点说明 HDFS 的优/缺点。

1. HDFS 的优点

（1）低成本。

HDFS 可以部署在廉价的计算机上，对硬件没有太高的要求，成本较低。例如，普通的台式计算机或笔记本电脑就可以部署 HDFS 集群。

（2）高容错性。

HDFS 可以由成千上万台服务器组成，每台服务器存储文件系统数据的一部分。HDFS 中的副本机制也会将数据保存在多个 DataNode 上，DataNode 定期向 NameNode 发送心跳，当 DataNode 与 NameNod 失去通信时，HDFS 会从其他 DataNode 中获取副本，因此 HDFS 具有高容错性。

（3）流式数据访问。

HDFS 的数据处理规模很大，应用程序一次需要访问大量数据，应用程序多数情况下会同时请求一批数据，而不是用户交互式处理，因此，应用程序能以流的形式访问数据集，而访问整个数据集要比访问单条记录更加高效。

（4）高吞吐量。

吞吐量是指单位时间完成的工作量。HDFS 实现了并行处理海量数据，大大缩短了处理时间，提高了数据吞吐量。

（5）可移植。

HDFS 是用 Java 语言编写的，因此，只要是支持 Java 语言的机器就都可以运行 HDFS。由于 Java 语言的高可移植性，HDFS 也具有非常广泛的应用范围，可实现不同平台间的移植。

2. HDFS 的缺点

（1）高延迟。

HDFS 是为实现高吞吐量而优化产生的，而高吞吐量会以高延迟为代价，因此，

HDFS 不适合低延迟数据访问场景，如毫秒级查询。

（2）不适合小文件的存取。

对于 Hadoop 系统，小文件通常指小于 HDFS 数据块大小的文件。由于每个文件都会产生各自的元数据，Hadoop 通过 NameNode 来存储这些信息，因此，若小文件过多，则容易导致 NameNode 存储出现瓶颈。

（3）不适合并发写入。

HDFS 目前并不支持多用户并发写操作。HDFS 采用"一次写入，多次读取"的策略，文件一旦写入后关闭，就只能进行追加操作，即在文件末尾追加数据。

4.2　HDFS 的存储架构和工作原理

HDFS 本身的操作并不复杂，但读者要理解 HDFS 的存储架构，以及文件的读、写原理，这有助于全面掌握 HDFS 的基础知识。

4.2.1　HDFS 的存储架构

由于 HDFS 是一个分布式文件系统，因此其存储架构必定比普通的文件系统更复杂，一般来讲，HDFS 集群主要由 NameNode 和 DataNode 构成，如图 4-6 所示。

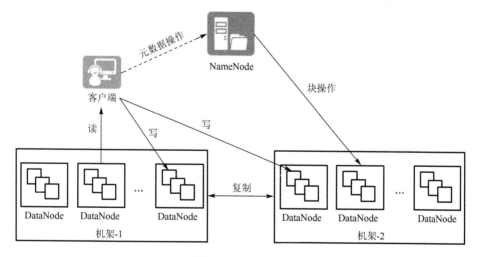

图 4-6　HDFS 集群

从图 4-6 中可以看出，HDFS 集群采用主/从架构（Master/Slave 架构），由一个 NameNode 和多个 DataNode 组成。其中，NameNode 是 HDFS 集群的主节点，负责管理文件系统的命名空间和客户端对文件的访问；DataNode 是 HDFS 集群的从节点，负责管理真正数据的存储。HDFS 中的 NameNode 和 DataNode 各司其职，共同完成分布式文件的存储服务。

NameNode 主要保存文件的元数据，是通过 FsImage 镜像文件和 EditLog 日志文件来完成的。其中，FsImage 镜像文件用来存储整个文件系统命名空间的信息，EditLog 日志文件用来持久化系统元数据发生的变化。当 NameNode 启动时，FsImage 镜像文件就会被加载到内存中，内存中的数据执行记录操作，以确保所有数据都处于最新状态，这样便加快了元数据的读取和更新速度，因此，FsImage 镜像文件也可看作整个文件系统的快照（备份）。

　　随着集群运行时间增长，NameNode 中存储的元数据越来越多，导致 EditLog 日志文件越来越大。当集群重启时，NameNode 需要恢复元数据，其过程是首先加载上一次的 FsImage 镜像文件，然后重复 EditLog 日志文件的记录操作，一旦 EditLog 日志文件变得很大，恢复记录的过程就会花费很长时间。除此之外，若 NameNode 宕机，则也会丢失数据。为了解决这些问题，HDFS 提供了 Secondary NameNode（辅助名称节点），它并非要取代 NameNode，也不是 NameNode 的备份，而是周期性地把 NameNode 中的 EditLog 日志文件合并到 FsImage 镜像文件中，从而减小 EditLog 日志文件的大小，缩短集群重启时间，并保证 HDFS 系统的完整性。

　　NameNode 只存储元数据，这些数据并不是真正的数据，真正的数据存储在 DataNode 中。DataNode 负责管理它所在节点的数据存储工作。DataNode 中的数据块是以文件的形式存储在磁盘中的，其中包括两个文件，一是数据本身，二是每个数据块对应的一个元数据文件，包括数据长度、块数据校验和、时间戳等。

4.2.2 HDFS 文件的读取原理

　　虽然 HDFS 真正的数据存储在 DataNode 中，但是读取数据需要先经过 NameNode。NameNode 会返回文件的元数据，客户端会直接与 DataNode 进行通信，从 DataNode 中读取所需的数据。HDFS 的文件读取相对简单，共分为 4 个步骤，其读取原理如图 4-7 所示。

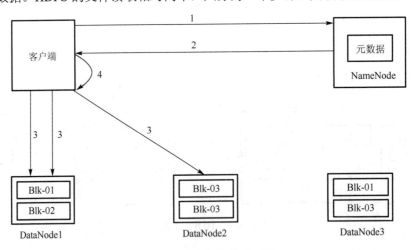

图 4-7　HDFS 文件的读取原理

　　步骤 1：客户端向 NameNode 发起 RPC（Remote Procedure Call Protocol，远程过程调用协议）请求，获取请求文件数据块所在的位置。

　　步骤 2：NameNode 检测元数据文件，视情况返回部分数据块或全部数据块的信息。对于每个数据块，NameNode 都会返回该数据块副本的 DataNode 地址。

　　步骤 3：客户端选取排序靠前的 DataNode 来一次性读取数据块，对每个数据块都会进行完整性校验，若文件不完整，则客户端继续向 NameNode 获取下一批数据块列表，直至验证读取的文件是完整的，数据块读取完毕。

步骤 4：客户端将所有数据块合并成一个完整的文件。

以上是 HDFS 文件的读取流程。在读取期间，如果客户端和 DataNode 的通信发生错误，那么客户端会寻找下一个最近的 DataNode。客户端记录发生错误的 DataNode，以后不再读取该 DataNode 中的数据。

4.2.3 HDFS 文件的写入原理

数据写入时会被划分为相同大小的数据块并写入不同的 DataNode，每个数据块通常都保存指定数量的副本。相较于 HDFS 文件的读取原理，写入原理相对复杂，共 12 个步骤，如图 4-8 所示。

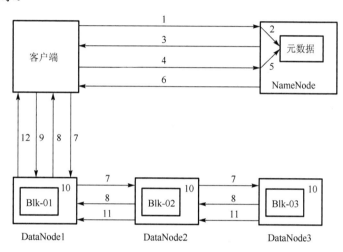

图 4-8 HDFS 文件的写入原理

步骤 1：客户端通过 RPC 发起文件上传请求，与 NameNode 建立通信。

步骤 2：NameNode 检查元数据文件的系统目录树。

步骤 3：若系统目录树的主目录下不存在该文件的相关信息，则返回客户端可以上传文件的消息。

步骤 4：客户端请求上传第一个数据块及其副本数量。

步骤 5：NameNode 检查元数据文件中的 DataNode 信息池，找到可用的 DataNode。

步骤 6：NameNode 将可用数据块的 IP 地址返回给客户端。

步骤 7：客户端请求 DataNode1 进行数据传输［本质为一个 RPC，建立管道（Pipeline）］，DataNode1 收到请求后会调用 DataNode2，DataNode2 再调用 DataNode3。

步骤 8：DataNode 之间建立 Pipeline 后，逐个返回建立完毕的信息。

步骤 9：客户端与 DataNode 之间建立数据传输流，开始发送数据包 Packet。

步骤 10：客户端向 DataNode1 以 Packet（默认大小为 64KB）形式上传第一个数据块。当 DataNode1 收到该 Packet 之后，会传递给 DataNode2，DataNode2 再传递给 DataNode3。DataNode1 每传送一个 Packet，该 Packet 就会被放入一个应答队列，等待应答。

步骤 11：数据被分割成一个个 Packet 在 Pipeline 上依次传输，而在 Pipeline 反方向上，将逐个发送 ACK 确认信息，最终由 Pipeline 中的 DataNode1 将 Pipeline 的 ACK 确认信息发送给客户端。

步骤 12：DataNode 将它存储的数据块返回给客户端，第一个数据块传输完成。客户端会再次请求 NameNode 上传后续的数据块。重复以上步骤，直到所有数据块都上传完成。

4.3 HDFS 的 Shell 操作

HDFS 提供了多种数据访问和操作方式，其中 Shell 命令行是最简单的，也是初学者最容易接受的方式。本节对 HDFS 的 Shell 操作进行介绍。

Shell 是给用户提供界面并与系统进行交互的软件，系统通过接收用户输入的命令来执行相应的操作。Shell 分为图形界面 Shell 和命令行 Shell。HDFS Shell 包含类似 Shell 的命令。例如：

```
hadoop fs <args>
hadoop dfs <args>
hdfs dfs <args>
```

其中，hadoop fs 的使用范围最广，可以操作本地系统、HDFS 等多种文件系统；hadoop dfs 主要针对 HDFS，目前已基本被 hdfs dfs 取代。表 4-1 列出了 HDFS Shell 常用的命令。

表 4-1　HDFS Shell 常用的命令

命　　令	描　　述	命　　令	描　　述
-ls	查看指定目录结构	-put	上传文件
-du	统计目录下所有文件的大小	-get	下载文件
-cp	复制文件	-text	将文件输出为文本
-mv	移动文件	-mkdir	创建目录
-rm	删除文件或空目录	-help	帮助

表 4-1 中只列出了 HDFS Shell 的部分命令，若需要了解全部命令，则可通过 hadoop dfs-help 命令获取帮助文档。下面重点介绍几个常用命令，更多命令请读者自行尝试。

1. ls 命令

ls 命令用于查看指定路径下的文件和目录，类似 Linux 系统的 ls 命令，其语法格式如下：

```
hadoop fs -ls [-d] [-h] [-R] <args>
```

其中各参数说明如下。
- -d：将目录显示为普通文件。
- -h：使用便于人们查阅的信息格式。
- -R：递归显示所有子目录。

示例如下：

```
hadoop fs -ls /
```

图 4-9 给出了上述命令运行后列出的 HDFS 根目录下的所有文件及目录。

```
[root@master ~]# hadoop fs -ls /
Found 7 items
-rw-r--r--   3 root supergroup       87 2022-11-15 10:25 /hello_hadoop.txt
-rw-r--r--   3 root supergroup       87 2022-11-15 11:46 /input
drwxr-xr-x   - root supergroup        0 2022-11-15 11:47 /output
drwxr xr-x   - root supergroup        0 2022-11-15 11:22 /result
drwxr-xr-x   - root supergroup        0 2022-11-15 11:20 /result.txt
drwxrwx---   - root supergroup        0 2022-11-15 10:27 /tmp
drwxr-xr-x   - root supergroup        0 2022-11-15 11:25 /user
You have new mail in /var/spool/mail/root
[root@master ~]#
```

图 4-9　ls 命令运行效果

2. mkdir 命令

mkdir 命令会在指定路径下创建目录,其中创建的路径可以采用 URI 格式指定。它的使用方式与 Linux 系统的 mkdir 命令相同,其语法格式如下:

```
hdfs dfs -mkdir [-p] <paths>
hadoop fs -mkdir [-p] <paths>
```

其中,-p 参数表示递归创建子目录。示例代码如下:

```
hdfs dfs -mkdir -p /parent_dir/child_dir
hadoop fs -mkdir -p /parent_dir/child_dir
```

以上两种命令均可创建子目录,读者可任选其一。图 4-10 给出了命令运行后,在 HDFS 根目录下创建的 parent_dir 目录,以及在 parent_dir 目录下创建的 child_dir 目录。

```
[root@master ~]# hadoop fs -mkdir -p /parent_dir/child_dir
[root@master ~]# hadoop fs -ls /
Found 8 items
-rw-r--r--   3 root supergroup       87 2022-11-15 10:25 /hello_hadoop.txt
-rw-r--r--   3 root supergroup       87 2022-11-15 11:46 /input
drwxr-xr-x   - root supergroup        0 2022-11-15 11:47 /output
drwxr-xr-x   - root supergroup        0 2022-11-20 16:14 /parent_dir
drwxr-xr-x   - root supergroup        0 2022-11-15 11:22 /result
drwxr-xr-x   - root supergroup        0 2022-11-15 11:20 /result.txt
drwxrwx---   - root supergroup        0 2022-11-15 10:27 /tmp
drwxr-xr-x   - root supergroup        0 2022-11-15 11:25 /user
[root@master ~]# hadoop fs -ls /parent_dir
Found 2 items
drwxr-xr-x   - root supergroup        0 2022-11-20 16:14 /parent_dir/child_dir
```

图 4-10　mkdir 命令运行效果

3. put 命令

在 Hadoop 集群搭建的测试环节已经使用过 put 命令。该命令用于将本地文件或目录复制到 HDFS 中,其语法格式如下:

```
Hadoop fs -put [-f] [-p] <location> <det>
```

其中各参数说明如下。
- -f:覆盖目标文件。
- -p:保留访问和修改时间、权限。
示例代码如下:

```
hdfs dfs -put -f hdfs_test.txt /
```

113

```
hadoop fs -put -f hdfs_test.txt /
```

运行上述命令后，会将本地的 hdfs_test.txt 文件上传至 HDFS 根目录。图 4-11 给出了上传文件后利用 ls 命令查看的结果。

```
[root@master ~]# hadoop fs -put -f hdfs_test.txt /
[root@master ~]# hadoop fs -ls /
Found 9 items
-rw-r--r--   3 root supergroup         30 2022-11-20 16:24 /hdfs_test.txt
-rw-r--r--   3 root supergroup         87 2022-11-15 10:25 /hello_hadoop.txt
-rw-r--r--   3 root supergroup         87 2022-11-15 11:46 /input
drwxr-xr-x   - root supergroup          0 2022-11-15 11:47 /output
drwxr-xr-x   - root supergroup          0 2022-11-20 16:14 /parent_dir
drwxr-xr-x   - root supergroup          0 2022-11-15 11:22 /result
drwxr-xr-x   - root supergroup          0 2022-11-15 11:20 /result.txt
drwxrwx---   - root supergroup          0 2022-11-15 10:27 /tmp
drwxr-xr-x   - root supergroup          0 2022-11-15 11:25 /user
[root@master ~]#
```

图 4-11 put 命令运行效果

以上仅演示了个别命令的运行效果。总的来讲，HDFS Shell 命令与 Linux 系统命令是非常类似的，熟悉 Linux 系统命令的读者应该很容易理解和掌握 HDFS Shell 命令。

4.4 HDFS 的 Java API 介绍

由于 Hadoop 是使用 Java 语言编写的，因此可以使用 Java API 操作 HDFS。在实际工作中，大多数情况下都是通过程序来操作 HDFS 的。

4.4.1 HDFS Java API 概述

API（Application Programing Interface，应用程序编程接口）是一些预先定义好的函数，这些函数对功能做了很好的封装，为应用程序和开发人员提供了一种可以直接使用的功能，而无须访问源码或理解内部细节。

Java 程序通过 Hadoop 提供的文件操作类进行 HDFS 文件的读、写、上传等操作。这些文件操作类都在 org.apache.hadoop.fs 包中。

4.4.2 使用 Java API 操作 HDFS

本节通过 Java API 来演示如何操作 HDFS，包括文件的上传、下载、查看等操作。

1. 配置开发环境

（1）配置 Java 环境。

在 Windows 系统下配置 Java 环境即安装 JDK。这里使用的 JDK 版本为 1.8.0_202。

（2）IntelliJ IDEA 配置。

IntelliJ IDEA 是一个由 JetBrains 公司开发的集成开发环境（IDE），主要用于 Java 开发。它提供了丰富的功能和工具，包括代码编辑、调试、测试、构建和部署等，可以大大提高 Java 开发的效率和代码质量。

Maven 是通过项目对象模型文件 pom.xml 来管理项目构建、报告和文档的工具。换言之，Maven 就是一种项目管理工具，pom.xml 是 Maven 的基本单元。Maven 最强大的功能是通过 pom.xml 自动下载项目依赖库。

下面在 Windows 系统下安装 IntelliJ IDEA 并添加 Maven 依赖。

2．新建项目

新建 IntelliJ IDEA 项目，步骤如下。

（1）打开 IntelliJ IDEA，在图 4-12 中选择"File"→"New"→"Project…"选项。

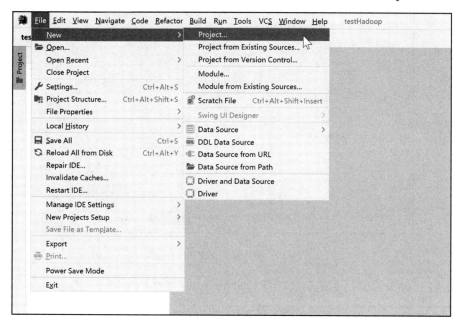

图 4-12　新建项目菜单界面

（2）在图 4-13 中选择"Maven"选项，并选择对应的 JDK 版本，单击"Next"按钮。

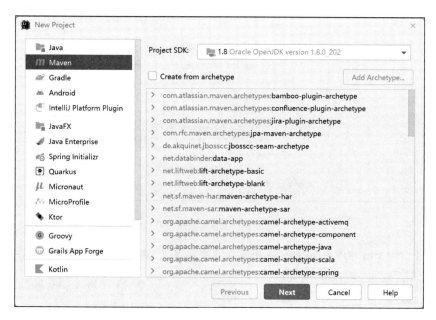

图 4-13　选择 Maven 及 JDK 版本

（3）在图 4-14 的"Name"文本框中输入项目名，在"Location"文本框中输入项目位置，"GroupId""ArtifactId""Version" 3 个文本框中暂时保持默认设置即可，单击"Finish"按钮。

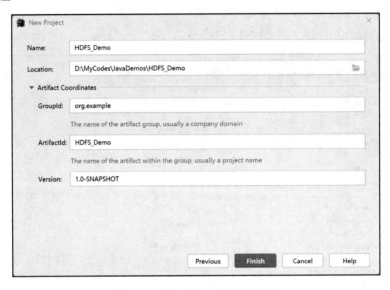

图 4-14　输入项目名和项目位置

（4）打开如图 4-15 所示的新建项目后的 pom.xml 文件。

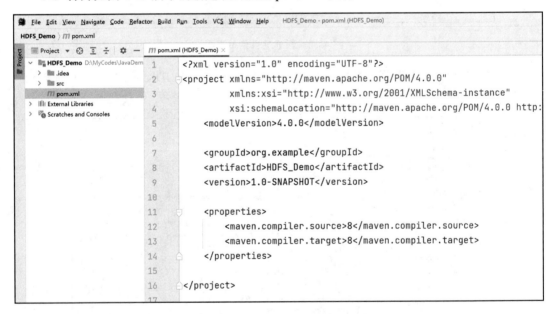

图 4-15　新建项目后的 pom.xml 文件

（5）将 pom.xml 修改为如下内容并保存（重点在于<dependencies>中的内容）：

```
<?xml version="1.0" encoding="UTF-8"?>
<project xmlns="http://maven.apache.org/POM/4.0.0"
        xmlns:xsi="http://www.w3.org/2001/XMLSchema-instance"
        xsi:schemaLocation="http://maven.apache.org/POM/4.0.0    http://
```

```
maven.apache.org/xsd/maven-4.0.0.xsd">
        <modelVersion>4.0.0</modelVersion>

        <groupId>org.example</groupId>
        <artifactId>testHadoop</artifactId>
        <version>1.0-SNAPSHOT</version>

        <properties>
            <maven.compiler.source>8</maven.compiler.source>
            <maven.compiler.target>8</maven.compiler.target>
        </properties>

        <dependencies>
            <dependency>
                <groupId>org.apache.hadoop</groupId>
                <artifactId>hadoop-client</artifactId>
                <version>3.3.4</version>
            </dependency>
            <dependency>
                <groupId>junit</groupId>
                <artifactId>junit</artifactId>
                <version>4.12</version>
            </dependency>
        </dependencies>

</project>
```

（6）在新建类界面的左侧目录树中选择"src"→"main"目录，右击"java"目录，在右键菜单中选择"New"→"Java Class"选项，如图 4-16 所示。

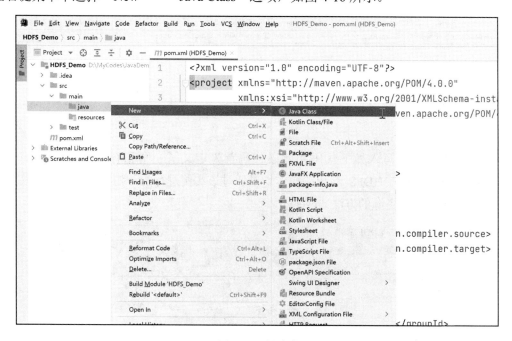

图 4-16　新建类

在图 4-17 的文本框中输入 "com.hdfs.TestHDFS" 后按 Enter 键，系统自动切换到如图 4-18 所示的程序编写界面。

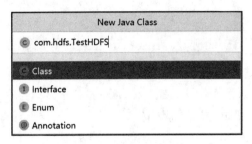

图 4-17　输入类名

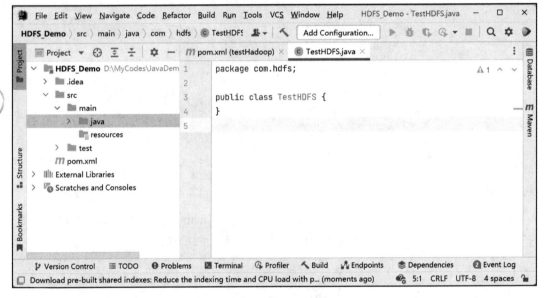

图 4-18　程序编写界面

3. 编写代码

（1）初始化 HDFS。

在程序编写界面写入如下代码［此段代码首先定义了一个私有的 FileSystem 实例（FileSystem 类），所有 HDFS 的相关操作均是通过该实例进行的；随后定义了一个初始化方法 init()和一个关闭资源的方法 close()］：

```
public class TestHDFS {
    private FileSystem fileSystem;

    @Before
    public  void  init()  throws  URISyntaxException,  IOException,
InterruptedException {
        //连接集群地址
```

```
        URI uri = new URI("hdfs://192.168.203.100:8020");
        //创建一个配置文件
        Configuration configuration = new Configuration();
        //用户名
        String user = "root";
        //获取客户端对象
        fileSystem = FileSystem.get(uri, configuration, user);
    }


    @After
    public void close() throws IOException {
        //关闭资源
        fileSystem.close();
    }
}
```

注意：通常 IntelliJ IDEA 会自动导包，若提示"未导包"，则使用组合键 Alt+Enter 导包即可。

最终导包目录如下：

```
import org.apache.hadoop.conf.Configuration;
import org.apache.hadoop.fs.*;
import org.junit.After;
import org.junit.Before;
import org.junit.Test;
import java.io.IOException;
import java.net.URI;
import java.net.URISyntaxException;
```

（2）创建目录。

在 TestHDFS 类中加入如下代码（利用 FileSystem 类中的 mkdirs()方法）：

```
@Test
public    void    testmkdir()    throws    URISyntaxException,    IOException,
InterruptedException {
    //创建一个目录
    fileSystem.mkdirs(new Path("/test_parent_dir/test_child_dir"));
    fileSystem.mkdirs(new Path("/test_parent_dir2"));
}
```

运行上述代码，便可在 HDFS 根目录下创建目录 test_parent_dir 和 test_parent_dir2，并且，在 test_parent_dir 目录下还会创建 test_child_dir 子目录，可通过 3.4.5 节验证部分介绍的内容，在浏览器窗口中查看创建目录后的效果，如图 4-19 所示。

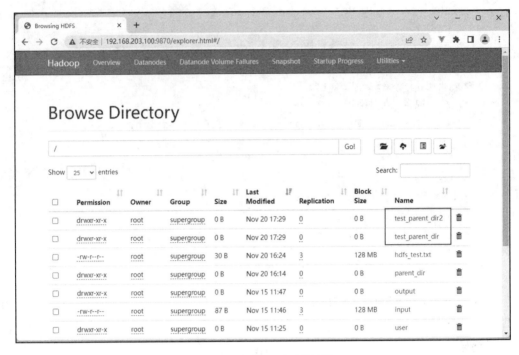

图 4-19　创建目录后的效果

在程序运行过程中，控制台可能会给出以下警告信息：

```
log4j:WARN No appenders could be found for logger (org.apache.hadoop.
metrics2.lib.MutableMetricsFactory).
log4j:WARN Please initialize the log4j system properly.
log4j:WARN See http://logging.apache.org/log4j/1.2/faq.html#noconfig for
more info.
```

这是因为在构建 Maven 时并未配置 log4j，这不影响程序运行，可以通过以下方式解决：在项目的 src/main/resources 目录下新建一个文件，命名为 log4j.properties，并在文件中填入以下内容：

```
log4j.rootLogger=INFO, stdout
log4j.appender.stdout=org.apache.log4j.ConsoleAppender
log4j.appender.stdout.layout=org.apache.log4j.PatternLayout
log4j.appender.stdout.layout.ConversionPattern=%d %p [%c] - %m%n
log4j.appender.logfile=org.apache.log4j.FileAppender
log4j.appender.logfile.File=target/spring.log
log4j.appender.logfile.layout=org.apache.log4j.PatternLayout
log4j.appender.logfile.layout.ConversionPattern=%d %p [%c] - %m%n
```

（3）上传文件。

在 TestHDFS 类中继续加入如下代码（使用 FileSystem 类中的 copyFromLocalFile()方法）：

```
@Test
public void testPut() throws IOException {
```

```
// 参数 1: 删除原数据; 参数 2: 是否允许覆盖; 参数 3: 原数据路径; 参数 4: 目的地路径
fileSystem.copyFromLocalFile(false,
    true,
    new Path("D:\\windowsUploadTest.txt"),
    new Path("/test_parent_dir/windowsUploadTest"));
}
```

运行上述代码，即可将 Windows 系统的 D 盘根目录下的 windowsUploadTest.txt 文件上传至 HDFS 的/test_parent_dir 目录中。文件上传效果如图 4-20 所示。

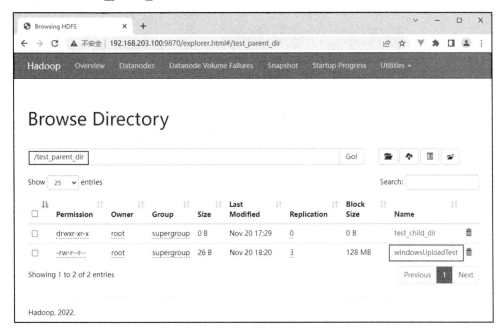

图 4-20　文件上传效果

（4）文件下载。

继续在 TestHDFS 类中加入如下代码（使用 FileSystem 类中的 copyToLocalFile()方法）：

```
@Test
public void testGet() throws IOException {
// 参数 1: 删除原数据; 参数 2: 原文件路径 HDFS; 参数 3: 目标地址路径; 参数 4: 目的地路径
    fileSystem.copyToLocalFile(false,
        new Path("/test_parent_dir/windowsUploadTest"),
        new Path("E:\\"), false);
}
```

运行后便可将刚上传的 windowsUploadTest 文件下载至本地系统 E 盘根目录下。

（5）获取文件详情。

在 TestHDFS 类中添加如下代码并运行，可在控制台看到 HDFS 根目录下所有文件及目录的相关信息：

```
    @Test
    public void fileDetail() throws IOException {
        //获取所有文件及目录的相关信息
        RemoteIterator<LocatedFileStatus> listFiles = fileSystem.listFiles
(new Path("/"), true);
        //遍历文件
        while (listFiles.hasNext()) {
            LocatedFileStatus fileStatus = listFiles.next();

            System.out.println("========" + fileStatus.getPath() + "========
=");
            System.out.println(fileStatus.getPermission());
            System.out.println(fileStatus.getOwner());
            System.out.println(fileStatus.getGroup());
            System.out.println(fileStatus.getLen());
            System.out.println(fileStatus.getModificationTime());
            System.out.println(fileStatus.getReplication());
            System.out.println(fileStatus.getBlockSize());
            System.out.println(fileStatus.getPath().getName());
        }
    }
```

（6）读取文件内容。

在 TestHDFS 类中加入如下代码，利用 FileSystem 类中的 open()方法打开文件，运行后可在控制台读取到文件 windowsUploadTest 的内容：

```
    @Test
    public void readFile() throws IOException{
        // 通过 FileSystem 类中的 open()方法获得数据输入流
        FSDataInputStream fis = fileSystem.open(
                new Path("/test_parent_dir/windowsUploadTest"));
        // 分配 1024 字节的缓存
        byte[] buf = new byte[1024];
        int len = 0;
        // 读取到缓存
        while((len = fis.read(buf)) != -1){
            System.out.println(new String(buf, 0, len));
        }
    }
```

（7）删除文件。

利用 Java API 将刚才的 windowsUploadTest 文件删除，具体使用了 FileSystem 类中的 delete()方法，代码如下：

```
    @Test
    public void delFile() throws IOException{
        // 参数1：删除的路径；参数2：是否递归删除
        fileSystem.delete(
```

```
new Path("/test_parent_dir/windowsUploadTest"),
true);
}
```

运行后便可删除 windowsUploadTest 文件，可通过浏览器打开 HDFS 目录查看。删除后的效果如图 4-21 所示。

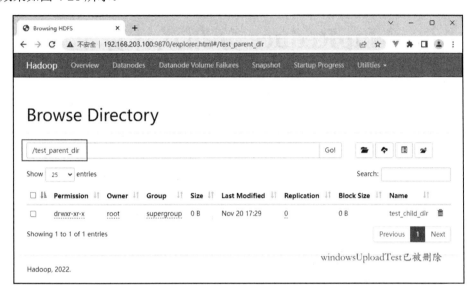

图 4-21　删除后的效果

4.5　本章小结

本章主要讲解了 Hadoop 的分布式文件系统 HDFS，首先讲解了分布式文件系统的发展、HDFS 的基本概念和特点，随后介绍了 HDFS 的存储架构和工作原理，接着说明了 HDFS 的 Shell 操作，最后通过大量实例演示了 HDFS 的 Java API 操作。

4.6　习题

一、填空题

1. HDFS 的集群节点包括_____、_____和 SecondaryNameNode。
2. _____用于维护文件系统名称并管理客户端对文件的访问，_____存储真正的数据块。
3. NameNode 以元数据形式维护_____和_____文件。
4. Hadoop 默认数据块的大小是_____MB。

二、简答题

1. 简述 HDFS 文件的写入原理。
2. 简述 HDFS 文件的读取原理。

## 第 5 章

MapReduce 分布式计算框架

MapReduce 是一个软件框架，用于轻松编写应用程序，以可靠、高容错的方式在商用硬件的大型集群（数千个节点）上并行处理大量数据。MapReduce 极大地方便了分布式编程工作，编程人员在不会分布式并行编程的情况下，也可以很容易地将自己的程序运行在分布式系统上，完成海量数据的计算。本章主要讲解 MapReduce 模型的优/缺点，以及 MapReduce 的工作原理、编程组件和具体案例实现。

5.1 MapReduce 简介

MapReduce 是面向大数据并行处理的计算模型、框架和平台，它隐含了 3 层含义：第一，MapReduce 是一个基于集群的高性能并行计算平台（Cluster Infrastructure），它允许用市场上普通的商用服务器构成一个包含数十个至数千个节点的分布和并行计算集群；第二，MapReduce 是一个并行计算与运行软件框架（Software Framework），它提供了一个庞大但设计精良的并行计算软件框架，能自动完成计算任务的并行化处理，自动划分计算数据和计算任务，在集群节点上自动分配和执行任务及收集计算结果，将数据分布存储、数据通信、容错处理等并行计算涉及的很多系统底层的复杂细节交由系统处理，大大减轻了软件开发人员的负担；第三，MapReduce 是一个并行程序设计模型与方法（Programming Model & Methodology），它借助函数式程序设计语言 LISP 的设计思想，提供了一种简便的并行程序设计方法，用 Map 和 Reduce 两个函数编程实现基本的并行计算，提供了抽象的操作和并行编程接口，以简单、方便地完成大规模数据的编程和计算。

为了帮助读者更好地理解 MapReduce，本节首先主要介绍分布式并行编程的概念，然后介绍 MapReduce 模型及其优/缺点，最后介绍 Map 和 Reduce 函数。

5.1.1 分布式并行编程

并发（Concurrency）是指把任务在不同的时间点交给处理器进行处理，在同一时间点，任务并不会同时执行；而并行（Parallelism）是指把每个任务分配给每个处理器独立完成，在同一时间点，任务一定是同时执行的。也就是说，并行是指让不同的代码片段同时在不同的物理处理器上执行，其关键是同时执行很多任务；而并发是指同时管理很多任务，一些任务可能只执行了一半就被暂停，处理器转而执行其他任务。

在过去很长一段时间内，CPU 的性能都遵循"摩尔定律"（当价格不变时，集成电路上可容纳的元器件的数目每隔 18～24 个月便会增加一倍，性能也将提升一倍），即 CPU 的性能每隔 18～24 个月翻一番。这就意味着不需要对程序进行改进，仅仅通过使用更高级的 CPU 就可以享受免费的性能提升。但是，大规模集成电路的制作工艺已经达到极限，从 2005 年开始，"摩尔定律"逐渐失效。此时，为了提升程序的运行性能，就不能把希望过多地寄托在性能更高的 CPU 身上。于是，人们开始借助分布式并行编程来提高程序的运行性能。分布式程序运行在大规模计算机集群上，集群中包括大量廉价服务器，可以并行执行大规模数据处理任务，从而获得海量数据的计算能力。

谷歌最先提出了分布式并行编程模型 MapReduce，Hadoop 的 MapReduce 是它的开源实现。在 MapReduce 出现之前，已经有像 MPI（Message Passing Interface）这样非常成熟的并行计算框架了，谷歌之所以需要 MapReduce，是因为 MapReduce 相较于传统的并行计算框架有优势。MapReduce 与传统的并行计算框架的对比如表 5-1 所示。

表 5-1　MapReduce 与传统的并行计算框架的对比

对 比 方 面	传统的并行计算框架	MapReduce
集群架构/容错性	共享式（共享内存/共享存储）/容错性差	非共享式/容错性好
硬件/价格/扩展性	刀片服务器、高速网、SAN/价格高/扩展性差	普通计算机/价格低/扩展性好
编程/学习难度	what-how/难	what/简单
适用场景	实时、细粒度计算、计算密集型	批处理、非实时、数据密集型

5.1.2　MapReduce 模型简介

MapReduce 的核心思想就是"分而治之"，它把输入的数据集切分为若干独立的数据块，分发给一个主节点下的各个从节点来共同并行完成，通过整合各个节点的中间结果得到最终结果。

为了更好地理解"分而治之"的核心思想，下面先来看一个生活中的例子。例如，某大型公司在全国设立了分公司，假设现在要统计公司一年的营收情况，制作年报，则有两种统计方式：第一种统计方式是各分公司将自己的账单数据给总部，由总部统计公司一年的营收情况；第二种统计方式是采用"分而治之"的思想，即先要求分公司各自统计其一年的营收情况，再将统计结果发给总部进行统一汇总计算。这两种统计方式相比，显然第二种统计方式更好，工作效率更高。

MapReduce 设计的一个理念就是"计算向数据靠拢"，而不是"数据向计算靠拢"，因为移动数据需要较大的网络传输开销，尤其在大规模数据环境下，这种开销尤为惊人。所以，移动计算要比移动数据更加经济。本着这个理念，在一个集群中，只要有可能，MapReduce 框架就会将 Map 程序就近在 HDFS 数据所在的节点上运行，即将计算节点和存储节点放在一起运行，从而减小节点间的数据移动开销。

5.1.3　MapReduce 的优/缺点

由于 MapReduce 具有编程简单、扩展性好、容错性高、海量数据处理能力强等特点，因此它在大数据和人工智能时代十分受欢迎。虽然 MapReduce 具有很多优点，但它也有不适用的场景，即在有些场景下并不适合用 MapReduce 来处理问题。

MapReduce 具有以下优点。

1. 易于编程

它简单地实现一些接口，就可以完成一个分布式程序。这个分布式程序可以分布到大量廉价的计算机上运行，因此 MapReduce 编程变得非常流行。

2. 良好的扩展性

当计算资源不能得到满足时，可以通过简单地增加机器来增强 MapReduce 的计算能力。

3. 高容错性

MapReduce 设计的初衷就是使程序能够部署在廉价的计算机上，这就要求它具有很高的容错性。例如，当其中一台机器出现故障时，它可以把其上的计算任务转移到另外一台机器上运行，不至于使这个任务运行失败，而且这个过程不需要人工参与，完全是由 Hadoop 内部完成的。

4. 适合 PB 级以上海量数据的离线处理

MapReduce 适合 PB 级以上海量数据的离线处理，可以实现上千台服务器集群并发工作，提供数据处理功能。

MapReduce 的缺点表现在以下几方面：不擅长进行实时计算，MapReduce 无法像 MySQL 一样，在毫秒级或秒级内返回结果；不擅长进行流式计算，因为流式计算的输入数据是动态的，而 MapReduce 的输入数据集是静态的，不能动态变化；不擅长进行 DAG（有向无环图）计算，多个应用程序存在依赖关系，即后一个应用程序的输入为前一个应用程序的输出，在这种情况下，每个 MapReduce 作业的输出结果都会被写入磁盘，会造成大量的磁盘 I/O，导致数据处理程序性能非常低下。

5.1.4 Map 和 Reduce 函数

MapReduce 模型的核心是 Map 和 Reduce 函数，二者都是由应用程序开发人员负责具体实现的。程序员只需关注如何实现 Map 和 Reduce 函数，而不需要处理并行编程中的其他各种复杂问题。

Map 和 Reduce 函数都是以<key,value>作为输入的，并按一定的映射规则转换成另一个或一批<key, value>进行输出。Map 和 Reduce 函数的输入/输出参数如表 5-2 所示。

表 5-2　Map 和 Reduce 函数的输入/输出参数

函　　数	输　　入	输　　出	说　　明
Map	<k1,v1>	List(<k2,v2>)	将切片中的数据按照一定的规则解析成一批<key,value>，输入 Map 函数中进行处理。每个输入的<k1,v1>都会输出一批<k2,v2>，<k2,v2>是计算的中间结果
Reduce	<k2,List(v2)>	<k3,v3>	List(v2)表示一批属于同一个 k2 的 value

5.2　MapReduce 的工作原理

本节主要介绍 MapReduce 的工作原理，以及 MapReduce 的工作过程、Map 任务的工作原理、Shuffle 的工作原理、Reduce 任务的工作原理。

5.2.1　工作原理概述

大规模数据集的处理包括分布式存储和分布式计算两个核心环节。谷歌用分布式文件系统 GFS 实现分布式数据存储，用 MapReduce 实现分布式计算；而 Hadoop 则使用分布式文件系统 HDFS 实现分布式数据存储，用 Hadoop MapReduce 实现分布式计算。MapReduce 的输入和输出都需要借助分布式文件系统进行存储，这些文件被分布存储到集群的多个节点上。

MapReduce 的核心思想如图 5-1 所示，它把一个大的数据集拆分成多个小数据块，并在多台机器上并行处理。也就是说，一个大的 MapReduce 作业首先会被拆分成许多个 Map 任务在多台机器上并行执行，每个 Map 任务通常都运行在数据存储的节点上。这样，计算和数据就可以放在一起运行，而不需要额外的数据传输开销。当 Map 任务执行结束后，会生成以<key,value>形式表示的许多中间结果。这些中间结果会被分发到多个 Reduce 任务中，在多台机器上并行执行，具有相同 key 的<key,value>会被分发到同一个 Reduce 任务中，Reduce 任务会对中间结果进行汇总计算，从而得到最终结果，并输出到分布式文件系统中。

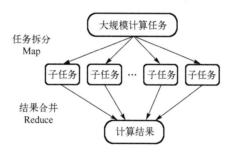

图 5-1　MapReduce 的核心思想

需要指出的是，不同的 Map 任务之间不会进行通信，不同的 Reduce 任务之间也不会发生任何信息交换；用户不能显式地由一台机器向另一台机器发送消息，所有的数据交换都是通过 MapReduce 框架自身实现的。

在 MapReduce 的整个执行过程中，Map 任务的输入文件、Reduce 任务的处理结果都是保存在分布式文件系统中的，而 Map 任务处理得到的中间结果则保存在本地存储空间中（如磁盘）。另外，只有当 Map 任务全部处理结束后，Reduce 过程才开始；只有 Map 任务才需要考虑数据局部性，实现"计算向数据靠拢"。

5.2.2　MapReduce 的工作过程

MapReduce 模型开发简单且功能强大，专门为并行处理大规模数据而设计。下面结合图 5-2 来描述 MapReduce 的工作过程。

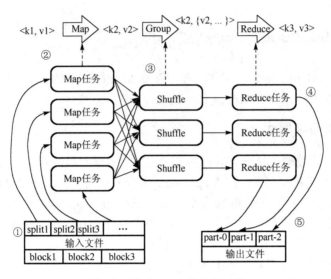

图 5-2　MapReduce 的工作过程

1. 分片/格式化数据源

输入 Map 阶段的数据源，必须经过分片和格式化操作。

（1）分片操作。

分片操作是指将源文件划分为大小相等的数据块，即分片（Split），Hadoop 会为每个分片构建一个 Map 任务，并由该任务运行自定义的 map()函数，从而处理分片中的每条记录。

（2）格式化操作。

格式化操作是指将划分好的分片格式化为<key,value>形式的键值对数据，其中，key 代表偏移量，value 代表每行的内容。

2. 执行 Map 任务

每个 Map 任务都有一个内存缓冲区（缓冲区大小为 100MB），输入的分片数据经过 Map 任务处理后的中间结果会被写入内存缓冲区。如果写入的数据达到内存缓冲区的阈值（80MB），那么系统会启动一个线程，将内存缓冲区中的溢出数据写入磁盘，同时不影响中间结果继续被写入内存缓冲区。在溢写过程中，MapReduce 框架会对 key 进行排序，如果中间结果比较大，就会形成多个溢写文件，最后的内存缓冲区数据也会全部溢写入磁盘而形成一个溢写文件，如果有多个溢写文件，则最后合并所有的溢写文件为一个文件。

3. 执行 Shuffle 过程

在 MapReduce 的工作过程中，Map 阶段处理的数据如何传递给 Reduce 阶段是 MapReduce 框架中一个关键的过程，这个过程叫作 Shuffle。Shuffle 会将 Map 任务输出的中间结果分发给 Reduce 任务，并在分发过程中对数据按 key 进行分区和排序。关于 Shuffle 过程的具体机制，会在 5.2.4 节进行讲解。

4．执行 Reduce 任务

输入 Reduce 任务的数据流为<key,{value list}>形式，用户可以自定义 reduce()方法对其进行逻辑处理，最终以<key,value>的形式输出。

5．写入文件

MapReduce 框架会自动把 Reduce 任务生成的<key,value>传入 OutputFormat 的 write()方法中，实现文件的写入。

5.2.3　Map 任务的工作原理

Map 任务作为 MapReduce 工作过程的前半部分，主要经历了 5 个阶段，分别是 Read阶段、Map 阶段，Collect 阶段、Spill 阶段和 Combine 阶段，如图 5-3 所示。

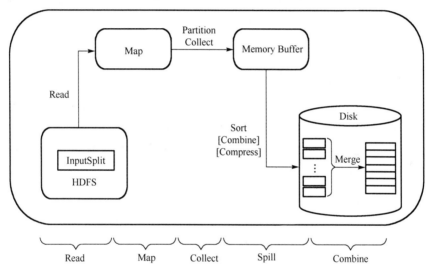

图 5-3　Map 任务的工作原理

1．Read 阶段

Read 阶段的主要任务是 Map 任务通过用户编写的 RecordReader，从输入的 InputSplit中解析出一个个<key,value>。

2．Map 阶段

在 Map 阶段，解析出的<key,value>将被交给用户编写的 map()函数来处理，并产生一系列新的<key,value>。

3．Collect 阶段

在用户编写的 map()函数中，数据处理完成后一般会调用 outputCollector.collect()输出结果，在 map()函数内部，通过调用 5.3.4 节介绍的 Partitioner 组件生成<key,value>分片，并将其写入一个环形内存缓冲区。

4. Spill 阶段

当环形内存缓冲区满后，MapReduce 会将数据写到本地磁盘上，生成一个临时文件，这就是 Spill 阶段。需要注意的是，在将数据写入本地磁盘前，先要对数据进行一次本地排序，并在必要时对数据进行合并、压缩等操作。

5. Combine 阶段

当所有数据处理完成以后，Map 任务会对所有临时文件进行一次合并，以确保最终只生成一个数据文件（output/file.out），同时生成相应的索引文件（output/file.out.index）。

在进行文件合并的过程中，Map 任务以分区为单位进行合并。对于某个分区，它将采用多轮递归合并的方式。每轮合并 io.sort.factor（默认为 10）个文件，并将产生的文件重新加入待合并列表。对文件进行排序后，重复以上过程，直到最终得到一个大文件。让每个 Map 任务最终只生成一个数据文件可避免同时打开大量文件和同时读取大量文件产生的随机读取带来的开销。

5.2.4　Shuffle 的工作原理

Shuffle 过程是对 Map 任务的输出结果进行分区、排序和合并等处理并交给 Reduce 任务的过程。Shuffle 过程是整个 MapReduce 工作过程的核心环节，理解 Shuffle 过程的基本原理对于理解 MapReduce 的工作过程至关重要。Shuffle 过程分为 Map 端的 Shuffle 过程和 Reduce 端的 Shuffle 过程。

1. Map 端的 Shuffle 过程

Map 端的 Shuffle 过程包括 4 个步骤，如图 5-4 所示。

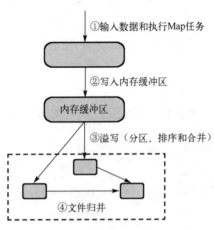

①输入数据和执行Map任务

②写入内存缓冲区

内存缓冲区

③溢写（分区、排序和合并）

④文件归并

图 5-4　Map 端的 Shuffle 过程

（1）输入数据和执行 Map 任务。

Map 任务的输入数据一般保存在分布式文件系统（如 GFS 或 HDFS）的数据块中，这些数据块的格式是任意的，可以是文档，也可以是二进制格式。Map 任务接收<key, value>作为输入后，按一定的映射规则转换成一批<key,value>进行输出。

（2）写入内存缓冲区。

每个 Map 任务都会被分配一个内存缓冲区，Map 任务的输出结果不是立即写入磁盘的，而是首先写入内存缓冲区。先在内存缓冲区中积累一定数量的 Map 任务的输出结果，再一次性地批量写入磁盘，这样可以大大减小对磁盘 I/O 的影响。因为磁盘包含机械部件，它是通过磁头移动和盘片的转动来寻址定位数据的，所以每次寻址的开销很大，如果每个 Map 任务的输出结果都直接写入磁盘，那么会引入很多次寻址开销，而一次性地批量写入就只需一次寻址，连续写入，大大减小了开销。需要注意的是，在 Map 任务的输出结果写入内存缓冲区之前，key 与 value 的值都会被序列化成字节数组。

（3）溢写（分区、排序和合并）。

提供给 MapReduce 的内存缓冲区的容量是有限的，默认大小是 100MB。随着 Map 任务的执行，内存缓冲区中的 Map 任务的输出结果的数量会不断增加，很快就会占满整个内存缓冲区。这时，必须启动溢写过程，把内存缓冲区中的内容一次性写入磁盘，并清空内存缓冲区。溢写过程通常是由另外一个单独的后台线程来完成的，不会影响 Map 任务的输出结果向内存缓冲区中写入。但是为了保证 Map 任务的输出结果能够不停地写入内存缓冲区，不受溢写过程的影响，必须让内存缓冲区中一直有可用的空间，不能等到全部占满它后才启动溢写过程，因此一般会设置一个溢写比例，如 0.8。也就是说，当 100MB 大小的内存缓冲区被填满 80MB 数据时，就启动溢写过程，把已经写入的 80MB 数据写入磁盘，剩余 20MB 空间供 Map 任务的输出结果继续写入。

在溢写至磁盘之前，内存缓冲区中的数据首先会被分区。其中的数据是<key,value>形式的键值对，这些键值对最终需要交给不同的 Reduce 任务进行并行处理。MapReduce 通过 Partitioner 接口对这些键值对进行分区，默认的分区方式是采用哈希函数对 key 进行哈希后用 Reduce 任务的数量进行取模，可以表示为 hash(key) mod R，其中 R 表示 Reduce 任务的数量。这样，就可以把 Map 任务的输出结果均匀地分配给这 R 个 Reduce 任务进行并行处理了。当然，MapReduce 也允许用户通过重载 Partitioner 接口来自定义分区方式。

对于每个分区内的所有键值对，后台线程会根据 key 对它们进行内存排序，排序是 MapReduce 的默认操作。排序结束后，还包含一个可选的合并操作。如果用户事先没有定义 Combiner()函数，那么 Shuffle 过程会执行默认的内部合并操作；如果用户事先定义了 Combiner()函数，那么 Shuffle 过程会调用用户定义的合并操作。这两种情况均是为了减小需要溢写至磁盘的数据量。

所谓合并，就是指将那些具有相同 key 的键值对的 value 值加起来。例如，有两个键值对<xmu,1>和<xmu,1>，经过合并操作以后就可以得到一个键值对<xmu, 2>，减少了键值对的数量。这里需要注意的是，Map 端的这种合并操作其实与 Reduce 的功能相似，但是由于这个操作发生在 Map 端，因此只能被称为合并，从而有别于 Reduce。不过，并非所有场合都可以使用 Combiner()函数，因为 Combiner()函数的输出是 Reduce 任务的输入，Combiner()函数绝不能改变 Reduce 任务最终的计算结果，一般而言，求累加值、最大值等场景可以使用合并操作。

经过分区、排序，以及可能发生的合并操作之后，这些内存缓冲区中的键值对就可以被写入磁盘，并清空内存缓冲区。

（4）文件归并。

每个溢写过程结束后，都会在磁盘中生成一个新的溢写文件，随着 Map 任务的进行，磁盘中的溢写文件数量会越来越多。当然，如果 Map 任务的输出结果很少，那么磁盘上只会存在一个溢写文件，但是通常会存在多个溢写文件。最终，在 Map 任务全部结束之前，系统会对所有溢写文件中的数据进行归并，生成一个大的溢写文件，这个大的溢写文件中的所有键值对都是经过分区和排序的。

所谓归并，就是指具有相同 key 的键值对会被归并成一个新的键值对。具体而言，若干具有相同 key 的键值对<k1,v1>,<k1,v2>,…,<k1,vn>会被归并成一个新的键值对<k1,<v1, v2,…,vn>>。

另外，在进行文件归并时，如果磁盘中已经生成的溢写文件的数量超过了参数 min.num.spills.for.combine 的值（默认值是 3，用户可以修改这个值），就可以再次运行 Combiner()函数，对数据进行合并操作，从而减小写入磁盘的数据量。但是，如果磁盘中只有一两个溢写文件，那么执行合并操作就会"得不偿失"，因为执行合并操作本身也需要付出代价，因此不会运行 Combiner()函数。

经过上述 4 个步骤以后，Map 端的 Shuffle 过程就全部完成了，最终生成的一个大的溢写文件会被存放在本地磁盘中。这个大文件中的数据是被分区的，不同的分区会被发送到不同的 Reduce 任务进行并行处理。

2. Reduce 端的 Shuffle 过程

相对于 Map 端的 Shuffle 过程，Reduce 端的 Shuffle 过程非常简单，只需首先从 Map 端读取 Map 任务的输出结果，然后执行归并操作，最后发送给 Reduce 任务进行处理即可。具体而言，Reduce 端的 Shuffle 过程包括 3 个步骤，如图 5-5 所示。

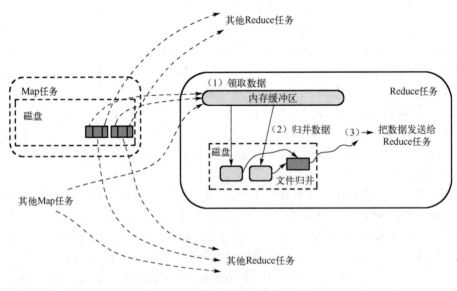

图 5-5　Reduce 端的 Shuffle 过程

（1）领取数据。

Map 端的 Shuffle 过程结束后，Reduce 任务需要把这些数据领取回来并存放到自己所在机器的本地磁盘上。因此，在每个 Reduce 任务真正开始之前，它大部分时间都在从 Map 端把自己要处理的那些分区的数据领取回来。每个 Reduce 任务都会不断地通过 RPC

向 JobTracker 询问 Map 任务是否已经完成；JobTracker 监测到一个 Map 任务完成后，会通知相关的 Reduce 任务来领取数据；一旦一个 Reduce 任务收到 JobTracker 的通知，它就会到该 Map 任务所在的机器上把自己要处理的分区数据领取到本地磁盘中。

（2）归并数据。

从 Map 端领取的数据会首先被存放在 Reduce 任务所在机器的内存缓冲区中，如果内存缓冲区被占满，就会像 Map 端一样被溢写到磁盘中。由于在 Shuffle 阶段，Reduce 任务还没有真正开始执行，因此，这时可以把内存的大部分空间分配给 Shuffle 过程作为内存缓冲区。需要注意的是，系统中一般存在多个 Map 机器，因此 Reduce 任务的内存缓存中的数据是来自不同的 Map 任务所在的机器的，一般会存在很多可以合并的键值对。当溢写过程启动时，具有相同 key 的键值对会被归并，如果用户定义了 Combiner，则归并后的数据还可以执行合并操作，减小写入磁盘的数据量。同样，每个溢写过程结束后，都会在磁盘中生成一个溢写文件，因此磁盘中会存在多个溢写文件。最终，当所有的 Map 端数据都已经被领取时，与 Map 端类似，多个溢写文件会被归并成一个大的溢写文件，归并时还会对键值对进行排序，从而使得最终大的溢写文件中的键值对都是有序的。当然，在数据很少的情形下，内存缓冲区可以存储所有数据，这样就不需要把数据写到磁盘中了，而是直接在内存缓冲区中执行归并操作，并直接输出给 Reduce 任务。

（3）把数据输入给 Reduce 任务。

经过多轮归并后，磁盘中会得到若干个大文件。这些文件不会再继续归并成一个新的大文件，而是直接作为输入提供给 Reduce 任务。这样做可以减少磁盘读写的开销，因为数据已经按照键进行了排序和分组，Reduce 任务可直接对这些文件进行处理。

通过将这些大文件作为输入，整个 Shuffle 过程顺利结束。接下来，Reduce 任务会执行其定义的 Reduce 函数中的各种操作，对输入的数据进行映射和处理，并最终输出结果。Reduce 任务生成的结果会被保存到分布式文件系统中，如 GFS 或 HDFS 等。

5.2.5　Reduce 任务的工作原理

Reduce 任务的工作过程主要经历了 5 个阶段，分别是 Copy 阶段、Merge 阶段，Sort 阶段、Reduce 阶段和 Write 阶段，如图 5-6 所示。

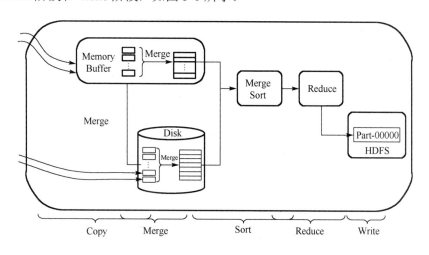

图 5-6　Reduce 任务的工作过程

1. Copy 阶段

Reduce 任务会从各个 Map 任务中远程复制一个分片数据，针对某一分片数据，如果其大小超过一定的阈值，就将其写到磁盘中，否则直接将其放到内存中。

2. Merge 阶段

在远程复制数据的同时，Reduce 任务会启动两个后台线程，分别对内存和磁盘上的文件进行合并，以防止内存使用过多或磁盘文件过多。

3. Sort 阶段

用户编写 reduce()方法，输入的是按 key 进行聚集的一组数据。为了将 key 相同的数据聚在一起，Hadoop 采用了基于排序的策略。由于各个 Map 任务已经对自己的处理结果进行了局部排序，因此，Reduce 任务只需对所有数据进行一次归并排序即可。

4. Reduce 阶段

对排序后的键值对调用 reduce()方法，key 相同的键值对调用一次 reduce()方法，每次调用都会产生零个或多个键值对，最终把这些输出的键值对都写到 HDFS 中。

5. Write 阶段

Reduce()函数将计算结果写到 HDFS 中。

注意：Reduce 任务的数量和 Map 任务的数量不一样，Reduce 任务的数量可以手动指定，但是有一定的要求。一般在默认情况下，Reduce 任务的数量应该与 Map 任务中的 Map 阶段和 Collect 阶段写出的分区数目对应。

手动指定 Reduce 任务的数量的示例代码如下：

```
// 默认值是 1，手动设置为 5
job.setNumReduceTasks(5);
```

注意事项：

（1）Reduce 任务的数量设置为 0，表示没有 Reduce 阶段，输出文件的数量和 Map 任务的数量一致。

（2）Reduce 任务数量的默认值是 1，输出文件的数量为 1。

（3）如果数据分布不均匀，就有可能在 Reduce 阶段产生数据倾斜。

（4）Reduce 任务的数量并不是任意设置的，还要考虑业务逻辑需求，在某些情况下，需要计算全局汇总结果，此时，就只能有一个 Reduce 任务。具体有多少个 Reduce 任务需要根据集群性能而定。

（5）如果分区数不是 1，但是 Reduce 任务的数量为 1，则不执行分区过程。因为在 Map 任务的源码中，执行分区的前提是先判断 Reduce 任务的数量是否大于 1，如果不大于 1，就不执行。

5.3 MapReduce 编程组件

我们可以借助 MapReduce 提供的一些编程组件来实现一个 MapReduce 程序，本节介绍常见的 MapReduce 编程组件：InputFormat 组件、Mapper 组件、Reducer 组件、Partitioner 组件、Combiner 组件和 OutputFormat 组件。

5.3.1　InputFormat 组件

InputFormat 组件主要用于描述输入数据的格式，它提供了两项功能：一是数据切分，即按照某种策略将输入数据切分成若干分片，以便确定 Map 任务的数量，即 Mapper 的数量，在 MapReduce 框架中，一个分片就意味着需要一个 Map 任务；二是为 Mapper 提供输入数据，即给定一个分片，（使用其中的 RecordReader 对象）将其解析为一个个<key, value>键值对。InputFormat 最原始的形式就是一个接口，其结构如下：

```
public interface InputFormat<K,V>{
    //获取所有的分片
    public InputSplit[] getSplits(JobConf job,int numSplits) throws
IOException;
    //获取读取分片的 RecordReader 对象，实际上是由 RecordReader 对象将分片解析成一个
个<key, value>
    public RecordReader<K,V> getRecordReader(InputSplit split,
                        JobConf job,
                        Reporter reporter) throws IOException;
}
```

其中，getSplits()方法负责数据切分，getRecordReader()方法负责为 Mapper 提供输入数据。

1. InputSplit

getSplits()方法会尝试将输入数据分成 numSplits 个 InputSplit 的输入分片。InputSplit 主要有以下特点。

（1）逻辑分片。之前已经学习过分片和数据块的对应关系与区别，分片只在逻辑上对数据进行分片，并不会在磁盘上将数据切分成物理分片，实际上，数据在 HDFS 中还是以数据块为基本单位来存储数据的。InputSplit 只记录了 Mapper 要处理的数据的元数据，如起始位置、长度和所在的节点。

（2）可序列化。在 Hadoop 中，序列化主要有两个作用：进程间通信和数据持久化存储。在这里，InputSplit 主要用于进程间通信。

在作业被提交给 JobTracker 之前，客户端会先调用作业 InputSplit 中的 getSplits()方法，并将得到的分片信息序列化到文件中。这样，当作业在 JobTracker 端初始化时，便可解析出所有分片，创建相应的 Map 任务。

InputSplit 也是一个接口，它具体返回什么样的实现是由具体的 InputFormat 决定的。InputSplit 只有两个接口函数：

```
public interface InputSplit extends Writable {

    /**
     * 获取分片的长度
     *
```

```
    * @return the number of bytes in the input split.
    * @throws IOException
    */
   long getLength() throws IOException;


   /**
    * 获取存放这个分片的位置信息（这个分片在 HDFS 上存放的机器）
    * 这个分片可能有多个副本存在于多台机器上
    *
    * @return list of hostnames where data of the <code>InputSplit
</code> is
    * located as an array of <code>String</code>s.
    * @throws IOException
    */
   String[] getLocations() throws IOException;
}
```

在需要读取一个分片时，其对应的 InputSplit 会被传递到 InputFormat 的第二个接口函数 getRecordReader()中，用于初始化一个 RecordReader，以便解析输入数据。描述分片的重要信息都被隐藏了，InputFormat 只需保证 getSplits()方法返回的 InputSplit 和 getRecordReader()函数关心的 InputSplit 是同样的实现就行了，这给 InputFormat 的实现提供了很高的灵活性。

以 MapReduce 框架中最常用的 FileInputFormat 为例，其内部使用的就是以 FileSplit 来描述 InputSplit。下面来看一下 FileSplit 的一些定义信息：

```
   /** A section of an input file.  Returned by {@link
    * InputFormat#getSplits(JobConf, int)} and passed to
    * {@link InputFormat#getRecordReader(InputSplit,JobConf,Reporter)}.
    */
   public class FileSplit extends org.apache.hadoop.mapreduce.InputSplit
implements InputSplit  {
       // 分片所在的文件
       private Path file;
       // 分片的起始位置
       private long start;
       // 分片的长度
       private long length;
       // 分片所在机器的名称
       private String[] hosts;

       FileSplit() {}

       /** Constructs a split.
        * @deprecated
        * @param file the file name
        * @param start the position of the first byte in the file to
process
        * @param length the number of bytes in the file to process
```

```
    */
    @Deprecated
    public FileSplit(Path file, long start, long length, JobConf conf) {
      this(file, start, length, (String[])null);
    }

    /** Constructs a split with host information
     *
     * @param file the file name
     * @param start the position of the first byte in the file to process
     * @param length the number of bytes in the file to process
     * @param hosts the list of hosts containing the block, possibly null
     */
    public FileSplit(Path file, long start, long length, String[] hosts)
    {
      this.file = file;
      this.start = start;
      this.length = length;
      this.hosts = hosts;
    }

    /**返回包含分割数据的文件. */
    public Path getPath() { return file; }

    /** 返回待处理文件的第一个字节. */
    public long getStart() { return start; }
    /**返回待处理文件的字节数. */
    public long getLength() { return length; }
    public String toString() { return file + ":" + start + "+" +
length; }
    // 定义可写方法
    public void write(DataOutput out) throws IOException {
      UTF8.writeString(out, file.toString());
      out.writeLong(start);
      out.writeLong(length);
    }
    public void readFields(DataInput in) throws IOException {
      file = new Path(UTF8.readString(in));
      start = in.readLong();
      length = in.readLong();
      hosts = null;
    }

    public String[] getLocations() throws IOException {
      if (this.hosts == null) {
        return new String[]{};
      } else {
        return this.hosts;
```

137

```
        }
      }
    }
```

从上面的代码中可以看到，FileSplit 就是 InputSplit 接口的一个实现。InputFormat 使用的 RecordReader 从 FileSplit 中获取信息，解析 FileSplit 对象，从而获得所需数据的起始位置、长度和节点位置。

2. RecordReader

对于 getRecordReader()函数，它返回一个 RecordReader 对象，该对象可以将输入的分片解析成一个个<key,value>。在 Map 任务的执行过程中，会不停地调用 RecordReader 对象的方法，迭代获取<key,value>并交给 map()方法进行处理：

```
//调用 InputFormat 的 getRecordReader()方法获取 RecordReader 对象
//由 RecordReader 对象解析其中分片的数据
K1 key = input.createKey();
V1 value = input.createValue();
while(input.next(key,value)){
 //从 input 中读取下一个<key,value>
    //调用用户编写的 map()方法
}
input.close();
```

RecordReader 主要有以下两项功能。

（1）定位记录的边界：由于 FileInputFormat 是按照数据量对文件进行切分的，因此有可能将一条完整的记录切分成两部分，分别属于两个分片，为了解决跨 InputSplit 分片读取数据的问题，RecordReader 规定每个分片的第一条不完整的记录划分给前一个分片处理。

（2）解析<key,value>：定位一条新的记录，并将记录分解成 key 和 value 两部分供 Mapper 处理。

Hadoop MapReduce 自带了一些 InputFormat 的实现类，Hadoop 提供的 InputForamt 的实现类层次图如图 5-7 所示。

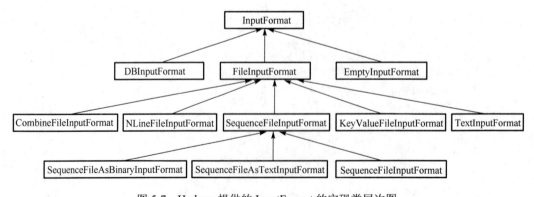

图 5-7　Hadoop 提供的 InputForamt 的实现类层次图

下面看几个具有代表性的 InputFormat 的实现类。

（1）FileInputFormat。

FileInputFormat 是一个抽象类，它最重要的功能是为各种 InputFormat 提供统一的 getSplits()方法，该方法最核心的部分是文件切分算法和 Host 选择算法。

（2）TextInputFormat。

在默认情况下，MapReduce 使用 TextInputFormat 类来读取分片并将记录数据解析成一个个<key,value>。

（3）CombineFileInputFormat。

CombineFileInputFormat 类的作用是把许多文件合并为一个 Map 任务的输入。它的主要思路是把输入目录下的大文件分成多个 Map 任务的输入，并合并小文件，作为一个 Map 任务的输入，适合多个小文件的场景。

（4）SequenceFileInputFormat。

SequenceFileInputFormat 是一个顺序二进制的 FileInputFormat，其内部以<key,value>的格式保存数据，通常会结合 LZO 或 Snappy 压缩算法来读取或保存可分片的数据文件。

5.3.2　Mapper 组件

MapReduce 程序会根据输入的文件产生多个 Map 任务。Hadoop 提供的 Mapper 类是实现 Map 任务的一个抽象基类，该类提供了一个 map()方法。在默认情况下，Mapper 类中的 map()方法并没有包含任何具体的处理逻辑。也就是说，在没有进行重写或自定义的情况下，map()方法不会对输入的数据做任何处理。

如果想自定义 map()方法，则只需继承 Mapper 类并重写 map()方法即可。下面以词频统计为例，自定义一个 map()方法，具体代码如下：

```
importjava.io.IOException;
import org.apache.hadoop.io.IntWritable;
import org.apache.hadoop.io.Longwritable;
import org.apache.hadoop.io.Text;
import org.apache.hadoop.mapreduce.Mapper;
publie class WordcountMapper extends Mapper< Longwritable,Text,Text,
Intwritable>{
    @Override
protected void map (Longwritable key, Text value,Mapper<LongWritable,
Text,Text,Intwritable>.Context context)
  throws IOException, InterruptedException{
        //接收传入的一行文本，把数据类型转换为 String 类型
        String line=value. toString();
        //将这行内容按照分隔符切分
        String[] words=line.split(" ");
        //遍历数组，每出现一个单词就标记一个数组1，如<单词,1>
        for (string word : words){
            //使用 context.write()方法把 Map 阶段处理的数据发送给 Reduce 阶段作为
输入数据
            context.write(new Text(word),new IntWritable(1));
        }
    }
}
```

5.3.3 Reducer 组件

Map 任务输出的键值对将由 Reducer 组件进行合并处理。Hadoop 中的抽象类 Reducer 的定义代码如下：

```
public class Reducer<KEYIN,VALUEIN,KEYOUT,VALUEOUT> {
    protected void setup(Context context) throwsIOException,Interrupted-
Exception {
        // NOTHING
    }
    @SuppressWarnings("unchecked")
    protected void reduce(KEYIN key, Iterable<VALUEIN> values, Context
context) throws IOException, InterruptedException {
        for(VALUEIN value: values) {
            context.write((KEYOUT) key, (VALUEOUT) value);
        }
    }
    protected void cleanup(Context context) throws IOException,
InterruptedException {
        // NOTHING
    }
    public void run(Context context) throws IOException, Interrupted-
Exception {
        setup(context);
        while (context.nextKey()) {
            reduce(context.getCurrentKey(), context.getValues(), context);
        }
        cleanup(context);
    }
}
```

Hadoop 提供了几种常见的 Reducer 的子类，这些子类可以直接用于作业中。Reducer 可以在 org.apache.hadoop.mapreduce.lib.reduce 包下面找到如下子类。

（1）IntSumReducer：输出每个 key 对应的整数值列表的总和。

（2）LongSumReducer：输出每个 key 对应的长整数值列表的总和。

5.3.4 Partitioner 组件

Partitioner 组件是负责将 Map 任务的输出结果按照 key 进行分区的组件。它的主要作用是确保具有相同 key 的数据被发送到同一个 Reduce 任务中。在 MapReduce 过程中，Map 任务会将数据划分为一组键值对，其中，key 表示数据的标识或分类，value 是实际的数据。Partitioner 组件接收 Map 任务的输出，并根据 key 对数据进行分区，以便后续的 Reduce 任务可以对具有相同 key 的数据进行处理。Hadoop 自带了一个默认的分区类 HashPartitioner，它继承了 Partitioner 类，并提供了一个 getPartition()方法，其定义如下：

```
public abstract class Partitioner<KEY,VALUE>{
    public abstract int getPartition (KEY key,
```

```
                VALUE value , int numPartitions);
    }
```

如果想自定义一个 Partitioner 组件，则需要继承 Partitioner 类并重写 gctPartition()方法。在重写 getPartition()方法的过程中，通常的做法是首先使用哈希函数对 key 进行计算，每个 key 得到一个唯一的哈希码；然后将哈希码对 Reduce 任务的数量取模，将哈希码映射到一个特定的 Reduce 任务上，从而确定该键值对应该被发送到哪个 Reduce 任务中进行处理。哈希函数通常会将不同的 key 映射为不同的哈希码，并且哈希码的分布也相对均匀。通过取模运算，可以将不同的哈希码分配给不同的 Reduce 任务，使得数据能够均匀地分布到各个 Reduce 任务中进行并行处理。

5.3.5　Combiner 组件

Combiner 组件是 MapReduce 程序中 Mapper 和 Reducer 之外的一种组件。Combiner 组件的作用就是对 Map 阶段输出的重复数据先做一次合并计算，然后把新的<key,value>作为 Reduce 阶段的输入。

如果想定义 Combiner 组件，则需要继承其父类 Reducer，即 Combiner 是继承自 Reducer 的，相当于 Reducer。Combiner 和 Reducer 的区别在于运行的位置：Combiner 是在每个 Map 任务所在的节点上运行的，Reducer 接收全局所有 Mapper 的输出结果，即 Combiner 组件的输出作为 Reducer 的输入。Combiner 组件存在的意义就是对每个 Map 任务的输出进行局部汇总，以减小网络传输量，属于优化方案。

注意：对 Combiner 组件的使用要非常谨慎，因为它在 MapReduce 的工作过程中可能被调用也可能不被调用，可能被调用一次也可能被调用多次，无法确定和控制。所以，Combiner 组件的使用原则是：确保其使用对业务逻辑没有影响，无论 Combiner 组件是否被调用或被调用几次，最终的结果应该是一致的。而且，Combiner 组件的输出<key,value>应该与 Reducer 的输入<key,value>类型对应。因为有时如果使用 Combiner 组件不当，就会对统计结果造成错误。

虽然 Combiner 组件可以减小 Mapper 和 Reducer 之间的数据传输量，对 Mapper 到 Reducer 的数据进行局部汇总，减少 Reducer 的工作量和网络 I/O，但是仍然需要用 Reduce()函数来处理不同 Map 任务输出的具有相同 key 的记录。

下面自定义一个 Combiner 类继承 Reducer，重写 Reduce()方法，以经典的 WordCount 为例：

```java
public class WordcountCombiner extends Reducer<Text, IntWritable, Text,
IntWritable>{
    @Override
    protected void Reduce(Text key, Iterable<IntWritable> values ,
Context context) throws IOException, InterruptedException {
        int count = 0;
        for(IntWritable v :values){
            count += v.get();
        }
        context.write(key, new IntWritable(count));
    }
}
```

在 job 中进行如下设置：

```
job.setCombinerClass(WordcountCombiner.class);
```

5.3.6 OutputFormat 组件

InputFormat 描述的是 MapReduce 的输入规范，而 OutputFormat 描述的是 MapReduce 的输出规范。OutputFormat 的目的是设置 MapReduce 作业的输出格式。

下面介绍 OutputFormat 的相关方法。

（1）getRecordWriter()：

```
RecordWriter getRecordWriter(TaskAttemptContext context);
```

getRecordWriter()方法用于返回一个 RecordWriter 的实例，Reduce 任务在执行时就是利用这个实例来输出键值对的。

（2）checkOutputSpecs()：

```
void checkOutputSpecs(JobContext context);
```

checkOutputSpecs()方法用于检测任务输出规范是否有效。

（3）getOutputCommitter()：

```
OutputCommitter getOutputCommitter(TaskAttemptContext context);
```

getOutputCommitter()方法负责确保任务的输出被正确提交。

下面介绍一些常见的 OutputFormat 实现类。

（1）文本输出 TextOutputFormat。

对于 MapReduce 任务，其默认的输出格式是 TextOutputFormat，它把每条记录都写为文本行。它的键和值可以为任意类型，因为 TextOutputFormat 调用 toString()方法把记录转换为字符串。

（2）SequenceFileOutputFormat。

SequenceFileOutputFormat 将它的输出写为一个序列化文件，如果输出需要作为后续 MapReduce 任务的输入，那么这便是一种好的输出格式，因为它的格式紧凑，很容易被压缩。

（3）自定义 OutputFormat 类。

根据需求，用户可以自定义 OutputFormat 类，实现特定的输出逻辑和格式要求。

5.4 MapReduce 案例

为了帮助读者更好地学习和理解 MapReduce 计算框架，本节详细介绍包括 WordCount、倒排索引、数据去重和 Top-N 在内的 MapReduce 案例。

在正式开始介绍 MapReduce 案例前，先介绍 MapReduce 的两种测试方式。

1. 本地测试

本地测试需要在本地编写程序并准备本地输入文件，通过配置 Hadoop 依赖的方式对编写的程序进行本地测试，在本地运行的主要目的是看 MapReduce 的业务逻辑是不是正确的。

2. 集群测试

集群测试需要将编写的程序打包上传到集群中。这种测试方式更能模拟真实生产环境下的运行方式。

本地测试和集群测试不是非此即彼的，一般来说，一个 MapReduce 首先要经过本地测试，再经过集群测试，只有这样才能投入使用。

本节中的案例统一只进行本地测试，在 5.5 节中进行本地测试和集群测试。

5.4.1 本地测试环境配置

在 Windows 系统中进行本地测试需要配置 Hadoop 运行环境，但是安装一个完整的 Hadoop 集群太过烦琐，其实只要复制几个文件即可。

winutils.exe 是在 Windows 系统中需要的 Hadoop 调试环境工具，里面包含一些在 Windows 系统中调试 Hadoop 所需的基本工具类。因此，这里需要下载 winutils.exe 文件，将其放在本地目录下并设置环境变量。具体步骤如下。

（1）找到资料包路径下的 Windows 依赖目录，复制 winutils.exe 文件到非中文路径（如 D:\winutils）下。

（2）配置 HADOOP_HOME 环境变量，如图 5-8 所示。

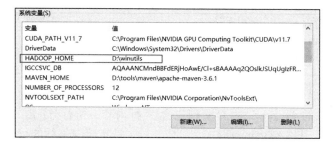

图 5-8　配置 HADOOP_HOME 环境变量

（3）配置 Path 环境变量，如图 5-9 所示。

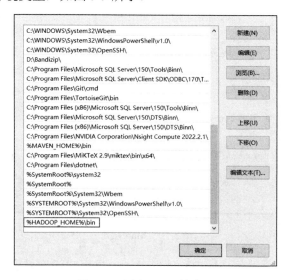

图 5-9　配置 Path 环境变量

配置完成后双击 winutils.exe，如果报错"由于找不到 MSVCR120.dll，无法继续执行代码。重新安装程序可能会解决此问题"，则说明缺少微软运行库。在资料包里面有对应的微软运行库安装包，双击安装即可。

5.4.2 WordCount

在编程语言的学习过程中，都会以"HelloWorld"程序作为入门范例，WordCount 就是类似"HelloWorld"的 MapReduce 入门程序。WordCount 程序任务如表 5-3 所示。

表 5-3 WordCount 程序任务

项　　目	描　　述
程序	WordCount
输入	一个包含大量单词的文本文件
输出	文件中的每个单词及其出现次数（词频），并按照单词字母顺序排序，每个单词及其出现次数占一行，单词和频数之间有间隔

表 5-4 给出了一个 WordCount 程序的输入和输出实例。

表 5-4 WordCount 程序的输入和输出实例

输　　入	输　　出
Hello World Hello Hadoop Hello MapReduce	Hadoop 1 Hello 3 MapReduce 1 World 1

假设在执行单词统计任务的 MapReduce 作业中有 3 个执行 Map 任务的 Worker 和 1 个执行 Reduce 任务的 Worker。一个文档包含 3 行内容，每行分配给一个 Map 任务来处理。Map 操作的输入是<key,value>形式。其中，key 是文档中某行的行号，value 是该行的内容。那么 Map 操作会将输入文档中的每个单词都以<key,value>的形式作为中间结果进行输出。Map 操作如图 5-10 所示。

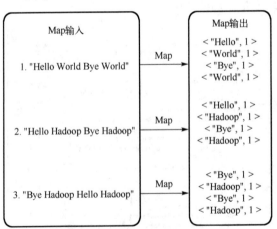

图 5-10 Map 操作

前面提到，在 Map 端的 Shuffle 过程中，如果用户没有定义 Combiner()函数，则 Shuffle 过程会把具有相同 key 的键值对归并成一个键值对，此时 Map 端的 Reduce 过程如

图 5-11 所示。在图 5-11 最上面的 Map 任务的输出结果中，存在 key 都是"World"的两个键值对<"World", 1>，经过 Map 端的 Shuffle 过程以后，这两个键值对会被归并成一个键值对<"World", <1, 1>>，这里不再给出 Reduce 端的 Shuffle 结果。这些归并后的键值对会作为 Reduce 任务的输入，由 Reduce 任务为每个单词计算出其总的出现频数。输出排序后的最终结果是<"Bye", 3>、<"Hadoop", 4>、<"Hello", 3>和<"World", 2>。

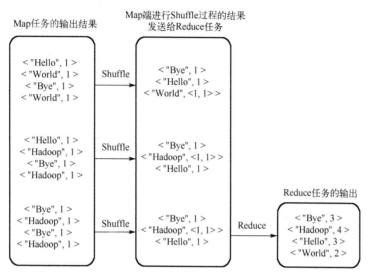

图 5-11 用户没有定义 Combiner()函数时的 Reduce 过程

在实际应用中，每个输入文件被 map()函数解析后，都可能会生成大量类似<"the", 1>这样的中间结果，显然，这会大大增加网络传输开销。在前面介绍 Shuffle 过程时曾经提到，对于这种情形，MapReduce 支持用户提供 Combiner()函数来对中间结果进行合并后发送给 Reduce 任务，从而大大减小网络传输的数据量。对于图 5-11 中的 Map 任务的输出结果，如果存在用户自定义的 Combiner()函数，则 Reduce 过程如图 5-12 所示。具体实现过程见 5.5 节。

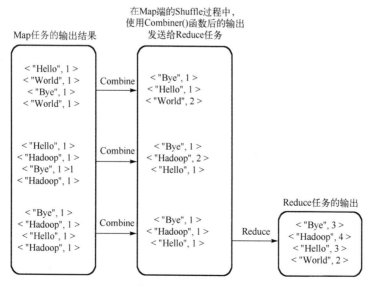

图 5-12 自定义 Combiner()函数后的 Reduce 过程

5.4.3 倒排索引

倒排索引（Inverted Index）是文档检索系统中最常用的数据结构，广泛应用于全文搜索引擎。倒排索引主要用来存储某个单词（或词组）在一组文档中的存储位置的映射，提供了可以根据内容查找文档的方式，而不是根据文档来确定内容，因此称为倒排索引。带有倒排索引的文件称为倒排索引文件，简称倒排文件（Inverted File）。

在通常情况下，倒排文件由一个单词（或词组）和相关联的文档列表组成，如图 5-13 所示。可以看出，建立倒排索引的目的是可以更加方便地搜索。例如，单词 1 出现在文档 1、文档 4、文档 13 等文档中，单词 2 出现在文档 2、文档 6、文档 10 等文档中，单词 3 出现在文档 3、文档 7 等文档中。

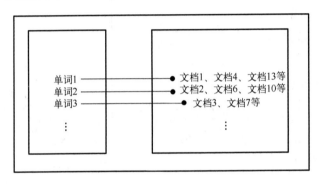

图 5-13　倒排文件

在实际应用中，还需要给每个文档添加一个权值，用来指出每个文档与搜索内容的相关度。最常用的是使用词频作为权重，即记录单词或词组在文档中的出现次数，用户在搜索相关文档时，系统就会把权重高的文档推荐给用户。下面以英文单词倒排索引为例来说明，加权倒排文件如图 5-14 所示。

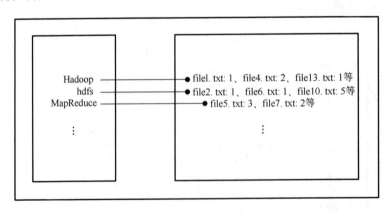

图 5-14　加权倒排文件

从图 5-14 中可以看出，在加权倒排索引文件中，文件的每行内容对每个单词都进行了加权索引，统计出单词出现的文档和次数。例如，在加权倒排文件的第一行，表示

"Hadoop"这个单词在文本 filel.txt 中出现了 1 次，在 file4.txt 中出现了 2 次，在 file13.txt 中出现了 1 次。

1. 案例分析

现假设有 3 个源文件 filel.txt、file2.txt 和 file3.txt，需要使这 3 个源文件的内容实现倒排索引，并将最后的倒排文件输出，整个过程要求实现如图 5-15 所示的转换。

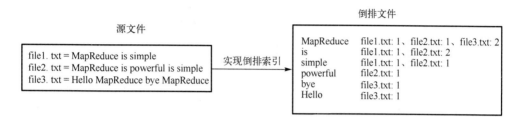

图 5-15　倒排索引过程

根据上面案例的需求，结合倒排索引的原理，对该倒排索引案例的实现进行分析，具体如下。

（1）首先使用默认的 TextInputFormat 类对每个输入文件进行处理，得到文本中每行的偏移量及其内容。Map 阶段首先分析输入的<key,value>，经过处理可以得到倒排索引中需要的 3 个信息：单词、文档名称和词频。对输入文件进行处理的过程如图 5-16 所示。

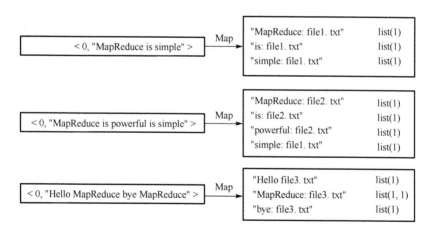

图 5-16　对输入文件进行处理的过程

从图 5-16 中可以看出，在不使用 Hadoop 自定义数据类型的情况下，需要根据实际情况将单词与文档名称拼接为一个 key（如"MapReduce:file1.txt"），将词频作为一个 value。

（2）经过 Map 阶段的数据转换后，同一个文档中相同的单词会出现多个的情况，而单纯依靠后续的 Reduce 阶段无法同时完成词频统计和生成文档列表两项任务，因此必须增加一个 Combine 阶段，先完成每个文档的词频统计。Combine 阶段如图 5-17 所示。

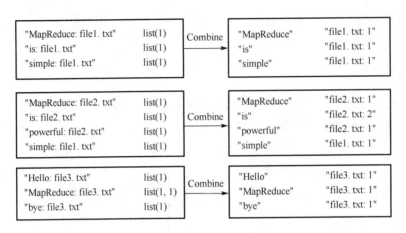

图 5-17　Combine 阶段

从图 5-17 中可以看出，在 Combine 阶段，根据前面的分析，先完成每个文档的词频统计，然后对输入的<key,value>进行了重新拆装，将单词作为 key，将文档名称和词频组成一个 value（如"file1.txt:1"）。这是因为，如果直接将词频统计后的输出数据（如"MapReduce file1.txt:1"）作为 Reduce 阶段的输入，那么在 Shuffle 过程中将面临一个问题：所有具有相同单词的记录应该交由同一个 Reducer 处理，但当前的 key 无法保证这一点，所以对 key 和 value 进行重新拆装。这样做的好处是可以利用 MapReduce 框架默认的 HashPartitioner 类完成 Shuffle 过程，将相同单词的所有记录发送给同一个 Reducer 进行处理。

（3）经过上述两个阶段的处理后，Reduce 阶段只需将所有文件中具有相同 key 的 value 进行统计，并组合成倒排文件所需的格式即可，组合过程如图 5-18 所示。

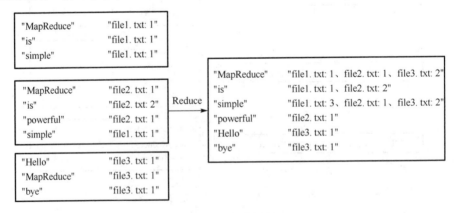

图 5-18　组合过程

从图 5-18 中可以看出，Reduce 阶段会根据所有文档中的相同 key 进行统计，同时，在处理过程中，结合倒排文件的格式需求就可以生成对应的文件。

需要说明的是，创建倒排索引的最终目的是通过单词找到对应的文档，明确思路是 MapReduce 程序编写的重点，如果开发人员在不了解入手阶段的 Map 数据格式如何设计时，不妨考虑对从 Reduce 阶段输出的数据格式进行反向推导。

2. 案例实现

在 D:\InvertedIndex\input 目录下（如果没有该目录，则手动创建）分别创建 file1.txt、file2.txt、file3.txt 几个文件。

文件数据如下。

file1.txt 的内容如下：

```
MapReduce is simple
```

file2.txt 的内容如下：

```
MapReduce is powerful is simple
```

file3.txt 的内容如下：

```
Hello MapReduce bye MapReduce
```

创建一个 Maven 项目 HadoopDemo，并使用 IntelliJ IDEA 开发工具将其打开。

（1）将 pom.xml 文件修改为如下内容并保存：

```xml
<?xml version="1.0" encoding="UTF-8"?>
<project xmlns="http://maven.apache.org/POM/4.0.0"
        xmlns:xsi="http://www.w3.org/2001/XMLSchema-instance"
        xsi:schemaLocation="http://maven.apache.org/POM/4.0.0 http://maven.
apache.org/xsd/maven-4.0.0.xsd">
    <modelVersion>4.0.0</modelVersion>

    <groupId>org.example</groupId>
    <artifactId>testHadoop</artifactId>
    <version>1.0-SNAPSHOT</version>

    <properties>
        <maven.compiler.source>8</maven.compiler.source>
        <maven.compiler.target>8</maven.compiler.target>
    </properties>

    <dependencies>
        <dependency>
            <groupId>org.apache.hadoop</groupId>
            <artifactId>hadoop-client</artifactId>
            <version>3.3.4</version>
        </dependency>
        <dependency>
            <groupId>junit</groupId>
            <artifactId>junit</artifactId>
            <version>4.12</version>
        </dependency>
    </dependencies>
</dependencies>
```

```
</project>
```

（2）在资源目录下添加 log4j.properties 文件，其内容如下：

```
### 配置根 ###
log4j.rootLogger = debug,console,fileAppender
## 配置输出到控制台中 ###
log4j.appender.console = org.apache.log4j.ConsoleAppender
log4j.appender.console.Target = System.out
log4j.appender.console.layout = org.apache.log4j.PatternLayout
log4j.appender.console.layout.ConversionPattern = %d{ABSOLUTE} %5p %c:%L
- %m%n
### 配置输出到文件中 ###
log4j.appender.fileAppender = org.apache.log4j.FileAppender
log4j.appender.fileAppender.File = logs/logs.log
log4j.appender.fileAppender.Append = false
log4j.appender.fileAppender.Threshold = DEBUG,INFO,WARN,ERROR
log4j.appender.fileAppender.layout = org.apache.log4j.PatternLayout
log4j.appender.fileAppender.layout.ConversionPattern = %-d{yyyy-MM-dd
HH:mm:ss} [ %t:%r ] - [ %p ] %m%n
```

（3）Map 阶段实现。

创建 cn.itcast.mr.invertedIndex 包，在该路径下编写自定义 Mapper 类 RevertedIndex-Mapper：

```java
package cn.itcast.mr.invertedIndex;
import java.io.IOException;
import org.apache.hadoop.io.LongWritable;
import org.apache.hadoop.io.Text;
import org.apache.hadoop.mapreduce.Mapper;
import org.apache.hadoop.mapreduce.lib.input.FileSplit;

public class RevertedIndexMapper extends Mapper<LongWritable, Text, Text,
Text> {

    @Override
    protected void map(LongWritable key1, Text value1, Context context)
            throws IOException, InterruptedException {
        String path = ((FileSplit)context.getInputSplit()).getPath().
toString();
        //得到文件名
        //找到最后一个斜线
        int index = path.lastIndexOf("/");
        //提取文件名
        String fileName = path.substring(index + 1);

        //分词
        String[] words = value1.toString().split(" ");
        for(String w:words){
```

```
                //格式为"单词:文档名称"
                context.write(new Text(w+":"+fileName), new Text("1"));
            }
        }
    }
```

文件 RevertedIndexMapper.java 中的代码的作用是将文本中的单词按照空格进行切分，并以冒号拼接，将"单词:文档名称"作为 key，将词频作为 value，都以文本方式输出至 Combine 阶段。

（4）Combine 阶段实现。

根据 Map 阶段的输出结果形式，在 cn.itcast.mr.InvertedIndex 包下自定义实现 Combine 阶段的类 RevertedIndexCombiner，对每个文档的单词进行词频统计。文件 RevertedIndexCombiner.java 的内容如下：

```
package cn.itcast.mr.invertedIndex;
import java.io.IOException;
import org.apache.hadoop.io.Text;
import org.apache.hadoop.mapreduce.Reducer;

public class RevertedIndexCombiner extends Reducer<Text, Text, Text, Text> {

    @Override
    protected void reduce(Text k21, Iterable<Text> v21, Context context)
            throws IOException, InterruptedException {
        // 求和：对同一个文件中的每个单词的词频求和
        int total = 0;
        for(Text v:v21){
            total = total + Integer.parseInt(v.toString());
        }

        //输出
        //分离：单词和文档名称(格式为"单词:文档名称")
        String data = k21.toString();
        //找到冒号的位置
        int index = data.indexOf(":");

        String word = data.substring(0, index); //单词
        String fileName = data.substring(index+1);//文档名称

        //输出
        //格式为"单词:文档名称:频率"
        context.write(new Text(word), new Text(fileName+":"+total));
    }
}
```

文件 RevertedIndexCombiner.java 中的代码的作用是对 Map 阶段的词频进行聚合处理，并重新设置 key 为单词，value 由文档名称和词频组成。

（5）Reduce 阶段实现。

根据 Combine 阶段的输出结果形式，同样，在 cn.itcast.mr.InvertedIndex 包下自定义 Reducer 类 RevertedIndexReducer。文件 RevertedIndexReducer.java 的内容如下：

```java
package cn.itcast.mr.invertedIndex;
import java.io.IOException;
import org.apache.hadoop.io.Text;
import org.apache.hadoop.mapreduce.Reducer;

public class RevertedIndexReducer extends Reducer<Text, Text, Text,
Text> {

    @Override
    protected void reduce(Text k3, Iterable<Text> v3, Context context)
        throws IOException, InterruptedException {
        //对 Combine 阶段输出的 value 进行拼接处理
        String str = "";
        for(Text t:v3){
            str = "(" + t.toString()+")" + str;
        }
        context.write(k3, new Text(str));
    }

}
```

文件 RevertedIndexReducer.java 中的代码的作用是接收 Combine 阶段输出的数据，并将输出调整为倒排文件的形式，将单词作为 key，将多个文档名称和词频连接起来作为 value，输出到目标目录中。

（6）Driver 程序主类实现。

编写 MapReduce 程序，运行主类 RevertedIndexDriver。文件 RevertedIndexDriver.java 的内容如下：

```java
package cn.itcast.mr.invertedIndex;
import java.io.IOException;
import org.apache.hadoop.conf.Configuration;
import org.apache.hadoop.fs.Path;
import org.apache.hadoop.io.DoubleWritable;
import org.apache.hadoop.io.IntWritable;
import org.apache.hadoop.io.Text;
import org.apache.hadoop.mapreduce.Job;
import org.apache.hadoop.mapreduce.lib.input.FileInputFormat;
import org.apache.hadoop.mapreduce.lib.output.FileOutputFormat;

public class RevertedIndexDriver {
```

```
public static void main(String[] args) throws Exception {
    // 创建一个 job 和任务入口
    Job job = Job.getInstance(new Configuration());
    job.setJarByClass(RevertedIndexDriver.class);//main()方法所在的 class

    //指定 job 的 Mapper 和输出类型<K2,V2>
    job.setMapperClass(RevertedIndexMapper.class);
    job.setMapOutputKeyClass(Text.class); //k2 的类型
    job.setMapOutputValueClass(Text.class); //v2 的类型

    //引入 RevertedIndexCombiner.class
    job.setCombinerClass(RevertedIndexCombiner.class);

    //指定 job 的 Reducer 类和输出类型<k4,v4>
    job.setReducerClass(RevertedIndexReducer.class);
    job.setOutputKeyClass(Text.class); //k4 的类型
    job.setOutputValueClass(Text.class); //v4 的类型

    //指定 job 的输入和输出
    FileInputFormat.setInputPaths(job, new Path("D:\\InvertedIndex\\
input"));
    FileOutputFormat.setOutputPath(job, new Path("D:\\InvertedIndex\\
output"));

    //执行 job
    job.waitForCompletion(true);
    }
}
```

文件 RevertedIndexDriver.java 中的代码的作用是设置 MapReduce 工作任务的相关参数，由于本次演示的数据量较小，因此，为了方便、快速地进行案例演示，本案例采用了本地运行模式，对指定的本地 D:\\InvertedIndex\\input 目录下的源文件（需要提前准备）实现倒排索引，并将结果输入本地 D:\\InvertedIndex\\output 目录下，设置完毕，运行程序即可。

（7）效果测试。

倒排索引结果如图 5-19 所示。

```
part-r-00000 - 记事本
文件(F) 编辑(E) 格式(O) 查看(V) 帮助(H)
Hello       (file3.txt:1)
MapReduce       (file2.txt:1)(file1.txt:1)(file3.txt:2)
bye         (file3.txt:1)
is          (file2.txt:2)(file1.txt:1)
powerful    (file2.txt:1)
simple      (file1.txt:1)(file2.txt:1)
```

图 5-19　倒排索引结果

5.4.4　数据去重

数据去重主要是为了让读者掌握并行化思想，对数据进行有意义的筛选。数据去重是去除重复数据的操作。在大数据开发中，对于统计大数据集中的多种数据指标这些复杂的任务，都会涉及数据去重。

1．案例分析

现假设有数据文件 file1.txt 和 file2.txt，其内容如下。

文件 file1.txt：

```
2018-3-1 a
2018-3-2 b
2018-3-3 c
2018-3-4 d
2018-3-5 a
2018-3-6 b
2018-3-7 c
2018-3-3 c
```

文件 file2.txt：

```
2018-3-1 b
2018-3-2 a
2018-3-3 b
2018-3-4 d
2018-3-5 a
2018-3-6 c
2018-3-7 d
2018-3-3 c
```

file1.txt 本身包含重复数据，并且与 file2.txt 也有重复数据，现要求使用 Hadoop 大数据相关技术对这两个文件进行数据去重操作，并最终将结果汇总到一个文件中。

根据上面的案例需求，下面对该数据去重案例的实现进行分析，具体如下。

（1）可以编写 MapReduce 程序，在 Map 阶段采用 Hadoop 默认的作业输入方式（TextInputFormat），将 key 设置为需要去重的数据；而对于输出的 value，可以将其设置为空。

（2）在 Reduce 阶段，不需要考虑每个 key 有多少个 value，可以直接将输入的 key 复制为输出的 key，而对于输出的 value，同样可以将其设置为空，这样就会使用 MapReduce 默认机制对 key（文件中的每行内容）进行自动去重处理。

2．案例实现

在 D:\\Dedup\\input 目录（如果没有该目录，则手动创建）下分别创建 file1.txt 和 file2.txt。

（1）Map 阶段实现。

在之前的项目 HadoopDemo 中创建 cn.itcast.mr.dedup 包，在该路径下编写自定义 Mapper 类 DedupMapper：

```
package cn.itcast.mr.dedup;
import java.io.IOException;
import org.apache.hadoop.io.LongWritable;
import org.apache.hadoop.io.NullWritable;
import org.apache.hadoop.io.Text;
import org.apache.hadoop.mapreduce.Mapper;

public class DedupMapper extends Mapper<LongWritable, Text, Text,
NullWritable> {
    private static Text line = new Text();//每行数据
    @Override
    protected void map(LongWritable key, Text value, Mapper<LongWritable,
Text, Text, NullWritable>.Context context)throws IOException, Interrupted-
Exception {
        line = value;
        context.write(line,NullWritable.get());
    }
}
```

（2）Reduce 阶段实现。

根据 Map 阶段的输出结果形式，在 cn.itcast.mr.dedup 包下自定义 Reducer 类 DedupReducer，主要用于接收 Map 阶段传递来的数据，根据 Shuffle 的工作原理，key 相同的数据就会被合并，因此输出数据就不会出现重复数据了：

```
package cn.itcast.mr.dedup;
import java.io.IOException;
import org.apache.hadoop.io.NullWritable;
import org.apache.hadoop.io.Text;
import org.apache.hadoop.mapreduce.Reducer;

public class DedupReducer extends Reducer<Text, NullWritable, Text,
NullWritable> {
    //重写 reduce()方法
    @Override
    protected void reduce(Text key, Iterable<NullWritable> values,
Reducer<Text, NullWritable, Text, NullWritable>.Context context) throws
IOException, InterruptedException {
        context.write(key,NullWritable.get());
    }
}
```

（3）Driver 程序主类实现。

编写 MapReduce 程序运行主类 DedupDriver，主要用于设置 MapReduce 工作任务的相关参数。由于本次演示的数据量较小，因此，为了方便、快速地进行案例演示，本案例采用了本地运行模式，对指定的本地 D:\\Dedup\\input 目录下的源文件（需要提前准备）实现数据去重，并将结果输入本地 D:\\Dedup\\output 目录下：

```
package cn.itcast.mr.dedup;
```

```
import java.io.IOException;
import org.apache.hadoop.conf.Configuration;
import org.apache.hadoop.fs.Path;
import org.apache.hadoop.io.NullWritable;
import org.apache.hadoop.io.Text;
import org.apache.hadoop.mapreduce.lib.input.FileInputFormat;
import org.apache.hadoop.mapreduce.lib.output.FileOutputFormat;
import org.apache.hadoop.mapreduce.Job;

public class DedupDriver {
    public static void main(String[] args) throws IOException,
ClassNotFoundException, InterruptedException {


        Configuration conf = new Configuration();
        Job job = Job.getInstance(conf);

        job.setJarByClass(DedupDriver.class);
        job.setMapperClass(DedupMapper.class);
        job.setReducerClass(DedupReducer.class);
        //设置输出类型
        job.setOutputKeyClass(Text.class);
        job.setOutputValueClass(NullWritable.class);
        //设置输入和输出目录
        FileInputFormat.addInputPath(job, new Path("D:\\Dedup\\input"));
        FileOutputFormat.setOutputPath(job, new Path("D:\\Dedup\\output"));

        System.exit(job.waitForCompletion(true) ? 0 : 1);
    }

}
```

（4）效果测试。

正常执行完成后，在指定的 D:\\Dedup\\output 目录下生成结果文件，如图 5-20 所示。

图 5-20　结果文件

5.4.5　Top-N

Top-N 分析法是指从研究对象中按照某一个指标进行倒序或正序排列，取其中所需的 N 个数据，并对这 N 个数据进行重点分析的方法。Top-N 分析法有很多实际运用。例如，搜索词报告，将一段时间内的搜索词按点击量或展现量分别进行降序排列，可以重点检查前 100 名或前 200 名的搜索词。

1. 案例分析

现要求使用 MapReduce 技术提取文本中最大的 5 个数据，并将最终结果汇总到一个文件中。下面对该文件数据的 Top-N 实现进行分析，具体如下。

（1）要想提取文本中最大的 5 个数据，首先考虑到 MapReduce 分区只能设置 1 个，即 Reduce 任务的数量一定为 1。Top-N 是指全局的前 N 个数据，那么不管中间有几个 Map 任务和 Reduce 任务，最终只能有一个 Reduce 任务用来汇总数据。

（2）在 Map 阶段，可以使用 TreeMap 数据结构保存 Top-N 数据。TreeMap 是一个有序的<key,value>集合，默认会根据其 key 的自然顺序进行排序，也可根据创建映射时提供的 Comparator 进行排序，其 firstKey()方法用于返回当前集合最小值的 key。

另外，以往的 Mapper 都是处理一行数据之后就使用 context.write()方法输出结果，而目前需要把所有数据都存放到 TreeMap 中后进行写入，因此可以把 context.write()方法放在 cleanup()方法中执行。cleanup()方法就是整个 Map 任务执行完后执行的一个方法。

（3）在 Reduce 阶段，将 Map 阶段输出的数据进行汇总，选出其中的 Top-N 数据，即可满足需求。这里需要注意的是，TreeMap 默认采取正序排列，本案例的需求是提取文本中最大的 5 个数据，因此要重写 Comparator 类的排序方法以进行倒序排序。

2. 案例实现

（1）Map 阶段实现。

使用 IntelliJ IDEA 开发工具打开之前创建的 Maven 项目 HadoopDemo，并新建 cn.itcast.mr.topn 包，在该路径下编写自定义 Mapper 类 TopNMapper，主要用于将文件中的每行数据进行切分提取，并把数据保存到 TreeMap 中，判断 TreeMap 是否大于 5，如果大于 5，就需要移除最小的数据（TreeMap 保存了当前文件中最大的 5 个数据后输出到 Reduce 阶段）：

```
package cn.itcast.mr.topn;
import java.util.StringTokenizer;
import java.util.TreeMap;
import org.apache.hadoop.io.IntWritable;
import org.apache.hadoop.io.LongWritable;
import org.apache.hadoop.io.NullWritable;
import org.apache.hadoop.io.Text;
import org.apache.hadoop.mapreduce.Mapper;
```

```
    public class TopNMapper extends Mapper<LongWritable, Text, NullWritable,
IntWritable> {

        private TreeMap<Integer, String> repToRecordMap = new TreeMap<Integer,
String>();

        @Override
        public void map(LongWritable key, Text value, Context context) {

            String line = value.toString();
            String[] nums = line.split(" ");
            for (String num : nums) {
                repToRecordMap.put(Integer.parseInt(num), " ");
                if (repToRecordMap.size() > 5) {
                    repToRecordMap.remove(repToRecordMap.firstKey());
                }
            }

        }

        @Override
        protected void cleanup(Context context) {
            for (Integer i : repToRecordMap.keySet()) {
                try {
                    context.write(NullWritable.get(), new IntWritable(i));
                } catch (Exception e) {
                    e.printStackTrace();
                }
            }
        }
    }
```

（2）Reduce 阶段实现。

根据 Map 阶段的输出结果形式，在 cn.itcast.mr.topn 包下自定义 Reducer 类 TopNReducer，主要用于编写 TreeMap，自定义排序规则，当需要取最大值时，只需在 compare()方法中返回正数即可满足倒序排列的要求；reduce()方法用于判断 TreeMap 中存放的数据是否为前 5 个数，并最终遍历输出最大的 5 个数：

```
    package cn.itcast.mr.topn;
    import java.io.IOException;
    import java.util.Comparator;
    import java.util.TreeMap;
    import org.apache.hadoop.io.IntWritable;
    import org.apache.hadoop.io.NullWritable;
    import org.apache.hadoop.mapreduce.Reducer;

    public class TopNReducer extends Reducer<NullWritable, IntWritable,
NullWritable, IntWritable> {
```

```
        private TreeMap<Integer, String> repToRecordMap = new TreeMap<Integer,
String>(new Comparator<Integer>() {
            /*
             * int compare(Object o1, Object o2) 返回一个基本类型的整数
             * 返回负数表示 o1 小于 o2
             * 返回 0 表示 o1 和 o2 相等
             * 返回正数表示 o1 大于 o2
             * 谁大谁就排在后面
             */
            public int compare(Integer a, Integer b) {
                return b - a;
            }
        });

        public void reduce(NullWritable key, Iterable<IntWritable> values,
Context context)
                throws IOException, InterruptedException {
            for (IntWritable value : values) {
                repToRecordMap.put(value.get(), " ");
                if (repToRecordMap.size() > 5) {
                    repToRecordMap.remove(repToRecordMap.firstKey());
                }
            }
            for (Integer i : repToRecordMap.keySet()) {
                context.write(NullWritable.get(), new IntWritable(i));
            }
        }
    }
```

（3）Driver 程序主类实现。

编写 MapReduce 程序运行主类 TopNDriver，主要用于对指定的本地 D:\\topN\\input 目录下的源文件（需要提前准备）实现 Top-N 分析，得到文件中最大的 5 个数，并将结果输入本地 D:\\topN\\output 目录下：

```
package cn.itcast.mr.topn;
import org.apache.hadoop.conf.Configuration;
import org.apache.hadoop.fs.Path;
import org.apache.hadoop.io.IntWritable;
import org.apache.hadoop.io.NullWritable;
import org.apache.hadoop.mapreduce.Job;
import org.apache.hadoop.mapreduce.lib.input.FileInputFormat;
import org.apache.hadoop.mapreduce.lib.output.FileOutputFormat;

public class TopNDriver {
    public static void main(String[] args) throws Exception {
        Configuration conf = new Configuration();

        Job job = Job.getInstance(conf);
```

```
        job.setJarByClass(TopNDriver.class);
        job.setMapperClass(TopNMapper.class);
        job.setReducerClass(TopNReducer.class);

        job.setNumReduceTasks(1);

        job.setMapOutputKeyClass(NullWritable.class);// Map 阶段的输出的 key
        job.setMapOutputValueClass(IntWritable.class);// Map 阶段的输出的 value

        job.setOutputKeyClass(NullWritable.class);// Reduce 阶段的输出的 key
        job.setOutputValueClass(IntWritable.class);// Reduce 阶段的输出的 value

        FileInputFormat.setInputPaths(job, new Path("D:\\topN\\input"));
        FileOutputFormat.setOutputPath(job, new Path("D:\\topN\\output"));

        boolean res = job.waitForCompletion(true);
        System.exit(res ? 0 : 1);
    }
}
```

（4）效果测试。

为了保证 MapReduce 程序正常执行，需要先在本地 D:\\topN\\input 目录下创建文件 num.txt，其内容如下：

```
10 3 8 7 6 5 1 2 9 4
11 12 17 14 15 20
19 18 13 16
```

然后执行 MapReduce 程序的程序入口类 TopNDriver，正常执行完成后，在指定的 D:\\topN\\output 目录下生成结果文件，如图 5-21 所示。

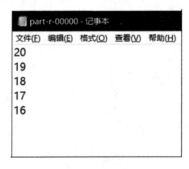

图 5-21　结果文件

5.5　MapReduce 实验

本节给出一个 MapReduce 案例的实验过程，包括该实验的任务要求、实验前的环境准备、实现任务功能的程序编写过程，以及在本地和集群上进行测试的过程。

5.5.1　任务要求

5.4.2 节介绍了用 MapReduce 程序实现词频统计（WordCount）的基本思路和具体执行过程。下面尝试统计不同目录下每个单词的出现次数。

首先在本地创建两个文件，即 A 和 B。

文件 A 的内容如下：

```
China is my motherland
I love China
```

文件 B 的内容如下：

```
I am from China
```

假设在 HDFS 中已经创建好了一个 input 目录，现在把文件 A 和 B 上传到 HDFS 的 input 目录下（注意：在上传之前，请清空 input 目录中原有的文件）。现在的目标是首先统计 input 目录下所有文件中每个单词的出现次数，即程序应该输出如下形式的结果：

```
I          2
is         1
China      2
China      1
my         1
love       1
am         1
from       1
motherland 1
```

然后编写 MapReduce 程序来实现这个功能。

5.5.2　环境准备

环境准备主要包含以下 4 个步骤。

（1）创建 Maven 项目 MapReduceDemo。

（2）将 pom.xml 文件修改为如下内容并保存：

```xml
<?xml version="1.0" encoding="UTF-8"?>
<project xmlns="http://maven.apache.org/POM/4.0.0"
        xmlns:xsi="http://www.w3.org/2001/XMLSchema-instance"
        xsi:schemaLocation="http://maven.apache.org/POM/4.0.0 http://maven.
apache.org/xsd/maven-4.0.0.xsd">
    <modelVersion>4.0.0</modelVersion>

    <groupId>org.example</groupId>
    <artifactId>testHadoop</artifactId>
    <version>1.0-SNAPSHOT</version>

    <properties>
        <maven.compiler.source>8</maven.compiler.source>
```

```
            <maven.compiler.target>8</maven.compiler.target>
     </properties>

     <dependencies>
         <dependency>
             <groupId>org.apache.hadoop</groupId>
             <artifactId>hadoop-client</artifactId>
             <version>3.3.4</version>
         </dependency>
         <dependency>
             <groupId>junit</groupId>
             <artifactId>junit</artifactId>
             <version>4.12</version>
         </dependency>
     </dependencies>

</project>
```

（3）在项目的 src/main/resources 目录下新建一个文件，命名为 log4j.properties，在文件中填入以下内容：

```
log4j.rootLogger=INFO, stdout
log4j.appender.stdout=org.apache.log4j.ConsoleAppender
log4j.appender.stdout.layout=org.apache.log4j.PatternLayout
log4j.appender.stdout.layout.ConversionPattern=%d %p [%c] - %m%n
log4j.appender.logfile=org.apache.log4j.FileAppender
log4j.appender.logfile.File=target/spring.log
log4j.appender.logfile.layout=org.apache.log4j.PatternLayout
log4j.appender.logfile.layout.ConversionPattern=%d %p [%c] - %m%n
```

（4）创建 com.mapreduce.wordcount 包。

5.5.3　程序编写

本节介绍程序编写的一些细节，具体包括 Mapper 类的编写、Reducer 类的编写，以及 Driver 驱动类的编写。

1. Mapper 类的编写

为了把文档处理成所需的效果，首先需要对文档进行切分。通过前面的章节可以知道，数据处理的第一个阶段是 Map 阶段，在这个阶段，文本数据被读入并对其进行基本的分析，以特定的键值对的形式输出，这个输出将作为中间结果继续提供给 Reduce 阶段作为输入数据。

这里通过继承类 Mapper 来实现 Map 处理逻辑。首先，为类 Mapper 设定好输入类型及输出类型。这里，Map 阶段的输入是<key, value>形式。实际上，在代码逻辑中，并不需要用 key。对于输出类型，我们希望在 Map 阶段完成文本切分工作，因此输出应该为<单词,词频>的形式。于是，最终确定的输入类型为<Object,Text>、输出类型为<Text, IntWritable>，其中，除 Object 以外，其他都是 Hadoop 提供的内置类型。为实现具体的分

析操作，需要重写 Mapper 中的 map()函数。以下为 Mapper 类 WordCountMapper 的具体
代码：

```
package com.mapreduce.wordcount;
import java.io.IOException;
import org.apache.hadoop.io.IntWritable;
import org.apache.hadoop.io.LongWritable;
import org.apache.hadoop.io.Text;
import org.apache.hadoop.mapreduce.Mapper;

public class WordCountMapper extends Mapper<LongWritable, Text, Text,
IntWritable>{

  Text k = new Text();
  IntWritable v = new IntWritable(1);

  @Override
  protected void map(LongWritable key, Text value, Context context)
throws IOException, InterruptedException {

      // 1 获取一行
      String line = value.toString();

      // 2 切分
      String[] words = line.split(" ");

      // 3 输出
      for (String word : words) {

          k.set(word);
          context.write(k, v);
      }
  }
}
```

按照这样的处理逻辑，第二个文件在经过 Map 阶段后输出的中间结果如下：

```
<"I", 1>
<"am", 1>
<"from", 1>
<"China", 1>
```

2. Reducer 类的编写

在 Map 阶段得到中间结果后，进入 Shuffle 阶段。在这个阶段，Hadoop 自动将 Map
阶段的输出结果进行分区、排序、合并，并分发给对应的 Reduce 任务进行处理。下面给
出 Shuffle 后的结果，这也是 Reduce 任务的输入数据：

```
<"I", <1, 1>>
```

163

```
<"is", 1>
......
<"from", 1>
<"China", 1>
```

在 Reduce 阶段，需要对上述数据进行处理并得到最终期望的结果。其实，在这里已经可以很清楚地看到 Reduce 阶段需要做的事情了，就是对输入数据中的数字序列进行求和。下面给出 Reduce 类 WordCountReducer 处理逻辑的具体代码：

```java
package com.mapreduce.wordcount;
import java.io.IOException;
import org.apache.hadoop.io.IntWritable;
import org.apache.hadoop.io.Text;
import org.apache.hadoop.mapreduce.Reducer;

public class WordCountReducer extends Reducer<Text, IntWritable, Text,
IntWritable>{

int sum;
IntWritable v = new IntWritable();

 @Override
 protected void reduce(Text key, Iterable<IntWritable> values,Context
context) throws IOException, InterruptedException {

    // 1 累加求和
    sum = 0;
    for (IntWritable count : values) {
        sum += count.get();
    }

    // 2 输出
        v.set(sum);
    context.write(key,v);
 }
 }
```

3. Driver 驱动类的编写

为了让 WordCountMapper 类和 WordCountReducer 类能够协同工作，需要编写 Driver 驱动类 WordCountDriver，以下是具体代码：

```java
package com.mapreduce.wordcount;
import java.io.IOException;
import org.apache.hadoop.conf.Configuration;
import org.apache.hadoop.fs.Path;
import org.apache.hadoop.io.IntWritable;
import org.apache.hadoop.io.Text;
import org.apache.hadoop.mapreduce.Job;
```

164

```java
import org.apache.hadoop.mapreduce.lib.input.FileInputFormat;
import org.apache.hadoop.mapreduce.lib.output.FileOutputFormat;

public class WordCountDriver {

    public static void main(String[] args) throws IOException, ClassNotFoundException, InterruptedException {

        // 1 获取配置信息及 job 对象
        Configuration conf = new Configuration();
        Job job = Job.getInstance(conf);

        // 2 关联本 Driver 程序的 jar 包
        job.setJarByClass(WordCountDriver.class);

        // 3 关联 Mapper 和 Reducer 的 jar 包
        job.setMapperClass(WordCountMapper.class);
        job.setReducerClass(WordCountReducer.class);

        // 4 设置 Mapper 输出的 key 和 value 的类型
        job.setMapOutputKeyClass(Text.class);
        job.setMapOutputValueClass(IntWritable.class);

        // 5 设置最终输出的 key 和 value 的类型
        job.setOutputKeyClass(Text.class);
        job.setOutputValueClass(IntWritable.class);

        // 6 设置输入和输出路径
        FileInputFormat.setInputPaths(job, new Path("D:\\WordCount\\input"));
        FileOutputFormat.setOutputPath(job, new Path("D:\\WordCount\\output"));

        // 7 提交 job
        boolean result = job.waitForCompletion(true);
        System.exit(result ? 0 : 1);
    }
}
```

5.5.4　本地测试

下面对编写的 WordCount 程序进行测试，首先在本地进行测试，步骤如下。

（1）配置好 HADOOP_HOME 变量及 Windows 系统运行依赖。

（2）在 IntelliJ IDEA 上运行程序。

（3）在 D:\WordCount\input 路径下创建 A.txt、B.txt 两个文件，文件内容与 5.5.1 节中的 A、B 两个文件的内容一致。

本地测试结果如图 5-22 所示。

图 5-22   本地测试结果

5.5.5   集群测试

下面将编写的程序上传到集群上进行测试，步骤如下。

（1）修改 Driver 驱动类的输入和输出路径：

```
// 6 设置输入和输出路径
    FileInputFormat.setInputPaths(job, new Path(args[0]));
    FileOutputFormat.setOutputPath(job, new Path(args[1]));
```

（2）将程序打包成 jar 包，如图 5-23 所示。

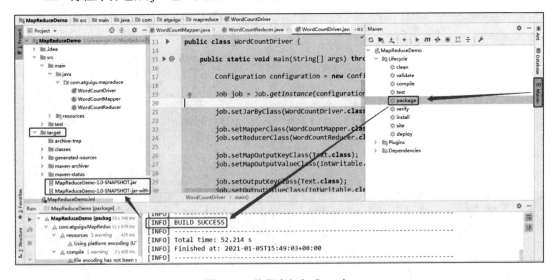

图 5-23   将程序打包成 jar 包

（3）修改不带依赖的 jar 包名称为 wc.jar，并复制该 jar 包到 Hadoop 集群的 /export/servers/hadoop-3.3.4 路径下。

（4）启动 Hadoop 集群：

```
[root@master hadoop-3.3.4]$ start-dfs.sh
[root@master hadoop-3.3.4]$ start-yarn.sh
```

（5）执行 WordCount 程序：

```
[root@master hadoop-3.3.4]$ hadoop jar  wc.jar com.mapreduce.wordcount.
WordCountDriver /input /output
```

运行时可在 Web 端查看运行情况，如图 5-24 所示。

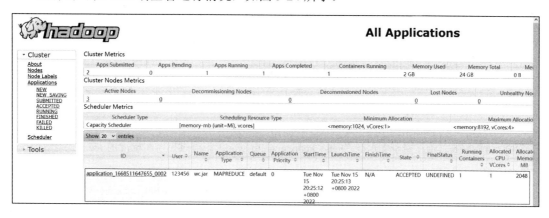

图 5-24　运行情况（Web 端）

在 Web 端查看 WordCount 的运行结果，如图 5-25 所示。

图 5-25　WordCount 的运行结果（Web 端）

5.6　本章小结

　　本章主要介绍了 MapReduce 的相关知识，首先简单介绍了 MapReduce 的概念及特点；接着详细阐述了 MapReduce 的工作原理；然后对 MapRdecue 应用中涉及的组件进行了介绍；最后通过对几个常见的 MapReduce 案例的介绍，帮助读者更好地掌握 MapReduce 的思想。通过本章的学习，读者应该可以了解 MapReduce 计算框架的思想，并能够使用 MapReduce 解决实际问题。

5.7 习题

一、选择题

1. 在使用 MapReduce 程序 WordCount 进行词频统计时，对于文本行"hello hadoop hello world"，经过 WordCount 程序的 map()函数处理后直接输出的中间结果应该是下面哪种形式？（　　）

    A．<"hello",1><"hello",1><"hadoop",1><"world",1>

    B．<"hello",1,1><"hadoop",1><"world",1>

    C．<"hello",<1,1>><"hadoop",1><"world",1>

    D．<"hello",2><"hadoop",1><"world",1>

2. 在词频统计中，对于文本行"hello hadoop hello world"，经过 WordCount 的 reduce()函数处理后的结果是（　　）。

    A．<"hello",2><"hadoop",1><"world",1>   B．<"hadoop",1><"hello",2><"world",1>

    C．<"hello",1,1><"hadoop",1><"world",1>   D．<"hadoop",1><"hello",1><"hello",1><"world",1>

3. Hadoop MapReduce 计算的流程是（　　）。

    A．Map 任务→Shuffle→Reduce 任务   B．Map 任务→Reduce 任务→Shuffle

    C．Reduce 任务→Map 任务→Shuffle   D．Shuffle→Map 任务→Reduce 任务

4. 下列说法错误的是（　　）。

    A．map()函数将输入的元素转换成<key,value>形式

    B．Hadoop 框架是用 Java 语言实现的，MapReduce 应用程序一定要用 Java 语言来写

    C．不同的 Map 任务之间不能互相通信

    D．MapReduce 框架采用了主/从架构，包括一个主节点和若干从节点

5. 下列关于 Hadoop MapReduce 的叙述错误的是（　　）。

    A．MapReduce 采用"分而治之"的思想

    B．MapReduce 的输入和输出都是键值对的形式

    C．MapReduce 将计算过程划分为 Map 任务和 Reduce 任务

    D．MapReduce 的设计理念是"数据向计算靠拢"

6. 在整个 MapReduce 运行阶段，数据是以（　　）形式存在的。

    A．<key,value>   B．LongWritable   C．Text   D．IntWritable

二、判断题

1. MapReduce 设计的一个理念就是"计算向数据靠拢"，而不是"数据向计算靠拢"，因为移动数据需要较大的网络传输开销。（　　）

2. 在 Hadoop 中，每个应用程序都被表示成一个作业，每个作业又被分成多个任务，JobTracker 负责作业的分解、状态监控及资源管理。（　　）

3. Map 的主要工作是将多个任务的计算结果进行汇总。（　　）

4. 现有两个键值对<"hello",1>和<"hello",1x>，如果对其进行归并，则会得到<"hello",<1,1>>；如果对其进行合并，则会得到<"hello",2>。（　　）

5. 分区数目是 Reduce 任务的数量。（　　）

三、简答题

1．试述 MapReduce 和 Hadoop 的关系。

2．MapReduce 计算模型的核心是 map()函数和 reduce()函数，试述这两个函数各自的输入、输出及处理过程。

3．分别描述 Map 端和 Reduce 端的 Shuffle 过程。

4．试画出使用 MapReduce 对"Whatever is worth doing is worth doing well"进行词频统计的过程。

## 第 6 章

ZooKeeper 分布式协调服务

ZooKeeper 是一个开放源码的分布式应用程序协调服务,是谷歌的 Chubby 一个开源的实现,是 Hadoop 和 HBase 的重要组件。它公开了一组简单的原语,分布式应用程序可以基于这些原语实现更高级别的同步、配置维护、组和命名服务。它提供 Java 和 C 语言的接口,易于编程,使用一种文件系统目录树结构为风格的数据模型。本章主要内容有 ZooKeeper 概述、ZooKeeper 数据模型、watch(监听)机制、ZooKeeper 的选举机制、ZooKeeper 会话、ZooKeeper 使用 ACL 进行访问控制、可插拔 ZooKeeper 身份验证、ZooKeeper 绑定、ZooKeeper 部署及操作和 ZooKeeper 典型应用。

6.1 ZooKeeper 概述

ZooKeeper 起源于雅虎研究院的一个研究小组。当时的研究人员发现,雅虎内部的很多大型系统基本都需要依赖一个类似的系统来进行分布式协调,这些系统往往都存在分布式单点问题。所谓单点问题,就是指在整个分布式系统中,如果某个独立功能的程序或角色只运行在某一台服务器上,那么这个节点就被称为单点。一旦这台服务器宕机,整个分布式系统将无法正常运行,这种现象称为单点故障。因此,雅虎的开发人员试图开发一个通用的无单点问题的分布式协调框架,以便集中精力处理业务逻辑。

ZooKeeper 是一款为分布式应用提供一致性服务的软件,提供的功能包括配置维护、域名服务、分布式同步、组服务等。它的设计目标是解决分布式集群中应用系统的一致性问题,将那些复杂且容易出错的分布式一致性服务封装起来,构成一个高效、可靠的原语集,并以一系列简单易用的接口提供给用户使用。

由于协调服务过程中容易出现竞争条件和死锁等错误,因此 ZooKeeper 设计背后的动机是减轻分布式应用程序从头开始实现协调服务的负担。它本质上是一个分布式的小文件存储系统,提供基于类似文件系统的目录树结构的数据存储服务,通过对树中的节点进行有效管理来维护和监控存储的数据状态的变化。通过监控这些数据状态的变化实现基于数据的集群管理,如统一命名服务、分布式配置管理、分布式消息队列、分布式锁、分布式协调等功能。

6.1.1 ZooKeeper 的设计目标

ZooKeeper 具有简单、复制、有序和快速 4 个设计目标,具体介绍如下。

1. 简单

ZooKeeper 允许分布式进程之间通过一个共享的分层命名空间（Hierarchical Namespace）来相互协调，该命名空间的组织方式类似标准文件系统。命名空间由数据寄存器组成，它们类似文件和目录。与为存储而设计的典型文件系统不同，ZooKeeper 数据保存在内存中，这意味着 ZooKeeper 具有高吞吐量和低延迟的特性。

ZooKeeper 的实施重视高性能、高可用性，以及进行严格有序的访问。它可以用于大型分布式系统，其高可靠性使其不会出现单点故障；严格有序意味着它可以在客户端实现复杂的同步原语。

2. 复制

与其协调的分布式进程一样，ZooKeeper 本身旨在通过一组被称为 ensemble 的主机进行复制。组成 ZooKeeper 服务的服务器必须相互了解，它们维护内存中的状态图像，以及永久存储中的事务日志和快照。只要大多数服务器可用，ZooKeeper 就可以继续提供服务。

一个客户端只能连接到一台 ZooKeeper 服务器，通过维护一个 TCP 连接来发送请求、获取响应、获取监视事件并发送心跳。如果与服务器的 TCP 连接中断，那么客户端将连接到不同的服务器。

3. 有序

ZooKeeper 使用反映所有 ZooKeeper 事务顺序的数字标记每个更新，后续操作可以使用该顺序来实现同步原语之类的更高级别的抽象。

4. 快速

ZooKeeper 在"以读取为主"的工作负载中尤其快，其应用程序在数千台机器上运行，在读取比写入更常见的情况下表现最佳，比率约为 10 : 1。

6.1.2　ZooKeeper 的特性

ZooKeeper 具有全局数据一致性、可靠性、顺序性、原子性和实时性，可以说，ZooKeeper 的其他特性都是为满足 ZooKeeper 的全局数据一致性这一特性而存在的。

1. 全局数据一致性

全局数据一致性是指每台服务器都保存一份相同的数据副本，因此，当客户端连接到集群的任意节点上时，客户端看到的目录树结构都是一致的（数据都是一致的），即展示的都是同一个视图，这也是 ZooKeeper 最重要的特性。

2. 可靠性

ZooKeeper 具有简单、健壮、良好的性能，如果消息（对目录结构的增、删、改、查）被其中一台服务器接收，那么它将被所有的服务器接收。

3. 顺序性

ZooKeeper 的顺序性主要分为全局有序和偏序两种，其中，全局有序是指如果在一台服务器上，消息 A 在消息 B 前发布，则在所有服务器上，消息 A 都将在消息 B 前发布；偏序是指如果消息 B 在消息 A 后被同一个发送者发布，则消息 A 必将排在消息 B 前面。无论是全局有序还是偏序，其目的都是保证 ZooKeeper 的全局数据一致。

4. 原子性

原子性是指一次数据更新操作要么成功（半数以上节点成功），要么失败，不存在中间状态。

5. 实时性

实时性是指 ZooKeeper 保证客户端在一个时间间隔范围内获得服务器的更新信息或服务器失效的信息。

6.1.3 ZooKeeper 集群角色

ZooKeeper 是由一个领导者（Leader）和多个跟随者（Follower）组成的集群。此外，针对访问量比较大的 ZooKeeper 集群，还可新增观察者（Observer）角色。ZooKeeper 集群架构如图 6-1 所示。

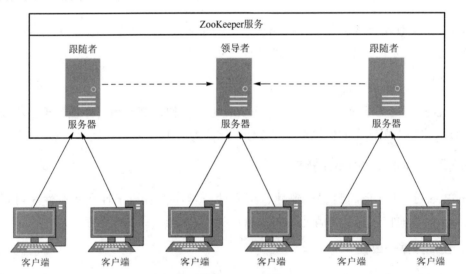

图 6-1　ZooKeeper 集群架构

1. 领导者

领导者是 ZooKeeper 集群工作的核心，也是事务性请求（写操作）的唯一调度和处理者。所有的事务性请求都必须通过领导者完成后广播给其他服务器。它保证集群事务处理的顺序性，同时负责投票的发起和决议，以及更新系统状态。一个 ZooKeeper 集群同一时间只会有一个实际工作的领导者。

2. 跟随者

跟随者可直接处理客户端的非事务性请求（读操作），如果跟随者收到客户端发来的事务性请求，则会转发给领导者处理，同时负责在领导者选举过程中参与投票。一个 ZooKeeper 集群可能同时存在多个跟随者。

3. 观察者

观察者负责观察 ZooKeeper 集群的最新状态的变化，并将这些状态进行同步。对于非事务性请求，观察者可以直接进行独立处理；对于事务性请求，观察者会将其转发给领导者处理。它不会参与任何形式的投票，只提供非事务性的服务，通常用在不影响集群事务处理能力的前提下提升集群的非事务性请求的处理能力（提高集群读的能力，也降低集群选举的复杂程度）。

6.1.4 ZooKeeper 实现

ZooKeeper 组件如图 6-2 所示，除了请求处理器（Request Processor），组成 ZooKeeper 服务的每台服务器都拥有自己所有组件的一份本地副本。

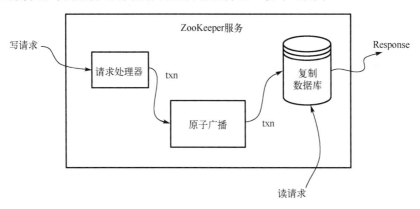

图 6-2 ZooKeeper 组件（txn 代表事物）

复制数据库（Replicated Database）是包含整个数据树的内存数据库，而每个更新操作都会先序列化到磁盘中，然后才会应用到内存数据库中。数据树的设计目的是提供高可用性和强容错能力的分布式协调服务，主要用于在 ZooKeeper 中进行数据的存储和共享，以实现分布式系统的协调和共享。

每台 ZooKeeper 服务器都服务于多个客户端，多个客户端仅连接一台服务器以提交请求。每个服务器数据库的本地副本都为读请求提供服务（数据）。改变服务状态的请求和写请求由一致性协议处理。

作为一致性协议的一部分，来自客户端的所有写请求都被转发到被称为领导者的单台服务器中。其余的 ZooKeeper 服务器都为追随者，接收来自领导者的消息提议并同意消息传递。消息传递层负责在服务器出现故障时替换领导者并将追随者与领导者同步。

ZooKeeper 使用自定义原子消息传递协议。由于消息传递层确保了对状态更改的原子性，因此 ZooKeeper 可以保证本地副本永远不会发散。当领导者收到一个写请求时，它会计算系统在应用写时的状态，并将其转换为捕获这个新状态的事务。

6.2 ZooKeeper 数据模型

ZooKeeper 数据模型拥有一个层次的命名空间，在结构上与标准文件系统非常相似，都采用树状层次结构。ZooKeeper 树中的每个节点称为 znode，尽管它与文件系统的目录树一样，ZooKeeper 树中的每个节点都可以拥有子节点，但它们也有以下不同之处。

znode 兼具文件和目录两种特点。也就是说，它既像文件一样维护着数据、元数据、ACL（访问控制列表）、时间戳等数据结构，又像目录一样可以作为路径标识的一部分，并可以具有子节点。用户可以对 znode 进行增、删、改、查等操作（在权限允许的情况下）。

znode 具有原子性操作，读操作将获取与节点相关的所有数据，写操作将替换节点上的所有数据。另外，每个节点都拥有自己的 ACL，规定了用户的权限，即限定了特定用户对目标节点可以执行的操作。

znode 对存储数据的大小有限制。ZooKeeper 虽然可以关联一些数据，但并没有被设计为常规的数据库或大数据存储系统。相反，它用来管理调度数据，如分布式应用中的配置文件信息、状态信息、汇集位置等。这些数据的共同特性是它们都很小，通常以 KB 为单位。ZooKeeper 服务器和客户端都被设计为严格检查并限制每个 znode 的数据大小至多为 1MB，但是常规使用中应该远远小于此值。

如同 UNIX 系统中的文件路径，ZooKeeper 通过路径引用访问 znode。路径必须是绝对路径，因此必须由斜杠来开头。除此以外，它们必须是唯一的，即每个路径只有一个表示，因此这些路径不能改变。在 ZooKeeper 中，路径由 Unicode 字符串组成，并且有一些限制。字符串"/ZooKeeper"用以保存管理信息，如关键配额信息。

6.2.1 数据存储结构

标准文件系统是由目录和文件来组成树的，不同于标准分布式文件系统，ZooKeeper 命名空间中的每个节点都可以有与其相关联的数据及子节点，可以使用特殊的 znode 类型来实现类似文件系统的目录结构，这些特殊的 znode 类型可以用于存储类似文件的数据，以实现一些类似文件系统的功能。这就像拥有一个允许文件也成为目录的文件系统，节点的路径始终表示为规范的、绝对的、以斜线分隔的路径，没有相对路径。ZooKeeper 数据模型如图 6-3 所示。

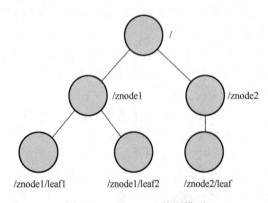

图 6-3　ZooKeeper 数据模型

ZooKeeper 数据模型中的每个 znode 都是由 3 部分组成的，分别是 stat（状态信息，描述该 znode 的版本、权限信息、ACL 更改等）、data（与该 znode 相关联的数据）和 children（该 znode 的子节点）。

其中，stat 结构也有时间戳。数据版本号与时间戳一起使用可让 ZooKeeper 验证缓存并协调更新。每次 znode 的数据在更改时，数据版本号都会增加。例如，每当客户端检索数据时，客户端都会收到数据版本号。当客户端执行更新或删除操作时，它必须提供它正在更改的 znode 的数据版本号。如果客户端提供的数据版本号与数据的实际版本不匹配，则更新失败。

在创建 znode 时，可以请求 ZooKeeper 在路径末尾附加一个单调递增的计数器。这个计数器对于父节点是唯一的。例如，以格式"%010d"表示 10 位数字，如果计数器的值的位数小于 10，就在左侧用 0 进行填充，以保持固定长度，如 0000000001。另外，用于存储下一个序列号的计数器是由父节点维护的有符号整数（4 字节），当整数递增超过 2147483647 时，计数器将溢出。客户端还可以对 znode 设置多个 watch。对节点的修改会触发 watch，并清除 watch，一个 watch 被触发后，ZooKeeper 会发送通知给客户端。

6.2.2　节点类型

节点类型在创建时指定，一旦创建就无法改变。znode 有两种节点类型：临时节点和持久节点。

（1）临时节点：客户端会话结束时，ZooKeeper 就会删除临时节点，也可以手动删除。虽然每个临时节点都会绑定一个客户端，但它们对所有的客户端都还是可见的。另外，需要注意的是，临时节点不允许拥有子节点。

（2）持久节点：其生命周期不依赖会话，除非客户端主动执行删除操作，否则 ZooKeeper 不会删除持久节点。

因此，每个 znode 都有不同的生命周期，而生命周期的长短取决于 znode 的类型。由于 znode 具有序列化特性，其上有一个顺序标志（SEQUENTIAL）。因此，在创建 znode 时设置顺序标志，可以在该 znode 的路径结尾添加一个不断增加的序列号，用于记录每个子节点创建的先后顺序。ZooKeeper 会使用计数器为 znode 添加一个单调递增的数值，即 zxid。ZooKeeper 中的每次变化都会产生一个全局唯一的 zxid，通过它可确定更新操作的先后顺序。即使操作的是不同的 znode，zxid 对于整个 ZooKeeper 也都是唯一的。ZooKeeper 正是利用 zxid 实现了严格的顺序访问控制能力。考虑到 znode 的序列化特性，在临时节点和持久节点的基础上，ZooKeeper 又把节点类型细分 4 种，如表 6-1 所示。

表 6-1　4 种节点类型

节　点　类　型	解　　　释
持久（Persistent）节点	默认节点类型，当前会话关闭后，该节点仍存在； 只有进行删除节点操作，该节点才会消失； 可创建子节点
持久顺序（Persistent Sequential）节点	默认节点类型，当前会话关闭后，该节点仍存在； 只有进行删除节点操作，该节点才会消失； 节点名后缀为自增数字； 可创建子节点

节 点 类 型	解　　释
临时（Epheneral）节点	当前会话关闭后，该节点会被删除； 不能创建子节点
临时顺序（Epheneral Sequential）节点	当前会话关闭后，该节点会被删除； 节点名后缀为自增数字； 不能创建子节点

6.2.3　znode 属性

ZooKeeper 中每个 znode 的 stat 结构都由以下字段组成。

（1）czxid：创建此 znode 的 zxid。

（2）mzxid：最后修改此 znode 的 zxid。

（3）pzxid：最后修改此 znode 子节点的 zxid。

（4）ctime：从创建此 znode 的纪元开始的时间（以 ms 为单位）。

（5）mtime：上次修改此 znode 时从纪元开始的时间（以 ms 为单位）。

（6）dataversion：znode 的数据版本号。

（7）cversion：znode 的子节点被更改的版本号。

（8）aversion：znode 的 ACL 版本号。

（9）ephemeralOwner：如果 znode 是临时节点，则 ephemeralOwner 的值为该 znode 所有者的 session id；如果 znode 不是临时节点，则 ephemeralOwner 的值为零。

（10）dataLength：znode 的数据字段的长度。

（11）numChildren：znode 拥有的子节点数量。

如前所述，每个 znode 都有一个数据版本号，每次对 znode 做更新操作时，该值自增。ZooKeeper 中的一些更新操作（如 setData 和 delete）根据数据版本号有条件地执行。多个客户端在对同一个 znode 进行更新操作时，因为有数据版本号而能保证更新操作的先后顺序性。例如，客户端 A 正在对 znode 进行更新操作，此时，如果另一个客户端 B 同时更新了这个 znode，则客户端 A 的数据版本号已经过期，客户端 A 调用 setData 不会成功。

6.2.4　znode 数据访问

因为通过网络将更多数据移动到存储介质中需要额外的时间，所以在规模相对较大的数据上进行操作将导致某些操作比其他操作花费更多的时间，并且会导致某些操作延迟。如果需要大数据存储，则通常将其存储在大容量存储系统（如 NFS 或 HDFS）中，并在 ZooKeeper 中存储指向存储位置的指针。

6.2.5　其他节点

znode 还有两种其他节点，即容器节点和 TTL 节点。

1. 容器节点

ZooKeeper 有容器节点的概念。容器节点是具有特殊用途的 znode，在分布式系统中，它可以用于解决常见的分布式应用场景问题，如选举、锁等。当容器的最后一个子节点被删除时，该容器将成为服务器在未来某个时间点删除的候选者。

鉴于此属性，应该准备好在容器节点内创建子节点时获取 KeeperException.NoNode-Exception 的输出。也就是说，在容器节点内创建子节点时，要检查 KeeperException.NoNode Exception，并重新创建容器节点。

2. TTL 节点

在创建持久节点和持久顺序节点时，可以选择为节点设置一个 TTL（生存时间，以 ms 为单位）。每个节点都可以关联一个 TTL 值，用于指定该节点数据的有效期限。如果节点在 TTL 内没有被修改且没有子节点，则它将成为将来某个时间点被服务器删除的候选节点。

注意：TTL 节点必须通过系统属性启用，因为默认情况下它们是禁用的。如果尝试在未设置正确系统属性的情况下创建 TTL 节点，那么服务器将抛出 KeeperException.Unimplemented Exception。

6.2.6　ZooKeeper 中的时间

ZooKeeper 以多种方式追踪时间，下面对这些方式进行详细介绍。

1. zxid

ZooKeeper 状态的每次更改都会收到 zxid（ZooKeeper 事务 ID）形式的标记。这向 ZooKeeper 公开了所有更改的总顺序。如果 zxid1 小于 zxid2，则表明 zxid1 发生在 zxid2 之前。

2. version numbers

对节点的每次更改都会导致该节点的版本号增加。3 个版本号分别是 version（znode 的数据变化次数）、cversion（znode 子节点的变化次数）和 aversion（znode 的 ACL 变化次数）。

3. ticks

在使用多服务器 ZooKeeper 时，服务器使用 ticks 来定义事件的计时，如状态上传、会话超时、对等方之间的连接超时等。因为会话超时时间与 tickTime 紧密相关，tickTime 通过最小会话超时时间（2 倍的 tickTime）间接暴露，最小会话超时时间通常需要根据需求调整，通过设置最小会话超时时间来隐式地指定 tickTime 的大小。如果客户端请求的会话超时时间小于最小会话超时时间，那么服务器将告诉客户端会话超时实际上是最小会话超时。

4. Real time

除在创建和修改 znode 时将时间戳放入 stat 结构体中外，ZooKeeper 不使用真实时间（或时钟时间）。

6.3 watch 机制

ZooKeeper 提供了分布式数据发布/订阅功能，一个典型的发布/订阅模型定义了一种一对多的订阅关系，能让多个订阅者同时监听某个主题对象，当这个主题对象的自身状态发生变化时，模型会通知所有订阅者，使他们能够做出相应的处理。

在 ZooKeeper 中，引入了 watch 机制来实现这种分布式的通知功能。ZooKeeper 允许客户端向服务器注册一个 watch 以监听节点的变化，当服务器的一些事件触发这个 watch 时，服务器就会向指定客户端发送一个事件通知，以此来实现分布式的通知功能。这种设计不但实现了一个分布式环境下的观察者模式，而且通过将客户端和服务器各自处理 watch 事件所需的额外信息分别保存在两端，减少彼此通信的内容，大大提升了服务的处理性能。

6.3.1 watch 机制的定义

watch 事件是一次性触发的（每次数据发生变化之前都要手动创建 watch），当 watch 监视的数据发生变化时，通知设置了该 watch 的客户端。

在事件发送到客户端的过程中，可能在数据未到达客户端之前，更改操作就已经返回更改成功代码到发起更改的客户端了。另外，网络延迟或其他因素也可能会导致不同的客户端在不同的时间点收到 watch 事件或更新操作返回的代码。因此，ZooKeeper 提供了排序功能：客户端在第一次收到 watch 事件之前，无法看到该事件设置的更改，同时保证不同客户端收到的所有东西都会有一致的顺序。

下面介绍通过设置 watch 来捕捉节点可能发生变化的不同方式。ZooKeeper 维护两个 watch 列表：data watch 和 child watch。利用 getData()和 exists()设置 data watch，利用 getChildren()设置 child watch。根据数据返回类型设置 watch：getData()和 exists()返回相关节点数据的信息，而 getChildren()返回子节点列表。因此，setData()将触发被设置节点的 data watch，create()将触发被创建节点的 data watch 及其父节点的 child watch。delete()将触发节点的 data watch 和 child watch，若该节点没有子节点，则删除该节点；若删除节点为父节点，则同时删除其子节点。

watch 在客户端连接的 ZooKeeper 服务器上进行本地维护。这允许 watch 在设置、维护和调度方面是轻量级的。当客户端连接到新服务器时，任何与会话相关的事件都会触发 watch。当服务器断开连接时，客户端将不会接收 watch 通知。当客户端重新连接服务器时，任何以前注册的 watch 都将在需要时重新注册并触发。另外，如果在断开连接时创建和删除节点，则会丢失尚未创建节点的 watch。

6.3.2 watch 机制的语义

可以通过设置 watch 的 3 个方法来读取 ZooKeeper 状态，这 3 个方法分别为 exists()、getData()和 getChildren()。下面详细说明 watch 可以触发的事件及启用它们的调用。

（1）创建事件：通过调用 exists()方法启用。

（2）删除事件：通过调用 exists()、getData()和 getChildren()方法启用。

（3）更改事件：通过调用 exists()和 getData()方法启用。

（4）子事件：通过调用 getChildren()方法启用。

6.3.3　watch 机制的实现

在发送一个 watch 监控事件的会话请求时，首先，客户端会把该会话标记为带有 watch 监控的事件请求（这种事件是由客户端发起的，用于监听节点状态的变化），之后通过创建好的注册类来保存 watcher 事件（在 ZooKeeper 服务器上发生了与客户端 watch 相关的事件后，服务器向客户端发送的通知。这种事件是由 ZooKeeper 服务器主动发送给客户端的）和节点间的对应关系；然后，客户端在向服务器发送请求时，将请求封装成一个对象并添加到一个等待发送队列中；接着，ZooKeeper 客户端就会向服务器发送这个请求，并等待服务器的响应，客户端一旦收到服务器的响应，就调用负责处理响应的方法，并根据响应中的结果执行相应的逻辑操作，对于包含 watcher 的请求，客户端会将 watcher 注册到 WatchManager 中；最后，WatchManager 负责管理所有已注册的 watcher 事件，在节点发生变化时，服务器会将相关的通知报文发送给客户端，客户端收到通知后，WatchManager 会查找并触发相应的 watcher 回调函数。

注意：当 ZooKeeper 服务器收到一个客户端发送的请求后，服务器首先会解析收到的请求是否带有 watcher 事件。如果请求中包含需要进行 watcher 事件注册的条件，那么服务器会在获取请求数据后，由客户端将 watcher 事件注册到 WatchManager 中。

6.3.4　watch 机制的特点

watch 机制具有一次性触发、事件封装、异步发送和先注册再触发 4 个特点。

1．一次性触发

当 watch 的对象发生改变时，将会触发此对象上 watch 对应的事件，这种监听是一次性的，即后续再次发生同样的事件时不会再次触发此对象上的 watch。如果收到 watch 事件并希望收到有关未来更改的通知，则必须设置另一个 watch；由于在获取事件和发送新请求以获取 watch 之间存在延迟，因此无法可靠地看到 ZooKeeper 中节点发生的每次更改，需要注意处理 znode 在获取事件和再次设置 watch 之间多次更改的情况。

2．事件封装

ZooKeeper 使用 WatchedEvent 对象来封装服务器事件并对其进行传递。该对象包含了每个事件的 3 个基本属性，即通知状态、事件类型和节点路径。

3．异步发送

watch 的通知事件是从服务器异步发送到客户端的。

4．先注册再触发

ZooKeeper 中的 watch 机制必须由客户端先向服务器注册监听，只有这样才会触发事件的监听，并通知客户端。

6.3.5　watch 机制的通知状态和事件类型

同一个事件类型在不同的连接状态中代表的含义有所不同。ZooKeeper 连接状态和事件类型如表 6-2 所示。

表 6-2　ZooKeeper 连接状态和事件类型

连接状态	状态含义	事件类型	事件含义
Disconnected	连接失败	NodeCreated	节点被创建
SyncConnected	连接成功	NodeDataChanged	节点数据变更
AuthFailed	认证失败	NodeChildrenChanged	子节点数据变更
Expired	会话过期	NodeDeleted	节点被删除

由表 6-2 可知，ZooKeeper 常见的连接状态和事件类型分别有 4 种，具体含义如下。当客户端断开连接时，客户端和服务器的连接状态就是 Disconnected，说明连接失败；当客户端和服务器的某个节点建立连接，并完成一次 version、zxid 的同步时，客户端和服务器的连接状态就是 SyncConnected，说明连接成功；当 ZooKeeper 客户端连接认证失败时，客户端和服务器的连接状态就是 AuthFailed，说明认证失败；客户端发送请求，通知服务器一个发送心跳的时间，服务器收到这个请求后，通知客户端下一个发送心跳的时间是哪个时间点，当客户端时间戳达到最后一个发送心跳的时间而没有收到服务器发来的新发送心跳的时间时，即认为自己下线，客户端和服务器的连接状态就是 Expired，说明会话过期。

当节点被创建时，NodeCreated 事件被触发；当节点的数据发生变更时，NodeDataChanged 事件被触发；当节点的直接子节点被创建、删除、数据发生变更时，NodeChildrenChanged 事件被触发；当节点被删除时，NodeDeleted 事件被触发。

6.3.6　ZooKeeper 对 watch 的支持

watch 是相对于其他事件、其他 watch 和异步回复进行排序的。ZooKeeper 客户端库确保按顺序调用所有内容。客户端将在看到对应该 znode 的新数据之前看到它正在监视的 znode 的 watch 事件。ZooKeeper 的 watch 事件顺序对应 ZooKeeper 服务看到的更新顺序。

6.4　ZooKeeper 的选举机制

从设计模式角度来理解，ZooKeeper 是一个基于观察者模式设计的分布式服务管理框架。它负责存储和管理人们都关心的数据，并接受观察者的注册，一旦这些数据的状态发生变化，ZooKeeper 就负责通知已经在其上注册的那些观察者做出相应的反应。为保证各节点协同工作，需要一个领导者，ZooKeeper 默认利用 FastLeaderElection 算法，采用投票数大于半数就胜出的逻辑选择领导者。

6.4.1　选举机制相关概念

服务器 ID 用来唯一标识 ZooKeeper 集群中的一台机器，每台机器的 ID 不能重复且编号越大，权重越大，与 myid 参数一致。

在选举过程中，ZooKeeper 服务器有 4 种状态，分别为竞选（LOOKING）状态、随从（FOLLOWING，同步领导者状态，参与投票）状态、观察（OBSERVING，同步领导者状态，不参与投票）状态和领导者（LEADING）状态。

数据 ID 是服务器中存放的最新数据版本号，该值越大，说明数据越新，在选举过程中，数据越新，权重越大，数据每次更新都会更新数据 ID。

通俗地讲，逻辑时钟被称为投票次数，同一轮投票中的逻辑时钟的值是相同的，逻辑时钟的起始值为 0，每投完一次票，这个数据就会增加，每次选举对应一个值，并与收到其他服务器返回的投票信息中的数值相比较，根据不同的值做出不同的判断。如果是在同一次选举中，那么这个值应该是一致的；如果某台机器宕机，那么这台机器不会参与投票，因此其逻辑时钟的值也会比其他的小。

6.4.2　选举机制类型

本节介绍 ZooKeeper 的选举机制类型：全新集群选举和非全新集群选举。

1. 全新集群选举

步骤 1：服务器 1 启动后会先给自己投票，之后发起一次选举，由于其他机器还没有启动，因此它无法收到投票的反馈信息。此时，服务器 1 的票数为 1，不够半数以上（3 票），选举无法完成，因此服务器 1 的状态一直是 LOOKING。

步骤 2：服务器 2 启动后会先给自己投票，之后在集群中启动 ZooKeeper 服务的机器发起投票对比，服务器 1 发现服务器 2 的编号比自己目前投票选举的（服务器 1）大，更改选票为选举服务器 2，但此时服务器 1 的票数为 0，服务器 2 的票数为 2，服务器 2 的票数并没有大于集群半数（2<5/2），因此两台服务器的状态依然是 LOOKING。

步骤 3：服务器 3 启动后会先给自己投票，之后与之前启动的服务器 1 和 2 交换信息，由于服务器 3 的编号最大，因此服务器 1 和 2 会将票投给服务器 3。此时，服务器 3 的票数已经超过半数（3>5/2），因此服务器 3 成为领导者，服务器 1 和 2 的状态更改为 FOLLOWING，服务器 3 的状态更改为 LEADING。

步骤 4：服务器 4 启动后会先给自己投票，之后与之前启动的服务器 1~3 交换信息，尽管服务器 4 的编号大，但此时服务器 1~3 的状态已经不是 LOOKING，不会更改选票信息，服务器 3 已经成为领导者，因此服务器 4 只能更改选票信息，将票投给服务器 3，并更改自己的状态为 FOLLOWING。

步骤 5：服务器 5 启动，同服务器 4 一样，成为追随者，更改自己的状态为 FOLLOWING。

2. 非全新集群选举

对于正常运行的 ZooKeeper 集群，一旦其中途发生服务器初始化启动或在服务器运行期间无法与领导者保持连接的情况，就需要重新选举，在选举过程中，需要引入服务器 ID、数据 ID 和逻辑时钟。这是由于 ZooKeeper 集群已经运行了一段时间，服务器中会存在运行数据。下面来讲解非全新集群选举的过程。

首先，统计逻辑时钟的值是否相同，如果逻辑时钟的值小，则说明途中可能存在宕机问题，因此数据不完整，该选举结果将被忽略，重新投票选举；其次，统一逻辑时钟的值后，对比数据 ID，由于数据 ID 反映数据的新旧程度，因此数据 ID 大的胜出；最后，如果逻辑时钟的值和数据 ID 都相同，那么比较 myid，大者胜出。简单地讲，非全新集群选举属于优中选优，保证领导者是 ZooKeeper 集群中数据最完整、最可靠的一台服务器。

6.5 ZooKeeper 会话

ZooKeeper 客户端通过使用语言绑定创建服务句柄来与 ZooKeeper 服务建立会话。创建成功后，句柄以 CONNECTING 状态作为开始状态，客户端库尝试连接构成 ZooKeeper 服务的服务器之一，此时，句柄切换到 CONNECTED 状态。在正常操作期间，客户端句柄将处于这两种状态之一。如果发生不可恢复的错误，如会话过期或身份验证失败，或者应用程序显式关闭句柄，则句柄将转为 CLOSED 状态。ZooKeeper 客户端的状态转换如图 6-4 所示。

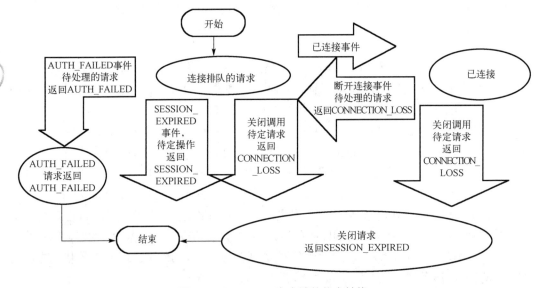

图 6-4　ZooKeeper 客户端的状态转换

要创建客户端会话，应用程序代码必须提供一个连接字符串，其中包含以逗号分隔的主机列表：每个端口对应一台 ZooKeeper 服务器（如"127.0.0.1:4545"或"127.0.0.1:3000,127.0.0.1:3001,127.0.0.1:3002"）。ZooKeeper 客户端库将任意选择一台服务器并尝试连接它。如果连接失败，或者客户端因任何原因而与服务器断开连接，那么客户端将自动尝试连接列表中的下一台服务器，直到重新建立连接。

当客户端获得 ZooKeeper 服务的句柄时，ZooKeeper 会创建一个 ZooKeeper 会话，以64 位数字表示，并分配给客户端。如果客户端连接到不同的 ZooKeeper 服务器，那么客户端将发送会话 ID 作为连接握手的一部分。作为一项安全措施，服务器会为任何 ZooKeeper 服务器都可以验证的会话 ID 创建一个密码。当客户端建立会话时，该密码会与会话 ID 一起发送给客户端。每当与新服务器重新建立会话时，客户端都会发送此密码与会话 ID。

ZooKeeper 客户端库创建 ZooKeeper 会话调用的参数之一是会话超时时间（以 ms 为单位）。客户端发送请求的会话超时时间，服务器回复可提供给客户端的会话超时时间。

当前的实现要求会话超时时间至少为 tickTime 的 2 倍（在服务器中设置），最大为 tickTime 的 20 倍。ZooKeeper 客户端 API 允许访问已协商的会话超时时间，可以使用 ZooKeeper 客户端 API 提供的 getSessionTimeout()方法从 ZooKeepcr 对象中检索协商后的会话超时时间并返回。

当客户端（会话）从 ZooKeeper 服务集群中分区时，客户端将开始搜索在会话创建期间指定的服务器列表。最终，当客户端和至少一台服务器之间的连接重新建立时，会话将再次转换到 CONNECTED 状态（在会话超时时间段内重新建立连接），或者将转换到 EXPIRED 状态（在会话超时后重新建立连接），不需要创建新的会话对象来断开连接，ZooKeeper 客户端库将自动处理，与服务器重新连接。

会话过期由 ZooKeeper 集群本身管理，而不由客户端管理。当 ZooKeeper 客户端与集群建立会话时，客户端会提供上面详述的会话超时时间。集群使用此值来确定客户端会话何时到期。当集群在指定的会话超时时间（没有心跳）内没有收到客户端的消息时，就会发生会话过期。在会话到期时，集群将删除该会话拥有的一些或所有临时节点，并立即将更改通知一些或所有其所连接的客户端（所有监听这些节点的客户端）。此时，过期会话的客户端仍然与集群断开连接，直到它能够重新建立与集群的连接，它才会被通知会话过期。

过期会话的 watcher 监听的状态转换示例如下。

（1）CONNECTED：会话已建立且客户端正在与集群通信（客户端/服务器通信正常运行）。

（2）DISCONNECTED：客户端与集群失去连接。

（3）EXPIRED：最终客户端重新连接集群，被通知会话过期。

ZooKeeper 会话建立调用的另一个参数是默认 watcher。当客户端发生任何状态更改时，都会通知 watcher。例如，如果客户端失去与服务器的连接，或者客户端的会话过期，那么客户端将得到通知。这个 watcher 的初始状态应该认为是断开的（任何状态更改事件未发送给观察者之前的客户端库）。在新连接建立的情况下，发送给 watcher 的第一个事件通常是会话连接事件。

会话通过客户端发送的请求保持活跃状态。如果会话空闲一段时间，则会超时，客户端将发送 PING 请求以保持会话处于活跃状态。这个 PING 请求不仅允许 ZooKeeper 服务器知道客户端仍然处于活跃状态，还允许客户端验证其与 ZooKeeper 服务器的连接是否仍处于活跃状态。PING 的时间足够保守，以确保有合理的时间检测到客户端与服务器之间的连接断开并重新连接新服务器。

一旦成功建立客户端与服务器的连接，基本上有两种情况，即当执行同步或异步操作时，客户端库会生成 connectionloss，并满足以下条件之一。

（1）应用程序在会话上的调用操作不再活跃或有效。

（2）当服务器有挂起操作时，ZooKeeper 客户端与服务器断开连接，即有一个挂起的异步调用。

（3）要创建客户端会话，应用程序代码必须提供一个连接字符串。

允许客户端通过更新连接字符串来提供一个新的以逗号分隔的主机列表来更新连接字符串，每个主机列表对应于一台 ZooKeeper 服务器，通过函数调用概率负载平衡算法在新的主机列表中实现每台服务器的预期统一连接数。如果客户端连接的当前主机不在新的主

大数据理论与应用基础

机列表中，则此调用将始终导致连接断开；否则，将根据服务器数量是否增减及增减程度来决定是否断开连接。

在 ZooKeeper 中，会话的建立和关闭的成本很高，因为它们需要仲裁确认，当需要处理数千个客户端连接时，它们成为 ZooKeeper 集成的瓶颈。所以，在 ZooKeeper V3.5.0 版本之后引入了一种新的会话类型：本地会话。本地会话没有普通（全局）会话的全部功能。例如，本地会话不支持容错（Tolerance），不能自动恢复，也不能管理断开连接的处理，这些功能将通过打开 localSessionsEnabled 来使用。localSessionsEnabled 是一个标志，用于指示是否在 ZooKeeper 服务器上启用本地会话（Local Session）功能。

当 localSessionsUpgradingEnabled（localSessionsUpgradingEnabled 用于指示是否在 ZooKeeper 服务器上启用本地会话升级功能，可以允许客户端在需要时将本地会话升级为全局会话）禁用时，本地会话无法创建临时节点。一旦本地会话丢失，用户就无法使用会话 ID/密码重新建立它，会话和它的 watch 将永远消失。注意：丢失 TCP 连接并不一定意味着会话丢失。如果可以在会话超时之前与同一台 ZooKeeper 服务器重新建立连接，那么客户端可以继续访问服务器。当建立本地会话后，会话信息仅在其连接的 ZooKeeper 服务器上维护。领导者不知道此类会话的建立，并且没有写入磁盘的状态。PING 请求、过期和其他会话状态维护都由当前会话连接的服务器来处理。

当 localSessionsUpgradingEnabled 启用时，本地会话可以自动升级为全局会话。所建立的新会话会保存在封装的 LocalSessionTracker 中。随后可以根据需求将其升级为全局会话，如果需要升级，则从本地集合中删除会话，同时保留相同的会话 ID。要创建临时节点，需要将本地会话升级为全局会话，原因是创建临时节点在很大程度上依赖全局会话。如果本地会话可以在不升级为全局会话的情况下创建临时节点，则会导致不同节点之间的数据不一致。另外，领导者还需要了解会话的生命周期，以便清理关闭或过期的临时节点。在本地会话绑定到其特定的服务器上时，需要一个全局会话。在升级过程中，一个会话既可以是本地会话又可以是全局会话，但是升级操作不能被两个线程同时调用。ZooKeeperServer（Standalone）使用 SessionTrackerImpl，LeaderZooKeeper 使用持有 SessionTrackerImpl（全局）和 LocalSessionTracker（如果启用）的 LeaderSessionTracker，FollowerZooKeeperServer 和 ObserverZooKeeperServer 使用持有 LocalSessionTracker 的 LearnerSessionTracker。会话的 UML 类图如图 6-5 所示。

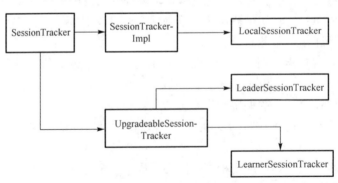

图 6-5　会话的 UML 类图

6.6 ZooKeeper 使用 ACL 进行访问控制

ZooKeeper 使用 ACL 来控制对其 znode 的访问。ACL 实现与 UNIX 文件访问权限非常相似：它使用权限位来允许或禁止对节点的各种操作及这些权限位适用的范围。与标准 UNIX 权限不同，ZooKeeper 节点不受 user（文件所有者）、group（组）和 world（其他）3 个标准范围的限制。ZooKeeper 没有 znode 所有者的概念，相反，ACL 指定一组 ID 和与这些 ID 关联的权限。ACL 仅适用于特定的 znode，不适用于子节点。

ZooKeeper 支持可插拔的身份验证方案。ID 由表单 scheme:expression 指定，其中，scheme 是 ID 对应的身份验证方案，由 scheme 定义有效的 expression 集合。当客户端连接到 ZooKeeper 并对其自身进行身份验证时，ZooKeeper 会将与客户端对应的所有 ID 与客户端连接相关联。当客户端尝试访问节点时，这些 ID 会根据 znode 的 ACL 进行检查。ACL 由成对的（scheme:expression,perms）组成，expression 的格式特定于 scheme。

6.6.1 ACL 权限与内置方案

ZooKeeper 支持 CREATE（创建一个子节点）、READ（从节点和子节点列表中获取数据）、WRITE（为节点设置数据）、DELETE（删除子节点）和 ADMIN（设置权限）权限。

CREATE 和 DELETE 权限已从 WRITE 权限中分离出来，以实现更精细的访问控制。例如，可以令 A 用户能够在 ZooKeeper 节点上执行 SET 操作，但不能执行 CREATE 或 DELETE 操作。

有 CREATE 权限但无 DELETE 权限（这类似文件的 APPEND 权限）表示客户端发出一个在父目录下创建节点的请求。这时，所有客户端都能够添加子节点，但是只有创建者能够删除子节点。

此外，由于 ZooKeeper 没有文件所有者的概念，因此存在 ADMIN 权限。在某种意义上，ADMIN 权限将实体指定为所有者。ZooKeeper 不支持 LOOKUP 权限（即使用户没有列出目录内容的权限，也可对目录执行权限位来允许进行 LOOKUP 操作）。每个用户都隐式地拥有 LOOKUP 权限，允许用户统计一个节点。

ADMIN 权限在 ACL 方面也有特殊作用。为了检索节点用户的 ACL，ZooKeeper 必须具有 READ 或 ADMIN 权限，但如果没有 ADMIN 权限，那么哈希值将被屏蔽。

ZooKeeper 具有以下内置方案。

（1）world：有一个单一的 ID——anyone，代表任何人。

（2）auth：一个特殊的内置方案，它忽略用户提供的任何表达式，而使用当前用户、凭据和方案。在持久化 ACL 时，ZooKeeper 服务器会忽略所提供的任何表达式（无论是使用 SASL 身份验证的用户还是使用 DIGEST 身份验证的 user:password）。但是，用户使用 auth 方案时仍必须在 ACL 中提供表达式，因为 ACL 必须匹配格式 scheme:expression:perms。此方案的常见用例是为了方便用户创建 znode，并将对该 znode 的访问权限限制为仅该用户。如果是没有经过身份验证的用户，那么他使用 auth 方案设置 ACL 将失败。

（3）digest：使用 username:password 字符串生成 MD5 哈希值，并将其用作 ACL ID 身份。通过以明文形式发送 username:password 来完成身份验证。在 ACL 中使用该方案时，表达式将由 SHA1 password digest 编码 username:base64。

（4）ip：使用客户端主机 IP 地址作为 ACL ID 身份。ACL 表达式的格式为 addr/bits，其中，addr 的最高有效位与客户端主机 IP 地址的最高有效位相匹配。

（5）x509：使用客户端 X500 Principal 作为 ACL ID 身份。ACL 表达式是客户端的确切 X500 Principal 名称。当使用安全端口时，客户端会自动进行身份验证，并设置 x509 方案的身份验证信息。

6.6.2　ZooKeeper C API

本节介绍 ZooKeeper C 库提供的常量、标准 ACL ID、附带的标准 ACL，以及 ZooKeeper 处理 ACL 的操作。

ZooKeeper C 库提供以下常量：

```
const int ZOO_PERM_READ;    //可以读取节点的值并列出其子节点
const int ZOO_PERM_WRITE;   //可以设置节点的值
const int ZOO_PERM_CREATE;  //可以创建子节点
const int ZOO_PERM_DELETE;  //可以删除子节点
const int ZOO_PERM_ADMIN;   //可以执行 set_acl()
const int ZOO_PERM_ALL;     //上述所有标志
```

以下是标准 ACL ID：

```
struct Id ZOO_ANYONE_ID_UNSAFE;    //('world','anyone')
struct Id ZOO_AUTH_IDS;            //('auth','')
```

ZOO_AUTH_IDS 空身份字符串应解释为"创建者的身份"。

ZooKeeper 客户端附带的标准 ACL 有以下 3 个：

```
//(ZOO_PERM_ALL,ZOO_ANYONE_ID_UNSAFE)
struct ACL_vector ZOO_OPEN_ACL_UNSAFE;
// (ZOO_PERM_READ, ZOO_ANYONE_ID_UNSAFE)
struct ACL_vector ZOO_READ_ACL_UNSAFE;
//(ZOO_PERM_ALL,ZOO_AUTH_IDS)
struct  ACL_vector ZOO_CREATOR_ALL_ACL;
```

其中，**ZOO_OPEN_ACL_UNSAFE** 对所有 ACL 完全免费开放，任何应用程序都可以在节点上执行任何操作，并且可以创建、列出和删除其子节点；ZOO_READ_ACL_UNSAFE 是任何应用程序的只读访问权限；CREATOR_ALL_ACL 将所有权限授予节点的创建者，创建者必须通过服务器的身份验证（如使用 digest 方案）才能使用此 ACL 创建节点。

下面列出处理 ACL 的 ZooKeeper 操作。

```
int zoo_add_auth (zhandle_t *zh,const char* scheme,const char*cert, int
certLen,void_ completion_t completion, const void *data);
```

应用程序使用 zoo_add_auth()函数向服务器进行自我验证。如果应用程序想要使用不同的方案或身份进行身份验证，则可以多次调用该函数。

```
int zoo_create (zhandle_t    *zh, const char *path, const char *value,int
valuelen, const  struct ACL_vector  *acl, int flags,char *realpath, int max_
realpath_len);
```

zoo_create()用于创建一个新节点，acl 参数是与节点关联的 ACL，父节点必须设置
CREATE 权限位。

```
int zoo_get_acl (zhandle_t *zh, const char *path,struct ACL_vector *acl,
struct Stat *stat);
```

此操作返回节点的 ACL 信息。

```
int zoo_set_acl (zhandle_t    *zh, const char *path, int version,const struct
ACL_vector *acl);
```

zoo_set_acl 函数将节点的 ACL 替换为新列表，该节点必须具有 ADMIN 权限。

6.7　可插拔 ZooKeeper 身份验证

ZooKeeper 运行在各种不同的环境中，具有各种不同的身份验证方案，因此它具有完全可插拔的身份验证框架，即使是内置的身份验证方案也使用可插拔的身份验证框架。

要了解身份验证框架的工作原理，必须先了解两项主要的身份验证操作。首先，框架必须对客户端进行身份验证，这通常在客户端连接服务器后立即完成，包括验证从客户端发送或收集的关于客户端的信息并将其与连接相关联；其次，框架处理在 ACL 中查找与客户端对应的条目，ACL 条目是<idspec,permissions>。其中，idspec 可以是与连接相关联的身份验证信息匹配的简单字符串，也可以是针对该信息评估的表达式，由身份验证插件的实现来进行匹配。身份验证插件必须实现的接口如下：

```
public interface AuthenticationProvider {
     String getScheme();
     KeeperException.Code   handleAuthentication(ServerCnxn   cnxn  ,   byte
authData[]);
     boolean isValid(String id);
     boolean matches(String id, String aclExpr);
     boolean isAuthenticated();
}
```

getScheme()方法返回标识插件的字符串。因为 ZooKeeper 支持多种身份验证方案，所以身份验证凭证或 *idspec* 将始终以"scheme:"为前缀。ZooKeeper 服务器使用身份验证插件返回的方案来确定方案适用于哪些身份标识。

当客户端发送与连接相关联的身份验证信息时，将调用 handleAuthentication()函数。客户端指定信息对应的方案。ZooKeeper 服务器将信息传递给身份验证插件的 getScheme()函数，与客户端传递的方案进行匹配。handleAuthentication 的实现者通常会在确定信息错误时返回错误，或者使用 cnxn.getAuthInfo().add(new Id(getScheme(),data))命令将信息与连接关联起来。

身份验证插件涉及设置和使用 ACL。当为 znode 设置 ACL 时，ZooKeeper 服务器会将条目的 id 部分传递给 isValid(String id)方法。由插件验证 id 是否具有正确的形式。例如，ip:172.16.0.0/16 是一个有效的 id，但 ip:host.com 不是。如果新 ACL 包含 auth 条目，则使用 isAuthenticated()方法查看是否应将与连接相关联的此方案的身份验证信息添加到 ACL 中。某些方案不应包含在 auth 中。例如，如果指定了 auth，则客户端的 IP 地址不被视为应添加到 ACL 中的 id。

ZooKeeper 在检查 ACL 时调用 matches(String id,String aclExpr)方法。ZooKeeper 需要将客户端的身份验证信息与相关的 ACL 条目进行匹配。为了找到适用于客户端的条目，ZooKeeper 服务器将找到每个条目的方案，如果该方案有来自该客户端的身份验证信息，则调用 matches(String id,String aclExpr)方法并将 id 设置为身份验证之前通过 handleAuthentication()函数添加到连接中的信息，并将 aclExpr 设置为 ACL 条目的 id。身份验证插件使用自身的逻辑和匹配方案来确定 id 是否包含在 aclExpr 中。

ZooKeeper 有两个内置的身份验证插件：ip 和 digest。可以使用系统属性添加其他身份验证插件。在启动时，ZooKeeper 服务器将查找以 "ZooKeeper.authProvider" 开头的系统属性，并将这些属性的值解释为身份验证插件的类名。可以使用 -Dzookeeeper. authProvider.X=com.f.MyAuth 命令或在服务器配置文件中添加如下条目来设置这些属性：

```
authProvider.1=com.f.MyAuth
authProvider.2=com.f.MyAuth2
```

应注意确保属性的后缀是唯一的。如果有诸如 -Dzookeeeper.authProvider.X=com.f. MyAuth 或 -DZooKeeper.authProvider.X=com.f.MyAuth2 等重复项，则只会使用一个。此外，所有服务器都必须定义相同的身份验证插件，否则使用身份验证插件提供的身份验证方案的客户端将无法连接某些服务器。

在 ZooKeeper 3.6.0 版本中，另一种提供了额外的参数的抽象用于可插拔身份验证：

```
public    abstract    class    ServerAuthenticationProvider    implements
AuthenticationProvider {
    public   abstract   KeeperException.Code   handleAuthentication(ServerObjs
serverObjs, byte authData[]);
    public   abstract   boolean   matches(ServerObjs   serverObjs ,   MatchValues
matchValues);
    }
```

如果开发者扩展了 ServerAuthenticationProvider 类，而不是实现了 AuthenticationProvider 接口，则 handleAuthentication()和 matches()方法将收到额外的参数（ServerObjs 和 MatchValues）。

下面是本节用到的一些变量的含义。

（1）ZooKeeperServer：ZooKeeperServer 实例。

（2）ServerCnxn：当前连接。

（3）Path：正在操作的 znode 路径（如果不使用，则为 null）。

（4）Perm：操作值或 0。

（5）setAcls：操作 setAcl()方法时，正在设置的 ACL。

6.8　ZooKeeper 绑定

ZooKeeper 客户端库有两种语言：Java 和 C。为了帮助读者更好地了解和学习 ZooKeeper 绑定方法，下面分别对 Java 绑定和 C 绑定进行详细描述。

6.8.1　Java 绑定

Java 绑定有两个包：org.apache.ZooKeeper 和 org.apache.ZooKeeper.data。组成 ZooKeeper 的其余包在内部使用或是服务器实现的一部分。org.apache.ZooKeeper. data 包由生成的类组成，这些类仅用作容器。ZooKeeper Java 客户端使用的主要类是 ZooKeeper 类，它的两个构造函数的区别仅在于可选的会话 ID 和密码不同。ZooKeeper 支持跨进程实例的会话恢复，Java 程序可以将其会话 ID 和密码保存为稳定存储、重新启动和恢复该程序的早期实例使用的会话。

在创建 ZooKeeper 对象时，会创建两个线程：一个 I/O 线程和一个事件线程。所有 I/O 都发生在 I/O 线程上（使用 Java NIO），所有事件回调都发生在事件线程上。会话维护涉及多种操作和线程。例如，重新连接到 ZooKeeper 服务器和维护心跳都是在 I/O 线程上完成的，同步方法的响应也在 I/O 线程中处理；异步方法和 watch 事件的所有响应都在事件线程中处理。这种设计有以下几点需要注意。

（1）异步调用和 watcher 回调的完成都是有序的。调用者可以进行任何调用处理，但在此期间不会处理其他回调。

（2）回调不会阻塞 I/O 线程的处理或同步调用的处理。

（3）同步调用可能不会以正确的顺序返回。假设客户端执行以下操作：在将 watch 设置为 true 的情况下异步读取节点/a，并在读取完成的回调中同步读取/a。请注意：如果在异步读取和同步读取之间对/a 进行了更改，那么客户端库将收到 watch 事件（/a 已更改）和同步读取的响应，但是由于完成回调阻塞了事件队列，因此同步读取将使用/a 的新值返回，而 watch 事件尚未被处理。

与 ZooKeeper 对象关闭相关的规则很简单。一旦 ZooKeeper 对象关闭或收到致命事件（SESSION_EXPIRED and AUTH_FAILED），ZooKeeper 对象就会失效。在 ZooKeeper 对象关闭的过程中，两个线程都会停止运行，对 ZooKeeper 句柄任何进一步的访问都是未定义的行为，应该避免。

可以使用 Java 系统属性设置以下包含 Java 客户端的配置属性。

（1）ZooKeeper.sasl.client：将其值设置为 false 以禁用 SASL 身份验证，其默认值为 true。

（2）ZooKeeper.sasl.clientconfig：指定 JAAS 登录文件中的上下文键，其默认值为 "Client"。

（3）ZooKeeper.server.principal：当启用 Kerberos 身份验证时，指定客户端用于身份验证的服务器主体，同时连接 ZooKeeper 服务器。如果进行了这项配置，那么 ZooKeeper 客户端将不会使用以下任何参数来确定服务器主体：ZooKeeper.sasl.client.username、ZooKeeper.sasl.client.canonicalize.hostname、ZooKeeper.server.realm。注意：ZooKeeper 客户端的配置参数 config 仅适用于 ZooKeeper 3.5.7+/3.6.0+版本。

（4）ZooKeeper.sasl.client.username：传统上，服务器主体分为 3 部分，即 primary、instance 和 realm。典型的 Kerberos V5 主体的格式是 primary/instance@REALM。ZooKeeper.sasl. client.username 指定服务器主体的主要部分，如果未指定，则默认为"zookeeper"。服务器主体的实例部分是由服务器的 IP 地址派生的。最终服务器主体是 username/IP@realm，其中，username 是 ZooKeeper.sasl.client.username 的值，IP 是服务器的 IP 地址，realm 是 ZooKeeper.server. realm 的值。

（5）ZooKeeper.sasl.client.canonicalize.hostname：如果 ZooKeeper.server.principal 参数未提供，那么 ZooKeeper 客户端将尝试确定 ZooKeeper 服务器主体的 instance 部分。首先，ZooKeeper.sasl.client.canonicalize.hostname 将提供的主机名作为 ZooKeeper 服务器的连接字符串，然后 ZooKeeper 客户端尝试通过获取属于该地址的完全限定域名来规范化该地址。用户可以通过设置 ZooKeeper.sasl.client.canonicalize.hostname=false 来禁用此规范化功能。

（6）ZooKeeper.server.realm：服务器主体的领域部分。在默认情况下，它是客户端主体领域。

（7）ZooKeeper.disableAutoWatchReset：此开关控制是否启用自动 watch 重置功能。在默认情况下，客户端在会话重新连接期间自动重置 watch，此选项允许客户端通过将 ZooKeeper. disableAutoWatchReset 设置为 true 来关闭此功能。

（8）ZooKeeper.client.secure：如果要连接服务器安全客户端端口，则需要在客户端上将此属性设置为 true，此操作将使用具有指定凭据的 SSL 连接到服务器。请注意：它需要 Netty 客户端。

（9）ZooKeeper.clientCnxnSocket：指定要使用的 ClientCnxnSocket，可能的值为 org.apache.ZooKeeper.ClientCnxnSocketNIO 和 org.apache.ZooKeeper.ClientCnxnSocketNetty，默认值为 org.apache.ZooKeeper.ClientCnxnSocketNIO。如果要连接服务器的安全客户端端口，则需要在客户端上将此属性设置为 org.apache.ZooKeeper.ClientCnxnSocketNetty。

（10）ZooKeeper.ssl.keyStore.location 和 ZooKeeper.ssl.keyStore.password：指定 JKS 的文件路径，其中包含用于 SSL 连接的本地凭据，以及解锁文件的密码。

（11）ZooKeeper.ssl.keyStore.passwordPath：指定包含密钥库密码的文件路径。

（12）ZooKeeper.ssl.trustStore.location 和 ZooKeeper.ssl.trustStore.password：指定 JKS 的文件路径，其中包含用于 SSL 连接的远程凭据，以及解锁文件的密码。

（13）ZooKeeper.ssl.trustStore.passwordPath：指定包含信任库密码的文件路径。

（14）ZooKeeper.ssl.keyStore.type 和 ZooKeeper.ssl.trustStore.type：指定用于建立与 ZooKeeper 服务器的 TLS 连接的 keys/trust 存储文件的文件格式，其值可为 JKS、PEM、PKCS12 或 null（按文件名检测），默认值为 null，表示添加了 BCFKS 格式。

（15）jute.maxbuffer：在客户端，它指定来自服务器的传入数据的最大值，默认值为 0xfffff（1048575，单位为字节），或者略小于 1MB。ZooKeeper 服务器旨在存储和发送以 KB 为单位的数据。如果传入的数据长度大于此值，则会引发 IOException 异常。客户端的这个值要与服务器保持一致［在客户端设置 System.setProperty("jute.maxbuffer", "xxxx")］，否则会出问题。

（16）ZooKeeper.kinit：指定 kinit 二进制文件的路径，默认为/usr/bin/kinit。

6.8.2　C 绑定

C 绑定具有单线程库和多线程库。多线程库最容易使用，并且与 Java API 最相似。该库将创建一个 I/O 线程和一个事件调度线程，用于处理连接维护和回调问题。通过暴露多线程库中使用的事件循环，单线程库允许 ZooKeeper 在事件驱动的应用程序中使用。

C 绑定库包括两个共享库：ZooKeeper_st 和 ZooKeeper_mt。ZooKeeper_st 仅提供用于集成到应用程序事件循环中的异步 API 和回调。因为 *pthread* 库不可用或不稳定（FreeBSD 4.x），这个库存在的唯一原因就是支持平台。在其他所有情况下，应用程序开发人员应与 ZooKeeper_mt 链接，因为它包括对 Sync 和 AsyncAPI 的支持。

1. 安装

如果从 Apache 代码库中检索出源代码构建客户端，就按照下面概述的步骤操作。如果从 Apache 下载的项目源代码包构建客户端，就跳到步骤（3）。

（1）从 ZooKeeper 顶级目录（*.../trunk*）运行 ant compile_jute。这将在.../trunk/ZooKeeper-client/ZooKeeper-client-c 下创建一个名为 generated 的目录。

（2）将目录更改为*.../trunk/ZooKeeper-client/ZooKeeper-client-c*并运行 autoreconf -if 以引导 autoconf、automake 和 libtool。确保您已安装 autoconf 2.59 版本或更高版本。跳到步骤（4）。

（3）如果从项目源代码包构建客户端，就将源 tarball 和 cd 解压到*ZooKeeper-xxx/ZooKeeper-client/ZooKeeper-client-c*目录下。

（4）运行./configure <your-options>以生成文件。以下是配置实用程序支持的一些在此步骤中有用的选项。

① --enable-debug：启用优化和调试信息的编译器选项（默认禁用）。

② --without-syncapi：禁用同步 API 支持，不构建 ZooKeeper_mt 库（默认启用）。

③ --disable-static：不要构建静态库（默认启用）。

④ --disable-shared：不要构建共享库（默认启用）。

Java 和 C 语言的 ZooKeeper 客户端绑定都可能报告错误。Java 绑定通过抛出 KeeperException 来实现，对异常调用 code()将返回特定的错误代码；C 绑定返回枚举 ZOO_ERRORS 中定义的错误代码。API 回调指示两种语言绑定的结果代码。

2. 构建自己的 C 客户端

为了能够在应用程序中使用 ZooKeeper C API，用户必须记住包括 ZooKeeper 标头，即 #include<zookeeper/zookeeper.h>。如果用户正在构建多线程客户端，就使用-DTHREADED 编译器标志进行编译以启用库的多线程版本，并链接到 zookeeper_mt 库。如果用户正在构建单线程客户端，就不要使用-DTHREADED 编译器，并确保链接到 the_zookeeper_st_library。

6.9　ZooKeeper 部署及操作

为了帮助读者更好地掌握和使用 ZooKeeper，本节详细介绍 ZooKeeper 的下载与安装步骤、ZooKeeper 的配置修改方法和 ZooKeeper 相关操作过程。

6.9.1　ZooKeeper 的下载与安装

由于 ZooKeeper 集群的运行需要 Java 环境的支持，因此需要提前安装 JDK。本章讲解的是领导者+跟随者模式的 ZooKeeper 集群。这里选择的是 ZooKeeper 3.8.0 版本，安装包下载如图 6-6 所示。

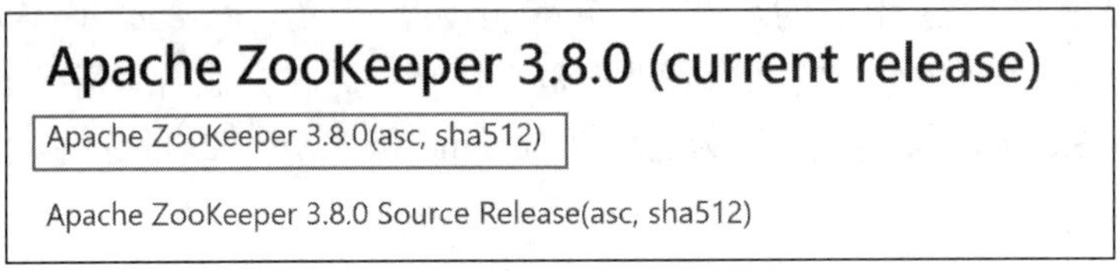

Apache ZooKeeper 3.8.0 (current release)

Apache ZooKeeper 3.8.0(asc, sha512)

Apache ZooKeeper 3.8.0 Source Release(asc, sha512)

图 6-6　安装包下载

具体的下载与安装步骤如下。

1.　下载 ZooKeeper 安装包

在 Apache ZooKeeper 官网下载 ZooKeeper 安装包。

2.　上传 ZooKeeper 安装包

将下载完毕的 ZooKeeper 安装包上传至 Linux 系统的/export/software/目录下。

3.　解压 ZooKeeper 安装包

解压 ZooKeeper 安装包（apache-zookeeper-3.8.0-bin.tar.gz）至/export/servers/目录。具体命令如下：

```
tar -zxvf apache-zookeeper-3.8.0-bin.tar.gz -C /export/servers/
```

6.9.2　配置修改

1.　修改 zoo_sample.cfg

将 /export/servers/apache-zookeeper-3.8.0-bin/conf 路径下的 zoo_sample.cfg 修改为 zoo.cfg：

```
$ mv zoo_sample.cfg zoo.cfg
```

2.　修改 dataDir 路径

打开 zoo.cfg 文件：

```
$ vim zoo.cfg
```

修改 dataDir 路径（修改配置如图 6-7 所示）的命令如下：

```
dataDir=/export/servers/apache-zookeeper-3.8.0-bin/zkData
```

```
# The number of milliseconds of each tick
tickTime=2000
# The number of ticks that the initial
# synchronization phase can take
initLimit=10
# The number of ticks that can pass between
# sending a request and getting an acknowledgement
syncLimit=5
# the directory where the snapshot is stored.
# do not use /tmp for storage, /tmp here is just
# example sakes.
dataDir=/export/servers/apache-zookeeper-3.8.0-bin/zkData
# the port at which the clients will connect
clientPort=2181
# the maximum number of client connections.
# increase this if you need to handle more clients
#maxClientCnxns=60
#
# Be sure to read the maintenance section of the
# administrator guide before turning on autopurge.
#
# https://zookeeper.apache.org/doc/current/zookeeperAdmin.html#sc_maintenance
#
# The number of snapshots to retain in dataDir
#autopurge.snapRetainCount=3
# Purge task interval in hours
# Set to "0" to disable auto purge feature
#autopurge.purgeInterval=1

## Metrics Providers
#
# https://prometheus.io Metrics Exporter
#metricsProvider.className=org.apache.zookeeper.metrics.prometheus.PrometheusMetricsProvider
#metricsProvider.httpHost=0.0.0.0
#metricsProvider.httpPort=7000
#metricsProvider.exportJvmInfo=true
```

图 6-7　修改配置

3. 创建 zkData 目录

使用以下命令在/export/servers/apache-zookeeper-3.8.0-bin/目录下创建 zkData 目录：

```
[root@master apache-zookeeper-3.8.0-bin]# mkdir zkData
```

4. 配置环境变量

Linux 系统目录/etc 下的文件 profile 中的内容都是与 Linux 环境变量相关的。因此，一般配置环境变量都是在 profile 文件中进行的。执行命令 vim/etc/profile，对 profile 文件进行修改，添加 ZooKeeper 的环境变量。具体命令如下：

```
export ZK_HOME=/export/servers/apache-zookeeper-3.8.0-bin
export PATH=$ZK_HOME/sbin:$ZK_HOME/bin:$PATH
```

ZooKeeper 的配置文件 zoo.cfg 中的参数含义解读如下。

（1）tickTime = 2000：通信心跳时间，ZooKeeper 服务器与客户端心跳时间，单位为 ms，如图 6-8 所示。

图 6-8　tickTime

（2）initLimit = 10：LF 初始通信时限。

领导者和跟随者初始连接时能容忍的最大心跳数。

（3）syncLimit = 5：LF 同步通信时限。

领导者和跟随者之间的通信时间如果超过了 syncLimit×tickTime，则领导者认为跟随者"死亡"，从服务器列表中删除跟随者。

（4）dataDir：保存 ZooKeeper 中的数据。

注意：默认的 tmp 目录容易被 Linux 系统定期删除，因此一般不用默认的 tmp 目录。

（5）clientPort = 2181：客户端连接端口，通常不做修改。

6.9.3 ZooKeeper 操作

1. 启动 ZooKeeper

启动 ZooKeeper 的代码如下：

```
[root@master apache-zookeeper-3.8.0-bin]# bin/zkServer.sh start
ZooKeeper JMX enabled by default
Using config: /export/servers/apache-zookeeper-3.8.0-bin/bin/../conf/zoo.cfg
Starting zookeeper ... STARTED
```

2. 查看进程是否启动

查看进程是否启动的代码如下：

```
[root@master apache-zookeeper-3.8.0-bin]# jps
3090 Jps
3047 QuorumPeerMain
```

3. 查看状态

查看状态的代码如下：

```
[root@master apache-zookeeper-3.8.0-bin]# bin/zkServer.sh status
ZooKeeper JMX enabled by default
Using config: /export/servers/apache-zookeeper-3.8.0-bin/bin/../conf/zoo.cfg
Client port found: 2181. Client address: localhost. Client SSL: false.
Mode: standalone
```

4. 启动客户端

启动客户端的代码如下：

```
$ bin/zkCli.sh
```

5. 退出客户端

退出客户端的代码如下：

```
quit
```

6. 停止 ZooKeeper

停止 ZooKeeper 的代码如下：

```
[root@master apache-zookeeper-3.8.0-bin]# bin/zkServer.sh stop
ZooKeeper JMX enabled by default
Using config: /export/servers/apache-zookeeper-3.8.0-bin/bin/../conf/zoo.cfg
Stopping zookeeper ... STOPPED
```

6.9.4 ZooKeeper 集群部署

1. 集群操作

（1）集群规划在 master、slave01 和 slave02 几个节点上都部署 ZooKeeper。

（2）配置服务器编号。

① 在/export/servers/apache-zookeeper-3.8.0-bin/目录下创建 zkData 目录：

```
$ mkdir zkData
```

② 在/export/servers/apache-zookeeper-3.8.0-bin/zkData 目录下创建 myid 文件，该文件中的内容就是服务器编号（master 服务器对应编号 100，slave01 服务器对应编号 101，slave02 服务器对应编号 102）。具体命令如下：

```
$ vi myid
```

③ 在 myid 文件中添加与 master 服务器对应的编号（注意：上、下不要有空行，左、右不要有空格）：

```
100
```

同样，分别在 slave01、slave02 服务器上修改 myid 文件中的内容为 101、102。

（3）配置 zoo.cfg 文件。

① 打开 zoo.cfg 文件：

```
$ vim zoo.cfg
#修改数据存储路径配置
dataDir=/export/servers/apache-zookeeper-3.8.0-bin/zkData
#增加如下配置（每行最后不能有空格）
####################cluster#########################
server.100=master:2888:3888
server.101=slave01:2888:3888
server.102=slave02:2888:3888
```

② 配置参数解读：

```
server.A=B:C:D。
```

其中，A 是一个数字，表示这是第几号服务器；在集群模式下配置一个文件 myid，这个文件在 dataDir 目录下，这个文件中有一个数据就是 A 的值，ZooKeeper 启动时读取此文件，拿到其中的数据并与 zoo.cfg 文件中的配置信息进行比较，从而判断到底是哪个服务器；B 是这个服务器的地址；C 是这个服务器跟随者与集群中的领导者服务器交换信息的端口；如果集群中的领导者服务器"死亡"，就需要一个端口来重新进行选举，选出一个新的领导者，而 D 这个端口就是用来执行选举时服务器相互通信的端口。分别在 slave01、slave02 服务器上按如上步骤修改 zoo.cfg 文件。

（4）集群操作的具体步骤。

① 分别启动 ZooKeeper：

```
[root@master apache- zookeeper-3.8.0- bin]$ bin/zkServer.sh start
[root@slave01 apache- zookeeper-3.8.0- bin]$ bin/zkServer.sh start
[root@slave02 apache- zookeeper-3.8.0- bin]$ bin/zkServer.sh start
```

② 查看节点状态：

```
[root@master apache-zookeeper-3.8.0-bin]# bin/zkServer.sh status
ZooKeeper JMX enabled by default
Using config: /export/servers/apache-zookeeper-3.8.0-bin/bin/../conf/zoo.
cfg
Client port found: 2181. Client address: localhost. Client SSL: false.
Mode: follower
[root@slave01 apache-zookeeper-3.8.0-bin]# bin/zkServer.sh status
ZooKeeper JMX enabled by default
Using config: /export/servers/apache-zookeeper-3.8.0-bin/bin/../conf/zoo.
cfg
Client port found: 2181. Client address: localhost. Client SSL: false.
Mode: leader
[root@slave02 apache-zookeeper-3.8.0-bin]# bin/zkServer.sh status
ZooKeeper JMX enabled by default
Using config: /export/servers/apache-zookeeper-3.8.0-bin/bin/../conf/zoo.
cfg
Client port found: 2181. Client address: localhost. Client SSL: false.
Mode: follower
```

（5）集群命令和脚本。

① 在 master 服务器的/usr/bin 目录下创建脚本：

```
$ vim zk.sh
```

在脚本中编写如下内容：

```
#!/bin/bash

case $1 in
"start"){
for i in master slave01 slave02
 do
echo ---------- Zookeeper $i 启动 -----------
ssh $i "/export/servers/apache-zookeeper-3.8.0-bin/bin/zkServer.sh start"
done
};;
"stop"){
```

```
for i in master slave01 slave02
do
echo ---------- Zookeeper $i 停止 ------------
ssh $i "/export/servers/apache-zookeeper-3.8.0-bin/bin/zkServer.sh stop"
done
};;
"status"){
for i in master slave01 slave02
do
echo ---------- Zookeeper $i 状态 ------------
ssh $i "/export/servers/apache-zookeeper-3.8.0-bin/bin/zkServer.sh status"
done
};;
esac
```

② 增加脚本执行权限:

```
$ chmod u+x zk.sh
```

③ ZooKeeper 集群启动脚本:

```
[root@master bin]# zk.sh start
---------- zookeeper master 启动 ------------
ZooKeeper JMX enabled by default
Using config: /export/servers/apache-zookeeper-3.8.0-bin/bin/../conf/zoo.
cfg
Starting zookeeper ... STARTED
---------- zookeeper slave01 启动 ------------
ZooKeeper JMX enabled by default
Using config: /export/servers/apache-zookeeper-3.8.0-bin/bin/../conf/zoo.
cfg
Starting zookeeper ... STARTED
---------- zookeeper slave02 启动 ------------
ZooKeeper JMX enabled by default
Using config: /export/servers/apache-zookeeper-3.8.0-bin/bin/../conf/zoo.
cfg
Starting zookeeper ... STARTED
```

④ ZooKeeper 集群状态脚本:

```
[root@master conf]# zk.sh status
---------- zookeeper master 状态 ------------
ZooKeeper JMX enabled by default
Using config: /export/servers/apache-zookeeper-3.8.0-bin/bin/../conf/zoo.
cfg
Client port found: 2181. Client address: localhost. Client SSL: false.
Mode: leader
---------- zookeeper slave01 状态 ------------
ZooKeeper JMX enabled by default
Using config: /export/servers/apache-zookeeper-3.8.0-bin/bin/../conf/zoo.
cfg
```

```
    Client port found: 2181. Client address: localhost. Client SSL: false.
    Mode: follower
    ---------- zookeeper slave02 状态 ------------
    ZooKeeper JMX enabled by default
    Using config: /export/servers/apache-zookeeper-3.8.0-bin/bin/../conf/zoo.
cfg
    Client port found: 2181. Client address: localhost. Client SSL: false.
    Mode: follower
```

⑤ ZooKeeper 集群停止脚本：

```
[root@master bin]# zk.sh stop
---------- zookeeper master 停止 ------------
ZooKeeper JMX enabled by default
Using config: /export/servers/apache-zookeeper-3.8.0-bin/bin/../conf/zoo.
cfg
    Stopping zookeeper ... STOPPED
---------- zookeeper slave01 停止 ------------
ZooKeeper JMX enabled by default
Using config: /export/servers/apache-zookeeper-3.8.0-bin/bin/../conf/zoo.
cfg
    Stopping zookeeper ... STOPPED
---------- zookeeper slave02 停止 ------------
ZooKeeper JMX enabled by default
Using config: /export/servers/apache-zookeeper-3.8.0-bin/bin/../conf/zoo.
cfg
    Stopping zookeeper ... STOPPED
```

2. 客户端命令行操作

（1）命令行语法如表 6-3 所示。

表 6-3　命令行语法

命令行语法	功 能 描 述
help	显示所有操作命令
ls path	使用 ls 命令查看当前 znode 的子节点[可监听] -w：监听子节点变化 -s：附加次级信息
create	普通创建 -s：含有序列 -e：临时（重启或超时消失）
get path	获得节点的值[可监听] -w：监听节点内容变化 -s：附加次级信息
set	设置节点的具体值
stat	查看节点状态
delete	删除节点
deleteall	递归删除节点

① 启动客户端：

```
[root@master apache-zookeeper-3.8.0-bin]$ bin/zkCli.sh -server
master:2181
```

② 显示所有操作命令（见图 6-9）：

```
[zk: localhost:2181(CONNECTED) 0] help
```

```
[zk: localhost:2181(CONNECTED) 0] help
ZooKeeper -server host:port -client-configuration properties-file cmd args
	addWatch [-m mode] path # optional mode is one of [PERSISTENT, PERSISTENT_RECURSIVE] - default is PERSISTENT_RECURSIVE
	addauth scheme auth
	close
	config [-c] [-w] [-s]
	connect host:port
	create [-s] [-e] [-c] [-t ttl] path [data] [acl]
	delete [-v version] path
	deleteall path [-b batch size]
	delquota [-n|-b|-N|-B] path
	get [-s] [-w] path
	getAcl [-s] path
	getAllChildrenNumber path
	getEphemerals path
	history
	listquota path
	ls [-s] [-w] [-R] path
	printwatches on|off
	quit
	reconfig [-s] [-v version] [[-file path] | [-members serverID=host:port1:port2;port3[, ... ]*]] | [-add serverId=host:port1:port2;port3[, ... ]* [-remove
serverId[, ... ]*]
	redo cmdno
	removewatches path [-c|-d|-a] [-l]
	set [-s] [-v version] path data
	setAcl [-s] [-v version] [-R] path acl
	setquota -n|-b|-N|-B val path
	stat [-w] path
	sync path
	version
	whoami
Command not found: Command not found help
[zk: localhost:2181(CONNECTED) 1]
```

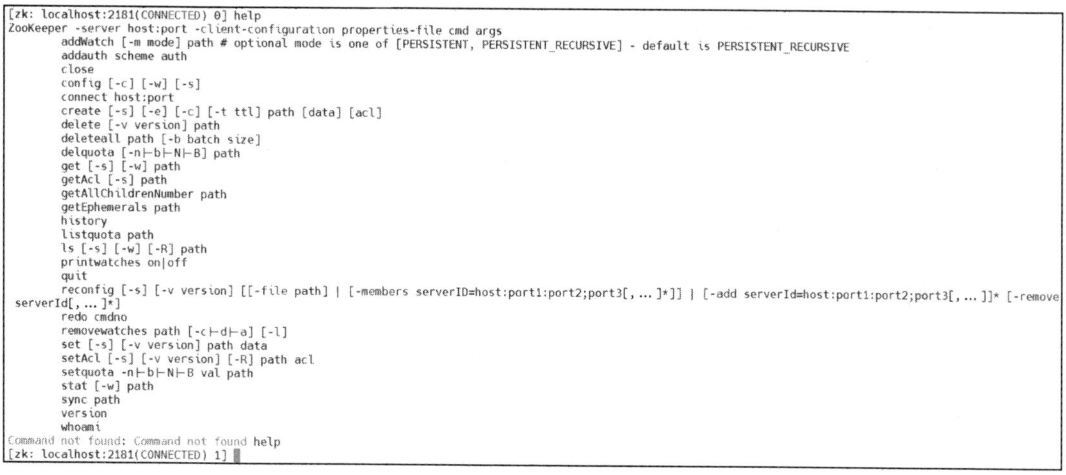

图 6-9 显示所有操作命令

（2）znode 数据信息。

① 查看当前 znode 中所包含的内容（ls）：

```
[zk: slave02:2181(CONNECTED) 1] ls /
[zookeeper]
```

② 查看当前 znode 中所包含的内容（ls-s）：

```
[zk: localhost:2181(CONNECTED) 2] ls -s /
[zookeeper]
cZxid = 0x0
ctime = Thu Jan 01 08:00:00 CST 1970
mZxid = 0x0
mtime = Thu Jan 01 08:00:00 CST 1970
pZxid = 0x0
cversion = -1
dataVersion = 0
aclVersion = 0
ephemeralOwner = 0x0
dataLength = 0
numChildren = 1
```

其中各个变量的含义如下。

- cZxid：创建节点的事务 zxid。每次修改 ZooKeeper 状态都会产生一个 ZooKeeper 事务 ID。事务 ID 是 ZooKeeper 中所有修改总的次序。
- ctime：znode 被创建的毫秒数（从 1970 年开始）。

- mzxid：znode 最后更新的事务 zxid。
- mtime：znode 最后修改的毫秒数（从 1970 年开始）。
- pZxid：znode 最后更新的子节点 zxid。
- cversion：znode 子节点的变化次数。
- dataversion：znode 数据变化号。
- aclVersion：znode ACL 的变化号。
- ephemeralOwner：如果是临时节点，则其值是 znode 拥有者的 session id；如果不是临时节点，则其值为 0。
- dataLength：znode 的数据长度。
- numChildren：znode 的子节点数量。

（3）节点类型（持久/临时/带序号/不带序号）。

在命令行输入创建节点的命令，具体命令格式如下：

```
$ create [-s] [-e] path data.acl
```

其中，-s 表示是否开启节点的序列化特性；-e 表示开启临时节点特性，若不指定，则表示该节点是持久节点；path 表示创建的路径；data 表示创建节点的数据，这是因为 znode 可以像目录一样存在，也可以像文件一样保存数据；acl 用来进行权限控制。

① 分别创建两个普通节点（持久节点+不带序号）：

```
[zk: localhost:2181(CONNECTED) 3] create /shuihu "shuihu"
Created /shuihu
[zk: localhost:2181(CONNECTED) 4] create /shuihu/liangshan " liangshan"
Created /shuihu/liangshan
```

注意：创建节点时要赋值。

② 获得节点的值：

```
[zk: localhost:2181(CONNECTED) 5] get -s /shuihu
shuihu
cZxid = 0x900000002
ctime = Sat Mar 04 16:58:55 CST 2023
mZxid = 0x900000002
mtime = Sat Mar 04 16:58:55 CST 2023
pZxid = 0x900000003
cversion = 1
dataVersion = 0
aclVersion = 0
ephemeralOwner = 0x0
dataLength = 8
numChildren = 1
[zk: localhost:2181(CONNECTED) 6] get -s /shuihu/liangshan
liangshan
cZxid = 0x900000003
ctime = Sat Mar 04 16:59:15 CST 2023
mZxid = 0x900000003
```

```
mtime = Sat Mar 04 16:59:15 CST 2023
pZxid = 0x900000003
cversion = 0
dataVersion = 0
aclVersion = 0
ephemeralOwner = 0x0
dataLength = 9
numChildren = 0
```

③ 创建带序号的节点（持久节点 + 带序号）。

先创建一个普通的根节点/shuihu/liangshan：

```
[zk: localhost:2181(CONNECTED) 1] create /shuihu/liangshan "liangshan"
Created /shuihu/liangshan
```

创建带序号的节点：

```
[zk: localhost:2181(CONNECTED) 2] create -s /shuihu/liangshan/guansheng
"guansheng"
Created /shuihu/liangshan/guansheng0000000000
[zk: localhost:2181(CONNECTED) 3] create -s /shuihu/liangshan/chaijin
"chaijin"
Created /shuihu/liangshan/chaijin0000000001
```

如果原来没有带序号的节点，则序号从 0 开始依次递增；如果原节点下已有两个节点，则排序时序号从 2 开始，依次类推。

④ 创建临时节点（临时节点+不带序号/带序号）。

创建临时的不带序号的节点：

```
[zk: localhost:2181(CONNECTED) 4] create -e /shuihu/liangshan/wuyong
"wuyong"
Created /shuihu/liangshan/wuyong
```

创建临时的带序号的节点：

```
[zk: localhost:2181(CONNECTED) 5] create -e -s /shuihu/liangshan/wuyong
"wuyong"
Created /shuihu/liangshan/wuyong0000000002
```

在当前客户端能查看到的内容如下：

```
[zk: localhost:2181(CONNECTED) 6] ls /shuihu/liangshan
[chaijin0000000001, guansheng0000000000, wuyong0000000002]
```

修改节点数据值：

```
[zk: localhost:2181(CONNECTED) 7] set /shuihu/liangshan /wuyong0000000002
"zhiduoxing"
```

退出当前客户端后重启：

```
[zk: localhost:2181(CONNECTED) 8] quit
```

（4）监听器原理。

监听节点即监听节点的变化，当节点发生变化（数据变化、节点被删除、子节点增加/被删除）时，ZooKeeper 会通知客户端。监听原理可以概括为 3 个过程：客户端向服务器注册 watch；服务器事件发生，触发 watch、客户端回调 watch，得到触发事件的情况。监听机制保证 ZooKeeper 保存的任何数据的任何变化都能快速响应监听该节点的应用程序。

① 节点的值变化监听。

在 slave02 客户端上注册 watch，以监听/shuihu 节点数据变化：

```
[zk: localhost:2181(CONNECTED) 0] get -w /shuihu
```

在 slave01 客户端上修改/shuihu 节点的数据：

```
[zk: localhost:2181(CONNECTED) 0] set /shuihu "mingzhu"
```

观察 slave02 客户端收到节点数据变化的监听：

```
[zk: localhost:2181(CONNECTED) 1]
WATCHER::

WatchedEvent state:SyncConnected type:NodeDataChanged path:/shuihu
```

注意：在 slave01 客户端上再次修改/shuihu 的值时，slave02 客户端不会再收到节点数据变化的监听。因为注册一次，只能监听一次。若想再次监听，则需要再次注册。

② 节点的子节点变化监听（路径变化）。

在 slave02 客户端上注册 watch，以监听/shuihu 节点的子节点变化：

```
[zk: localhost:2181(CONNECTED) 1] ls -w /shuihu
[liangshan]
```

在 slave01 客户端/shuihu 节点上创建子节点：

```
[zk: localhost:2181(CONNECTED) 1] create /shuihu/linchong " linchong"
Created /shuihu/ linchong
```

观察 slave02 客户端收到的子节点变化的监听：

```
[zk: localhost:2181(CONNECTED) 2]
WATCHER::

WatchedEvent state:SyncConnected type:NodeChildrenChanged path:/shuihu
```

注意：节点的路径变化也是注册一次，生效一次。如果想多次生效，就需要多次注册。

（5）节点的删除与查看。

删除节点：

```
[zk: localhost:2181(CONNECTED) 2] delete /shuihu/ linchong
```

递归删除节点：

```
[zk: localhost:2181(CONNECTED) 5] deleteall /shuihu/liangshan
```

查看节点状态：

```
[zk: localhost:2181(CONNECTED) 3] stat /shuihu
cZxid = 0x900000002
ctime = Sat Mar 04 16:58:55 CST 2023
mZxid = 0x900000023
mtime = Sat Mar 04 17:45:28 CST 2023
pZxid = 0x900000025
cversion = 8
dataVersion = 2
aclVersion = 0
ephemeralOwner = 0x0
dataLength = 7
numChildren = 2
```

6.9.5　ZooKeeper 的 Java API 操作

本节介绍 ZooKeeper 的 Java API 操作。

（1）操作前保证 master、slave01、slave02 服务器上的 ZooKeeper 集群服务器启动。

（2）创建 Maven 项目 ZooKeeperDemo。

（3）将 pom.xml 文件修改为如下内容并保存：

```xml
        <?xml version="1.0" encoding="UTF-8"?>
<project xmlns="http://maven.apache.org/POM/4.0.0"
        xmlns:xsi="http://www.w3.org/2001/XMLSchema-instance"
        xsi:schemaLocation="http://maven.apache.org/POM/4.0.0 http://maven.
apache.org/xsd/maven-4.0.0.xsd">
    <modelVersion>4.0.0</modelVersion>
    <groupId>org.example</groupId>
    <artifactId>Hadoop</artifactId>
    <version>1.0-SNAPSHOT</version>
    <properties>
        <maven.compiler.source>8</maven.compiler.source>
        <maven.compiler.target>8</maven.compiler.target>
    </properties>
    <dependencies>
        <dependency>
            <groupId>org.apache.hadoop</groupId>
            <artifactId>hadoop-client</artifactId>
            <version>3.3.4</version>
        </dependency>
        <dependency>
            <groupId>junit</groupId>
            <artifactId>junit</artifactId>
            <version>4.12</version>
        </dependency>
        <dependency>
            <groupId>org.apache.zookeeper</groupId>
            <artifactId>zookeeper</artifactId>
            <version>3.8.0</version>
```

203

```
            </dependency>
        </dependencies>
    </project>
```

（4）在项目的 src/main/resources 目录下新建一个文件，命名为 log4j.properties，在其
中填入以下内容：

```
log4j.rootLogger=INFO, stdout
log4j.appender.stdout=org.apache.log4j.ConsoleAppender
log4j.appender.stdout.layout=org.apache.log4j.PatternLayout
log4j.appender.stdout.layout.ConversionPattern=%d %p [%c] - %m%n
log4j.appender.logfile=org.apache.log4j.FileAppender
log4j.appender.logfile.File=target/spring.log
log4j.appender.logfile.layout=org.apache.log4j.PatternLayout
log4j.appender.logfile.layout.ConversionPattern=%d %p [%c] - %m%n
```

（5）创建 com.ZooKeeper.test 包。

（6）创建 zkClient 类。

（7）创建 ZooKeeper 客户端：

```java
package com.ZooKeeper.test;
import org.apache.zookeeper.*;
import org.apache.zookeeper.data.Stat;
import org.junit.Before;
import org.junit.Test;
import java.io.IOException;
import java.util.List;

public class zkClient {

    private static String connectString = "master:2181,slave01:2181,
slave02: 2181";
    private static int sessionTimeout = 2000;
    private ZooKeeper zkClient = null;
    @Before
    public void init() throws Exception {
        zkClient = new ZooKeeper(connectString, sessionTimeout, new
            Watcher() {
                @Override
                public void process(WatchedEvent watchedEvent) {
// 收到事件通知后的回调函数（用户的业务逻辑）
                    System.out.println(watchedEvent.getType() + "--"
                        + watchedEvent.getPath());
// 再次启动监听
                    try {
                        List<String> children = zkClient.getChildren("/",
                            true);
                        for (String child : children) {
                            System.out.println(child);
```

```
                    }
                } catch (Exception e) {
                    e.printStackTrace();
                }
            }
        });
    }
```

（8）创建子节点：

```
@Test
    public void create() throws Exception {
// 参数 1：要创建的节点的路径；参数 2：节点数据；参数 3：节点权限；参数；4：节点的类型
        String nodeCreated = zkClient.create("/sanguo","mingzhu".getBytes
(),ZooDefs.Ids.OPEN_ACL_UNSAFE,CreateMode.PERSISTENT);
    }
```

在 slave01 的 zk 客户端上查看创建节点情况：

```
[zk: localhost:2181(CONNECTED) 2] get -s /sanguo
mingzhu
```

（9）获取子节点并监听节点变化：

```
@Test
public void getChildren() throws Exception {
    List<String> children = zkClient.getChildren("/", true);
    for (String child : children) {
        System.out.println(child);
    }
}
```

① 在 IntelliJ IDEA 控制台上可以看到如下节点：

```
shuihu
zookeeper
sanguo
```

② 在 master 的客户端上再创建一个节点/test：

```
[zk: localhost:2181(CONNECTED) 3] create /test "test"
```

观察 IntelliJ IDEA 控制台的返回结果：

```
shuihu
zookeeper
test
sanguo
```

③ 在 master 的客户端上删除节点/sanguo：

```
[zk: localhost:2181(CONNECTED) 4] delete / sanguo
```

观察 IntelliJ IDEA 控制台的返回结果：

```
shuihu
```

```
zookeeper
test
```

（10）判断 znode 是否存在：

```
@Test
public void exist() throws Exception {
    Stat stat = zkClient.exists("/test", false);
    System.out.println(stat == null ? "not exist" : "exist");
}
```

观察 IntelliJ IDEA 控制台的返回结果：

```
exist
shuihu
zookeeper
test
```

（11）服务器动态上下线监听案例的具体实现。

① 先在集群上创建/servers 节点：

```
[zk: localhost:2181(CONNECTED) 5] create /servers "servers"
Created /servers
```

② 在 IntelliJ IDEA 中创建 com.ZooKeeper.zkcase 包。

③ 服务器向 ZooKeeper 注册的代码如下：

```
package com.ZooKeeper.zkcase;
import java.io.IOException;
import org.apache.zookeeper.CreateMode;
import org.apache.zookeeper.WatchedEvent;
import org.apache.zookeeper.Watcher;
import org.apache.zookeeper.ZooKeeper;
import org.apache.zookeeper.ZooDefs.Ids;
public class DistributeServer {
    private static String connectString =
            "master:2181,slave01:2181,slave02:2181";
    private static int sessionTimeout = 2000;
    private ZooKeeper zk = null;
    private String parentNode = "/servers";
    // 创建到 zk 的客户端连接
    public void getConnect() throws IOException{
        zk = new ZooKeeper(connectString, sessionTimeout, new
                Watcher() {
                    @Override
                    public void process(WatchedEvent event) {
                    }
                });
    }
    // 注册服务器
```

```
        public void registServer(String hostname) throws Exception{
            String create = zk.create(parentNode + "/server",
                    hostname.getBytes(), Ids.OPEN_ACL_UNSAFE,
                    CreateMode.EPHEMERAL_SEQUENTIAL);
            System.out.println(hostname +" is online "+ create);
        }
        // 业务功能
        public void business(String hostname) throws Exception{
            System.out.println(hostname + " is working ...");
            Thread.sleep(Long.MAX_VALUE);
        }
        public static void main(String[] args) throws Exception {
// 1 获取 zk 连接
            DistributeServer server = new DistributeServer();
            server.getConnect();
// 2 利用 zk 连接注册服务器信息
            server.registServer(args[0]);
// 3 启动业务功能
            server.business(args[0]);
        }
}
```

④ 客户端代码：

```
package com.ZooKeeper.zkcase;
import java.io.IOException;
import java.util.ArrayList;
import java.util.List;
import org.apache.zookeeper.WatchedEvent;
import org.apache.zookeeper.Watcher;
import org.apache.zookeeper.ZooKeeper;
public class DistributeClient {
    private static String connectString =
            "master:2181,slave01:2181,slave02:2181";
    private static int sessionTimeout = 2000;
    private ZooKeeper zk = null;
    private String parentNode = "/servers";
    // 创建到 zk 的客户端连接
    public void getConnect() throws IOException {
        zk = new ZooKeeper(connectString, sessionTimeout, new
                Watcher() {
                    @Override
                    public void process(WatchedEvent event) {
// 再次启动监听
                        try {
                            getServerList();
                        } catch (Exception e) {
```

```
                                        e.printStackTrace();
                            }
                        }
                    });
            }
        // 获取服务器列表信息
        public void getServerList() throws Exception {
            // 1 获取服务器子节点信息，并对父节点进行监听
            List<String> children = zk.getChildren(parentNode, true);
            // 2 存储服务器信息列表
            ArrayList<String> servers = new ArrayList<>();
            // 3 遍历所有节点，获取节点中的主机名称信息
            for (String child : children) {
                byte[] data = zk.getData(parentNode + "/" + child,
                        false, null);
                servers.add(new String(data));
            }
            // 4 打印服务器列表信息
            System.out.println(servers);
        }
        // 业务功能
        public void business() throws Exception{
            System.out.println("client is working ...");
            Thread.sleep(Long.MAX_VALUE);
        }
        public static void main(String[] args) throws Exception {
// 1 获取 zk 连接
            DistributeClient client = new DistributeClient();
            client.getConnect();
// 2 获取 servers 的子节点信息，并从中获取服务器信息列表
            client.getServerList();
// 3 业务进程启动
            client.business();
        }
}
```

⑤ 测试。

a. 启动 DistributeClient 客户端。

b. 在 master 的 zk 客户端的/servers 目录下创建临时带序号的节点：

```
[zk: localhost:2181(CONNECTED) 6] create -e -s /servers/master "master"
Created /servers/master0000000000
[zk: localhost:2181(CONNECTED) 7] create -e -s /servers/slave01 "slave01"
Created /servers/slave010000000001
```

c. 观察 IntelliJ IDEA 控制台返回结果的变化：

```
[master, slave01]
```

d. 执行删除操作：

```
[zk: localhost:2181(CONNECTED) 8] delete /servers/master0000000000
```

e. 观察 IntelliJ IDEA 控制台返回结果的变化：

```
[slave01]
```

6.10　ZooKeeper 典型应用

本节介绍 Zookeeper 的 4 个典型应用：数据发布与订阅、负载均衡、命名服务和分布式锁。

6.10.1　数据发布与订阅

发布与订阅模型即所谓的配置中心，顾名思义，就是发布者将数据发布到 ZooKeeper 节点上，供订阅者动态获取数据，实现配置信息的集中式管理和动态更新。例如，全局的配置信息，以及服务式服务框架的服务地址列表等就非常适合使用该模型。应用中用到的一些配置信息放到 ZooKeeper 中进行集中管理。

这类场景通常是这样的：应用在启动时会主动获取一次配置，同时，在节点上注册一个 watcher，这样一来，以后每次配置有更新时，都会实时通知订阅的客户端，从而达到获取最新配置信息的目的。在分布式搜索服务中，索引的元数据和服务器集群机器的节点状态存放在 ZooKeeper 的一些指定节点中，供各个客户端订阅使用。分布式日志收集系统的核心工作是收集分布在不同机器中的日志。收集器通常是按照应用来分配收集任务单元的，因此需要在 ZooKeeper 上创建一个以应用名作为路径的节点 P，并将这个应用的所有机器的 IP 以子节点的形式注册到节点 P 上，这样就实现了机器变动时能够实时通知收集器调整任务分配。由于存在手动修改这个信息的情况，因此系统中有些信息需要动态获取。动态获取时，通常暴露出接口，如 JMX 接口，以此来获取一些运行时的信息。引入 ZooKeeper 之后，就不用自己实现一套方案了，只要将这些信息存放到指定的 ZooKeeper 节点上即可。

注意：在上面提到的应用场景中，有个默认的前提，就是数据量很小而数据更新可能会比较快。

6.10.2　负载均衡

这里说的负载均衡是指软负载均衡。在分布式环境中，为了保证高可用性，通常同一个应用或同一个服务的提供方都会部署多份，达到对等服务的目的。而消费者就需要在这些对等的服务器中选择一台来执行相关的业务逻辑，其中比较典型的是消息中间件中的生产者和消费者负载均衡。

对于消息中间件中的生产者和消费者，LinkedIn 开源的 KafkaMQ 和阿里开源的 MetaQ（Metamorphosis）都是通过 ZooKeeper 来做到生产者和消费者负载均衡的。这里以 MetaQ 为例讲解生产者和消费者负载均衡。

1. 生产者负载均衡

在 MetaQ 中，生产者可以将消息发送到指定的主题（Topic）中，而一个主题可以由多个消息队列（Message Queue）构成。因此，在实现生产者负载均衡时，通常采用的方式是通过主题下的消息队列来实现。

具体而言，MetaQ 支持以轮询、随机、哈希值等算法为基础的负载均衡模式，使得生产者可以根据不同的负载均衡策略向不同的消息队列发送消息请求，从而避免消息堆积和过载问题。同时，通过在 MetaQ 中使用 Master-Slave 模型，也能够实现消息代理的容错和故障转移，提高系统的可用性。

2. 消费者负载均衡

类似生产者负载均衡，MetaQ 中的消费者也需要通过特定的算法将消息队列分配给多个消费者进行处理，从而实现消费者负载均衡。

具体而言，MetaQ 支持以广播、集群两种模式为基础的消费者负载均衡。当采用广播模式时，每个消费者都将收到所有的消息，适用于集群中多个消费者之间独立消费的场景；当采用集群模式时，每个消费组中只有一个消费者可以收到消息，适用于需要保证消息消费顺序性的场景。此外，为了保证消费者在处理消息时的负载均衡，MetaQ 还引入了重平衡机制，即定期检查消费者数量及消息队列的分配情况，通过重新分配消息队列来使消费者负载更加均衡。

总之，MetaQ 通过支持不同的负载均衡算法和消费模式实现了生产者和消费者负载均衡，以及消息代理的容错和故障转移，提高了系统的可用性。

6.10.3 命名服务

命名服务也是分布式系统中比较常见的一类场景。在分布式系统中，通过使用命名服务，客户端应用能够根据指定名字获取资源或服务的地址、提供者等信息。被命名的实体通常可以是集群中的机器、提供的服务地址、远程对象等，可以统称它们为名字（Name）。其中较为常见的就是一些分布式服务框架中的服务地址列表。通过调用 ZooKeeper 提供的创建节点的 API 能够很容易地创建一个全局唯一的路径，这个路径可以作为一个名称。

阿里开源的分布式服务框架 Dubbo 使用 ZooKeeper 作为其命名服务，维护全局的服务地址列表。在 Dubbo 实现中，服务提供者启动时，在 ZooKeeper 的指定节点/dubbo/${serviceName}/providers 目录中写入自己的 URL 地址，这就完成了服务的发布；服务消费者启动时，订阅/dubbo/${serviceName}/providers 目录下的服务提供者的 URL 地址，并在/dubbo/${serviceName}/providers 目录中写入自己的 URL 地址。

注意：所有向 ZooKeeper 注册的地址都是临时节点，这样就能够保证服务提供者和服务消费者能够自动感应资源的变化。另外，Dubbo 还有针对服务粒度的监控，方法是订阅/dubbo/${serviceName}目录下所有服务提供者和服务消费者的信息。

6.10.4 分布式锁

分布式锁主要得益于 ZooKeeper 保证了数据的强一致性。锁服务可以分为两类，一类是保持独占，另一类是控制时序。

保持独占就是所有试图获取这把锁的客户端最终只有一个可以成功获得这把锁，通常的做法是把 ZooKeeper 上的一个 znode 看作一把锁，通过创建 znode 的方式来实现。所有客户端都创建/distribute_lock 节点，最终创建成功的那个客户端即拥有这把锁。

控制时序就是所有试图获取这把锁的客户端最终都会被安排执行，只是此时有一个全局时序，其做法与保持独占基本类似，只是/distribute_lock 已经预先存在，客户端在它下面创建临时顺序节点（可以通过节点的属性控制 CreateMode.EPHEMERAL_SEQUENTIAL 来指定）。ZooKeeper 的父节点（/distribute_lock）维持一个序列，保证子节点创建的时序性，从而形成每个客户端的全局时序。

6.11　本章小结

本章主要讲解了 ZooKeeper 分布式协调服务。首先，通过对 ZooKeeper 的基本概念和特性的概述，让读者对 ZooKeeper 分布式协调服务有一个基本的认识；其次，对 ZooKeeper 的内部数据模型、相关机制及权限进行了讲解，让读者明白 ZooKeeper 内部的运行原理和访问控制；最后，对 ZooKeeper 部署及操作进行讲解，让读者对本章的知识进行实践应用。通过本章的学习，读者应该可以使用 ZooKeeper 简化分布式系统构建服务。

6.12　习题

一、选择题

1. 下列关于 ZooKeeper 的描述正确的是（　　）。

    A. 无论客户端连接的是哪台 ZooKeeper 服务器，其看到的服务器数据模型都是一致的

    B. 从同一个客户端发起的事务性请求最终将会严格按照其发起顺序被应用到 ZooKeeper 中

    C. 在一个由 5 个节点组成的 ZooKeeper 集群中，如果同时有 3 台机器宕机，那么服务不受影响

    D. 如果客户端连接的 ZooKeeper 集群中的那台机器突然宕机，那么客户端会自动切换连接集群中的其他机器

2. ZooKeeper 启动时最多监听几个端口？（　　）

    A. 1　　　　　　　　　B. 2　　　　　　　　　C. 3　　　　　　　　　D. 4

3. 下列哪些操作可以设置一个监听器 watcher？（　　）

    A. getData　　　　　　　　　　　　　　B. getChildren

    C. exists　　　　　　　　　　　　　　　D. setData

4. ZooKeeper 中的每个节点发送的选举信息不包括的内容是（　　）。

    A. 最大事务 ID　　　　　　　　　　　　B. 选举 ID

    C. 逻辑时钟值　　　　　　　　　　　　D. 节点 IP

5. Streaming 利用 ZooKeeper 实现 Nimbus 的主备。其中 ZooKeeper 提供了哪些服务？（　　）。

    A. 分布式锁服务　　　　　　　　　　　B. 隔离事务

    C. 事件侦听机制　　　　　　　　　　　D. 在线实时计算

6. ZooKeeper 是 FusionInsiht HD 底层组件，主要提供哪些服务？（　　）

    A. 分布式　　　　　　　　　　　　　B. 高可用性的协调服务能力

    C. 存储数据　　　　　　　　　　　　D. 离线计算

7. ZooKeeper 客户端常用命令的使用包含哪些？（　　）

    A. 调用 ZooKeeper 客户端：zkCli.sh –server 172.16.0.1:24002

    B. 创建节点：zkCli.sh –server 172.16.0.1:24002

    C. 列出节点的子节点：ls /node

    D. 创建节点数据：create /node

8. Scheme 为认证方式，ZooKeeper 内置了以下哪几种方式？（　　）

    A. world：一个单独的 ID，表示任何人都可以访问

    B. auth：不使用 ID，只有认证的用户才可以访问

    C. digest：使用 username:password 生成 MD5 哈希值作为认证 ID

    D. IP：使用客户端主机 IP 地址进行认证

二、判断题

1. ZooKeeper 分布式服务框架主要是用来解决分布式应用中经常遇到的一些数据管理问题的，提供分布式、高可用性的协调服务能力。（　　）

2. ZooKeeper 对节点的监听通知是永久性的。（　　）

3. 如果 ZooKeeper 集群宕机数超过集群数一半，则 ZooKeeper 服务失效。（　　）

4. ZooKeeper 可以作为文件存储系统，因此可以将大规模数据文件存储在该系统中。（　　）

5. 在安全模式下，ZooKeeper 依赖 Kerberos 和 LdapServer 进行安全认证，而非安全模式则不依赖 Kerberos 与 LdapServer。（　　）

6. 当客户端连接到 ZooKeeper 集群，并执行写请求时，这些请求会被发送到领导者节点上，领导者节点上的数据变化不会同步至集群中其他的跟随者节点。（　　）

7. ZooKeeper 使用了一种自定义的原子消息协议（ZooKeeper Atomic Broadcast Zab 协议），消息层的这种原子特性保证了整个协调系统中的节点数据或状态的一致性。（　　）

8. 当一个领导者节点发生故障失效时，消息层负责重新选择一个领导者来处理客户端的写请求，并将 ZooKeeper 协调系统的数据变化同步（广播）至其他的跟随者节点。（　　）

三、简答题

1. 什么是 ZooKeeper？

2. ZooKeeper 角色分配有哪些？

3. stat 记录了哪些版本相关数据？

4. 简述 znode 的 4 种类型。

5. ZooKeeper 是如何保证事务的顺序一致性的？

6. ZooKeeper 对节点的监听通知是永久的吗？若不是，请简述理由并举例说明。

7. ZooKeeper 节点宕机后如何处理？

8. ZooKeeper 可以实现哪些功能？

## 第 7 章

YARN 资源管理器

Apache Hadoop YARN（Yet Another Resource Negotiator，另一种资源协调者）是一种新的 Hadoop 资源管理器，它是一个通用资源管理系统，可为上层应用提供统一的资源管理和调度服务。它的引入给集群在利用率、资源统一管理和数据共享等方面带来了巨大的好处。本章主要介绍 YARN 的概念、基本组成、工作流程、调度器、常用命令。

7.1 YARN 介绍

7.1.1 YARN 的概念

从 YARN 的定义可以知道，YARN 主要解决集群中的计算资源（CPU 和内存）分配问题。CPU 和内存在整个计算过程中非常重要，计算性能的好坏决定了有多少个 CPU 参与了计算，包括分配了多少内存。

最初版本的 Hadoop 中没有 YARN 技术，所有资源管理都是由 MapReduce 完成的。MapReduce 既要完成计算，又要进行资源的分配，使得其代码变得过于复杂，不利于后期的优化。而且，在大数据领域，除了 MapReduce 计算框架，还有 Storm、Spark 等流式计算和内存计算的框架技术，它们同样需要解决资源分配问题，由于 MapReduce 中的资源分配代码不能共享，因此其不够灵活。为了解决这样的问题，Hadoop 的开发人员就把资源分配功能从 MapReduce 中剥离出来，形成了独立的框架技术 YARN，由它对集群中的资源进行统一管理和调度，其他计算框架也可以使用这项技术。

7.1.2 YARN 的应用场景

在企业实际的生产环境中，同时存在不同的业务应用场景，对于计算的要求各不相同，常常需要应用多个计算框架来满足需求，如用 MapReduce 做大规模数据的批处理离线计算，用 Storm 实现流数据的实时分析。Hadoop 2.0 版本以后推出资源管理调度系统 YARN。YARN 可以支持 MapReduce，以及 Spark、Storm 等计算框架，实现了"一个集群多个框架"。

图 7-1 是 YARN 的应用场景图，其中包含很多大数据领域的技术，它们分布在 3 个层上面，最下面一层是 HDFS，主要解决集群中海量数据的存储问题。可以看到，HDFS 的上面是 YARN 框架，负责处理该集群中的资源分配问题。在 YARN 的上层有各种各样的计算类型的框架和技术，如 MapReduce、Storm、Spark 等，这些框架和技术都需要使用

YARN 进行计算资源的分配,从而完成存储在 HDFS 集群上的数据的计算工作。图 7-1 描述了当前大数据领域一个非常通用的模型,即 HDFS 解决计算数据的存储问题,YARN 完成计算资源的分配,各个计算框架负责攻克计算中的各项技术难点。

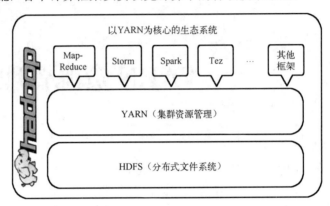

图 7-1　YARN 的应用场景图

7.2　YARN 的基本组成

　　YARN 主要依赖 3 个组件来实现其功能。第一个组件是 ResourceManager,是集群资源的仲裁者。它包括两部分:一是可插拔的调度 Scheduler;二是 ApplicationManager,用于管理集群中的用户作业。第二个组件是每个节点上的 NodeManager,用于管理该节点上的用户作业和工作流,它也会不断地发送其上的容器的使用情况给 ResourceManager。第三个组件是 ApplicationMaster(图 7.2 中简写为 App Mstr),是用户作业生命周期的管理者,其主要功能就是向 ResourceManager 申请计算资源并与 NodeManager 进行交互来执行和监控具体的任务。YARN 架构图如图 7-2 所示。

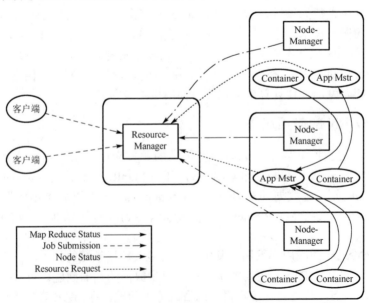

图 7-2　YARN 架构图

7.2.1　ResourceManager

ResourceManager 拥有系统所有资源分配的决定权，负责集群中所有应用程序的资源分配工作，拥有集群资源的主要、全局视图，因此可以为用户提供公平的、基于容量的本地化资源调度。根据程序的需求，调度优先级及可用资源情况，动态分配特定节点运行应用程序。它与每个节点上的 NodeManager 和每个应用程序的 ApplicationMaster 协调工作。

ResourceManager 的主要职责在于调度，即在竞争的应用程序之间分配系统中的可用资源，并不关注每个应用程序的状态管理。

前面提到，ResourceManager 包括两部分：Scheduler 和 ApplicationManager。

1. Scheduler

Scheduler 是一个可插拔的插件，负责运行中的应用程序的资源分配，受资源容量、队列及其他因素的影响。它是一个纯粹的调度器，不负责应用程序的监控和状态追踪，不保证在应用程序失败或硬件失败的情况下对任务进行重启，而只基于应用程序的资源需求执行其调度功能。它使用了叫作资源的概念，其中包括多种资源，如 CPU、内存、磁盘、网络等。在 Hadoop 的 MapReduce 框架中，主要有 3 种 Scheduler：FIFO Scheduler、Capacity Scheduler 和 Fair Scheduler。

（1）FIFO Scheduler：先进先出，不考虑作业优先级和范围，适合小负载集群。

（2）Capacity Scheduler：将资源分为多个队列，允许共享集群，并为每个队列分配有保证的最小份额资源。

（3）Fair Scheduler：公平地将资源分给应用程序，使得所有应用程序在平均情况下随着时间得到相同的资源份额。

2. ApplicationManager

ApplicationManager 接收用户提交的作业请求，并对其进行处理。它是作业提交的入口点，负责接收作业的元数据和资源需求。一旦收到作业的提交请求，ApplicationManager 就会为该应用程序分配第一个 Container 来运行 ApplicationMaster。ApplicationMaster 是应用程序特定的管理器，负责协调和监控作业的执行过程。ApplicationManager 还可以监控运行中的 ApplicationMaster，确保其正常运行。它会定期检查 ApplicationMaster 的健康状态和任务执行情况，如果 ApplicationMaster 发生故障或失败，那么 ApplicationManager 会负责重新启动 ApplicationMaster 所在的 Container。这样可以确保应用程序的连续执行，并在可能的情况下进行故障恢复。

7.2.2　NodeManager

NodeManager 是 YARN 节点的一个"工作进程"代理，管理 Hadoop 集群中独立的计算节点，主要负责与 ResourceManager 进行通信，用于启动和管理应用程序的 Container 的生命周期，监控它们的资源（CPU 和内存）使用情况、跟踪节点的监控状态、管理日志等，并报告给 ResourceManager。

在启动 NodeManager 时，NodeManager 向 ResourceManager 注册，并发送心跳来等待 ResourceManager 的指令，主要目的是管理 ResourceManager 分配给它的应用程序

Container。NodeManager 只负责管理自身的 Container，它并不知道运行在它上面的应用程序的信息。在运行期间，通过 NodeManager 和 ResourceManager 的协同工作，这些信息会不断被更新并保障整个集群处于最佳状态。

NodeManager 的主要职责包括：接收 ResourceManager 的请求，分配 Container 给应用的某个任务；与 ResourceManager 交换信息以确保整个集群平稳运行，ResourceManager 通过收集每个 NodeManager 的报告信息来追踪整个集群的健康状态，而 NodeManager 负责监控自身的健康状态；管理每个 Container 的生命周期；管理每个节点上的日志；执行 YARN 上面应用的一些额外服务，如 MapReduce 的 Shuffle 过程。

Container 是 YARN 框架的计算单元，是具体执行应用任务（如 Map 任务、Reduce 任务）的基本单位。Container 和集群节点的关系是：一个节点会运行多个 Container，但一个 Container 不会跨节点。

一个 Container 就是一组分配的系统资源，现阶段只包含两种系统资源（之后可能会增加磁盘、网络、GPU 等资源），由 NodeManager 监控，并由 ResourceManager 调度。

每个应用程序从 ApplicationMaster 开始，它本身就是一个 Container（第 0 个），一旦启动，ApplicationMaster 就会根据任务需求与 ResourceManager 协商更多的 Container，在运行过程中，可以动态释放和申请 Container。

7.2.3　ApplicationMaster

ApplicationMaster 负责与 Scheduler 协商合适的 Container，跟踪应用程序的状态，以及监控它们的进度。ApplicationMaster 是协调集群中应用程序执行的进程。每个应用程序都有自己的 ApplicationMaster。

ApplicationMaster 启动后，会周期性地向 ResourceManager 发送心跳来确认其健康状态和所需的资源情况。在建好的需求模型中，ApplicationMaster 在发往 ResourceManager 的心跳中封装了偏好和限制，在随后的心跳中，ApplicationMaster 会提交对特定节点上绑定了一定的资源的 Container 的租约请求。租约请求是指 ApplicationMaster 向 ResourceManager 申请在指定节点上绑定特定资源的 Container。根据 ResourceManager 发来的 Container，ApplicationMaster 可以更新它的执行计划以适应资源不足或过剩的情况，Container 可以动态分配和释放资源。

7.3　YARN 的工作流程

YARN 的工作流程如图 7-3 所示，其中的 1~8 表示 8 个步骤的执行顺序。下面结合图 7-3 来详细介绍应用程序在 YARN 中的执行过程。

步骤 1：客户端向 ResourceManager 提交应用并请求一个 ApplicationMaster 实例，ResourceManager 在应答中给出一个 ApplicationID 和有助于客户端请求资源的资源容量信息。

步骤 2：ResourceManager 找到可以运行一个 Container 的 NodeManager，并在这个 Container 中启动 ApplicationMaster（图 7-3 中的 App Mstr）实例。

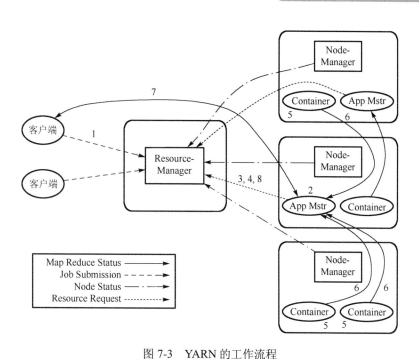

图 7-3　YARN 的工作流程

步骤 3：ApplicationMaster 向 ResourceManager 进行注册，注册之后，客户端就可以查询 ResourceManager 获得自己 ApplicationMaster 的详细信息，以后就可以和自己的 ApplicationMaster 直接进行交互了。在注册响应中，ResourceManager 会发送关于集群最大和最小容量信息。

步骤 4：在平常的操作过程中，ApplicationMaster 根据 Resource Request 协议向 ResourceManager 发送 Resource Request 请求，ResourceManager 会根据调度策略尽可能最优地为 ApplicationMaster 分配 Container 资源，作为资源请求的应答发送给 ApplicationMaster。

步骤 5：当 Container 被成功分配之后，ApplicationMaster 便与对应的 Container 进行通信，要求它启动任务。

步骤 6：应用程序的代码在启动的 Container 中运行，并把运行的进度、状态等信息通过 application-specific 协议发送给 ApplicationMaster。随着作业的执行，ApplicationMaster 将心跳和进度信息发送给 ResourceManager，在这些心跳中，ApplicationMaster 还可以请求和释放一些 Container。

步骤 7：在应用程序运行期间，提交应用的客户端主动与 ApplicationMaster 进行交流，获得应用的运行状态、进度更新等信息，交流的协议也是 application-specific。

步骤 8：一旦应用程序执行完成且所有相关工作也已经完成，ApplicationMaster 就向 ResourceManager 取消注册并关闭，用到的所有 Container 也归还给系统，当 Container 被"杀死"或回收后，ResourceManager 会通知 NodeManager 聚合日志并清理 Container 专用的文件。

7.4　YARN 的调度器

本节介绍 YARN 的调度器，包括先进先出调度器（FIFO Scheduler）、容量调度器

（Capacity Scheduler）和公平调度器（Fair Scheduler）。

7.4.1 先进先出调度器

先进先出调度器把应用按提交的顺序排成一个队列，这是一个先进先出队列，在进行资源分配时，先给队首的应用分配资源，待队首的应用需求满足后给下一个应用分配资源，依次类推。

先进先出调度器是最简单、最容易理解的调度器，不需要任何配置，但它并不适用于共享集群，这是因为大的应用可能会占用所有的集群资源，会导致其他应用被阻塞。在共享集群中，更适合采用容量调度器或公平调度器，这两个调度器都允许大任务和小任务在提交的同时获得一定的系统资源。

7.4.2 容量调度器

容量调度器是 Hadoop 支持的一个可插拔的资源调度器，它允许多租户安全地共享集群资源，用户的应用程序在容量限制的情况下可以及时地被分配资源。本节讲解容量调度器的运行原理、特性和参数配置。

7.4.2.1 容量调度器的运行原理

容量调度器旨在以操作友好的方式将 Hadoop 应用程序作为共享的多租户集群运行，同时最大限度地提高集群的吞吐量和利用率。

传统上，每个组织都有自己的一组私有计算资源，这些资源有足够的能力在高峰或接近高峰条件下满足组织的 SLA（Service Level Agreement，服务级别协议）需求，这通常会导致管理多个独立集群（每个组织一个集群）的平均利用率降低和开销成倍增加。在组织之间共享集群是运行大型 Hadoop 安装的一种经济高效的方式，因为这允许它们在不创建私有集群的情况下获得更好的规模效应。

容量调度器旨在允许共享大型集群，同时为每个组织提供容量保证。它的中心思想是 Hadoop 集群中的可用资源由多个组织共享，这些组织根据其计算需求共同资助集群。使用容量调度器还有一个额外的好处，即组织可以访问其他用户未使用的任何多余容量，这以具有成本效益的方式为组织提供了弹性。

容量调度器的核心理念就是队列（Queue），这些队列通常由管理员设定。它支持多个队列，每个队列可配置一定的资源，每个队列都采用先进先出调度策略。

为了防止同一个用户（一个用户可以绑定多个队列）的作业独占队列中的资源，该调度器会对同一个用户提交的作业所占的资源进行限定：首先，计算每个队列中正在运行的任务数与其应该分得的计算资源之间的比值，选择一个该比值最小的队列（最闲的）；其次，按照作业优先级和提交时间的顺序，同时考虑用户资源限制和内存限制，对队列内的任务进行排序。

容量调度器的工作过程如图 7-4 所示，3 个队列（queueA、queueB 和 queueC）同时按照任务的先后顺序依次执行。例如，job11、job21 和 job31 分别排在 3 个队列的队首，先运行它们，为并行运行。

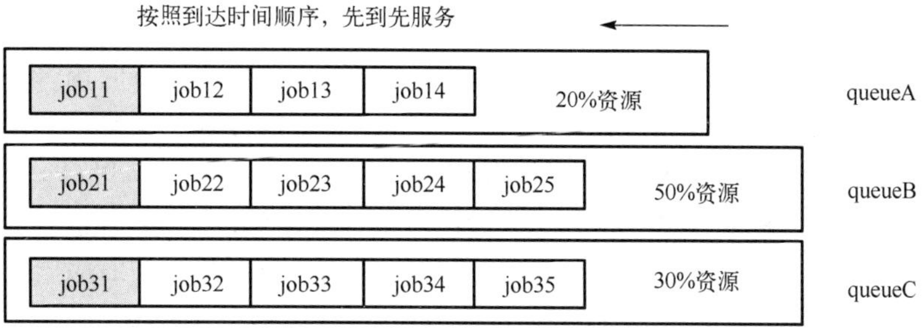

图 7-4　容量调度器的工作过程

7.4.2.2　容量调度器的特性

容量调度器作为一个关键的资源管理工具，扮演着在大规模分布式系统中优化资源分配的重要角色，其强大而灵活的特性使得它能够高效地实现多租户环境下的资源调度和管理。在本节中，我们将详细介绍容量调度器的各项特性，包括分层队列、容量保证、安全性、弹性等。

1.　分层队列

容量调度器支持队列的层次结构，以确保资源在允许其他队列使用空闲资源之前，在组织的子队列之间共享，从而提供更多的控制和更高的可预见性。

2.　容量保证

容量调度器的队列被分配了网格容量的一小部分，从某种意义上来说，队列可以支配一定的资源容量。提交给队列的所有应用程序都可以访问分配给队列的容量。管理员可以对分配给每个队列的容量设置软限制和可选的硬限制。

3.　安全性

容量调度器的每个队列都有严格的 ACL，用于控制哪些用户可以将应用程序提交给各个队列。此外，还有一些安全措施可确保用户无法查看和/或修改其他用户的应用程序，它也支持每个队列和系统管理员角色。

4.　弹性

容量调度器可以将免费资源分配给超出其容量的任何队列。在未来某个时间点，资源使用量小于预先设置的容量上限的队列对这些资源有需求时，随着这些资源上调度任务的完成，资源将被分配给运行小于容量的队列中的应用程序（也支持抢占）。这样可以确保资源以可预见和弹性的方式提供给队列，从而防止集群中的人为资源孤岛，有助于提高资源利用率。

5.　多租户

容量调度器提供了一套全面的限制机制，以防止单个应用程序、用户和队列独占队列或整个集群的资源，确保集群不会不堪重负。

6. 可操作性

（1）运行时配置：队列定义和属性（如容量、ACL）可以在运行时由管理员以安全的方式更改，以最大限度地减小对用户的干扰。此外，容量调度器还为用户和管理员提供了一个控制台，用于查看系统中各个队列的当前资源分配情况。管理员可以在运行时添加额外的队列，但不能在运行时删除队列，除非队列已停止且没有待处理或正在运行的应用程序。

（2）排空应用程序：管理员可以在运行时停止队列，以确保在现有应用程序运行完成时，不能提交新的应用程序。如果队列处于 STOPPED 状态，则不能向其自身或其任何子队列提交新的应用程序，现有的应用程序继续完成，因此队列可以"优雅"地排空。另外，管理员还可以启动已停止的队列。

7. 基于资源的调度

容量调度器支持资源密集型应用程序，应用程序可以选择指定比默认值更高的资源需求，从而适应具有不同资源需求的应用程序。目前支持的资源需求主要是内存。

8. 基于默认或用户定义放置规则的队列映射接口

容量调度器允许用户根据一些默认放置规则将作业映射到特定队列中，如基于用户和组或应用程序名称。另外，用户还可以定义自己的放置规则。

9. 优先级调度

容量调度器允许以不同的优先级提交和调度应用程序。较高的整数值表示应用程序的优先级较高。当前仅先进先出排序策略支持应用程序优先级。

10. 绝对资源配置

管理员可以为队列指定绝对资源，而不是提供基于百分比的值。这为管理员提供了更好的控制，可以为给定队列配置其所需资源。

11. 叶子队列（Leaf Queues）的自动创建和管理

在 YARN 的容量调度器中，叶子队列是指最底层的队列，它们是实际执行作业的队列。

容量调度器支持叶子队列的自动创建与队列映射相结合，队列映射目前支持基于用户组的队列映射，以将应用程序放置到队列中。调度程序还支持基于在父队列上配置的策略对这些队列进行容量管理。

7.4.2.3 容量调度器的参数配置

容量调度器的配置参数主要划分为 3 块，分别为资源分配相关参数、限制应用程序数目相关参数、队列访问和权限控制参数。

1. 资源分配相关参数

（1）capacity：队列的容量百分比，float 类型。所有队列的各个层级的 capacity 总和必须为 100。因为弹性资源分配机制，所以，如果集群中有较多的空闲资源，那么队列中的应用可能消耗比此设定更多的 capacity。

（2）maximum-capacity：队列 capacity 的最大占比，float 类型。此值用来限制队列中的应用弹性的最大值，默认值为–1，表示禁用弹性资源分配限制。

（3）minimum-user-limit-percent：在任何时间，如果有资源需求，那么每个队列都会对分配给一个用户的资源有一个强制的限制，这个限制可以在最大值和最小值之间。此属性就是最小值，其最大值依赖提交应用的用户的个数。

（4）user-limit-factor：队列容量的倍数，用来设置一个用户可以获取更多的资源。它的默认值为 1，表示一个用户获取的资源容量不能超过队列配置的 capacity，而不管集群有多少空闲资源。此值为 float 类型，最大不超过 maximum-capacity。

2. 限制应用程序数目相关参数

（1）maximum-applications：集群或队列中同时处于等待和运行状态的应用程序数目上限。这是一个强限制，一旦集群中的应用程序数目超过该上限，后续提交的应用程序将被拒绝，其默认值为 10000。所有队列的数目上限可通过参数 yarn.scheduler.capacity.maximum-applications 来设置（可看作默认值），而单个队列的数目上限可通过参数 yarn.scheduler.capacity.<queue-path>.maximum-applications 来设置。

（2）maximum-am-resource-percent：集群中用于运行应用程序 ApplicationMaster 的资源比例上限。该参数通常用于限制处于活动状态的应用程序数目。该参数类型为 float，默认值是 0.1，表示 10%。所有队列的 ApplicationMaster 资源比例上限可通过参数 yarn.scheduler.capacity.maximum-am-resource-percent 来设置（可看作默认值），而单个队列可通过参数 yarn.scheduler.capacity.<queue-path>.maximum-am-resource-percent 设置适合自己的值。

3. 队列访问和权限控制参数

（1）state：队列状态可以为 STOPPED 或 RUNNING，如果一个队列处于 STOPPED 状态，那么用户不可以将应用程序提交到该队列或它的子队列中。类似地，如果 ROOT 队列处于 STOPPED 状态，那么用户不可以向集群提交应用程序，但正在运行的应用程序可以正常运行结束，以便队列可以"优雅"地退出。

（2）acl_submit_applications：限定哪些 Linux 用户/用户组可向给定队列提交应用程序。需要注意的是，该属性具有继承性，即如果一个用户可以向某个队列提交应用程序，则它可以向它的所有子队列提交应用程序。在配置该属性时，用户之间或用户组之间用","分隔，用户和用户组之间用空格分隔，如"user1, user2 group1,group2"。

（3）acl_administer_queue：为队列指定一个管理员，该管理员可控制该队列的所有应用程序，如"杀死"任意一个应用程序等。同样，该属性也具有继承性。

7.4.3　公平调度器

公平调度器是 Apache YARN 内置的调度器。公平调度器的主要目标是实现 YARN 上运行的应用程序能公平地分配到资源，其中各个队列使用的资源根据设置的权重来实现公平分配。本节讲解公平调度器的运行原理、特性、资源分配方式和参数配置。

7.4.3.1　公平调度器的运行原理

在默认情况下，公平调度器仅基于内存进行调度公平性决策。它可以配置为同时对内存和 CPU 进行调度，使用 Ghodsi 等人开发的主导资源公平的概念。当有一个应用程序在运行时，该应用程序会使用整个集群资源。当提交其他应用程序时，释放的资源将分配给新应用程序，以便每个应用程序最终都获得大致相同数量的资源。与形成应用程序队列的默认 Hadoop 调度程序不同，这可以让短生命周期的应用程序在合理的时间内完成，而不会使长生命周期的应用程序"挨饿"。在多个用户之间共享集群也是一种合理的方式。另外，公平共享还可以与应用程序优先级一起使用，将优先级用作权重来确定每个应用程序应获得的总资源的比例。

调度程序将应用程序进一步组织成队列，并在这些队列之间公平地共享资源。在默认情况下，所有用户共享一个名为 default 的队列。如果应用程序在容器资源请求中专门列出了一个队列，则该请求将被提交给该队列。也可以通过配置的方式，根据请求中包含的用户名分配队列。在每个队列中，调度策略用于在运行的应用程序之间共享资源，默认是基于内存的公平共享，但也可以配置 FIFO（先进先出）和具有显性资源公平（Dominant Resource Fairness，DRF）的多资源。队列可以分层排列以分配资源，并配置权重以按特定比例共享集群资源。

除了提供公平共享功能，公平调度器还允许为队列分配有保证的最小份额，这有助于确保某些用户、用户组或生产应用程序始终获得足够的资源。当队列包含应用程序时，它至少会获得有保证的最小份额的资源；但当队列不需要其完全保证的份额时，超出部分将被分配给其他正在运行的应用程序。这让调度程序可以保证队列的容量，同时在这些队列不包含应用程序时有效地利用资源。

公平调度器允许所有应用默认运行，但也可以通过配置文件限制每个用户和每个队列运行的应用数量。这在用户必须一次提交数百个应用程序时非常有用，或者在一次运行太多应用程序会导致创建过多的中间数据或过多的上下文切换时通常可以提高性能。限制应用程序不会导致任何后续提交的应用程序失败，只会在调度程序的队列中等待，直到用户较早的一些应用程序完成。

7.4.3.2 公平调度器的特性

公平调度器使得同队列的所有任务共享资源，在时间尺度上获得公平的资源。公平调度器示意图如图 7-5 所示。下面介绍公平调度器与容量调度器的相同点和不同点。

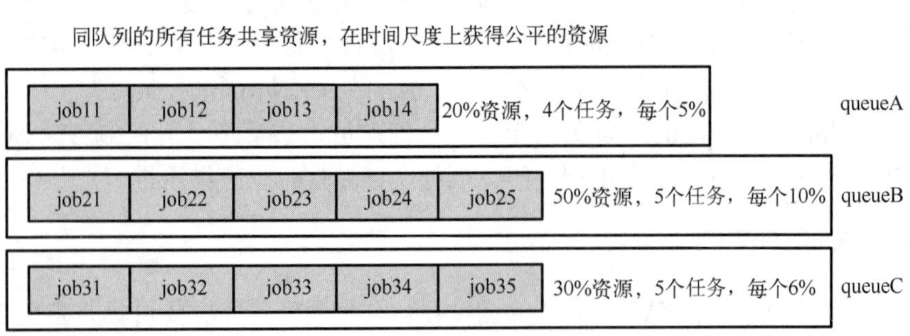

同队列的所有任务共享资源，在时间尺度上获得公平的资源

job11	job12	job13	job14	20%资源，4个任务，每个5%	queueA
job21	job22	job23	job24	job25	50%资源，5个任务，每个10%	queueB
job31	job32	job33	job34	job35	30%资源，5个任务，每个6%	queueC

图 7-5 公平调度器示意图

1. 公平调度器与容量调度器的相同点

（1）多队列：支持多队列多作业。

（2）容量保证：管理员可为每个队列设置资源的最小份额保证和使用上限。

（3）灵活性：如果一个队列中的资源有剩余，则可以暂时将其共享给那些需要资源的队列，而一旦该队列有新的应用程序提交，则其他队列借调的资源会归还给该队列。

（4）多租户：支持多用户共享集群和多应用程序同时运行，为了防止同一个用户的作业独占队列中的资源，该调度器会对同一用户提交的作业所占的资源比例进行限定。

2. 公平调度器与容量调度器的不同点

（1）核心调度策略不同。

① 容量调度器：优先选择资源利用率低的队列。

② 公平调度器：优先选择对资源的缺额比例大的队列。

（2）每个队列可以单独设置资源分配方式。

① 容量调度器：FIFO、DRF。

② 公平调度器：FIFO、FAIR、DRF。

7.4.3.3　公平调度器的资源分配方式

公平调度器可以基于以下策略分配资源。

1. FIFO 策略

公平调度器每个队列的资源分配策略如果选择 FIFO，则它相当于容量调度器。

2. FAIR 策略

FAIR 策略在默认情况下是一种基于最大最小公平算法实现的资源多路复用方式，每个队列内部均采用该方式来分配资源。这意味着，如果一个队列中有两个应用程序同时运行，则每个应用程序可以得到 1/2 的资源。它的具体资源分配流程与容器调度器一致：选择队列，选择作业，选择容器。

上述 3 个步骤都是按照 FAIR 策略分配资源的。

3. DRF 策略

在传统的资源调度中，通常只考虑一个主要资源（如内存）来进行分配。但在实际场景中，多数应用程序需要同时占用多种资源。DRF 算法通过比较应用程序对不同资源的需求来决定资源分配的比例，以实现公平性和有效性。

假设集群一共有 100 个 CPU 和 10TB 内存，而应用 A 需要 2 个 CPU 和 300GB 内存，应用 B 需要 6 个 CPU 和 100GB 内存，则两个应用分别需要 2%的 CPU 和 3%的内存与 6%的 CPU 和 1%的内存，这就意味着应用 A 是内存主导的，应用 B 是 CPU 主导的，针对这种情况，可以选择 DRF 策略，对不同的应用进行不同资源（CPU 和内存）的不同比例的限制。

7.4.3.4　公平调度器的参数配置

自定义公平调度器通常需要更改两个文件。第一，可以通过在现有配置目录的 yarn-site.xml 文件中添加配置属性来设置调度器范围的选项；第二，在大多数情况下，用户希望创建一个分配文件，列出存在哪些队列，以及它们各自的权重和容量。分配文件每隔 10s 重新加载一次，允许随时对其进行更改。分配文件必须为 XML 格式，包含以下元素。

223

1. 队列元素

队列元素可以采用可选属性 type，当将其设置为 parent 时，使其成为父队列。每个队列元素可能包含以下属性。

（1）minResources：队列有权使用的最小份额资源。对于单资源公平策略，只使用内存，忽略其他资源。如果一个队列的最小份额共享没有得到满足，那么它将在同一父队列下的任何其他队列之前获得可用资源。在单资源公平策略下，如果队列的内存使用率低于其最小内存共享率，则认为该队列没有得到满足。在主 DRF 策略下，如果队列对其主导资源的使用率相对于集群容量低于其对该资源的最小份额，则该队列被视为没有得到满足。如果在这种情况下有多个队列没有得到满足，则资源会进入相关资源使用量与队列资源使用最小值之比最小的队列。注意：因为已经运行的作业可能正在使用这些资源，所以当应用程序被提交到队列中时，低于队列资源使用最小值的队列可能不会立即达到其最小值。

（2）maxResources：队列可以分配的最大份额资源。公平调度器不会为队列分配一个会使其总使用量超过此限制的容器。此限制是递归执行的，如果分配会使队列或其父队列超过最大份额资源，则不会为队列分配容器。

（3）maxContainerAllocation：队列可以为单个容器分配的最大份额资源。如果未设置该属性，则其值将从父队列继承。它的默认值取决于 yarn.scheduler.maximum-allocation-mb 和 yarn. scheduler.maximum-allocation-vcores 的配置，但不能高于 maxResources。此属性对根队列无效。

（4）maxChildResources：可以分配给一个临时子队列的最大份额资源。子队列限制是递归执行的，因此，如果该分配会使子队列或其父队列超过最大份额资源，则不会为该队列分配容器。

（5）maxRunningApps：限制队列中同时运行的应用程序的数量。

（6）maxAMShare：限制可用于运行应用程序主机的队列公平份额的百分数。此属性只能用于叶子队列。例如，如果将其设置为 1.0f，则叶子队列中的应用程序主机最多可以占用 100%的内存和 CPU 公平份额；如果将其设置为-1.0f，则将禁用此功能，并且不会检查 amShare。它的默认值为 0.5f。

（7）weight（权重）：与其他队列不按比例共享集群。权重默认为 1，权重为 2 的队列应该接收大约 2 倍于默认权重队列的资源。

（8）schedulingPolicy：设置任意队列的调度策略，允许的值为"fifo"/"fair"/"drf"或任何扩展 org.apache.hadoop.yarn.server.resourcemanager.scheduler.fair. Scheduling-Policy 的类。它的默认值为"drf"。如果其值是"fifo"，则提交时间较早的应用程序会优先使用容器，但如果在满足较早应用程序的请求后，集群上有剩余空间，则较晚提交的应用程序可能会同时运行。

（9）aclSubmitApps：可以将应用程序提交给队列的用户和/或用户组的列表。

（10）aclAdministerApps：可以管理队列的用户和/或用户组的列表。当前唯一的管理操作是终止应用程序。

（11）minSharePreemptionTimeout：队列在尝试抢占其他队列的资源之前，等待小于其最小份额资源的时间（以 s 为单位）。如果未设置该参数，则队列将从其父队列继承相应的值。它的默认值为 Long.MAX_VALUE，这意味着它不会抢占容器，直到用户设置一个有意义的值。

（12）fairSharePreemptionTimeout：队列在尝试抢占其他队列的资源之前，等待小于其公平份额资源阈值的时间（以 s 为单位）。如果未设置该参数，则队列将从其父队列继承相应的值。它的默认值为 Long.MAX_VALUE，这意味着它不会抢占容器，直到用户设置一个有意义的值。

（13）fairSharePreemptionThreshold：队列的公平份额抢占阈值。如果队列等待时间超过 fairSharePreemptionTimeout，并且它的当前资源分配比例未达到 fairSharePreemption-Threshold×fairShare 资源，则允许抢占容器从其他队列获取资源。如果未设置该参数，则队列将从其父队列继承相应的值。它的默认值为 0.5f。

（14）allowPreemptionFrom：决定是否允许调度器从队列中抢占资源。它的默认值为 true。如果队列将此属性设置为 false，则此属性将递归应用于所有子队列。

（15）reservation：向 ReservationSystem 表明队列的资源可供用户预订。这仅适用于叶子队列。如果未配置此属性，则叶子队列不可保留。

2. User elements

User elements 表示管理各个用户行为的设置。它们可以包含单个属性 maxRunningApps，是对特定用户正在运行的应用程序数量的限制。

3. A userMaxAppsDefault element

A userMaxAppsDefault element 用于为未以其他方式指定限制的任何用户设置默认运行应用程序限制。

4. A defaultFairSharePreemptionTimeout element

A defaultFairSharePreemptionTimeout element 用于设置根队列的公平共享抢占超时时间；被根队列中的 fairSharePreemptionTimeout 元素覆盖；默认值为 Long.MAX_VALUE。

5. A defaultMinSharePreemptionTimeout element

A defaultMinSharePreemptionTimeout element 用于设置根队列的最小共享抢占超时；被根队列中的 minSharePreemptionTimeout 元素覆盖；默认值为 Long.MAX_VALUE。

6. A defaultFairSharePreemptionThreshold element

A defaultFairSharePreemptionThreshold element 用于设置根队列的公平共享抢占阈值；被根队列中的 fairSharePreemptionThreshold 元素覆盖；默认值为 0.5f。

7. A queueMaxAppsDefault element

A queueMaxAppsDefault element 用于设置队列的默认运行应用限制；被每个队列中的 maxRunningApps 元素覆盖。

8. A queueMaxResourcesDefault element

A queueMaxResourcesDefault element 用于设置队列的默认最大资源限制；被每个队列中的 maxResources 元素覆盖。

9. A queueMaxAMShareDefault element

A queueMaxAMShareDefault element 用于设置队列的默认应用程序主机资源限制；被每个队列中的 maxAMShare 元素覆盖。

10. A defaultQueueSchedulingPolicy element

A defaultQueueSchedulingPolicy element 用于设置队列的默认调度策略；如果指定，则由每个队列中的 schedulingPolicy 元素覆盖；默认值为"合理"。

11. A reservation-agent element

A reservation-agent element 用于设置 ReservationAgent 实现的类名，试图将用户的预留请求放入 Plan 中；默认值为 org.apache.hadoop.yarn.server.resourcemanager.reservation. planning.AlignedPlannerWithGreedy。

12. A reservation-policy element

A reservation-policy element 用于设置 SharingPolicy 实现的类名，验证新的预留资源是否违反任何不变量；默认值为 org.apache.hadoop.yarn.server.resourcemanager.reservation. CapacityOverTimePolicy。

13. A reservation-planner element

A reservation-planner element 用于设置 Planner 实现的类名，如果 Plan 的容量小于（由于计划维护或节点故障）用户保留的资源，则调用该类名称；默认值为 org.apache.hadoop. yarn.server.resourcemanager. reservation.planning.SimpleCapacityReplanner。它扫描计划并以相反的接收顺序（LIFO）"贪婪"地删除预留资源，直到预留资源在计划容量内。

14. A queuePlacementPolicy element

A queuePlacementPolicy element 包含一系列规则元素列表，告诉调度程序如何将传入的应用程序放入队列。规则按列出的顺序应用，规则可能需要参数。所有规则都可以设置 create 参数，该参数指示规则是否可以创建新队列，其默认值为 true，如果将其设置为 false 且规则将应用程序放到未在分配文件中配置的队列中，那么调度器将继续执行下一个规则。最后一个规则必须是永不发布继续的规则。有效规则如下。

（1）specified：作业被提交到指定的队列中（提交者自己可指定），如果提交时未用参数指定队列，那么作业将进入 default 队列，如果提交时指定一个不存在的队列，那么该作业被拒绝。

（2）user：作业按照提交者的队列名被提交到相应的队列中，队列名中的"."会被"_dot_"替换，如用户 first.last 的队列名为 first_dot_last。

（3）primaryGroup：将应用程序放入队列，队列中包含提交该应用程序的用户的主要组的名称。队列名中的"."也会被"_dot_"替换，如用户所属的组 one.two 的队列名为 one_dot_two。

（4）secondaryGroupExistingQueue：传入的应用程序将被放入包含提交它的次要用户组的名称的队列中。与配置的队列匹配的第一个次要用户组将被选择。组名称中的"."将被替换为"_dot_"，即如果存在 one_dot_two 队列，则以 one.two 作为其次要组之一的用户将被放入 one_dot_two 队列中。

（5）nestedUserQueue：与 user 参数类似，不同点是该配置在任何父队列中都能创建队列，而 user 配置只能在根队列中创建。

（6）default：作业被提交到该配置的 queue 属性中，如果未指定 queue，那么作业被提交到 root.default 队列中。

（7）reject：拒绝提交作业。

7.5　YARN 的常用命令

本节介绍 YARN 的常用命令，包含查看任务（YARN Application）、查看日志（YARN Logs）、查看尝试运行任务（YARN Applicationattempt）、查看容器（YARN Container）、查看节点状态（YARN Node）、更新配置（YARN Rmadmin）和查看队列（YARN Queue）。

7.5.1　查看任务

1. 列出所有应用程序

执行以下命令可进行任务的查看：

```
[root@master hadoop-3.3.4]$ yarn application -list
```

运行成功后会得到所有应用程序的属性信息。

（1）Application-Id：application_1668825271750_0002。

（2）Application-Name：wc.jar。

（3）Application-Type：MAPREDUCE。

（4）User：root。

（5）Queue：default。

（6）State：RUNNING

（7）Final-State：UNDEFINED。

（8）Progress：5%。

（9）Tracking-URL：http://master:44311。

这里执行了一个 MapReduce 任务，RUNNING 表明该任务正在执行，"5%"表明的是该任务的进度。

2. 根据应用程序的状态进行过滤

当运行的应用程序数量很多时，通过根据应用程序的状态进行过滤可以得到想要的应用程序信息。应用程序的状态包括 ALL、NEW、NEW_SAVING、SUBMITTED、ACCEPTED、RUNNING、FINISHED、FAILED、KILLED。下面列出状态为 FINISHED 的所有应用程序。

运行以下命令：

```
[root@master hadoop-3.3.4]$ yarn application -list -appStates FINISHED
```

227

运行成功后会得到所有状态为 FINISHED 的应用程序的属性信息。

（1）Application-Id：application_1668825271750_0001。

（2）Application-Name：wc.jar。

（3）Application-Type：MAPREDUCE。

（4）User：root。

（5）Queue：default。

（6）State：FINISHED。

（7）Final-State：SUCCEEDED。

（8）Progress：100%。

（9）Tracking-URL：http://master:19888/jobhistory/job/job_1668825271750_0001。

3. "杀死"应用程序

要"杀死"一个应用程序，需要指定一个应用程序 ID。下面"杀死"应用程序 ID 为 application_1668825271750_0001 的应用程序。

运行以下命令：

```
[root@master ~]$ yarn application -kill application_1668825271750_0001
```

运行结果如下：

```
2022-11-19 10:55:04,062 INFO client.RMProxy: Connecting to ResourceManager
at slave01/192.168.10.103:8032
Application application_1668825271750_0001 has already finished
```

7.5.2 查看日志

1. 查看应用程序日志

查看应用程序日志的命令格式为 yarn logs -applicationId <ApplicationId>：

```
[root@master hadoop-3.3.4]$ yarn logs -applicationId application_
1668825271750_0001
```

2. 查看 Container 日志

查看 Container 日志的格式为 yarn logs -applicationId <ApplicationId> -containerId <ContainerId>。其中，<ContainerId>可通过后面的 yarn applicationattempt -list <ApplicationId> 命令获取：

```
[root@master hadoop-3.3.4]$ yarn logs -applicationId application_
1612577921195_0001 -containerId container_1612577921195_0001_01_000001
```

7.5.3 查看尝试运行任务

1. 列出所有应用程序尝试的列表

列出所有应用程序尝试的列表的命令格式为 yarn applicationattempt -list <ApplicationId>：

```
[root@master hadoop-3.3.4]$ yarn applicationattempt -list application_
1612577921195_0001
```

2. 打印 ApplicationAttemp 的状态

打印 ApplicationAttemp 的状态的命令格式为 yarn applicationattempt -status <ApplicationAttemptId>：

```
[root@master hadoop-3.3.4]$ yarn applicationattempt -status appattempt_
1612577921195_0001_000001
```

7.5.4　查看容器

1. 列出所有 Container

列出所有 Container 的命令格式为 yarn container -list <ApplicationAttemptId>：

```
[root@master hadoop-3.3.4]$ yarn container -list appattempt_1612577921195_
0001_000001
```

2. 打印 Container 的状态

打印 Container 的状态的命令格式为 yarn container -status <ContainerId>（只有在任务运行时才能看到 Container 的状态）：

```
[root@master       hadoop-3.3.4]$    yarn    container   -status   container_
1612577921195_0001_01_000001
```

7.5.5　查看节点状态

列出所有节点的命令为 yarn node -list -all。查看 NodeManger 节点当前的状态：

```
[root@master hadoop-3.3.4]$ yarn node -list -all
```

运行结果如下：

```
2022-11-19    11:04:53,269    INFO    client.RMProxy:    Connecting    to
ResourceManager at slave01/192.168.10.103:8032
    Total Nodes:3
            Node-Id         Node-State    Node-Http-Address    Number-of-Running-
Containers
      slave02:44881           RUNNING      slave02:8042                        0
      master:37828            RUNNING      master:8042                         0
      slave01:45445           RUNNING      slave01:8042                        0
```

7.5.6　更新配置

加载队列配置的命令格式为 yarn rmadmin -refreshQueues。当队列信息发生变化时，执行该命令就可以加载队列配置，而无须重启 YARN：

```
[root@master hadoop-3.3.4]$ yarn rmadmin -refreshQueues
```

229

7.5.7 查看队列

打印队列信息的命令格式为 yarn queue -status <QueueName>。这里查看默认队列的信息：

```
[root@master hadoop-3.3.4]$ yarn queue -status default
```

运行结果如下：

```
2022-11-19    11:07:30,949    INFO    client.RMProxy:    Connecting    to
ResourceManager at slave01/192.168.10.103:8032
Queue Information :
Queue Name : default
  State : RUNNING
  Capacity : 100.0%
  Current Capacity : .0%
  Maximum Capacity : 100.0%
  Default Node Label expression : <DEFAULT_PARTITION>
  Accessible Node Labels : *
  Preemption : disabled
  Intra-queue Preemption : disabled
```

7.6 本章小结

YARN 是一个资源调度框架，负责为运算程序提供服务器运算资源。本章首先介绍了 YARN 的基本组成及其工作流程，然后详细介绍了 YARN 中的 3 种调度器的相关信息，最后介绍了 YARN 的常用命令，可以帮助读者更清晰地理解 YARN 的资源调度功能。

7.7 习题

一、选择题

1. 以下属于 YARN 的特点的有（　　）。
   A．良好的扩展性、高可用性
   B．对多种类型的应用程序进行统一管理和调度
   C．自带了多种多用户调度器，适合共享集群环境
   D．以上都是正确答案

2. 下面哪些组件不属于 YARN？（　　）
   A．ResourceManager　　　　B．NodeManager　　　　C．ApplicationManager
   D．Jobtracker　　　　　　　E．Spark

3. YARN 的优点有（　　）。
   A．大大降低了 Hadoop 集群中的资源消耗
   B．分布式监控每个子任务的程序
   C．用户可编写模型

二、判断题

1．YARN 可以支持除 MapReduce 之外的其他计算框架。（   ）

2．YARN 可以为上层应用提供统一的资源管理和调度服务。（   ）

3．Spark、Storm Streaming、IGraph 等计算框架不能在 YARN 上运行，也不能访问 HDFS 中的数据资源。（   ）

4．YARN 采用两级式资源分配方案。（   ）

三、简答题

1．写出 YARN 的基本组成。

2．写出先进先出调度器的基本原理。

3．写出 YARN 的 3 种调度器。

## 第 8 章

HBase 分布式数据库

HBase（Hadoop Database）是一种分布式的 NoSQL 数据库，适用于十亿级甚至百亿级的数据存储，相较于 RDBMS（关系型数据库），它可在由廉价硬件构成的集群中进行大规模数据的管理，并通过增加节点的形式实现线程扩展。本章在前面章节的基础上深入讲解 HBase 的相关知识。首先介绍 HBase 的基本组成结构、数据模型及系统架构，随后介绍 HBase 的安装部署，最后介绍 HBase 的 Shell 和 Java API 的基本使用。

8.1　HBase 简介

HBase 可看作谷歌 Bigtable 的开源实现，部署于 Hadoop HDFS 之上，提供类似 Bigtable 的功能。

Bigtable 利用 GFS 作为其文件存储系统。类似地，HBase 利用 HDFS 作为其存储系统。因此，HBase 可视为 Hadoop 生态系统的结构化存储层，数据存储于分布式文件系统的 HDFS 中，并使用 ZooKeeper 提供协调服务。HDFS 为 HBase 提供了高可靠性的底层存储支持，MapReduce 为 HBase 提供了高性能的计算能力，ZooKeeper 为 HBase 提供了稳定的服务和实现恢复机制。

HBase 并不适合存储少量数据，其设计目的是处理非常庞大的表。由于 HBase 依赖 Hadoop HDFS，因此它与 Hadoop 一样，主要依靠水平扩展，通过不断增加廉价的商用服务器来提高计算和存储能力。因此，HBase 并不适用于所有场合，以下列出使用 HBase 的注意事项。

- 如果数据量足够大，那么 HBase 是一个很好的选择。但如果只有几百万行甚至更少的数据量，那么传统的 RDBMS 是一个更好的选择。
- 要有足够的硬件资源。当每个 HDFS 集群少于 5 个节点时，HBase 的表现不尽如人意。

8.2　HBase 的基本组成结构

HBase 的基本组成结构包括表、行、列簇、列限定符、单元格等，以下逐一介绍。表 8-1 给出了 HBase 表的简单样式。

表 8-1 HBase 表的简单样式

行　　键	列簇 1			列簇 2			列簇 3		
	Col1	Col2	Col3	Col1	Col2	Col3	Col1	Col2	Col3
1									
2									

8.2.1 表

在 HBase 中，数据存储在表中，表由行和列组成，表名是一个字符串。与 RDBMS 不同，HBase 表是多维映射的，对表的处理也有其自身的特点。HBase 中的表通常有上亿行、上百万列（后面将介绍 HBase 中的行和列）；HBase 表采用面向列的存储和权限控制；空列并不占用 HBase 的存储空间。

8.2.2 行

HBase 中的行（Row）由行键（Rowkey）、一个或多个列（Column）组成。行键类似 RDBMS 中的主键索引，但它没有数据类型，总被视为字节数组 byte[]。在整个 HBase 表中，行键是唯一的，并且总是按照字母顺序排序的。例如，HBase 表中已有 3 条行键分别为 0000001、0000002 和 0000004 的数据，当插入一条行键为 0000003 的数据时，该条数据不会排在最后，而是排在行键为 0000002 和 0000004 的数据中间。因此，行键内容的设计非常重要，可以利用行键的这个特性有效地将相关的数据排列在一起。例如，可以将网站的域名反转后作为行键进行存储，如 com.baidu.map、com.baidu.photo、com.baidu.tieba。这样，所有的百度域名在 HBase 表中将自动地排列在一起，而不是分散排列的。

8.2.3 列簇

列簇（Column Family）也称列族。HBase 列簇由多个列组成，相当于列的分组。列的数量没有限制，一个列簇里可以有数百万个列。HBase 表中的每一行都有相同的列簇。列簇必须在 HBase 表创建时指定，不能轻易修改，且列簇名的类型为字符串。

8.2.4 列限定符

列限定符（Qualifier）用于代表 HBase 表中列的名称，列簇中的数据通过列限定符来定位，常见的定位格式为 family:qualifier。例如，要定位列簇 cf1 中的列 stu_id，使用 cf1:stu_id 命令。HBase 中的列簇和列限定符都可以理解为级别不同的列。一个列簇中可以有多个列限定符，因此列簇可以简单地理解为第一级列，列限定符是第二级列，两者是父子关系。与行键相同，列限定符也没有数据类型，总被视为字节数组 byte[]。

8.2.5 单元格

单元格（Cell）通过行键、列簇和列限定符一起来定位。单元格包含值和时间戳。其中，值没有数据类型，总被视为字节数组 byte[]；时间戳代表该值的版本，数据类型为 long。在默认情况下，时间戳表示数据写入服务器的时间，但是当数据被放入单元格时，也可以指定不同的时间戳。每个单元格都按照时间戳降序排列的形式保存着同一份数据的多个版本，即最新的数据排在最前面，这样有利于快速查找最新的数据。对单元格中的数据进行访问时会默认读取最新的数据。

8.3 HBase 数据模型

不同于常见的 RDBMS，HBase 有其自有的数据模型，本节介绍 HBase 数据模型并比较其与 RDBMS 数据模型的差异。图 8-1 展示了 RDBMS 和 HBase 的数据模型的不同。传统 RDBMS 对于不存在的值，必须存储 NULL 值；而在 HBase 中，不存在的值可以省略，且不占存储空间。此外，HBase 在新建表时必须指定表名和列簇，不需要指定列，所有列在后续添加数据时动态添加；而 RDBMS 指定好列以后不可以修改和动态添加。

RDBMS

stu_id	stu_name	stu_age	stu_score	stu_province
001	Zhang San	19	98	Beijing
002	Li Si	20	80	NULL
003	Wang Wu	NULL	NULL	Henan
004	Zhou Liu	NULL	NULL	NULL

HBase

Rowkey	Family1	Family2
001	family1: stu_name = Zhang San family1: stu_age = 19	family2: stu_score = 98 family2: stu_province = Beijing
002	family1: stu_name = Li Si family1: stu_age = 20	family2: stu_score = 80
003	family1: stu_name = Wang Wu	family2: stu_province = Henan
004	family1: stu_name = Zhou Liu	

图 8-1 RDBMS 和 HBase 的数据模型比较

HBase 数据模型也可看作一个键值数据库，通过 4 个键定位具体的值。这 4 个键为行键、列簇、列限定符和时间戳（可省略，默认读取最新的数据）。HBase 数据模型首先通过行键定位一整行数据，然后通过列簇定位列所在的范围，最后通过列限定符定位具体的单元格数据，若给定了时间戳，则在进行上述定位操作时，会定位到指定时间所在的单元格。既然是键值数据库，那么可以用来描述它的方法有很多。图 8-2 展示了由 JSON 数据格式表示的 HBase 数据模型。

```
{
    "001": {
        "family1": {
            "stu_name": {
                "1893454349345": "Zhang San"
            },
            "stu_age": {
                "1893454349345": "19"
            }
        },
        "family2":{
            "stu_score":{
                "1893454567234":"98"
            },
            "stu_province":{
                "1893454512345":"Beijing"
            }
        }
    }
}
```

图 8-2 HBase 数据模型的 JSON 数据格式表示

8.4　HBase 的系统架构

HBase 采用主/从架构，由 HMaster 节点、HRegionServer 节点和 ZooKeeper 集群组成。HMaster 节点作为主节点，HRegionServer 节点作为从节点，这种主从模式类似 HDFS 的 NameNode 与 DataNode。HBase 集群中所有的节点均通过 ZooKeeper 进行协调工作。HBase 底层通过 HRegionServer 节点将数据存储于 HDFS 中。

为描述方便，下面的 HMaster 节点简称 HMaster，HRegionServer 节点简称 HRegionServer，其他节点类似。需要说明的是，在分布式架构中，节点也是一台服务器，具体用语结合上下文理解。

HBase 的系统架构如图 8-3 所示，主要包括 4 部分：HMaster、HRegionServer、Client 和 ZooKeeper。其中，HRegisonServer 又包括 HRegion、Store、MemStore、StoreFile、HFile 和 HLog 等组件。各部分之间的关系为：一个 HRegion 由一个或多个 Store 组成；一个 Store 由 1 个 MemStore 和 0～n 个 StoreFile 组成，一个 Store 保存一个列簇；StoreFile 存储在 HDFS 中，MemStore 存储在内存中。

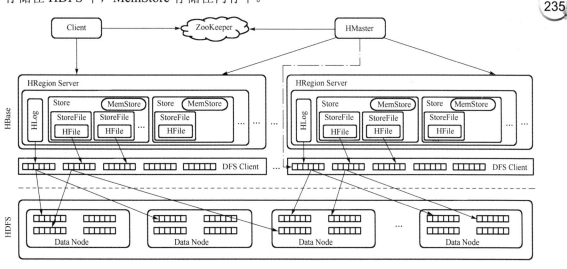

图 8-3　HBase 的系统架构

1. HMaster

HMaster 本身并不存储任何数据，主要负责维护表和 HRegion 的元数据，由于表的元数据保存在 ZooKeeper 中，因此 HMaster 本身负载不大。HBase 一般有多个 HMaster，用户可通过 ZooKeeper 的选举机制保持同一时刻只有一个 HMaster 处于活动状态，其他 HMaster 处于备用状态，如此可实现自动故障转移。HMaster 的主要功能如下。

（1）管理用户对标的进行增、删、改、查等操作。

（2）为 HRegionServer 分配 HRegion，负责 HRegionServer 的负载均衡。

（3）发现离线的 HRegionServer，并负责为其重新分配 HRegion。

（4）负责 HDFS 上的垃圾回收。

（5）权限控制。

2. HRegionServer

HRegionServer 负责管理一系列的 HRegion 对象，是 HBase 的核心组件。一个 HRegisonServer 可以包含多个 HRegion 和 HLog，用户可以根据需求添加或删除 HRegisonServer。HRegisonServer 的主要功能如下。

（1）维护 HMaster 分配的 HRegion，处理这些 HRegion 的输入、输出请求。

（2）负责切分在运行过程中变得过大的 HRegion。

3. HRegion

HRegion 是 HBase 中分布式存储和负载均衡的最小单元。起初，每个表只有一个 HRegion，随着表中数据不断增多，HRegion 会不断增大，当达到一定的阈值（默认为 256MB）时，HRegion 就会被切分为两个大小基本相同的新 HRegion。不同的 HRegion 可以分布在不同的 HRegionServer 上，但同一个 HRegion 拆分后会分布在相同的 HRegionServer 上。

4. Client

Client 通过 RPC 机制与 HBase 的 HMaster 和 HRegisonServer 进行通信，其中，管理类的通信由 HMaster 负责，数据读写类的通信由 HRegisonServer 负责。

5. ZooKeeper

ZooKeeper 在 HBase 中发挥着重要作用。例如，每个 HRegionServer 都会在 ZooKeeper 中注册一个自己的临时节点，HMaster 可通过这些在 ZooKeeper 中注册的临时节点发现可用的 HRegionServer，并跟踪 HRegionServer 的故障。总体来讲，ZooKeeper 的作用体现在以下两方面。

（1）HRegionServer 主动向 ZooKeeper 集群注册，使得 HMaster 可以随时感知各个 HRegisonServer 是否在线，从而避免 HMaster 出现单点故障。

（2）HMaster 启动时会将 HBase 系统表加载到 ZooKeeper 集群中，通过 ZooKeeper 集群可以获得当前系统表 hbase:meta 存储的数据对应的 HRegisonServer 信息。其中，系统表指的是命名空间 hbase 下的表 namespace 和 meta。

6. Store

Store 是 HBase 的存储核心。每一个 Region 由一个或多个 Store 组成，至少是一个 Store，HBase 会把一起访问的数据放在一个 Store 里面，即为每个 Column Family 建一个 Store（即有几个 Column Family，也就有几个 Store）。一个 Store 由一个 MemStore 和零或多个 StoreFile 组成。

7. MemStore

MemStore 存储在内存中，当其大小达到一定的阈值（默认为 128MB）时，MemStore 中的数据会被刷新写入磁盘文件，类似生成一个快照。当关闭 HRegionServer 时，

MemStore 中的数据会被强制刷新并写入磁盘文件。

8. StoreFile

StoreFile 是 MemStore 中的数据被写入磁盘后得到的文件,一般存储在多个 HDFS 中。MemStore 内存中的数据写到文件后就是 StoreFile(即 MemStore 的每次 Flush 操作都会生成一个新的 StoreFile),StoreFile 底层以 HFile 格式保存。

9. HFile

HFile 是一种二进制文件,用于存储 HBase 中的键值对数据,StoreFile 底层存储使用的便是 HFile。通常一个 HFile 会被分解成多个块,因此,对 HFile 文件的操作都是以块为单位的。HFile 文件的块大小可以在列簇级别中进行设置,推荐设置为 8~1024KB。较大的块有利于顺序读/写数据,但由于需要解压更多数据,因此不利于随机读/写数据;较小的块有利于随机读/写数据,但需要占用更多的内存,写入效率相对较低。

10. HLog

HLog 是 HBase 的日志文件,记录数据的更新操作。与 RDBMS 类似,为了保证数据的一致性和实现回滚等,HBase 在写入数据时会先进行 WAL(预写日志)操作,即只有在将更新操作写入 HLog 文件后才会将数据写入 Store 的 MemStore 中,只有这两个地方都写入并确认后,才认为数据写入成功。

由于 MemStore 将数据存在内存中,且数据大小没有达到一定阈值时不会被写入 HDFS,因此,若在数据被写入 HDFS 之前服务器崩溃,则 MemStore 中的数据将丢失,此时可以利用 HLog 来恢复丢失的数据。HLog 日志文件存储于 HDFS 中,因此,若服务器崩溃,则 HLog 仍然可用。

8.5 HBase 的安装部署

与 Hadoop 集群的部署类似,HBase 的安装部署也可分为单机模式、伪分布式模式和分布式模型。在单机模式下,HBase 的数据存储于本地文件系统中而不是 HDFS 中,所有的 HBase 守护进程和 ZooKeeper 运行于同一台虚拟机中,即一台虚拟机中包含 HMaster、1 个 HRegionServer 和 ZooKeeper 守护进程。并且,ZooKeeper 被绑定到一个开放的端口上,以便客户端连接 HBase。伪分布模式是一种运行在单个节点(单台计算机)上的分布式模式,HBase 的每个守护进程(HMaster、HRegionServer 和 ZooKeeper)都作为一个单独的进程来运行。HBase 集群建立在 Hadoop 集群的基础上,而且依赖 ZooKeeper,因此,在搭建 HBase 集群之前,需要将 Hadoop 集群和 ZooKeeper 集群搭建好。本节主要介绍 HBase 在分布式模式下的安装部署,Hadoop 集群和 Zookeeper 集群的安装部署参考前面章节。本书使用 HBase 2.5.2 版本。

1. 上传 HBase 安装包

与之前的方法类似,直接将下载好的 HBase 文件 hbase-2.5.2-bin.tar.gz 利用 MobaXTerm 的拖曳功能上传至 IP 地址为 192.168.203.100 那台虚拟机的/export/software 目录内(虚拟机 IP 地址信息参见第 3 章),如图 8-4所示。

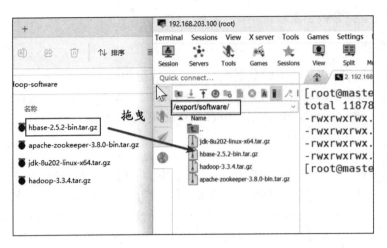

图 8-4　上传 HBase 安装包

2. 解压

刚上传的 hbase-2.5.2-bin.tar.gz 安装包通常没有执行权限，先使用 chmod 命令添加执行权限：

```
[root@master software]# chmod 777 hbase-2.5.2-bin.tar.gz
```

然后利用 tar 命令将 HBase 解压至/export/servers 目录下：

```
[root@master  software]#  tar  -zxvf  ./hbase-2.5.2-bin.tar.gz  -C /export
/servers/
```

完成后便可在/export/servers 目录下看到刚刚解压的 hbase-2.5.2 目录，如图 8-5所示。

```
[root@master servers]# pwd
/export/servers
[root@master servers]# ls
apache-zookeeper-3.8.0-bin  hadoop-3.3.4  hbase-2.5.2  jdk1.8.0_202
[root@master servers]#
```

图 8-5　解压后的 hbase-2.5.2 目录

3. 配置环境变量

打开.bashrc 文件，在其末尾添加如下内容：

```
# >>> HBase >>>
export HBASE_HOME=/export/servers/hbase-2.5.2
export PATH=$PATH:$HBASE_HOME/bin
# <<< HBase <<<
```

保存后使用 source 命令使环境变量生效：

```
[root@master software]# source ~/.bashrc
```

4. 修改 hbase-env.sh 文件

修改/export/servers/hbase-2.5.2/conf 目录下的 hbase-env.sh 文件，找到 JAVA_HOME 并

将其修改为第 3 章安装的 JDK 的位置：

```
export JAVA_HOME=/export/servers/jdk1.8.0_202
```

继续在该文件中查找 HBASE_MANAGES_ZK，并将其值修改为 false：

```
# Tell HBase whether it should manage it's own instance of ZooKeeper or
not.
export HBASE_MANAGES_ZK=false
```

5. 修改 hbase-site.xml 文件

修改/export/servers/hbase-2.5.2/conf 目录下的 hbase-site.xml 文件，将\<configuration\>和
\</configuration\>之间的内容修改如下：

```
<configuration>
 <property>
  <name>hbase.cluster.distributed</name>
  <value>true</value>
 </property>
 <property>
  <name>hbase.zookeeper.property.dataDir</name>
   # 安装 ZooKeeper 时设置的数据目录，根据实际情况修改
  <value>/export/servers/apache-zookeeper-3.8.0-bin/zkdata</value>
 </property>
 <property>
   # 指定 HBase 连接的 ZooKeeper 集群
  <name>hbase.zookeeper.quorum</name>
  <value>master, slave01, slave02</value>
 </property>
 <property>
  <name>hbase.wal.provider</name>
  <value>filesystem</value>
 </property>
 <property>
  <name>hbase.tmp.dir</name>
  <value>./tmp</value>
 </property>
 <property>
  <name>hbase.unsafe.stream.capability.enforce</name>
  <value>false</value>
 </property>
</configuration>
```

6. 修改 regionservers 文件

修改/export/servers/hbase-2.5.2/conf 目录下的 regionservers 文件，将文件内容替换如下：

```
master
slave01
slave02
```

239

7. 设置备份节点

在/export/servers/hbase-2.5.2/conf 目录下新建文件 backup_masters：

```
[root@master conf]# vi backup_masters
```

该文件用于备份 master 节点，当 master 节点宕机时，启用备用节点，将 slave01 作为备用节点。backup_masters 文件的内容如下：

```
slave01
```

8. 复制 Hadoop 配置文件

将 Hadoop 的配置文件 core-site.xml 和 hdfs-site.xml 复制到/export/servers/hbase-2.5.2/conf 目录下：

```
[root@master   conf]#   /export/servers/hadoop-3.3.4/etc/hadoop/core-site.
xml /export/servers/hbase-2.5.2/conf/
[root@master   conf]#   /export/servers/hadoop-3.3.4/etc/hadoop/hdfs-site.
xml /export/servers/hbase-2.5.2/conf/
```

9. 将配置分发至其他节点

将 master 节点的/export/servers/hbase-2.5.2 目录复制到 slave01 和 slave02 节点上：

```
[root@master hbase-2.5.2]# scp -r /export/servers/hbase-2.5.2/ slave01:
/export/servers/hbase-2.5.2
[root@master hbase-2.5.2]# scp -r /export/servers/hbase-2.5.2/ slave02:
/export/servers/hbase-2.5.2
```

将 master 节点的.bashrc 文件复制到 slave01 和 slave02 节点上，并利用 source 命令使其生效：

```
[root@master hbase-2.5.2]# scp ~/.bashrc slave01:~/.bashrc
[root@master hbase-2.5.2]# scp ~/.bashrc slave02:~/.bashrc
```

在 slave01 节点上使~/.bashrc 生效：

```
[root@slave01 ~]# source ~/.bashrc
```

在 slave02 节点上使~/.bashrc 生效：

```
[root@slave02 ~]# source ~/.bashrc
```

10. 启动

要启动 HBase，需要先启动 ZooKeeper 和 Hadoop 集群。注意：ZooKeeper 集群需要在 3 个节点上分别启动。

```
[root@master ~]# zkServer.sh start
[root@master ~]# start-dfs.sh
[root@master ~]# start-yarn.sh
[root@master ~]# start-hbase.sh
```

启动成功后，可利用 jps 命令查看相关进程，若出现下列进程，则表明启动成功：

```
[root@master ~]# jps
3424 HRegionServer
1554 QuorumPeerMain
2194 SecondaryNameNode
2466 ResourceManager
3846 Jps
2745 NodeManager
1979 DataNode
3195 HMaster
1790 NameNode


[root@slave01 ~]# jps
1664 DataNode
1560 QuorumPeerMain
2296 Jps
1802 NodeManager
1978 HRegionServer


[root@slave02 ~]# jps
1664 DataNode
1846 NodeManager
2007 HRegionServer
2379 Jps
1567 QuorumPeerMain
```

11. 关闭

使用 stop-hbase.sh 命令关闭 HBase：

```
[root@master ~]# stop-hbase.sh
```

8.6　HBase 的 Shell 操作

　　HBase 为用户提供了一种非常方便的命令行操作方式，称为 HBase Shell。HBase Shell 提供了大多数的 HBase 命令，用户可以方便地创建、删除、修改表，还可以向表中添加数据、列出表中的相关信息等。

8.6.1　基本命令

1. 启动

　　在启动 HBase 之后，可以通过执行以下命令启动 HBase Shell：

```
[root@master~]# hbase shell
```

启动成功后显示如下内容：

```
Use "help" to get list of supported commands.
Use "exit" to quit this interactive shell.
For Reference, please visit: http://hbase.apache.org/2.0/book.html#shell
Version 2.5.2, r3e28acf0b819f4b4a1ada2b98d59e05b0ef94f96, Thu Nov 24
02:06:40 UTC 2022
Took 0.0010 seconds
hbase:001:0>
```

从结果中可以看出，用户可输入 help 命令查看帮助信息，输入 exit 退出 Shell 命令行。最下方的 hbase:001:0>是命令提示符，其中的 001 用来提示用户输入的行数，该数字会随着用户的输入递增，为了便于描述，下面统一使用 hbase:000>。

2. 查看状态

```
hbase:000:0> status
1 active master, 1 backup masters, 3 servers, 0 dead, 1.0000 average
load
```

可以看出，当前有 1 个活跃的主节点、1 个备份节点和 3 个服务节点。

3. 查看 HBase 版本

```
hbase:000:0> version
2.5.2, r3e28acf0b819f4b4a1ada2b98d59e05b0ef94f96, Thu Nov 24 02:06:40
UTC 2022
Took 0.0002 seconds
```

可以看出，当前 HBase 版本为 2.5.2。

8.6.2 命名空间操作

1. 命名空间

```
hbase:000:0> create_namespace 'my_namespace'
```

上述命令创建了一个名为 my_namespace 的命名空间。

2. 查看命名空间

```
hbase:000:0> list_namespace
NAMESPACE
default
hbase
my_namespace
3 row(s)
Took 0.0087 seconds
```

命令 list_namespace 会列出当前所有的命名空间，由返回结果可知，HBase 默认定义了 NAMESPACE 和 default 两个命名空间。

3. 查看命名空间下的表

```
hbase:000:0> list_namespace_tables 'hbase'
TABLE
meta
namespace
2 row(s)
Took 0.0083 seconds
=> ["meta", "namespace"]
```

可以看出，命名空间 NAMESPACE 包括 meta 和 namespace 两个系统表，命名空间 default 保存用户创建表时未指定命名空间的表。

4. 删除命名空间

```
hbase:000:0> drop_namespace 'my_namespace'
Took 0.1280 seconds
hbase:000:0> list_namespace
NAMESPACE
default
hbase
2 row(s)
Took 0.0086 seconds
```

可以看出，利用 drop_namespace 命令删除 my_namespace 命名空间后，当再次查看命名空间时，发现所创建的 my_namespace 命名空间已被删除，只剩下 HBase 默认的两个命名空间。

8.6.3 常用 DDL 操作

与 RDMBS 中的 DDL（Data Definition Language，数据定义语言）操作类似，HBase 的 DDL 操作也常用于表相关的操作，如创建表、删除表、启用和禁用表等。

1. 创建表

创建表时需要指定表名和列簇，通用语法如下：

```
create 'namespace名:表名', '列簇名1', '列簇名2' …
```

若未指定命名空间名，则会在系统默认的命名空间 default 下创建表。以下命令先创建了命名空间 myNS1，然后在其中创建了表 tab1，同时添加了 3 个列簇（fam1、fam2、fam3）：

```
hbase:000:0> create_namespace 'myNS1'
Took 0.1334 seconds
hbase:000:0> create 'myNS1:tab1', 'fam1', 'fam2', 'fam3'
2023-03-12 17:29:47,382 INFO  [main] client.HBaseAdmin (HBaseAdmin.java:
postOperationResult(3591)) - Operation: CREATE, Table Name: myNS1:tab1,
procId: 75 completed
Created table myNS1:tab1
```

```
Took 0.6502 seconds
=> Hbase::Table - myNS1:tab1
```

2. 查看表

利用 list 命令列出用户创建的所有表：

```
hbase:000:0> list
TABLE
myNS1:tab1
1 row(s)
Took 0.0102 seconds
=> ["myNS1:tab1"]
```

3. 判断某表是否存在

利用 exists 命令查看某表是否存在：

```
hbase:000:0> exists 'tab1'
Table tab1 does not exist
Took 0.0040 seconds
=> false
hbase:000:0> exists 'myNS1:tab1'
Table myNS1:tab1 does exist
Took 0.0046 seconds
=> true
```

可以看到，当直接使用 exists 'tab1' 命令时，返回 false，这是因为此时并没有在 default 命名空间中创建表，而是在 myNS1 命名空间中创建了表 tab1，因此，当指定命名空间后，返回 true。

4. 查看表的相关信息

利用 desc 命令可查看表的相关信息：

```
hbase:000:0> desc 'myNS1:tab1'
Table myNS1:tab1 is ENABLED
myNS1:tab1, {TABLE_ATTRIBUTES => {METADATA => {'hbase.store.file-tracker.
impl' => 'DEFAULT'}}}
COLUMN FAMILIES DESCRIPTION
{NAME => 'fam1', INDEX_BLOCK_ENCODING => 'NONE', VERSIONS => '1', KEEP_
DELETED_CELLS => 'FALSE', DATA_BLOCK_ENCODING => 'NONE', TTL => 'FOREVER
', MIN_VERSIONS => '0', REPLICATION_SCOPE => '0', BLOOMFILTER => 'ROW',
IN_MEMORY => 'false', COMPRESSION => 'NONE', BLOCKCACHE => 'true', BLOCKSIZE
=> '65536 B (64KB)'}

{NAME => 'fam2', INDEX_BLOCK_ENCODING => 'NONE', VERSIONS => '1', KEEP_
DELETED_CELLS => 'FALSE', DATA_BLOCK_ENCODING => 'NONE', TTL => 'FOREVER
', MIN_VERSIONS => '0', REPLICATION_SCOPE => '0', BLOOMFILTER => 'ROW',
IN_MEMORY => 'false', COMPRESSION => 'NONE', BLOCKCACHE => 'true', BLOCKSIZE
=> '65536 B (64KB)'}
```

```
    {NAME => 'fam3', INDEX_BLOCK_ENCODING => 'NONE', VERSIONS => '1', KEEP_
DELETED_CELLS => 'FALSE', DATA_BLOCK_ENCODING => 'NONE', TTL => 'FOREVER',
    MIN_VERSIONS => '0', REPLICATION_SCOPE => '0', BLOOMFILTER => 'ROW',
IN_MEMORY => 'false', COMPRESSION => 'NONE', BLOCKCACHE => 'true', BLOCKSIZE
=> '65536 B (64KB)'}


3 row(s)
Quota is disabled
Took 0.0379 seconds
```

其中也包含了列簇的相关信息，具体内容如表 8-2 所示。

表 8-2　列簇字段说明

名　　称	说　　明
NAME	列簇名
INDEX_BLOCK_ENCODING	索引块编码算法，NONE 表示未使用
VERSIONS	保存的版本数，这里为 1
KEEP_DELETED_CELLS	保留被删除的单元格
DATA_BLOCK_ENCODING	数据块编码，NONE 表示不使用数据块编码
TTL	生存时间，到期时删除行
MIN_VERSIONS	最小版本，为 0 表示功能禁用
REPLICATION_SCOPE	是否复制簇，0 表示禁用，1 表示开启
BLOOMFILTER	布隆过滤器类型
IN_MEMORY	是否常驻缓存
COMPRESSION	这里压缩算法为 NONE，表示不使用压缩
BLOCKCACHE	数据块缓存
BLOCKSIZE	数据块大小

5．启用/禁用表

刚建立的新表处于启用状态，可利用 is_enabled 命令进行查看：

```
hbase:000:0> is_enabled 'myNS1:tab1'
true
Took 0.0068 seconds
=> true
```

若要删除表，则需要使用 disable 命令将表禁用：

```
hbase:000:0> disable 'myNS1:tab1'
 2023-03-12 17:40:26,017 INFO  [main] client.HBaseAdmin (HBaseAdmin.java:
rpcCall(926)) - Started disable of myNS1:tab1
 2023-03-12 17:40:26,344 INFO  [main] client.HBaseAdmin (HBaseAdmin.java:
postOperationResult(3591)) - Operation: DISABLE, Table Name: myNS1:tab1,
procId: 81 completed
  Took 0.3395 seconds
```

类似地，可用 is_enabled 命令再次查看表状态，此时返回结果为 false。也可利用 is_disabled 命令查看表状态，此时返回结果为true：

```
hbase:000:0> is_enabled 'myNS1:tab1'
false
Took 0.0076 seconds
=> false
hbase:000:0> is_disabled 'myNS1:tab1'
true
Took 0.0068 seconds
=> true
```

6. 向表中添加列簇

向表中添加列簇的命令如下：

```
hbase:000:0> alter 'myNS1:tab1', 'fam4'
Updating all regions with the new schema...
All regions updated.
Done.
Took 1.0918 seconds
```

再次使用 desc 命令查看表中的列簇，发现表中已新增列簇 fam4：

```
hbase:000:0> desc 'myNS1:tab1'
Table myNS1:tab1 is DISABLED
myNS1:tab1, {TABLE_ATTRIBUTES => {METADATA => {'hbase.store.file-tracker.
impl' => 'DEFAULT'}}}
COLUMN FAMILIES DESCRIPTION
{NAME => 'fam1', INDEX_BLOCK_ENCODING => 'NONE', VERSIONS => '1', KEEP_
DELETED_CELLS => 'FALSE', DATA_BLOCK_ENCODING => 'NONE', TTL => 'FOREVER
', MIN_VERSIONS => '0', REPLICATION_SCOPE => '0', BLOOMFILTER => 'ROW',
IN_MEMORY => 'false', COMPRESSION => 'NONE', BLOCKCACHE => 'true', BLOC
KSIZE => '65536 B (64KB)'}

{NAME => 'fam2', INDEX_BLOCK_ENCODING => 'NONE', VERSIONS => '1', KEEP_
DELETED_CELLS => 'FALSE', DATA_BLOCK_ENCODING => 'NONE', TTL => 'FOREVER
', MIN_VERSIONS => '0', REPLICATION_SCOPE => '0', BLOOMFILTER => 'ROW',
IN_MEMORY => 'false', COMPRESSION => 'NONE', BLOCKCACHE => 'true', BLOC
KSIZE => '65536 B (64KB)'}

{NAME => 'fam3', INDEX_BLOCK_ENCODING => 'NONE', VERSIONS => '1', KEEP_
DELETED_CELLS => 'FALSE', DATA_BLOCK_ENCODING => 'NONE', TTL => 'FOREVER
', MIN_VERSIONS => '0', REPLICATION_SCOPE => '0', BLOOMFILTER => 'ROW',
IN_MEMORY => 'false', COMPRESSION => 'NONE', BLOCKCACHE => 'true', BLOC
KSIZE => '65536 B (64KB)'}

{NAME => 'fam4', INDEX_BLOCK_ENCODING => 'NONE', VERSIONS => '1', KEEP_
DELETED_CELLS => 'FALSE', DATA_BLOCK_ENCODING => 'NONE', TTL => 'FOREVER',
```

```
   MIN_VERSIONS => '0', REPLICATION_SCOPE => '0', BLOOMFILTER => 'ROW',
IN_MEMORY => 'false', COMPRESSION => 'NONE', BLOCKCACHE => 'true', BLOC
   KSIZE => '65536 B (64KB)'}


4 row(s)
Quota is disabled
Took 0.0256 seconds
```

可以看到，由于刚刚禁用了该表，因此此时显示表为禁用状态。

7. 删除表

利用 drop 命令删除禁用状态下的表（启用状态下的表无法删除）：

```
hbase:000:0> drop 'myNS1:tab1'
```

8.6.4 常用 DML 操作

DML（Data Manipulation Language，数据操作语言）常用于处理数据相关的操作，如数据的添加、删除、修改、查询等。

1. 向表中增加或更新数据

向表中增加或更新数据的语法如下：

```
put '表明', 'Rowkey名', '列簇名:列名', '值'
```

以下命令表示先在 default 命名空间中创建 info 表，然后依次向其中添加数据：

```
hbase:000:0> create 'info', 'f1', 'f2', 'f3'
hbase:000:0> put 'info', 'row1', 'f1:id', '001'
hbase:000:0> put 'info', 'row1', 'f1:name', 'Zhang San'
hbase:000:0> put 'info', 'row1', 'f1:age', '19'
hbase:000:0> put 'info', 'row1', 'f2:id', '002'
hbase:000:0> put 'info', 'row1', 'f2:name', 'Li Si'
hbase:000:0> put 'info', 'row1', 'f2:age', '20'
hbase:000:0> put 'info', 'row2', 'f1:city', 'Beijing'
hbase:000:0> put 'info', 'row2', 'f1:country', 'China'
```

2. 查看表

查看表的基本语法如下：

```
scan '表名', {COLUMNS => ['列簇名:列名', …], LIMIT=>行数}
```

可以只使用表名来查看指定表的所有信息：

```
hbase:000:0> scan 'info'
ROW                          COLUMN+CELL
 row1                        column=f1:age, timestamp=2023-03-12T17:52:
26.483, value=19
 row1                        column=f1:id, timestamp=2023-03-12T17:52:
03.920, value=001
```

```
    row1                               column=f1:name, timestamp=2023-03-12T17:52:
17.133, value=Zhang San
    row1                               column=f2:age, timestamp=2023-03-12T17:53:
17.459, value=20
    row1                               column=f2:id, timestamp=2023-03-12T17:53:
00.155, value=002
    row1                               column=f2:name, timestamp=2023-03-12T17:
53:09.710, value=Li Si
    row2                               column=f1:city, timestamp=2023-03-12T17:
53:58.478, value=Beijing
    row2                               column=f1:country, timestamp=2023-03-12T17:
54:31.626, value=China
    2 row(s)
    Took 0.0088 seconds
```

也可查看指定表的指定列的所有数据：

```
hbase:000:0> scan 'info', {COLUMNS => ['f1:id', 'f2:id']}
    ROW                             COLUMN+CELL
    row1                               column=f1:id, timestamp=2023-03-12T17:52:
03.920, value=001
    row1                               column=f2:id, timestamp=2023-03-12T17:53:
00.155, value=002
    1 row(s)
    Took 0.0082 seconds
```

上述命令用来查看 f1:id 和 f2:id 两列的所有数据。还可查看指定表的指定列的前 n 行数据：

```
hbase:000:0> scan 'info', {COLUMNS => ['f1:id', 'f1:name', 'f1:age',
'f1:city', 'f1:country'], LIMIT => 2}
    ROW                             COLUMN+CELL
    row1                               column=f1:age, timestamp=2023-03-12T17:52:
26.483, value=19
    row1                               column=f1:id, timestamp=2023-03-12T17:52:
03.920, value=001
    row1                               column=f1:name, timestamp=2023-03-12T17:
52:17.133, value=Zhang San
    row2                               column=f1:city, timestamp=2023-03-12T17:
53:58.478, value=Beijing
    row2                               column=f1:country, timestamp=2023-03-12T17:
54:31.626, value=China
    2 row(s)
    Took 0.0074 seconds
```

3. 获取表中指定行键下的数据

（1）获取指定表的指定行键下的所有数据的语法如下：

```
get '表名', 'Rowkey'
```

示例如下：

```
hbase:000:0> get 'info', 'row1'
COLUMN                          CELL
 f1:age                               timestamp=2023-03-12T17:52:26.483,
value=19
 f1:id                                timestamp=2023-03-12T17:52:03.920,
value=001
 f1:name                              timestamp=2023-03-12T17:52:17.133,
value=Zhang San
 f2:age                               timestamp=2023-03-12T17:53:17.459,
value=20
 f2:id                                timestamp=2023-03-12T17:53:00.155,
value=002
 f2:name                              timestamp=2023-03-12T17:53:09.710,
value=Li Si
 1 row(s)
Took 0.0079 seconds
hbase:000:0> get 'info', 'row2'
COLUMN                          CELL
 f1:city                              timestamp=2023-03-12T17:53:58.478,
value=Beijing
 f1:country                           timestamp=2023-03-12T17:54:31.626,
value=China
 1 row(s)
Took 0.0047 seconds
```

（2）获取指定表的指定行键下的指定列簇的所有数据的语法如下：

```
get '表名', 'Rowkey', '列簇名'
```

示例如下：

```
hbase:000:0> get 'info', 'row1', 'f2:age'
COLUMN                          CELL
 f2:age                               timestamp=2023-03-12T17:53:17.459,
value=20
 1 row(s)
Took 0.0045 seconds
```

（3）获取指定表的指定行键的指定列的数据的语法如下：

```
get '表名', 'Rowkey', '列簇名:列名'
```

示例如下：

```
hbase:000:0> get 'info', 'row1', 'f2:name'
COLUMN                          CELL
 f2:name                              timestamp=2023-03-12T17:53:09.710,
value=Li Si
 1 row(s)
Took 0.0039 seconds
```

4. 统计表的行数

直接使用 count 命令统计指定表的总行数：

```
hbase:000:0> count 'info'
2 row(s)
Took 0.0110 seconds
=> 2
```

5. 删除数据

（1）删除一个单元格的数据的语法如下：

```
delete '表名', 'Rowkey', '列簇名:列名', 时间戳
```

细心的读者可能已经注意到，之前讲过，时间戳是以 long 类型存储的一个整数，可之前在输出中看到的时间戳均是字符串。实际上，时间戳在底层确实是以 long 类型存储的，只不过在展示时，为了方便用户，将 long 类型的整数转换成了字符串。

当要删除某一具体单元格时，需要将字符串格式的时间戳转为 long 类型，还以 get 'info', 'row1', 'f2:name' 命令的输出为例，将看到时间戳 timestamp=2023-03-12T17:53:09.710。命令如下：

```
hbase:000:0> import java.text.SimpleDateFormat
=> [Java::JavaText::SimpleDateFormat]
hbase:000:0> import java.text.ParsePosition
=> [Java::JavaText::ParsePosition]
hbase:000:0> SimpleDateFormat.new("yy/MM/dd hh:mm:ss.SSS").parse("23/03/
14 21:30:10.631",ParsePosition.new(0)).getTime()
=> 1678614789710
```

在上面的命令中，首先导入了两个 Java 包，之后利用 Java 代码转换时间戳格式，最后返回的 1678614789710 记为转为 long 类型后的时间戳。删除该单元格数据：

```
hbase:000:0> delete 'info', 'row1', 'f2:name' 1678614789710
```

再次查看该单元格，发现其中的内容已被删除：

```
hbase:000:0> scan 'info', {COLUMNS => ['f2:name']}
ROW                       COLUMN+CELL
0 row(s)
Took 0.0035 seconds
```

需要注意的是，若读者安装其他版本的 HBase，则可能直接以 long 类型整数显示时间戳，虽不方便用户查看，但删除时直接使用即可。

（2）删除指定列的所有数据的语法如下：

```
delete '表名', 'Rowkey', '列簇名:列名'
```

示例如下：

```
hbase:000:0> delete 'info', 'row1', 'f1:name'
```

（3）删除指定行的所有数据的语法如下：

```
deleteall '表名', 'Rowkey'
```

示例如下：

```
hbase:000:0> deleteall 'info', 'row3'
```

（4）删除表中的所有数据。

利用 truncate 命令删除指定表中的所有数据：

```
hbase:000:0> truncate 'info'
Truncating 'info' table (it may take a while):
Disabling table...
2023-03-12 18:14:56,439 INFO  [main] client.HBaseAdmin (HBaseAdmin.java:
rpcCall(926)) - Started disable of info
2023-03-12 18:14:57,067 INFO  [main] client.HBaseAdmin (HBaseAdmin.java:
postOperationResult(3591)) - Operation: DISABLE, Table Name: default:info,
procId: 102 completed
Truncating table...
2023-03-12 18:14:57,070 INFO  [main] client.HBaseAdmin (HBaseAdmin.java:
rpcCall(806)) - Started truncating info
2023-03-12 18:14:57,704 INFO  [main] client.HBaseAdmin (HBaseAdmin.java:
postOperationResult(3591)) - Operation: TRUNCATE, Table Name: default:info,
procId: 105 completed
Took 1.2983 seconds
hbase:000:0> scan 'info'
ROW                           COLUMN+CELL
0 row(s)
Took 0.1210 seconds
```

删除后再次使用 scan 命令查看表，表 info 中的内容已被清空，但表仍然存在，即表本身并不会被删除。

8.7　HBase 的 Java API 介绍

虽然 HBase Shell 使用比较方便，但在实际开发过程中，程序员更倾向于使用 HBase 提供的 Java API 对 HBase 数据库进行操作。本节介绍 HBase 中常用的 Java API 的使用方法。

8.7.1　环境配置

使用 Maven 构建 Java 项目，利用 IntelliJ IDEA 集成开发环境新建项目（具体方法参见第 4 章），新建完成后，在 pom.xml 文件中添加如下依赖：

```
<dependencies>
    <dependency>
      <groupId>org.apache.hbase</groupId>
      <artifactId>hbase-client</artifactId>
      <version>2.5.2</version>
```

251

```
      </dependency>
      <dependency>
        <groupId>org.apache.hbase</groupId>
        <artifactId>hbase-server</artifactId>
        <version>2.5.2</version>
      </dependency>
      <dependency>
        <groupId>junit</groupId>
        <artifactId>junit</artifactId>
        <version>4.12</version>
      </dependency>
    </dependencies>
```

8.7.2 Java API 操作

1. 命名空间相关操作

以下代码利用 Java API 实现命名空间的创建及查看:

```java
public class HBaseTest {
  @Test
  public void testCreateNamespace() throws IOException{
    // 获取 HBase 配置
    Configuration conf = HBaseConfiguration.create();
    conf.set("fs.defaultFS", "hdfs://192.168.203.100:8020");
    conf.set("hbase.zookeeper.quorum", "master, slave01, slave02");

    // 创建连接
    Connection conn = ConnectionFactory.createConnection(conf);
    // 获取管理员权限
    Admin admin = conn.getAdmin();
    // 创建 NamespaceDescriptor 实例并设置其名称为 myNS2
    NamespaceDescriptor  nsDesc  =  NamespaceDescriptor.create("myNS2").
build();
    // 创建命名空间
    admin.createNamespace(nsDesc);
    // 查看所有命名空间
    NamespaceDescriptor[] nsDescs = admin.listNamespaceDescriptors();
    for(NamespaceDescriptor nds : nsDescs){
      System.out.println(nds);
    }

    admin.close();

  }
}
```

运行后,输出结果如图 8-6所示。

```
"C:\Program Files\Java\jdk1.8.0_333\bin\java.exe" ...
log4j:WARN No appenders could be found for logger (org.apache.hadoop.util.Shell).
log4j:WARN Please initialize the log4j system properly.
log4j:WARN See http://logging.apache.org/log4j/1.2/faq.html#noconfig for more info.
{NAME => 'default'}
{NAME => 'hbase'}
{NAME => 'myNS1'}
{NAME => 'myNS2'}

Process finished with exit code 0
```

图 8-6　使用 Java API 进行命名空间相关操作的输出结果

　　图 8-6中的警告信息是因为在此次项目构建过程中，为了减少不相关的配置，没有使用 log4j 日志，这并不会影响程序的正常运行，读者忽略警告信息即可。从图 8-6中可以看出，除了 defautl 和 hbase 两个 HBase 默认的命名空间，还有 myNS1 和 myNS2 两个命名空间，其中，myNS1 是利用 HBase Shell 创建的，myNS2 是利用 Java API 创建的。

2.　表的相关操作

　　下面的代码利用 Java API 实现了表的创建、删除等操作：

```
@Test
 public void testTable() throws Exception{
   // 获取 HBase 配置
   Configuration conf = HBaseConfiguration.create();
   conf.set("fs.defaultFS", "hdfs://192.168.203.1:8020");
   conf.set("hbase.zookeeper.quorum", "master, slave01, slave02");
   // 创建连接
   Connection conn = ConnectionFactory.createConnection(conf);
   // 获取管理员权限
   Admin admin = conn.getAdmin();
   // 设置表名
   TableName tableName = TableName.valueOf("myNS2:tab1");
   // 判断表是否存在，如果存在，就删除
   if(admin.tableExists(tableName)){
     // 删除表之前需要禁用表
     if(admin.isTableEnabled(tableName))
       admin.disableTable(tableName);
     // 删除表
     admin.deleteTable(tableName);
   }
   // 创建 HTableDescriptor 对象，并添加表名
   HTableDescriptor tableDescriptor = new HTableDescriptor(tableName);
   // 创建 HColumnDescriptor 对象，并添加列簇名
   HColumnDescriptor fam1 = new HColumnDescriptor("fam1");
   HColumnDescriptor fam2 = new HColumnDescriptor("fam2");
   // 添加列簇
   tableDescriptor.addFamily(fam1);
   tableDescriptor.addFamily(fam2);
```

```
   // 创建表
   admin.createTable(tableDescriptor);
   // 查看所有表
   TableName[] tableNames = admin.listTableNames();
   for(TableName tn : tableNames){
      System.out.println(tn);
   }
 }
```

运行后，输出结果如图 8-7 所示。

```
✔ Tests passed: 1 of 1 test – 14 sec 228 ms
"C:\Program Files\Java\jdk1.8.0_333\bin\java.exe" ...
log4j:WARN No appenders could be found for logger (org.apache.hadoop.util.Shell).
log4j:WARN Please initialize the log4j system properly.
log4j:WARN See http://logging.apache.org/log4j/1.2/faq.html#noconfig for more info.
info
myNS2:tab1

Process finished with exit code 0
```

图 8-7 使用 Java API 进行表相关操作的输出结果

从图 8-7 中可以看出，最后的输出结果包含两张表，其中，info 是利用 HBase Shell 创建的，myNS2:tab1 是利用 Java API 创建的。

3. 数据相关操作

下面的代码利用 Java API 向表中添加数据：

```
@Test
 public void testData() throws Exception{
    // 获取 HBase 配置
    Configuration conf = HBaseConfiguration.create();
    conf.set("fs.defaultFS", "hdfs://192.168.203.1:8020");
    conf.set("hbase.zookeeper.quorum", "master, slave01, slave02");
    // 创建连接
    Connection conn = ConnectionFactory.createConnection(conf);
    // 获取管理员权限
    Admin admin = conn.getAdmin();

    // 获取表对象
    Table table = conn.getTable(TableName.valueOf("myNS2:tab1"));
    // 创建 Put 对象
    Put putObj = new Put(Bytes.toBytes("row1"));
    // 添加列数据
    putObj.addColumn(Bytes.toBytes("fam1"), Bytes.toBytes("id"), Bytes.
toBytes("001"));

    // 添加数据到表
    table.put(putObj);
```

```
        /* 查看指定表的数据 */
        // 创建 Scan 对象
        Scan scan = new Scan();
        // 通过扫描得到结果集
        ResultScanner resultScanner = table.getScanner(scan);
        // 利用迭代器查看
        Iterator<Result> iterator = resultScanner.iterator();
        while (iterator.hasNext()){
          Result next = iterator.next();
          List<Cell> cells = next.listCells();
          for(Cell cell : cells){
            String row = Bytes.toString(CellUtil.cloneRow(cell));
            String fam = Bytes.toString(CellUtil.cloneFamily(cell));
            String qualifier = Bytes.toString(CellUtil.cloneQualifier (cell));
            String value = Bytes.toString(CellUtil.cloneValue(cell));
            System.out.println("Row=" + row + ", Family=" + fam + ",
Qualifier=" + qualifier +
                ", Value=" + value);
          }
        }
```

255

运行后，输出结果如图 8-8 所示。

```
✔ Tests passed: 1 of 1 test – 13 sec 100 ms
"C:\Program Files\Java\jdk1.8.0_333\bin\java.exe" ...
log4j:WARN No appenders could be found for logger (org.apache.hadoop.util.Shell).
log4j:WARN Please initialize the log4j system properly.
log4j:WARN See http://logging.apache.org/log4j/1.2/faq.html#noconfig for more info.
Row=row1, Family=fam1, Qualifier=id, Value=001

Process finished with exit code 0
```

图 8-8　使用 Java API 进行数据相关操作的输出结果

以上示例仅展示了 HBase 中常用 Java API 的使用方法。HBase 提供了众多 Java API 可供用户使用，读者可自行查阅 HBase 官方文档，尝试利用 Java API 完成 HBase Shell 中介绍的所有操作。

8.8　本章小结

本章首先介绍了 HBase 分布式数据库的基本组成结构和数据模型，随后介绍了 HBase 的系统架构和安装部署，最后介绍了 HBase 的 Shell 和 Java API 操作，最终实现了数据的增、删、改、查。

8.9　习题

1. 回顾 HDFS，说明 HDFS 与 HBase 的关系。
2. 说明 HDFS 与 HBase 的区别。

第 9 章

Hive 数据仓储

Hive 可对存储在 HDFS 文件中的数据集进行整理、特殊查询和分析处理，提供了类似 SQL 语言的查询语言 Hive SQL（又称 HiveQL 或 HQL），可通过 Hive SQL 语句实现简单的 MapReduce 统计。Hive 将 Hive SQL 语句转换成 MapReduce 任务进行执行。本章主要介绍 Hive 的基本原理与 Hive 数据操作。掌握这些基础知识，可以对常见 Hive 结构的数据进行处理。

9.1 Hive 简介

Hive 是一个基于 Apache Hadoop 的数据仓库基础设施。Hive 能够轻松地进行数据汇总、临时查询和分析大量数据。Hive 提供了 Hive SQL，使用户能够轻松地进行专门的查询、汇总和数据分析。同时，Hive SQL 为用户提供了多个方法来整合用户自己的函数，以利于用户进行自定义分析，如用户定义函数（User-Defined Functions，UDFs）。

Hive 最初由 Facebook 开发，后来 Apache 软件基金会开始使用，并以 Apache Hive 的名义将其作为开源项目进行进一步的开发。

9.1.1 Hive 的体系结构

Hive 的体系结构如图 9-1 所示，它包含了不同的单元，主要有用户界面（User Interfaces）单元、元数据存储（Meta Store）单元、HQL 处理引擎（HQL Process Engine）单元、HQL 执行引擎（HQL Execution Engine）单元、MapReduce 和 HDFS 或 HBase 数据存储单元。

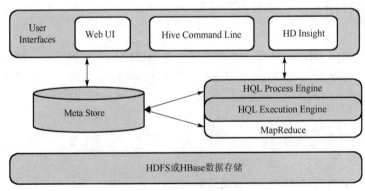

图 9-1   Hive 的体系结构

在用户界面单元中，Hive 是一款数据仓库基础架构软件，可以在用户和 HDFS 之间创建交互的请求。Hive 支持的用户界面是网页用户界面（Web UI）、Hive 命令行（Hive Command Line）和 HD Insight（在 Windows 服务器中）。

在元数据存储单元中，Hive 选择各自的数据库服务器来存储表、数据库、表中的列及其数据类型和 HDFS 映射的架构或元数据。

在 HQL 处理引擎单元中，HQL 与 SQL 相似，用于查询元数据存储单元中的架构信息。HQL 处理引擎是 Hive 查询和数据处理的前端，负责对用户的查询语句进行解析、优化和转换，以便 HQL 执行引擎生成对应的 MapReduce 作业。用户不需要用 Java 编写 MapReduce 程序，只需熟悉 HQL 语法和数据处理方法，就可以通过 Hive 快速地查询和分析数据。

HQL 处理引擎和 MapReduce 的结合部分是 HQL 执行引擎。HQL 执行引擎负责接收 HQL 处理引擎生成的查询计划，并将其转换成对应的 MapReduce 作业执行。HQL 执行引擎是 Hive 查询和数据处理的后端，负责将查询计划转换成实际的 MapReduce 作业，并在 Hadoop 集群上执行这些作业。HQL 执行引擎还负责对 MapReduce 作业进行优化、调度和监控，以提高查询效率和可靠性。

在 HDFS 或 HBase 数据存储单元中，使用的数据存储技术用于将数据存储到文件系统中。

9.1.2 Hive 的工作流程

Hive 主要用来对数据进行抽取、转换、加载操作。HQL 可以将结构化的数据文件映射为一张数据表，允许熟悉 SQL 的用户查询数据，也允许熟悉 MapReduce 的开发人员开发自定义的 Mapper 和 Reducer 来处理内建的 Mapper 与 Reducer 无法完成的、复杂的分析工作。相对于由 Java 代码编写的 MapReduce，Hive 的优势更加明显。Hive 利用 Hadoop 的 HDFS 存储数据，基于 Hadoop 的 MapReduce 执行查询。Hive 和 Hadoop 之间的工作流程如图 9-2 所示。

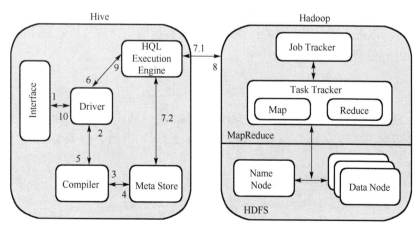

图 9-2　Hive 和 Hadoop 之间的工作流程

下面按照图 9-2 中的数字标号顺序对 Hive 与 Hadoop 框架的交互进行分步骤介绍。

步骤 1：执行查询。Hive 的接口 Interface（如 Hive Command Line 或 Web UI）将查询发送到驱动程序 Driver（可以是任何数据库驱动程序，如 JDBC、ODBC 等）中以执行。

步骤 2：获取查询计划。驱动程序 Driver 借助查询编译器 Compiler 分析查询计划，以检查语法和元数据查询要求。

步骤 3：获取查询计划所需的元数据。编译器 Compiler 将元数据请求发送到 Meta Store 单元（可以是任何数据库）中。

步骤 4：发送元数据。Meta Store 单元将元数据作为对编译器 Compiler 的响应发送给编译器 Compiler。

步骤 5：发送查询计划。编译器 Compiler 先检查驱动程序 Driver 的要求，然后将查询计划重新发送给驱动程序 Driver。至此，查询的解析和编译已完成。

步骤 6：执行查询计划。驱动程序 Driver 将查询计划发送到 HQL Execution Engine 单元中。

步骤 7.1：执行工作。在 Hadoop 内执行 MapReduce 作业。HQL Execution Engine 单元将作业发送到 NameNode 的 Job Tracker 中，并将该作业分配给 DataNode 的 Task Tracker。在这里，查询执行 MapReduce 作业。

步骤 7.2：元数据操作。在步骤 7.1 执行的同时，HQL Execution Engine 单元可以使用 Meta Store 单元执行元数据操作。

步骤 8：取得结果。HQL Execution Engine 单元从 DataNode 处接收结果。

步骤 9：发送结果。HQL Execution Engine 单元将这些结果发送给驱动程序 Driver。

步骤 10：发送结果。驱动程序 Driver 将结果发送给 Hive 接口 Interface。

9.2　Hive 的安装与配置

在使用 Hive 前，先要安装 Hive，再对计算机进行配置。Hive 是基于 Hadoop 的数据仓库基础设施。由于 Hadoop 本身在数据存储和计算方面有很好的可扩展性与容错性，因此使用 Hive 构建的数据仓库也秉承了这些特性。简单来说，Hive 就是在 Hadoop 上架了一层 SQL 接口，可以将 SQL 翻译成 MapReduce 作业在 Hadoop 上执行，这样就使得数据开发和分析人员可以很方便地使用 SQL 来完成海量数据的统计与分析，而不必使用编程语言开发 MapReduce 程序。

9.2.1　Hive 的安装

在安装 Hive 之前，必须首先安装 Java 和 Hadoop。本书安装 Hive 3.1.2 版本，为了与该版本相匹配，推荐安装 Java 1.8 和 Hadoop 3.3.X。下面讲解安装 Hive 的具体操作步骤。

步骤 1：验证 Java 安装是否成功。

使用以下命令来验证 Java 安装是否成功：

```
[root@master ~]# java -version
```

如果系统中已经安装了 Java，则会看到类似图 3-55 所示的响应。

如果系统中未安装 Java，则请参考 3.4.3 节所述步骤安装 Java。

步骤 2：验证 Hadoop 安装是否成功。

使用以下命令验证 Hadoop 安装是否成功：

```
[root@master ~]# hadoop version
```

如果系统中已经安装了 Hadoop，那么将收到类似以下的响应：

```
Hadoop 3.3.4
Source     code     repository     https://github.com/apache/hadoop.git     -r
a585a73c3e02ac62350c136643a5e7f6095a3dbb
Compiled by stevel on 2022-07-29T12:32Z
Compiled with protoc 3.7.1
From source with checksum fb9dd8918a7b8a5b430d61af858f6ec
This command was run using /home/hadoop-3.3.4/share/hadoop/common/hadoop-
common-3.3.4.jar
```

如果系统中未安装 Hadoop，则请参照 3.4.4 节所述步骤安装 Hadoop。

步骤 3：下载 Hive。

可以访问 Hive 官网或清华大学开源软件镜像站下载 Hive。假设已将其下载到 /export/software/目录中。本书下载的安装包为"apache-hive-3.1.2-bin.tar.gz"。下面的命令用于验证下载是否成功：

```
[root@master ~]# cd /export/software/
[root@master ~]# ls
```

下载成功后将会看到以下响应：

```
apache-hive-3.1.2-bin.tar.gz
```

步骤 4：安装 Hive。

当准备好前期工作之后，就可以在系统上安装 Hive 了。假设 Hive 安装包已下载到 /home/export/software/目录中。

首先需要提取和验证 Hive 安装包，以下命令用于验证下载是否成功并提取配置单元存档：

```
[root@master ~]# tar zxvf apache-hive-3.1.2-bin.tar.gz
[root@master ~]# ls
```

成功下载后将看到以下响应：

```
apache-hive-3.1.2-bin apache-hive-3.1.2-bin.tar.gz
```

然后将文件复制到/usr/local/hive 目录中。这时，需要从超级用户"su-"处复制文件。执行以下命令可以将文件从/home/export/software/目录复制到/usr/local/hive 目录中：

```
[root@master ~]# su -
passwd:

# cd /home/export/software/
# mv apache-hive-3.1.2-bin /home/export/servers/
# exit
```

最后还需要为 Hive 设置安装环境。可以通过将以下行添加到.bashrc 文件中来设置 Hive 的安装环境：

```
export HIVE_HOME=/home/export/servers/apache-hive-3.1.2-bin
export PATH=$PATH:$HIVE_HOME/bin
export CLASSPATH=$CLASSPATH: /export/servers/hadoop-3.3.4/lib/*:.
export  CLASSPATH=$CLASSPATH:  /home/export/servers/apache-hive-3.1.2-bin
/lib/*:.
```

使用以下命令执行.bashrc 文件使配置生效：

```
[root@master ~]# source ~/.bashrc
```

步骤 5：配置 Hive 单元。

要使用 Hadoop 配置 Hive 单元，需要编辑 hive-env.sh 文件，该文件位于$HIVE_HOME/conf 目录中。执行以下命令重定向到 Hive config 目录并复制模板文件：

```
[root@master ~]# cd $HIVE_HOME/conf
[root@master ~]# cp hive-env.sh.template hive-env.sh
```

通过添加以下命令行来编辑 hive-env.sh 文件：

```
export HADOOP_HOME=/usr/local/hadoop
```

至此，配置 Hive 单元任务成功完成。

9.2.2　Hive 的配置

安装完成 Hive 之后，需要对 Hive 进行配置。配置 Hive 的目的主要是指定数据库的存储位置。因此，Hive 的配置主要包括以下两个步骤：①配置 Hive 的 Meta Store 单元；②验证 Hive 是否安装成功。

步骤 1：配置 Hive 的 Meta Store 单元。

配置 Meta Store 单元意味着向 Hive 指定数据库的存储位置。这一步配置操作可以通过编辑$HIVE_HOME/conf 目录中的 hive-site.xml 文件来实现。首先，使用以下命令复制模板文件：

```
[root@master ~]# cd $HIVE_HOME/conf
[root@master ~]# cp hive-default.xml.template hive-site.xml
```

然后，编辑 hive-site.xml 文件并在<configuration>和</configuration>标记之间添加以下行：

```
<property>
   <name>javax.jdo.option.ConnectionURL</name>
   <value>jdbc:derby:/usr/local/hive/metastore_db;databaseName=metastore_
db;create=true</value>
   <description>JDBC connect string for a JDBC metastore </description>
</property>
```

步骤 2：验证 Hive 是否安装成功。

在运行 Hive 之前，需要在 HDFS 中创建/tmp 目录和一个单独的 Hive 目录。这里使用

/user/hive/warehouse 目录。用户还需要为这些新创建的目录设置写权限：

```
chmod g+w
```

还需要在 HDFS 中进行如下权限设置：

```
$ $HADOOP_HOME/bin/hadoop fs -mkdir /tmp
#这里要一级一级地创建目录
$ $HADOOP_HOME/bin/hadoop fs -mkdir /user/hive/warehouse
$HADOOP_HOME/bin/hadoop fs -mkdir /user; $HADOOP_HOME/bin/hadoop fs -mkdir /user/hive; $HADOOP_HOME/bin/hadoop fs -mkdir /user/hive/warehouse
$ $HADOOP_HOME/bin/hadoop fs -chmod g+w /tmp
$ $HADOOP_HOME/bin/hadoop fs -chmod g+w /user/hive/warehouse
```

当完成上述配置工作之后，就可以验证 Hive 是否安装成功了。执行如下命令：

```
[root@master ~]# cd $HIVE_HOME
[root@master ~]# bin/hive
```

成功安装 Hive 后会看到以下响应：

```
Logging initialized using configuration in jar:file:/home/hadoop/hive-
0.9.0/lib/hive-common-0.9.0.jar!/hive-log4j.properties
Hive                                                       history
file=/tmp/hadoop/hive_job_log_hadoop_201312121621_1494929084. txt
………………
hive>
```

执行以下示例命令以验证所有安装的表是否成功：

```
hive> show tables;
OK
Time taken: 2.798 seconds
hive>
```

至此，已经成功安装并配置了 Hive，接下来即可使用 Hive 进行数据处理等各种操作。

9.3　Hive 数据操作

9.3.1　Hive 的数据类型

在学习 DDL 操作和 Hive SQL 操作之前，首先需要掌握 Hive 的数据类型。本节介绍 Hive 几种常用的数据类型。Hive 有 5 种基本的数据类型，分别是数值类型、日期时间类型、字符串类型、复杂类型和其他类型。

1. 数值类型

Hive 支持的常见数值类型如下。
- TINYINT：1B，有符号整型，取值范围为–128～127。
- SMALLINT：2B，有符号整型，取值范围为–32768～32767。

261

- INT/INTEGER：4B，有符号整型，取值范围为−2147483648～2147483647。
- BIGINT：8B，有符号整型，取值范围为−9223372036854775808～922337203685477
  5807。
- FLOAT：浮点型，4B，单精度浮点数。
- DOUBLE：8B，双精度浮点数。
- DOUBLE PRECISION：DOUBLE 的别名，仅从 Hive 2.2.0 版本开始可用。

2. 日期时间类型

Hive 支持的常见日期时间类型如下。

- 时间戳（TIMESTAMP）：支持传统的 UNIX 时间戳，可达到纳秒级的精度，这里的纳秒级的精度是可选的。具体用法：java.sql.Timestamp，格式为"YYYY-MM-DD HH:MM:SS.ffffffff"和"YYYY-MM-DD HH:MM:ss.ffffffffff"。
- 日期（DATE）：以{{YYYY-MM-DD}}的格式表示年、月、日。

3. 字符串类型

字符串类型的数据可以使用单引号或双引号来指定。它包含两个数据类型：VARCHAR 和 CHAR。Hive 遵循 C 类型（C 语言中使用的转义字符集）的转义字符。表 9-1 所示为各种字符串类型。

表 9-1　各种字符串类型

数 据 类 型	长度（字符的个数）
VARCHAR	1～65355
CHAR	255

4. 复杂类型

Hive 的复杂数据类型包含以下 4 种。

（1）数组。

Hive 数组与在 Java 中的使用方法相同，语法结构如下：

```
Syntax: ARRAY<data_type>
```

（2）映射。

映射在 Hive 中类似 Java 的映射，语法结构如下：

```
Syntax: MAP<primitive_type, data_type>
```

（3）结构体。

Hive 结构体类似使用复杂的数据，语法结构如下：

```
Syntax: STRUCT<col_name : data_type [COMMENT col_comment], ...>
```

（4）联合类型。

联合类型是异类的数据类型的集合。可以使用联合类型创建一个实例，语法和示例如下：

```
UNIONTYPE<int, double, array<string>, struct<a:int,b:string>>
```

```
{0:1}
{1:2.0}
{2:["three","four"]}
{3:{"a":5,"b":"five"}}
{2:["six","seven"]}
{3:{"a":8,"b":"eight"}}
{0:9}
{1:10.0}
```

5. 其他类型

Hive 支持的其他类型主要是布尔型（BOOLEAN）、二进制型（BINARY）和 NULL 值，这里的二进制型仅从 Hive 0.8.0 版本开始提供，NULL 表示缺失数据。

9.3.2 DDL 操作

Hive 可以定义数据库和表来分析结构化数据。通常，Hive 的结构化数据分析是以表方式存储数据，并通过查询来分析数据的。用户可以使用 Hive DDL 来创建表和删除表。

1. 数据库的基本操作

（1）创建数据库。

Hive 数据库是一个命名空间或表的集合。创建 Hive 数据库的语法声明如下：

```
CREATE DATABASE|SCHEMA [IF NOT EXISTS] <database name>;
```

上述语句的具体含义如下。

CREATE DATABASE | SCHEMA：创建数据库或模式的语句，DATABASE 和 SCHEMA 的含义相同，可以切换使用。

[IF NOT EXISTS]：加方括号表示 IF NOT EXISTS 为可选项，即方括号里的内容可写也可不写。IF NOT EXISTS 用于判断创建的数据库是否已经存在，若不存在，则创建数据库；反之则不创建。

<database name>：占位符，用于代替实际的数据库或模式名称。尖括号 "< >" 是一种常用的表示占位符的标记，用于表示用户需要提供一个值的位置。在命令行界面或脚本中使用尖括号可以使命令更加清晰、易懂，并且可以帮助用户正确地提供必要的参数。这里的 database name 表示创建的数据库名称。在实际命令中，尖括号应该被删除，而实际的数据库名称应该替换为尖括号内的占位符。例如，如果要创建一个名为 mydatabase 的新数据库，则应该这样写命令 "CREATE DATABASE mydatabase;"。

（2）查询数据库。

在 Hive 中查询数据库的语法格式如下：

```
SHOW (DATABASE|SCHEMAS) [LIKE identifier with wildcards'];
```

上述语法的具体讲解如下。

SHOW(DATABASES | SCHEMAS)：查询数据库的语句，同上，DATABASES 和 SCHEMAS 的含义相同，可以切换使用。

[LIKE identifier_with_wildcards]：可选项，LIKE 子句用于模糊查询，identifier_with_wildcards 用于指定查询条件。

（3）删除数据库：

```
DROP DATABASE StatementDROP (DATABASE|SCHEMA) [IF EXISTS] database_name
[RESTRICT|CASCADE];
```

应用上述指令可以写出下面的例子：

```
hive> CREATE DATABASE IF NOT EXISTS hive_database;
hive> DROP DATABASE IF EXISTS hive_database;
```

2. 分区表

随着系统运行时间的增加，表的数据量会越来越大，而 Hive 查询数据通常是全表扫描，这会导致对大量不必要数据的扫描，从而降低查询效率。为了解决这一问题，Hive 引进了分区技术。分区主要是指将表的整体数据根据业务需求划分成多个子目录进行存储，每个子目录对应一个分区。通过扫描分区表中指定分区的数据来避免全表扫描，从而提升 Hive 的查询效率。

（1）创建分区表。

由于分区表是基于内/外部表创建的，因此其创建方式和创建数据表的方式类似。

在数据库 hive_database 中创建分区表 partitioned_table：

```
hive> CREATE TABLE IF NOT EXISTS
hive_database.partitioned_table(
username STRING COMMENT "This is username",
age INT COMMENT "This is user age")
PARTITIONED BY (
province STRING COMMENT "User live in province",
city STRING COMMENT "User live in city")
ROW FORMAT DELIMITED
FIELDS TERMINATED BY ','
LINES TERMINATED BY '\n'
STORED AS textfile
TBLPROPERTIES("comment"="This is a partitioned table");
```

在上述命令中，通过 PARTITIONED BY 在分区表 partitioned_table 中创建了两个分区字段 province 和 city，该分区表的分区属于二级分区，即在分区表的数据目录下会出现多个 province 子目录，用于存放不同 province 的数据；在每个 province 子目录下还存在多个 city 子目录，用于存放不同 city 的数据。

注意：分区表中的分区字段名称不能与分区表的列名相同。分区字段在创建分区表时指定，一旦分区表创建完成，后续就无法修改或添加分区字段了。

（2）删除分区表的分区。

删除数据库 hive_database 中分区表 partitioned_table 的分区：

```
hive>  ALTER  TABLE  hive_database.partitioned_table  DROP  IF  EXISTS
PARTITION (province='HuBei', city='WuHan')[PURGE];
hive> SHOW PARTITIONS hive_database.partitioned_table;
```

在上述命令中，[PURGE]为可选项，当删除分区时，若使用 PURGE，则分区的数据不会放入回收站，之后也无法通过回收站恢复分区的数据；反之则放入回收站。这里的恢复数据不包含元数据，元数据删除后无法恢复。

3. 分桶表

Hive 的分区技术可以将整体数据划分成多个分区，从而优化查询，但是并非所有的数据都可以被合理分区，会出现每个分区数据大小不一致的问题，即有的分区数据量很大，有的分区数据量很小，这就是常说的数据倾斜。为了解决分区可能带来的数据倾斜问题，Hive 提供了分桶技术。Hive 中的分桶是指指定分桶表的某列，让该列数据按照哈希取模的方式均匀地分发到各个桶文件中。

（1）在数据库 hive_database 中创建分桶表 clustered_table：

```
hive> CREATE  TABLE IF NOT EXISTS
hive_database.clustered_table(
id STRING,
name STRING,
gender STRING,
age INT,
dept STRING
)
CLUSTERED BY (dept) SORTED BY (age DESC) INTO 3 BUCKETS
ROW FORMAT DELIMITED
FIELDS TERMINATED BY ','
LINES TERMINATED BY '\n'
STORED AS textfile
TBLPROPERTIES("comment"="This is a clustered table");
```

在上述命令中，指定分桶表 clustered_table 按照列 dept 进行分桶，每个桶中的数据按照列 age 进行降序（DESC）排列，指定桶的个数为 3。

注意：分桶个数是指在 HDFS 中分桶表的存储目录下会生成相应分桶个数的小文件。分桶表只能根据一列进行分桶。分桶表可以与分区表同时使用，分区表的每个分区下都会有指定分桶个数的桶。分桶表中指定分桶的列可以与排序的列不相同。

（2）查看分桶表。

查看数据库 hive_database 中分桶表 clustered_table 的信息：

```
hive> DESC FORMATTED hive_database.clustered_table;
```

在上述语句中，DESC 表示查询指定数据表的基本结构信息；FORMATTED 可选，表示查询指定数据表的详细结构信息。

4. 创建 Hive 表

下面以创建 student、pokes 和 pokes1 三个表为例进行讲解。创建 Hive 表的语句如下：

```
hive> CREATE TABLE student (name STRING, teacher STRING, region STRING,
age INT);
hive> CREATE  TABLE pokes(age INT, name STRING, ds STRING);
```

265

```
hive> CREATE  TABLE pokes1(age INT, name STRING, ds STRING);
```

上述第一条命令的作用为创建一个名为 student 的表，表中有 4 列，分别是 name、teacher、region 和 age，各自对应的数据类型分别是 STRING、STRING、STRING 和 INT；第二条命令的作用为创建一个名为 pokes 的表，表中有 3 列，分别是 age、name 和 ds，各自对应的数据类型分别是 INT、STRING 和 STRING；第三条命令的作用与第二条命令的作用一样，区别只是表名改成了 pokes1。下面再建立一个 teacher 表：

```
hive> CREATE TABLE teacher (foo INT, bar STRING) PARTITIONED BY (ds
STRING);
```

上述命令的作用为创建一个名为 teacher 的表，表中有 2 列（foo 和 bar）和一个名为 ds 的分区列。分区列是一个虚拟列，它不是数据本身的一部分，而是从特定数据集被加载的分区中派生出来的。

在默认情况下，表格被假定为文本输入格式，定界符被设定为 Ctrl-A。

5. 浏览表

如果想浏览已建表，则可以用如下命令：

```
hive> SHOW TABLES;
```

如果要查看所有以's'结尾的表格，则可以用如下命令：

```
hive> SHOW TABLES '.*s';
```

模式匹配必须遵循 Java 正则表达式的格式要求。例如：

```
hive> DESCRIBE|DESC [FORMATTED] invites;
```

上述指令的作用为显示出所有的列清单。其中，DESCRIBE|DESC 表示查询指定表的基本结构信息；[FORMATTED]为可选项，即用户指定的模式匹配；invites 为要查询的表名称。

6. 修改和删除表格

本节介绍如何修改表的属性，如修改表名、修改列名、添加列、删除或替换列。
表名可以改变，列可以增加或替换。
修改表名的命令如下：

```
ALTER TABLE table_name RENAME TO new_table_name;
```

这条语句可以把一个表的名称改为一个新的不同的名称。其中，ALTER TABLE 表示修改数据表结构信息，RENAME TO 用于数据表的重命名操作，table_name 指定需要重命名的数据表名称，new_table_name 指定重命名后的数据表名称。
增加或替换列数据的命令如下：

```
ALTER TABLE table_name
   ADD|REPLACE COLUMNS (col_name data_type [COMMENT col_comment], ...)
   [CASCADE|RESTRICT]                    -- (Note: Hive 1.1.0 and later)
```

在上述命令中，ADD | REPLACE COLUMNS 用于向数据表中增加或替换列；col_name 指定要添加或替换的列名；COMMENT col_comment 指定需要添加或替换列的描述；[CASCADE | RESTRICT]为可选项，确认数据库中存在表时是否可以删除数据库，默认值为 RESTRICT，表示如果数据库中存在表，则无法删除数据库，若使用 CASCADE，则表示即使数据库中存在表，仍然会删除数据库并删除数据库中的表，因此需要谨慎使用 CASCADE。

应用上述命令可以写出下面的例子：

```
hive> ALTER TABLE student RENAME TO 3koobecaf;
hive> ALTER TABLE 3koobecaf RENAME TO student;
hive> ALTER TABLE teacher ADD COLUMNS (teachername STRING);
hive> ALTER TABLE teacher ADD COLUMNS (new_col2 INT COMMENT 'a comment');
hive> ALTER TABLE teacher REPLACE COLUMNS (foo INT, bar STRING);
```

对于上述例子，需要注意的是，REPLACE COLUMNS 替换了所有现有的列，只改变了表的模式，而不是数据。REPLACE COLUMNS 也可以用来从表的模式中删除列：

```
hive> ALTER TABLE teacher REPLACE COLUMNS (foo INT COMMENT 'only keep
the first column');
```

删除表的命令如下：

```
hive> DROP TABLE pokes;
```

上述命令表示删除表 pokes。

9.3.3　DML 操作

DML 语句即数据操作语句。DML 主要对 Hive 表中的数据进行操作（增、删、改），但是由于 Hadoop 的特性，它对单条数据的修改、删除的性能会非常低下，因此不支持进行单条数据级别的操作。DML 操作常用的语句关键字有 LOAD、SELECT、INSERT、UPDATE、DELETE 等。

1. 将数据从文件加载到表中的 LOAD DATA 语句

在将数据加载到表中时，Hive 不执行任何转换。当前，LOAD DATA 操作是纯复制/移动操作，即仅将数据文件移动到与 Hive 表对应的位置。一般来说，在 SQL 创建表后，用户就可以使用 INSERT 语句插入数据。但在 Hive 中，用户可以使用 LOAD DATA 语句插入大量数据，同时将数据插入 Hive，最好是使用 LOAD DATA 来存储大量记录。目前有两种方法用于加载数据：第一种是从本地文件系统加载数据，第二种是从 Hadoop 文件系统加载数据。

语法如下：

```
LOAD DATA [LOCAL] INPATH 'filepath' [OVERWRITE] INTO TABLE tablename
[PARTITION (partcol1=val1, partcol2=val2 ...)]

LOAD DATA [LOCAL] INPATH 'filepath' [OVERWRITE] INTO TABLE tablename
[PARTITION (partcol1=val1, partcol2=val2 ...)] [INPUTFORMAT 'inputformat'
SERDE 'serde'] (3.0 or later)
```

267

语法解释如下。

Hive 3.0 之前版本的加载操作是将数据文件移动（纯复制/移动操作）到与 Hive 表对应的位置。其中，filepath 可以是以下 3 个选项：①相对路径，如 project/data1；②绝对路径，如 /user/hive/project/data1；③带 scheme 计划和已授权信息的 URI，如 hdfs://namenode:9000/user/hive/project/data1。此外，filepath 可以是文件（在这种情况下，Hive 将文件移动到表中），也可以是目录（在这种情况下，Hive 将移动该目录中的所有文件到表中）。在这两种情况下，filepath 都会处理一组文件。

数据被加载到的目标可以是一个表或一个分区。如果是分区，则必须指定所有分区列的值来确定加载特定分区。

如果指定了关键字 LOCAL，则有两种处理方法：①LOAD DATA 命令将在本地文件系统中查找 filepath，如果指定了相对路径，则将相对于用户当前的工作目录来解释，用户可以为本地文件指定一个完整的 URI，如file:///user/hive/project/data1；②LOAD DATA 命令根据目标表的 Location 属性推断其文件系统位置，将复制 filepath 指定的所有文件到目标表文件系统，复制的数据文件将被移到表中。

如果没有指定关键字 LOCAL，那么 Hive 要么使用完整的 URI 的文件路径（如果指定），要么应用以下 3 条规则：①如果未指定 scheme 或授权信息，那么 Hive 将使用来自 Hadoop 配置变量 fs.default.name 指定的 NameNode URI 的 scheme 和授权信息；②如果不是绝对路径，那么 Hive 会相对于/user/<username>解释路径；③Hive 会将 filepath 指向的文件移动到表（或分区）中。

如果使用了 OVERWRITE 关键字，则目标表（或分区）的内容将被删除，并替换为 filepath 所引用的文件路径内容；否则 filepath 指定的文件路径内容将会被添加到表中。

从 Hive 3.0 版本开始，DML 就支持附加的 LOAD DATA 操作，它在 Hive 内部重写为 INSERT AS SELECT。如果表有分区，但是 LOAD DATA 命令没有指定分区，那么 LOAD DATA 将被转换成 INSERT AS SELECT，并且假设最后一组列是分区列。如果文件不符合预期的模式，那么在执行 INSERT AS SELECT 操作时会抛出一个错误。如果是分桶表，则遵循以下规则：①在严格模式下，启动一个 INSERT AS SELECT 操作；②在非严格模式下，如果文件名符合命名规则（如果该文件属于桶 0，那么它应该被命名为 000000_0 或 000000_0_copy_1；如果它属于桶 2，那么它应该被命名为 000002_0 或 000002_0_copy_1 等），那么这将是一个纯粹的复制/移动操作，反之，它将启动一个 INSERT AS SELECT 操作。filepath 可以包含子目录，子目录中提供的每个文件的名称都必须符合同一种命名模式。inputformat 可以是 Hive 的任何输入格式，如文本、ORC 等。serde 可以关联 Hive SERDE。inputformat 和 serde 都是大小写敏感的。

例如，将下列数据插入表中（/home/user 目录中有一个名为 sample.txt 的文件）：

```
1201  Gopal         45000    Technical manager
1202  Manisha       45000    Proof reader
1203  Masthanvali   40000    Technical writer
1204  Kiran         40000    Hr Admin
1205  Kranthi       30000    Op Admin
```

下面的查询加载给定文本插入表中：

```
hive> LOAD DATA LOCAL INPATH '/home/user/sample.txt'
> OVERWRITE INTO TABLE employee;
```

LOAD DATA 成功完成后能看到以下响应：

```
OK
Time taken: 15.905 seconds
hive>
```

2. 将数据从查询插入 Hive 表中

查询结果可以通过使用插入子句（例如，INSERT OVERWRITE TABLE，INSERT INTO TABLE 等）插入 Hive 表中。

标准语法：

```
INSERT    OVERWRITE    TABLE    tablename1 [PARTITION (partcol1=val1,
partcol2=val2 ...) [IF NOT EXISTS]] select_statement1 FROM from_statement;
    INSERT    INTO    TABLE    tablename1    [PARTITION    (partcol1=val1,
partcol2=val2 ...)] select_statement1 FROM from_statement;
```

Hive 扩展（多表插入模式）：

```
FROM from_statement
    INSERT OVERWRITE TABLE tablename1 [PARTITION (partcol1=val1, partcol2=
val2 ...) [IF NOT EXISTS]] select_statement1
    [INSERT OVERWRITE    TABLE    tablename2 [PARTITION ... [IF NOT EXISTS]]
select_statement2]
    [INSERT INTO TABLE tablename2 [PARTITION ...] select_statement2] ...;

    FROM from_statement
    INSERT    INTO    TABLE    tablename1    [PARTITION    (partcol1=val1, partcol2=
val2 ...)] select_statement1
    [INSERT INTO TABLE tablename2 [PARTITION ...] select_statement2]
    [INSERT OVERWRITE    TABLE    tablename2 [PARTITION ... [IF NOT EXISTS]]
select_statement2] ...;
```

Hive 扩展（动态分区插入模式）：

```
INSERT OVERWRITE TABLE tablename PARTITION (partcol1[=val1], partcol2[=
val2] ...) select_statement FROM from_statement;
    INSERT    INTO    TABLE    tablename PARTITION    (partcol1[=val1],    partcol2[=
val2] ...) select_statement FROM from_statement;
```

语法解释如下。

INSERT OVERWRITE 将覆盖表或分区中的任何现有数据。以下两种情况除外：①分区时提供了 IF NOT EXISTS（仅在 Hive 0.9.0 版本中适用）；②自 Hive 2.3.0（HIVE-15880）版本中适用开始，如果表中有 TBLPROPERTIES("auto.purge" ="true")，则在表中执行 INSERT OVERWRITE 查询时，该表以前的数据不被移动到回收站中。此功能仅适用于托管表，并且要求 auto.purge 属性未设置或设置为 false。

INSERT INTO 将新数据追加到表或分区原有数据后，保留原有数据不变。从 Hive 0.13.0 版本开始，就可以使用 TBLPROPERTIES 来创建表并使表的内容不可变，即创建一个不可变表。不可变表的默认属性是"Immutable"="false"。如果不可变表内已经存在数据，则不允许 INSERT INTO 操作将数据插入不可变表中；但如果表内没有数据，则 INSERT INTO 操作仍然有效。INSERT OVERWRITE 行为不受 Immutable 属性的影响。不可变表可以保护表内数据内容不被改变，以防意外更新，即使出现多次运行加载数据这样的错误操作。对不可变表的第一次插入成功，之后的插入均失败。这样，在表中只有一组数据，而不是白白保留多个数据副本。

插入目标可以是一个表或分区。如果是分区，则必须由设定所有分区列的值来指定表的特定分区。如果 hive.typecheck.on.insert 被设置为 true，则对这些值进行验证、转换并归一化，以符合分区的列类型（Hive 0.12.0 版本以后）。

可以在同一个查询中指定多个 INSERT 子句（也称为多表插入）。每个 SELECT 语句的输出都被写入对应表（或分区）中。目前，OVERWRITE 关键字是强制性的，意味着所选择的表或分区的内容将被对应的 INSERT 语句的结果代替。输出格式和序列化类是由表的元数据来确定（通过表的 DDL 命令指定）的。

自 Hive 0.14.0 版本开始，如果表的 OUTPUTFORMAT 实现了 AcidOutputFormat，且 Hive 系统配置为实现 ACID 的事务管理器，则为了避免用户无意间改写事务记录，该表的 INSERT OVERWRITE 操作将被禁止使用。如果想实现同样的功能，则可以先调用 TRUNCATE TABLE（对于非分区表）或 DROP PARTITION 命令，再执行 INSERT INTO 操作。

自 Hive 1.1.0 版本开始，TABLE 关键字就是可选的。自 Hive 1.2.0 版本开始，每个 INSERT INTO T 都能够提供列的列表，类似 INSERT INTO T(Z,X,C1)。

9.3.4 Hive SQL 操作

Hive SQL 是 Hive 提供的一种 SQL 操作语言。Hive SQL 操作过程严格遵守 Hadoop MapReduce 的作业模型执行，Hive 将用户的 HQL 语句通过解释器转换为 MapReduce 作业提交到 Hadoop 集群上，Hadoop 监控作业执行过程，并返回作业执行结果给用户。

近年来，随着大数据业务的发展，大数据处理的应用范围和需求不断增加，从业人员也随之增长。作为大数据中最有影响力的 Hadoop 生态系统越来越为各大公司所应用，开发人员、产品经理、数据分析师、运营人员等都参与进来，进行数据使用，HQL 便成为其一项必备技能。

HQL 提供了基本的 SQL 操作。这些操作在表或分区中进行。这些操作包括以下几项。

- 使用 WHERE 子句从表中筛选行的能力。
- 使用 SELECT 子句从表中选择特定列的能力。
- 能够在两个表之间进行连接操作。
- 能够评估多个"分组依据"列上存储在表中的数据的聚合。
- 能够将查询结果存储到另一个表中。
- 能够将表的内容下载到本（如 NFS）目录中。NFS（Network File System）目录是一种分布式文件系统协议，允许不同的计算机通过网络共享文件。在 Hive 中，将查询结果下载到 NFS 目录意味着将数据传输到一个通过 NFS 协议访问的远程文件系统上，这通常是一个本地文件系统或者网络存储设备。

- 能够在 Hadoop DFS（Distributed File System）目录中存储查询结果。Hadoop 分布式文件系统是 Hadoop 生态系统的一部分，用于存储大规模数据集。HDFS 将数据分布在集群的各个节点上，提供了高容错性和高吞吐量。在 Hive 中，将查询结果存储在 HDFS 目录中，意味着数据将分布在 Hadoop 集群的各个节点上，利用 HDFS 的特性进行存储和管理。
- 能够管理（创建、删除和更改）表和分区。
- Hive SQL 在查询数据时，Hive 会将查询命令自动转化为 MapReduce 作业并在 Hadoop 集群上执行。这意味着开发人员无须直接编写复杂的 MapReduce 代码，而是可以使用 SQL 类似的语法来完成查询任务。

1. SELECT 语句

SELECT 语句可以对 Hive 表中的数据进行筛选查询，其语法如下：

```
[WITH CommonTableExpression (, CommonTableExpression)*]
SELECT [ALL | DISTINCT] select_expr, select_expr, ...
  FROM table_reference
  [WHERE where_condition]
  [GROUP BY col_list]
  [ORDER BY col_list]
  [CLUSTER BY col_list
    | [DISTRIBUTE BY col_list] [SORT BY col_list]
  ]
 [LIMIT [offset,] rows]
```

说明：
- 一个 SELECT 语句可以是一个联合查询的一部分，也可以是另一个查询的子查询。
- table_reference 表示查询的输入。它可以是一个普通的表、一个视图、一个连接结构或一个子查询。
- 表名和列名是不区分大小写的。
- WHERE、GROUP BY、LIMIT 子句的使用方法请查看后续内容。
- ORDER BY 子句用于根据名为 col_list 的一列检索出的详细信息，按升序或降序对结果集进行排序。
- CLUSTER BY 子句：在 SELECT 语句中，如果需要对一个查询的输出进行分区和排序，以备后续查询之用，那么可以用到它。CLUSTER BY 等价于将 DISTRIBUTE BY 和 SORT BY 合并使用。使用 CLUSTER BY 以得到 Reducer 内有序且不同 Reducer 之间不重叠的数据。目前，CLUSTER BY 只能按照降序进行排序。
- DISTRIBUTE BY 子句：Hive 使用 DISTRIBUTE BY 中的列在还原器 Reducer 中分配数据。所有具有相同 DISTRIBUTE BY 列的数据都会被分配到同一个 Reducer 中。然而，DISTRIBUTE BY 并不能保证分布键的聚类或排序属性。因此，通常情况下想要得到有序非重叠的 Reducer，可以将 DISTRIBUTE BY 与 SORT BY 结合使用。
- SORT BY 子句的语法类似 HQL 语言中的 ORDER BY 子句的语法。Hive 在将数据送入 Reducer 之前，会使用 SORT BY 中的列对数据进行排序，排序顺序取决于列的类型，如果列的类型是数值类型，那么排序顺序是数值顺序；如果列的类型是字符串类型，那么排序顺序也是字母顺序。

2. WHERE 子句

WHERE 子句是一个布尔表达式。例如，下面的查询只返回那些来自美国地区且金额大于 10 的销售记录（Hive 在 WHERE 子句中支持一些运算符和 UDF）：

```
SELECT * FROM student WHERE age > 10 AND region = "US"
```

3. ALL 与 DISTINCT 子句

ALL 与 DISTINCT 子句指定是否应该返回重复的记录。如果没有给出这些选项，那么默认是 ALL（返回所有匹配的记录）。DISTINCT 指定从结果中删除重复的记录。注意：从 Hive 1.1.0 版开始支持 SELECT DISTINCT *(HIVE-9194)。

```
hive> SELECT name, age FROM student
    1 3
    1 3
    1 4
    2 5
hive> SELECT DISTINCT name, age FROM student
    1 3
    1 4
    2 5
hive> SELECT DISTINCT name FROM t1
    1
    2
```

ALL 与 DISTINCT 子句也可以在 UNION 子句中使用，更多信息请参见 Hive 官方文档中的 UNION 语法。

4. 基于分区的查询

一般来说，一个 SELECT 查询会扫描整个表。如果是使用 PARTITIONED BY 子句创建的表，那么查询可以进行分区裁剪，只扫描与查询所指定的分区相关的表的一小部分。目前，如果在 JOIN 的 WHERE 子句或 ON 子句中指定了分区谓词，那么 Hive 会进行分区裁剪。例如，如果表 page_views 在列 date 上进行了分区，那么下面的查询将只检索 2008-03-01 和 2008-03-31 之间的记录：

```
hive> SELECT page_views.*
FROM page_views
WHERE  page_views.date  >= '2008-03-01' AND  page_views.date  <= '2008-03-
31'
```

如果一个表 page_views 与另一个表 dim_users 连接，则可以在 ON 子句中指定一个分区的范围：

```
hive> SELECT page_views.*
FROM page_views JOIN dim_users
   ON (page_views.user_id = dim_users.id AND page_views.date >= '2008-03-
01' AND page_views.date <= '2008-03-31')
```

5. LIMIT 子句

LIMIT 子句可以用来限制 SELECT 语句返回的行数。LIMIT 子句需要一个或两个数字参数，这些参数必须都是非负的整数常数。第一个参数指定了要返回的第一行的偏移量（从 Hive 2.0.0 版本开始），第二个参数指定了要返回的最大行数。当只给出一个参数时，它代表最大行数，偏移量默认为 0。

下面的查询返回 5 个任意的客户：

```
hive> SELECT * FROM student LIMIT 5
```

下面的查询返回前 5 个要创建的客户：

```
hive> SELECT * FROM student ORDER BY age LIMIT 5
```

下面的查询返回第 3～7 个要创建的客户：

```
hive> SELECT * FROM student ORDER BY create_date LIMIT 2,5
```

6. GROUP BY 子句

GROUP BY 子句用于使用特定的收集列将结果集中的所有记录进行分组。它用于查询一组记录的语法如下：

```
hive> FROM student a INSERT OVERWRITE TABLE teacher SELECT a.age,
count(*) WHERE a.age > 0 GROUP BY a.age;
hive>INSERT OVERWRITE TABLE events SELECT a.bar, count(*) FROM invites a
WHERE a.foo > 0 GROUP BY a.bar;
```

在 GROUP BY 子句中，列是通过名称来指定的，而不是位置号。然而，在 Hive 0.11.0 及以后的版本中，当配置如下所示时，可以通过位置号来指定列。

- 对于 Hive 0.11.0 到 2.1.X 版本，将 hive.groupby.orderby.position.alias 设置为 true（默认为 false）。
- 对于 Hive 2.2.0 及以后的版本，将 hive.groupby.position.alias 设置为 true（默认为 false）。

注意：对于不包括 HIVE-287 的 Hive 版本，需要使用 count(1)来代替 count(*)。

7. JOIN 子句

JOIN 子句通过使用每个表的公共值来组合两个表中的特定字段。它用于合并数据库中两个或多个表中的记录的语法如下：

```
hive> FROM student t1 JOIN teacher t2 ON (t1.teacher = t2.foo) INSERT
OVERWRITE TABLE pokes SELECT t1.age, t1.name, t2.ds;
```

8. 多表插入

这里以一个例子来介绍多表插入，代码如下：

```
hive> FROM student
INSERT OVERWRITE TABLE pokes SELECT student.age, student.name, student.
region WHERE student.age < 10
```

273

```
INSERT OVERWRITE TABLE pokes1 SELECT student.age, student.name, student.
region WHERE student.age < 10;
```

这段代码是在 Hive 中使用 SELECT 查询从"student"表中选择满足年龄小于 10 岁的学生记录,并将这些记录的年龄、姓名和地区数据分别插入"pokes"和"pokes1"这两个表中,覆盖写入已有数据。

9.4 实验

本节以两个例子来介绍 Hive 的应用,一个是 MovieLens 用户评分,另一个是 Apache 网络日志数据(Apache Weblog Data)。

9.4.1 例 1:MovieLens 用户评分

MovieLens 数据集是由美国明尼苏达大学 GroupLens 研究组根据 MovieLens 网站提供的数据制作的。MovieLens 是一个推荐系统和虚拟社区网站,是一个非商业性质的、以研究为目的的实验性站点。MovieLens 数据集中包含多个电影评分数据集,分别具有不同的用途。MovieLens 数据集是推荐系统领域最为经典的数据集之一,其地位类似计算机视觉领域中的 MNIST 数据集。

本例主要练习使用 Hive 为 MovieLens 数据集构建一个评分数据库。具体操作步骤如下。

首先,创建一个带有制表符的文本文件格式的表格:

```
hive> CREATE TABLE u_data (
  userid INT,
  movieid INT,
  rating INT,
  unixtime STRING)
ROW FORMAT DELIMITED
FIELDS TERMINATED BY '\t'
STORED AS TEXTFILE;
```

上述语句中的 FIELDS TERMINATED BY 用于指定字段分隔符,本例中指定 '\t' 为字段分隔符;STORED AS 用于在创建表时指定 Hive 表的文件存储格式,本例中指定为 TEXTFILE 格式,即纯文本文件(TEXTFILE 是默认文件格式)。

然后,在 GroupLens 数据集页面上下载 MovieLens 数据集 100KB 的数据文件(其中也有 README.txt 文件和解压文件的索引):

```
[root@master ~]# wget [此处替换为 MovieLens 100KB 的网址]
```

或

```
[root@master ~]# curl --remote-name [此处替换为 MovieLens 100KB 的网址]
```

注意:如果 GroupLens 数据集的链接不起作用,则请手动下载。

解压数据文件:

```
[root@master ~]# unzip ml-100k.zip
```

将解压后的文件上传到 HDFS 中：

```
[root@master ~]# hdfs dfs -put /usr/local/hive/ml-100k /
```

进入 Hive 界面：

```
[root@master ~]# bin/hive
```

将 u.data 加载到刚刚创建的表中：

```
[root@master ~]# LOAD DATA INPATH '/ml-100k/u.data' INTO table u_data;
```

计算表 u_data 表中的行数：

```
hive> SELECT count(*) FROM u_data;
```

注意：对于不包括 HIVE-287 的 Hive 版本，需要使用 COUNT(1)来代替 COUNT(*)。

现在可以对表 u_data 做一些复杂的数据分析。

创建映射器脚本 weekday_mapper.py：

```
[root@master ~]# vi weekday_mapper.py
```

输入：

```python
import sys
import datetime

for line in sys.stdin:
  line = line.strip()
  userid, movieid, rating, unixtime = line.split('\t')
  weekday = datetime.datetime.fromtimestamp(float(unixtime)).isoweekday()
  print '\t'.join([userid, movieid, rating, str(weekday)])
```

使用映射器脚本：

```sql
hive> CREATE TABLE u_data_new (
  userid INT,
  movieid INT,
  rating INT,
  weekday INT)
ROW FORMAT DELIMITED
FIELDS TERMINATED BY '\t';

add FILE weekday_mapper.py;

INSERT OVERWRITE TABLE u_data_new
SELECT
  TRANSFORM (userid, movieid, rating, unixtime)
  USING 'python weekday_mapper.py'
  AS (userid, movieid, rating, weekday)
FROM u_data;

SELECT weekday, count(*)
```

```
FROM u_data_new
GROUP BY weekday;
```

注意：如果使用的是 Hive 0.5.0 或更早的版本，那么需要使用 count(1)来代替 count(*)。

9.4.2 例 2：Apache 网络日志数据

Apache 网络日志的格式是可以定制的，而大多数网站管理员使用的是默认格式。对于默认的 Apache 网络日志，可以用命令创建一个表格。由于大多数日志都是非格式化的文本数据，因此本例旨在使用 Hive 数据表为 Apache 网络日志数据构建结构化的表格形式数据，这种结构化的表格形式数据更有利于日志异常检测和网络故障挖掘。

使用 Hive 语句创建一个名为 apachelog 的数据表，该表格包含 9 列，分别是 host、identity、username、time_create、request、status、size、referer 和 agent。

该表格使用了一个名为 RegexSerDe 的序列化/反序列化工具（关于 RegexSerDe 的更多信息，读者可以在 HIVE-662 和 HIVE-1719 中找到）。这个工具可以将文本数据按照指定的正则表达式解析成表格形式。在这个例子中，使用的正则表达式为"([^]*) ([^]*) ([^]*) (-|\\[^\\]*\\]) ([^ \"]*|\"[^\"]*\") (-|[0-9]*) (-|[0-9]*)(?: ([^ \"]*|\".*\") ([^ \"]*|\".*\"))? "。该表达式将文本数据分成 7 个字段，分别是 host、identity、username、time_create、request、status 和 size，并将 referer 和 agent 字段设为可选字段。

数据表 apachelog 使用了 TEXTFILE 存储格式，即将表格数据存储在文本文件中。可以将文本文件导入该表格中，或者将表格数据导出到文本文件中。

```
hive> CREATE TABLE apachelog (
  host STRING,
  identity STRING,
  username STRING,
  time_create STRING,
  request STRING,
  status STRING,
  size STRING,
  referer STRING,
  agent STRING)
ROW FORMAT SERDE 'org.apache.hadoop.hive.serde2.RegexSerDe'
WITH SERDEPROPERTIES
"input.regex" = "([^]*) ([^]*) ([^]*) (-|\\[^\\]*\\]) ([^ \"]*|
\"[^\"]*\") (-|[0-9]*) (-|[0-9]*)(?: ([^ \"]*|\".*\") ([^ \"]*|\".*\"))? ")
STORED AS TEXTFILE;
```

9.5 本章小结

本章讲解了 Hive 的体系结构与工作流程，以及如何安装并配置 Hive。另外，还对 Hive 支持的数据类型做了介绍，使用 DDL 操作可以创建 Hive 表、浏览表、修改表和删除表，使用 Hive SQL 操作可以按条件查询表及处理表。

9.6 习题

1．简述 Hive 内部表与外部表的区别。

2．Hive 有索引吗？

3．请说明 Hive 中的 SORT BY、ORDER BY、CLUSTER BY、DISTRBUTE BY 各代表什么意思？

4．Hive 有哪些方式保存元数据？各有哪些特点？

5．为什么要对数据仓库进行分层？

## 第 10 章

PySpark 数据处理与分析

PySpark 是 Spark 为 Python 开发人员提供的应用程序接口（API）。Hadoop 生态系统依旧是当今不少公司使用的数据存储方案，操作这些数据的工具有 Hive（主要是写 SQL）、Pig（直接处理底层的数据文件，如读取、过滤、拼接、存储等）和 Spark。相比之下，由于 Spark 提供了不少库可以供用户调用，因此其功能更强大，性能也更好。而 PySpark 的出现则使用户可以直接用 Python 的 API 来运行 Spark 任务。有了它，甚至可以抛弃功能略显单一的 Pig，也不需要把数据先存储成 Hive 表再执行 Hive SQL 操作。因此，PySpark 大大降低了大数据处理的技术门槛。

10.1　Spark 概述

Spark 最初由加利福尼亚大学伯克利分校的 AMP 实验室于 2009 年开发，用来搭建低延迟的、大型的数据分析应用程序，是基于内存计算的并行计算系统。Spark 最初仅属于研究型项目，其核心思想均来自诸多学术论文。2014 年，Spark 成为 Apache 软件基金会顶尖项目，现已是 Apache 软件基金会最重要的三大分布式计算系统开源社区（Hadoop、Storm、Spark）之一。

在大数据处理技术研发前期，只有 MapReduce 技术进行应用，而 MapReduce 对迭代式计算、交互式计算不友好，也不适用于流式处理，且编程不灵活。同时，各种大数据计算框架各自为战，如批处理的 MapReduce、Hive、Pig，流式计算的 Storm，交互式计算的 Impala 等。因此急需能同时进行批处理、流式计算、交互式计算的大数据处理框架。基于上述问题，通过再次对 MapReduce 进行优化升级，Spark 应运而生。

Spark 作为大数据计算系统的新秀，打破了 Hadoop 在 2014 年保持的 SortBenchmark（排序基准）纪录，在 23min 内使用 206 个节点完成了 100TB 数据的排序，而 Hadoop 则在 72min 内使用 2000 个节点完成了等量数据的排序。排序纪录表明，Spark 只运用了约 1/10 的计算资源就实现了比 Hadoop 快 3 倍的处理速度。新的纪录也体现了 Spark 是一个效率高、处理速度快的大数据计算平台，突出了它所具有的以下几个特点。

1. 运行速度快

Spark 使用了一个高级有向无环图执行引擎来支撑内存和循环数据流的计算，相对于 Hadoop 利用内存的执行速度要快近百倍。

2. 易用性好

Spark 可以采用 Java、Scala、R、Python 等编程语言进行编程，简单的 API 设计可以帮助用户简单、快捷地搭建并行程序，还可采用 Spark Shell 编写交互式程序。

3. 通用性强

Spark 提供了包括流式计算、SQL 查询、图算法及机器学习组件，构成完整而强大的技术堆栈，这些组件可无缝连接在应用中以完成复杂的计算。

4. 运行模式多样

Spark 可在 Hadoop 中运行，也能在独立的集群模式下运行，还能在 AmazonEC2 等云环境中运行，并且可以访问 HDFS、Cassandra、HBase、Hive 等多种数据源。

10.1.1　基本概念

在具体讲解 Spark 架构之前，需要先了解以下几个重要的概念。

1. RDD（Resilient Distributed Dataset，弹性分布式数据集）

Spark 应用程序通过使用 Spark 的转换 API，可以将 RDD 封装为一系列具有血缘关系的 RDD，即 DAG（Directed Acyclic Graph，有向无环图）。只有通过 Spark 的动作，API 才会将 RDD 及其 DAG 提交到 DAGScheduler（有向无环图调度器）中。RDD 的"祖先"一定是一个与数据源相关的 RDD，负责从数据源处迭代读取数据。

2. DAG

DAG 是一种用于表示 RDD 之间依赖关系的有向图。每个 RDD 都可以看作图中的一个节点，RDD 之间的依赖关系可以看作节点之间的有向边。DAG 是 Spark 中的一个重要概念，因为 Spark 的计算模型基于 DAG。当一个 RDD 被创建后，它可以被用作另一个 RDD 的输入，从而形成一个新的 RDD，这个过程可以一直延续下去，形成一个依赖链。最终，这个依赖链会构成整个计算过程的 DAG。

3. NarrowDependency（窄依赖）

窄依赖指的是子 RDD 中的每个分区仅依赖父 RDD 中的一个或多个分区的数据，而不依赖父 RDD 中的所有分区的数据。也就是说，父 RDD 的每个分区只对应子 RDD 中的一个或多个分区。窄依赖的好处是当一个父 RDD 分区中的数据需要被多个子 RDD 分区使用时，不需要在父 RDD 和子 RDD 之间进行数据的重复传输与复制，从而减小网络传输和内存使用的开销。这样，就可以更高效地利用集群中的计算资源，提高计算效率。通常，像 map、filter、union 和 join 等转换操作都会生成窄依赖的 RDD。在执行这些转换操作时，Spark 可以将依赖关系优化为最小，从而提高整体性能。

4. ShuffleDependency（洗牌依赖）

ShuffleDependency 是宽依赖（WideDependency）的一种特殊类型，用于描述需要进行数据洗牌（Shuffle）操作的依赖关系，即子 RDD 对父 RDD 中的所有分区都可能产生依赖。当一个 RDD 需要进行洗牌操作时，通常是因为某些转换操作，如 groupByKey、

279

reduceByKey、sortByKey 等，需要将具有相同键的数据重新分配到不同的分区中。这种重新分配数据的操作就会触发洗牌操作，需要将数据从父 RDD 的分区中传输到子 RDD 的不同分区中。

ShuffleDependency 包含父 RDD 和子 RDD 之间的依赖关系，以及需要进行洗牌操作的分区信息。在 Spark 中，洗牌操作通常分为两个阶段：Map 阶段和 Reduce 阶段。在 Map 阶段，数据会被重新分区，并按照键进行排序；在 Reduce 阶段，根据键将数据聚合到不同的分区中。洗牌操作是引起数据传输和性能开销的关键步骤。过多或不必要的洗牌操作会导致系统性能下降，因此在编写 Spark 应用程序时，需要尽量减少洗牌操作的次数，优化洗牌过程。

5．Job（用户提交的作业）

当 RDD 及其 DAG 被提交给 DAGScheduler 调度后，DAGScheduler 会将所有 RDD 中的转换及动作视为一个 Job。一个 Job 由一到多个 Task 组成。在默认情况下，Spark 的调度器以 FIFO 方式调度 Job。

6．Stage（Job 的执行阶段）

DAGScheduler 按照 ShuffleDependency 作为 Stage 的划分节点对 RDD 的 DAG 进行 Stage 划分（上游的 Stage 将为 ShuffleMapStage）。因此，一个 Job 可能被划分为一到多个 Stage。Stage 分为 ShuffleMapStage 和 ResultStage 两种。

7．Task（具体的执行任务）

一个 Job 在每个 Stage 内都会按照 RDD 的 Partition 数量创建多个 Task。Task 分为 ShuffleMapTask 和 ResultTask 两种。ShuffleMapStage 中的 Task 为 ShuffleMapTask，而 ResultStage 中的 Task 为 ResultTask。ShuffleMapTask 和 ResultTask 分别类似 Hadoop 中的 Map 任务与 Reduce 任务。

8．Shuffle

Shuffle 是所有 MapReduce 计算框架的核心执行阶段，用于打通 Map 任务（在 Spark 中就是 ShuffleMapTask）的输出与 Reduce 任务（在 Spark 中就是 ResultTask）的输入，Map 任务的中间输出结果按照指定的分区策略（如按照键哈希）分配给处理某个分区的 Reduce 任务。

10.1.2　Spark 的基本组成与架构

Spark 的基本组成与架构如图 10-1 所示。Spark 由 Spark SQL（DataFrame）、Streaming、MLlib（Maching Learning）、GraphX 和 SparkCore 模块组成。

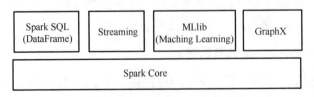

图 10-1　Spark 的基本组成与架构

其中，Spark Core 是 Apache Spark 的核心，是其他扩展模块的基础运行环境。

1. Spark Core

Spark Core 主要提供 Spark 应用的运行环境，包括以下 6 项功能。

（1）基础设施。SparkConf：用于管理 Spark 应用程序的各种配置信息。事件总线：SparkContext 内部各组件间使用事件—监听器模式异步调用的实现。度量系统：由 Spark 中的多种度量源（Source）和多种度量输出（Sink）构成，完成对整个 Spark 集群中各组件运行期状态的监控。

（2）SparkContext。SparkContex 是 Spark 的核心组件之一，是 Spark 应用程序与 Spark 集群之间的连接器和控制中心。SparkContext 负责初始化 Spark 应用程序的运行环境，并管理与集群的通信，以便执行并行计算任务。SparkContext 是 Spark 应用程序的入口点，提供与集群的连接、任务调度、数据分布和存储等功能。通常而言，用户开发的 Spark 应用程序的提交与执行都离不开 SparkContex 的支持。在正式提交 Spark 应用程序之前，首先需要初始化 SparkContext，应用程序开发人员只需使用 SparkContext 提供的 API 完成功能开发即可。

（3）SparkEnv。Spark 执行环境 SparkEnv 是 Spark 中的 Task 运行所必需的组件。SparkEnv 内部封装了 RPC 环境（RPCEnv）、序列化管理器、广播管理器（Broadcast Manager）、Map 任务输出跟踪器（Map Output Tracker）、存储体系、度量系统（Metrics System）、输出提交协调器（Output Commit Coordinator）等。

（4）存储体系。Spark 优先考虑使用各节点的内存作为存储空间，只有内存不足时才会考虑使用磁盘，这极大地减少了磁盘 I/O，提升了任务执行的效率，使得 Spark 适用于实时计算、迭代计算、流式计算等场景。在实际场景中，有些 Task 是存储密集型的，而有些则是计算密集型的，因此有时会使存储空间很空闲，而计算空间的资源又很紧张。Spark 的内存存储空间与磁盘存储空间之间的边界可以是"软"边界，因此资源紧张的一方可以借用另一方的空间，这既可以有效利用资源，又可以提高 Task 的执行效率。此外，Spark 的内存存储空间还提供了 Tungsten 的实现，可以直接操作系统的内存。由于 Tungsten 省去了在堆内分配 Java 对象的麻烦，因此能更加有效地利用系统的内存资源，并且因为直接操作系统内存，所以空间的分配和释放也更迅速。

（5）调度系统。调度系统主要由 DAGScheduler 和 TaskScheduler 组成，它们都内置在 SparkContext 中。DAGScheduler 负责创建 Job，将 DAG 中的 RDD 划分到不同的 Stage 中，给 Stage 创建对应的 Task，并批量提交 Task 等。TaskScheduler 负责按照 FIFO 或 FAIR 等调度算法对 Task 进行调度，为 Task 分配资源，将 Task 发送到集群管理器当前应用的 Executor 上（由 Executor 负责执行）等。虽然现在 Spark 增加了 SparkSession 和 DataFrame 等新的 API，但是这些新的 API 的底层实际依然依赖 SparkContext。

（6）计算引擎。计算引擎由内存管理器（Memory Manager）、Tungsten、任务内存管理器（Task Memory-Manager）、Task、外部排序器（External Sorter）、Shuffle 管理器（Shuffle Manager）等组成。

281

2. Spark SQL

Spark SQL 是 Spark 生态系统中的一个模块，提供用于处理结构化数据的高级数据处理接口和查询引擎。Spark SQL 提供 SQL 查询和 DataFrame 的有关操作，并与 Spark 的强大分布式计算能力相结合，使得在 Spark 上可以进行 SQL 查询和数据处理的统一编程。由于 SQL 具有普及率高、学习成本低等特点，因此为了扩大 Spark 的应用面，还增加了对 SQL 及 Hive 的支持。Spark SQL 的工作过程可以总结为：首先使用 SQL 语句解析器（SQL Parser）将 SQL 转换为语法树（Tree），然后使用规则执行器（Rule Executor）将一系列规则（Rule）应用到语法树上，最后生成物理执行计划并执行。其中，规则执行器包括语法分析器（Analyzer）和优化器（Optimizer）。Hive 的执行过程与 SQL 类似。

3. Spark Streaming

Spark Streaming 与 Apache Storm 类似，也用于流式计算。Spark Streaming 支持 Kafka、Flume、Kinesis 和简单的 TCP 套接字等多种数据输入源。输入流接收器（Receiver）负责接入数据，是接入数据流的接口规范。Dstream 是 Spark Streaming 中所有数据流的抽象，可以被组织为 DStream Graph。Dstream 本质上由一系列连续的 RDD 组成。

4. GraphX

GraphX 是 Spark 提供的分布式图计算框架。GraphX 主要遵循整体同步并行计算模式（Bulk Synchronous Parallell，BSP）下的 Pregel 模型实现。GraphX 提供了对 Graph 的抽象，Graph 由顶点（Vertex）、边（Edge），以及继承了 Edge 的 EdgeTriplet（添加了 srcAttr 和 dstAttr，用来保存源顶点和目的顶点的属性）3 种结构组成。GraphX 目前已经封装了最短路径、网页排名、连接组件、三角关系统计等算法的实现，用户可以选择使用。

5. MLlib

MLlib 是 Spark 提供的机器学习框架。机器学习是一门涉及概率论、统计学、逼近论、凸分析、算法复杂度理论等多领域的交叉学科。MLlib 目前已经提供了基础统计、分类、回归、决策树、随机森林、朴素贝叶斯、保序回归、协同过滤、聚类、维数缩减、特征提取与转型、频繁模式挖掘、预言模型标记语言、管道等多种数理统计、概率论、数据挖掘方面的数学算法。

10.1.3　Spark 编程模型

Spark 应用程序从编写、提交、执行到输出的整个过程如图 10-2 所示。

具体的程序执行步骤如下。

步骤 1：用户使用 SparkContext 提供的 API 编写 Driver 应用程序，有时也会使用 SparkSession、DataFrame、SQLContext、HiveContext、StreamingContext 等提供的 API 编写 Driver 应用程序，SparkSession、DataFrame、SQLContext、HiveContext、Streaming-Context 都对 SparkContext 进行了封装，并提供了 DataFrame、SQL、Hive、流式计算相关的 API。

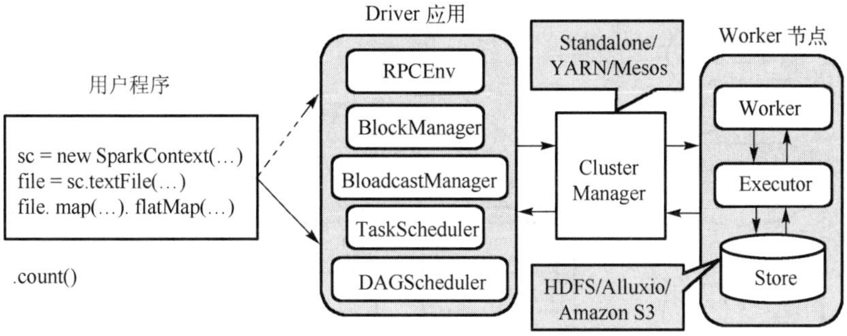

图 10-2　Spark 编程模型架构图

步骤 2：使用 SparkContext 提交应用程序。这一步又可以细分为以下步骤。

步骤 2.1：通过 RPCEnv 向集群管理器（Cluster Manager）注册应用（Application）并告知集群管理器需要的资源数量。

步骤 2.2：集群管理器根据应用程序的需求，给应用程序分配 Executor 资源，并在 Worker 上启动 CoarseGrainedExecutorBackend 进程（该进程内部将创建 Executor）。

步骤 2.3：Executor 所在的 CoarseGrainedExecutorBackend 进程在启动的过程中将通过 RPCEnv 直接向 Driver 注册 Executor 的资源信息，TaskScheduler 将保存已经分配给应用的 Executor 资源的地址、大小等相关信息。

步骤 2.4：SparkContext 根据各种转换 API 构建 RDD 之间的亲子关系和 DAG，RDD 构成的 DAG 将最终提交给 DAGScheduler。

步骤 2.5：DAGScheduler 给提交的 DAG 创建 Job，并根据 RDD 的依赖性质将 DAG 划分为不同的 Stage。DAGScheduler 根据 Stage 内 RDD 的分区数量创建多个 Task 并批量提交给 TaskScheduler。

步骤 2.6：TaskScheduler 对批量 Task 按照 FIFO 或 FAIR 调度算法进行调度，并给 Task 分配 Executor 资源。

步骤 2.7：TaskScheduler 将 Task 发送给 Executor，由 Executor 执行。此外，SparkContext 还会在 RDD 转换开始之前使用 BlockManager 和 BroadcastManager 将 Task 的 Hadoop 配置进行广播。

步骤 3：集群管理器会根据应用程序的需求给应用程序分配 Executor 资源，即将具体 Task 分配给不同的 Worker 节点上的多个 Executor 来处理。Standalone、YARN、Mesos、EC2 等都可以作为 Spark 的集群管理器。

步骤 4：Task 在运行的过程中需要对一些数据（如中间结果、检查点等）进行持久化，Spark 支持选择 HDFS、Amazon S3、Alluxio（原名叫 Tachyon）等作为存储介质。

10.1.4　Spark 集群架构

从集群部署的角度来看，Spark 集群由集群管理器（Cluster Manager）、工作节点（Worker）、执行器（Executor）、驱动器（Driver）、应用程序（Application）等部分组成，如图 10-3 所示。

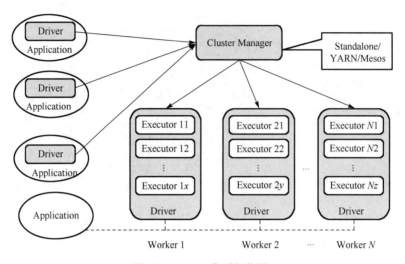

图 10-3　Spark 集群架构图

（1）Cluster Manager：主要负责整个集群资源的分配与管理。Cluster Manager 在 YARN 部署模式下为 Resource Manager，在 Mesos 部署模式下为 Mesos Master，在 Standalone 部署模式下为 Master。Cluster Manager 的资源分配属于一级分配，它将各个 Worker 上的内存、CPU 等资源分配给应用程序，但是并不负责对 Executor 的资源分配。在 Spark 中，一级分配是指 Cluster Manager 将资源以较大的单位（如 Executor）分配给 Spark Application 的过程。在一级分配中，Cluster Manager 根据应用程序的整体需求，分配一定数量的 Executor，而不是将资源细粒度地分配给每个 Task 或 Task 组。Standalone 部署模式下的 Master 会直接给应用程序分配内存、CPU、Executor 等资源。目前，Standalone、YARN、Mesos、EC2 等都可以作为 Spark 的 Cluster Manager。

（2）Worker：在 YARN 部署模式下实际由 NodeManager 替代。Worker 主要负责以下工作：将自己的内存、CPU 等资源通过注册机制告知 Cluster Manager，创建 Executor，将资源和任务进一步分配给 Executor，同步资源信息、Executor 状态信息给 Cluster Manager 等。在 Standalone 部署模式下，Master 将 Worker 上的内存、CPU、Executor 等资源分配给应用程序后，将命令 Worker 启动 CoarseGrainedExecutor-Backend 进程（此进程会创建 Executor 实例）。

（3）Executor：主要负责任务的执行，以及与 Worker、Driver 的信息同步。

（4）Driver：应用程序的驱动程序。Application 通过 Driver 与 Cluster Manager、Executor 进行通信。Driver 可以运行在 Application 中，也可以由 Application 提交给 Cluster Manager，并由 Cluster Manager 安排 Worker 运行。

（5）Application：用户使用 Spark 提供的 API 编写的应用程序。Application 通过 Spark API 进行 RDD 的转换和 DAG 的构建，并通过 Driver 将 Application 注册到 Cluster Manager 中。Cluster Manager 会根据 Application 的资源需求，通过一级分配将 Executor、内存、CPU 等资源分配给 Application；Driver 通过二级分配将 Executor 等资源分配给每个任务；Application 通过 Driver 告诉 Executor 运行任务。

10.2　PySpark 简介

PySpark 的内核是 Spark。Spark 是使用 Scala 实现的基于内存计算的大数据开源集群计算环境，提供了 Java、Scala、Python、R 等语言的调用接口。Spark 是一个闪电般的实时处理框架，进行内存计算以实时分析数据。Spark 是基于内存的迭代式计算引擎。由于 Hadoop MapReduce 仅执行批处理且缺乏实时处理功能，因此，为了克服这一缺点，Spark 出现了。Spark 可以实时执行流处理，也可以执行批处理。

PySpark 作为 Spark 的 Python 编程 API，不仅允许使用 Python API 编写 Spark 应用程序，还提供了 PySpark Shell，用于在分布式环境中交互分析数据。这为 Python 开发人员使用 Spark 处理流式数据提供了极大的便利。

Spark 提供的编程 API 中最常用的两种编程语言是 Python 和 Scala。Spark 与 Python 编程相结合即构成 PySpark。由于 Spark 本身是由 Scala 编程语言开发而成的，因此，Scala 语言在某些对计算性能有要求或涉及底层技术开发的场景下的优势尤为突出。

10.3　PySpark 的部署和操作

在了解了 PySpark 的基本原理后讲解 PySpark 的部署和操作。正确部署 PySpark 后就可以使用它快速启动 DataFrame 进行数据处理操作了。

10.3.1　PySpark 部署

PySpark 包含在 Apache Spark 网站提供的 Spark 官方版本中。对于 Python 用户，PySpark 还提供来自 PyPI 的 pip 安装。这种安装方式通常用于本地使用或作为客户端连接到集群，而不是设置集群本身。

下面介绍使用 PyPI、Conda 安装 PySpark，以及手动下载安装和从源文件安装 PySpark 的说明。支持的 Python 版本：Python 3.7 及以上。

1. 使用 PyPI 安装

使用 PyPI 安装 PySpark 的命令如下：

```
pip install pyspark
```

如果要为特定组件安装额外的依赖项，则可以按如下方式进行安装：

```
# Spark SQL
pip install pyspark[sql]
# Spark Pandas API
pip install pyspark[pandas_on_spark] plotly
```

对于具有/不具有特定 Hadoop 版本的 PySpark，可以使用 PYSPARK_HADOOP_VERSION 环境变量进行安装，安装命令如下：

```
PYSPARK_HADOOP_VERSION=2 pip install pyspark
```

默认发行版使用 Hadoop 3.3 和 Hive 2.3 版本。如果用户指定不同版本的 Hadoop，那么 PyPI 安装会自动下载不同的版本并在 PySpark 中使用。下载可能需要一段时间，具体时间取决于网络和选择的镜像。其中，PYSPARK_RELEASE_MIRROR 可以设置为手动选择镜像以更快地下载：

```
PYSPARK_RELEASE_MIRROR=http://mirror.apache-kr.org  PYSPARK_HADOOP_VERSION
=2 pip install
```

建议在 pip 中使用-v 选项来跟踪安装和下载状态，操作命令如下：

```
PYSPARK_HADOOP_VERSION=2 pip install pyspark -v
```

PYSPARK_HADOOP_VERSION 中支持的值如下。

- without：使用由用户提供的 Apache Hadoop 预构建的 Spark。
- 2：由 Apache Hadoop 2.7 版本预构建的 Spark。
- 3：由 Apache Hadoop 3.3 版本和更高版本预构建的 Spark（默认）。

注意：这种具有/不具有特定 Hadoop 版本的 PySpark 的安装方式是实验性的。它可以在次要版本之间改变或被删除。

2. 使用 Conda 安装

Conda 是一个开源的软件包管理和环境管理系统（由 Anaconda 开发）。该工具既是跨平台的，又是不分语言的。在实践中，Conda 可以取代 pip 和 virtualenv。

Conda 使用不同的渠道发布软件包，除 Anaconda 本身的默认渠道外，最重要的渠道是 Conda-forge。Conda-forge 是一个由社区驱动的打包项目，提供了最广泛的和最新的软件包（通常也是 Anaconda 渠道的来源）。

要从终端创建一个新的 Conda 环境并激活它，请执行以下命令：

```
conda create -n pyspark_env python=3.8
conda activate pyspark_env python=3.8
```

激活环境后，使用下面的命令来安装 PySpark（一个你选择的 Python 版本，以及其他你想和 PySpark 在同一时段使用的软件包，也可以分几步安装）：

```
conda install -c conda-forge pyspark  # can also add "python=3.8 some_
package [etc.]" here
```

注意：Conda 版本的 PySpark 是由社区单独维护的。虽然新版本通常会很快被打包，但通过 Conda（包括 Conda-forge）安装的 PySpark 并不直接与 PySpark 官网版本的发布周期同步。

虽然在 Conda 环境中使用 pip 在技术上是可行的（与上面的命令相同），但不鼓励这种做法，因为 pip 与 Conda 不互通。

3. 手动下载后安装

用户可以从 Apache Spark 网站上下载一个需要安装的 PySpark 发行版本，并将 tar 文件解压到所要安装 Spark 的目录中。操作命令如下：

```
tar xzvf spark-3.3.0-bin-hadoop3.tgz
```

确保 SPARK_HOME 环境变量指向解压后的 tar 文件所在的目录；更新 PYTHONPATH 环境变量，使其能够在 SPARK_HOME/python/lib 目录下找到 PySpark 和 Py4J 文件：

```
cd spark-3.3.0-bin-hadoop3
export SPARK_HOME='pwd'
export  PYTHONPATH=$(ZIPS=("$SPARK_HOME"/python/lib/*.zip); IFS=:; echo
"${ZIPS[*]}"):$PYTHONPATH
```

4. 从源文件安装

请参阅 Building Spark 从源文件安装 PySpark，也可以从清华大学开源软件镜像站中下载 Hadoop 和 Spark，并解压设置环境变量。

下载后设置安装路径，操作命令如下：

```
HADOOP_HOME => /path/hadoop
SPARK_HOME => /path/spark
```

安装 PySpark 的命令如下：

```
pip install pyspark
```

5. 依赖包

PySpark 的依赖包如表 10-1 所示。

表 10-1　PySpark 的依赖包

包	最低支持的版本	注　　意
Pandas	1.0.5	对于 Spark SQL 是可选的，对于 Spark Pandas API 是必需的
NumPy	1.7	对于 MLlib DataFrame-based API 和 Spark Pandas API 都是必需的
PyArrow	1.0.0	对于 Spark SQL 和 Spark Pandas API 都是可选的
Py4J	0.10.9.5	必需的

AArch64（ARM64）用户注意：PySpark SQL 需要 PyArrow，但 PyArrow 4.0.0 版本中引入了对 AArch64 的 PyArrorw 支持。如果由于 PyArrorw 安装错误导致在 AArch64 上安装 PySpark 失败，则可以按如下方式安装 PyArrow=4.0.0：

```
pip install "pyarrow>=4.0.0" --prefer-binary
```

10.3.2　快速启动 DataFrame

本节是 PySpark DataFrame API 的简短介绍和快速入门。PySpark DataFrame 是在 RDD 上实现的。当 Spark 转换数据时，它不会立即进行计算转换，而是计划以后如何计算。当显式调用 collect() 等方法时，计算开始。

前面提到，PySpark 应用程序从初始化 SparkSession 开始，这是 PySpark 的入口点。如果通过 PySpark 可执行文件在 PySpark Shell 中运行，那么 Shell 会自动在变量 spark 中为用户创建会话。输入如下代码，为快速启动 DataFrame 做准备：

```
from pyspark.sql import SparkSession
```

```
spark = SparkSession.builder.getOrCreate()
```

1. 创建 DataFrame

可以通过 pyspark.sql.SparkSession.createDataFrame 创建 PySpark DataFrame。通常通过传递列表、元组、字典、pyspark.sql.Row 构成的列表、Pandas DataFrame 或 RDD 这些类型的数据来实现 PySpark DataFrame 的赋值或初始化。

首先，可以由列表创建 PySpark DataFrame：

```
from datetime import datetime, date
import pandas as pd
from pyspark.sql import Row

df = spark.createDataFrame([
    Row(a=1, b=2., c='string1', d=date(2000, 1, 1), e=datetime(2000, 1, 1,
12, 0)),
    Row(a=2, b=3., c='string2', d=date(2000, 2, 1), e=datetime(2000, 1, 2,
12, 0)),
    Row(a=4, b=5., c='string3', d=date(2000, 3, 1), e=datetime(2000, 1, 3,
12, 0))
    ])
df
```

这段代码使用 Python 的 PySpark 库创建了一个 DataFrame 对象，其中包含 3 行数据，每行数据有 5 个属性（a、b、c、d 和 e），分别对应一个整数、一个浮点数、一个字符串、一个日期和一个日期时间。

具体来说，这个 DataFrame 对象包含以下 3 行数据。

第 1 行：a=1，b=2.0，c='string1', d=date(2000, 1, 1)，e=datetime(2000, 1, 1, 12, 0)。

第 2 行：a=2，b=3.0，c='string2', d=date(2000, 2, 1)，e=datetime(2000, 1, 2, 12, 0)。

第 3 行：a=4，b=5.0，c='string3', d=date(2000, 3, 1)，e=datetime(2000, 1, 3, 12, 0)。

这个 DataFrame 对象可以用于大数据处理平台 Apache Spark 中的分布式计算。其中的 Row 对象表示一行数据，而 spark.createDataFrame()方法用于将数据转换成 Spark DataFrame 格式。

程序运行结果如下：

```
DataFrame[a: bigint, b: double, c: string, d: date, e: timestamp]
```

使用显式模式创建 PySpark DataFrame：

```
df = spark.createDataFrame([
    (1, 2., 'string1', date(2000, 1, 1), datetime(2000, 1, 1, 12, 0)),
    (2, 3., 'string2', date(2000, 2, 1), datetime(2000, 1, 2, 12, 0)),
    (3, 4., 'string3', date(2000, 3, 1), datetime(2000, 1, 3, 12, 0))
], schema='a long, b double, c string, d date, e timestamp')
df
```

程序运行结果如下：

```
DataFrame[a: bigint, b: double, c: string, d: date, e: timestamp]
```

从 Pandas DataFrame 创建 PySpark DataFrame：

```
pandas_df = pd.DataFrame({
    'a': [1, 2, 3],
    'b': [2., 3., 4.],
    'c': ['string1', 'string2', 'string3'],
    'd': [date(2000, 1, 1), date(2000, 2, 1), date(2000, 3, 1)],
    'e': [datetime(2000, 1, 1, 12, 0), datetime(2000, 1, 2, 12, 0),
datetime(2000, 1, 3, 12, 0)]
    })
df = spark.createDataFrame(pandas_df)
df
```

这段代码使用了 Python 中的 Pandas 和 PySpark 库来创建一个 DataFrame 对象 df。具体来说，上述代码首先创建了一个名为 pandas_df 的 Pandas DataFrame 对象，其中包含 5 列数据：整数类型的'a'列、浮点数类型的'b'列、字符串类型的'c'列、日期类型的'd'列和日期时间类型的'e'列；然后通过使用 PySpark 库中的 createDataFrame()方法将 pandas_df 转换为 PySpark DataFrame 对象 df。最终，这个 df 可以用于进行分布式计算和分析，如进行 SparkSQL 等操作。程序运行结果如下：

```
DataFrame[a: bigint, b: double, c: string, d: date, e: timestamp]
```

从包含元组列表的 RDD 创建 PySpark DataFrame：

```
rdd = spark.sparkContext.parallelize([
    (1, 2., 'string1', date(2000, 1, 1), datetime(2000, 1, 1, 12, 0)),
    (2, 3., 'string2', date(2000, 2, 1), datetime(2000, 1, 2, 12, 0)),
    (3, 4., 'string3', date(2000, 3, 1), datetime(2000, 1, 3, 12, 0))
])
df = spark.createDataFrame(rdd, schema=['a', 'b', 'c', 'd', 'e'])
df
```

这段代码使用 PySpark 库创建了一个 DataFrame 对象 df。DataFrame 是一种基于 RDD 的分布式数据集，它以列的形式组织数据并支持许多类型的数据操作，类似关系型数据库表格的结构。该 DataFrame 包含 5 列数据，每列的数据类型不同。具体来说，代码中导入了 datetime 和 date 模块，以及 Pandas 和 PySpark 库，定义了一个包含 3 个元组的 RDD，每个元组都有 5 个元素：1 个整数、1 个浮点数、1 个字符串、1 个日期对象和一个日期时间对象。使用 Spark 对象的 createDataFrame()方法将 RDD 转换为 DataFrame，并指定 DataFrame 的列名为'a'、'b'、'c'、'd'和'e'，将创建的 DataFrame 对象赋值给变量 df。因此，上述代码创建了一个 PySpark DataFrame 对象 df，其中包含 5 列数据，每列数据的类型不同。

程序运行结果如下：

```
DataFrame[a: bigint, b: double, c: string, d: date, e: timestamp]
```

289

上面创建的 DataFrame 都具有相同的结果和模式。检测结果和模式的代码如下：

```
# 上面创建的 DataFrame 都具有相同的结果和模式
df.show()
df.printSchema()
```

程序运行后，显示结果如下：

```
+---+---+-------+----------+-------------------+
|  a|  b|      c|         d|                  e|
+---+---+-------+----------+-------------------+
|  1|2.0|string1|2000-01-01|2000-01-01 12:00:00|
|  2|3.0|string2|2000-02-01|2000-01-02 12:00:00|
|  3|4.0|string3|2000-03-01|2000-01-03 12:00:00|
+---+---+-------+----------+-------------------+


root
 |-- a: long (nullable = true)
 |-- b: double (nullable = true)
 |-- c: string (nullable = true)
 |-- d: date (nullable = true)
 |-- e: timestamp (nullable = true)
```

2. 查看数据

可以使用 DataFrame.show()方法显示 DataFrame 的顶行。输入代码如下：

```
df.show(1)
```

显示结果如下：

```
+---+---+-------+----------+-------------------+
|  a|  b|      c|         d|                  e|
+---+---+-------+----------+-------------------+
|  1|2.0|string1|2000-01-01|2000-01-01 12:00:00|
+---+---+-------+----------+-------------------+
only showing top 1 row
```

用户也可以启用 spark.sql.repl.eagerEval.enabled 配置，以便在诸如 Jupyter Notebook 中对 PySpark DataFrame 进行即时评估。要显示的行数可以通过 spark.sql.repl.eagerEval. maxNumRows 进行控制。输入代码如下：

```
spark.conf.set('spark.sql.repl.eagerEval.enabled', True)
df
```

代码运行后的显示结果如下：

```
    a  b   c      d           e
0   1  2.0 string1 2000-01-01  2000-01-01 12:00:00
1   2  3.0 string2 2000-02-01  2000-01-02 12:00:00
```

```
2   3   4.0 string3 2000-03-01  2000-01-03 12:00:00
```

行也可以垂直显示，当每行数据太长而无法水平显示时，这就显得很有用。行垂直显示的代码如下：

```
df.show(1, vertical=True)
```

代码运行后的显示结果如下：

```
-RECORD 0-------------------
 a  | 1
 b  | 2.0
 c  | string1
 d  | 2000-01-01
 e  | 2000-01-01 12:00:00
only showing top 1 row
```

用户可以看到 DataFrame 的模式和列名。操作代码如下：

```
df.columns
```

代码运行后的显示结果如下：

```
['a', 'b', 'c', 'd', 'e']
```

输入代码如下：

```
df.printSchema()
```

代码运行后的显示结果如下：

```
root
 |-- a: long (nullable = true)
 |-- b: double (nullable = true)
 |-- c: string (nullable = true)
 |-- d: date (nullable = true)
 |-- e: timestamp (nullable = true)
```

显示 DataFrame 概要的代码如下：

```
df.select("a", "b", "c").describe().show()
```

代码运行后的显示结果如下：

```
+-------+---+---+-------+
|summary| a| b|      c|
+-------+---+---+-------+
|  count|  3| 3|      3|
|   mean|2.0|3.0|  null|
| stddev|1.0|1.0|  null|
|    min|  1|2.0|string1|
|    max|  3|4.0|string3|
+-------+---+---+-------+
```

291

DataFrame.collect() 方法将分布式数据作为 Python 中的本地数据收集到驱动程序端。注意：若数据集太大而无法放入驱动程序端，则可能会导致内存不足的错误，因为 DataFrame.collect()会将所有数据从执行器收集到驱动程序端。输入代码如下：

```
df.collect()
```

代码运行后的显示结果如下：

```
[Row(a=1, b=2.0, c='string1', d=datetime.date(2000, 1, 1), e=datetime.
datetime(2000, 1, 1, 12, 0)),
  Row(a=2, b=3.0, c='string2', d=datetime.date(2000, 2, 1), e=datetime.
datetime(2000, 1, 2, 12, 0)),
  Row(a=3, b=4.0, c='string3', d=datetime.date(2000, 3, 1), e=datetime.
datetime(2000, 1, 3, 12, 0))]
```

为了避免抛出内存不足的错误，请使用 DataFrame.take()和 DataFrame.tail()方法。操作代码如下：

```
df.take(1)
```

代码运行后的显示结果如下：

```
[Row(a=1, b=2.0, c='string1', d=datetime.date(2000, 1, 1), e=datetime.
datetime(2000, 1, 1, 12, 0))]
```

PySpark DataFrame 还提供了转回 Pandas DataFrame 数据格式的功能，以利用 Pandas 的 API。注意：toPandas()方法还将所有数据收集到驱动程序端，同样，当数据太大而无法放入驱动程序端时，这些数据很容易导致内存不足的错误。输入代码如下：

```
df.toPandas()
Out [15]:
    a  b   c   d   e

0   1  2.0 string1 2000-01-01  2000-01-01 12:00:00
1   2  3.0 string2 2000-02-01  2000-01-02 12:00:00
2   3  4.0 string3 2000-03-01  2000-01-03 12:00:00
```

3. 选择和访问数据

PySpark DataFrame 会被延迟运算，简单地选择一列数据并不会触发运算，但会返回一个列（Column）实例。操作代码如下：

```
df.a
```

代码运行后的显示结果如下：

```
Column<b'a'>
```

事实上，大多数按列进行的操作运算都会返回列数据。输入代码如下：

```
from pyspark.sql import Column
from pyspark.sql.functions import upper
```

```
type(df.c) == type(upper(df.c)) == type(df.c.isNull())
```

代码运行后的显示结果如下:

```
True
```

这些列数据可用于从 DataFrame 中选择某些列。例如, DataFrame.select() 方法可以接受从另一个 DataFrame 返回的列实例。输入代码如下:

```
df.select(df.c).show()
```

显示结果如下:

```
+-------+
|      c|
+-------+
|string1|
|string2|
|string3|
+-------+
```

分配新的列实例的操作代码如下:

```
df.withColumn('upper_c', upper(df.c)).show()
```

代码运行后的显示结果如下:

```
+---+---+-------+----------+-------------------+-------+
|  a|  b|      c|         d|                  e|upper_c|
+---+---+-------+----------+-------------------+-------+
|  1|2.0|string1|2000-01-01|2000-01-01 12:00:00|STRING1|
|  2|3.0|string2|2000-02-01|2000-01-02 12:00:00|STRING2|
|  3|4.0|string3|2000-03-01|2000-01-03 12:00:00|STRING3|
+---+---+-------+----------+-------------------+-------+
```

要选择行数据的子集,就使用 DataFrame.filter()方法。操作代码如下:

```
df.filter(df.a == 1).show()
```

代码运行后的显示结果如下:

```
+---+---+-------+----------+-------------------+
|  a|  b|      c|         d|                  e|
+---+---+-------+----------+-------------------+
|  1|2.0|string1|2000-01-01|2000-01-01 12:00:00|
+---+---+-------+----------+-------------------+
```

4. 使用函数

PySpark 支持各种 UDF 和 API,允许用户执行 Python 本机函数。例如,下面的示例允许用户在 Python 本机函数中直接使用 Pandas Series 的 API:

```
import pandas as pd
from pyspark.sql.functions import pandas_udf
```

```
@pandas_udf('long')
def pandas_plus_one(series: pd.Series) -> pd.Series:
    # 使用 Pandas Series 直接简单加 1
    return series + 1

df.select(pandas_plus_one(df.a)).show()
```

代码运行后的显示结果如下：

```
+-----------------+
|pandas_plus_one(a)|
+-----------------+
|                2|
|                3|
|                4|
+-----------------+
```

另一个例子是 DataFrame.mapInPandas，它允许用户直接使用 Pandas DataFrame 中的 API，而不受任何限制（如结果的长度）。操作代码如下：

```
def pandas_filter_func(iterator):
    for pandas_df in iterator:
        yield pandas_df[pandas_df.a == 1]

df.mapInPandas(pandas_filter_func, schema=df.schema).show()
```

代码运行后的显示结果如下：

```
+---+---+-------+----------+-------------------+
|  a|  b|      c|         d|                  e|
+---+---+-------+----------+-------------------+
|  1|2.0|string1|2000-01-01|2000-01-01 12:00:00|
+---+---+-------+----------+-------------------+
```

5. 数据分组

PySpark DataFrame 还提供了一种使用常见的处理分组数据的方法。它按特定条件对数据进行分组，对每个分组应用一个函数，并将它们组合回 DataFrame。操作代码如下：

```
df = spark.createDataFrame([
    ['red', 'banana', 1, 10], ['blue', 'banana', 2, 20], ['red', 'carrot',
3, 30],
    ['blue', 'grape', 4, 40], ['red', 'carrot', 5, 50], ['black',
'carrot', 6, 60],
    ['red', 'banana', 7, 70], ['red', 'grape', 8, 80]], schema=['color',
'fruit', 'v1', 'v2'])
    df.show()
```

代码运行后的显示结果如下：

```
+------+------+---+---+
```

```
|color| fruit| v1| v2|
+-----+------+---+---+
|  red|banana|  1| 10|
| blue|banana|  2| 20|
|  red|carrot|  3| 30|
| blue| grape|  4| 40|
|  red|carrot|  5| 50|
|black|carrot|  6| 60|
|  red|banana|  7| 70|
|  red| grape|  8| 80|
+-----+------+---+---+
```

先分组，然后将 avg()函数应用于结果组。操作代码如下：

```
df.groupby('color').avg().show()
```

代码运行后的显示结果如下：

```
+-----+------+------+
|color|avg(v1)|avg(v2)|
+-----+------+------+
|  red|   4.8|  48.0|
|black|   6.0|  60.0|
| blue|   3.0|  30.0|
+-----+------+------+
```

另外，还可以使用 Pandas API 对每个组应用 Python 本机函数。操作代码如下：

```
def plus_mean(pandas_df):
    return pandas_df.assign(v1=pandas_df.v1 - pandas_df.v1.mean())

df.groupby('color').applyInPandas(plus_mean, schema=df.schema).show()
```

代码运行后的显示结果如下：

```
+-----+------+---+---+
|color| fruit| v1| v2|
+-----+------+---+---+
|  red|banana| -3| 10|
|  red|carrot| -1| 30|
|  red|carrot|  0| 50|
|  red|banana|  2| 70|
|  red| grape|  3| 80|
|black|carrot|  0| 60|
| blue|banana| -1| 20|
| blue| grape|  1| 40|
+-----+------+---+---+
```

联合分组和应用函数的操作代码如下：

```
df1 = spark.createDataFrame(
```

```
    [(20000101, 1, 1.0), (20000101, 2, 2.0), (20000102, 1, 3.0),
(20000102, 2, 4.0)],
    ('time', 'id', 'v1'))

df2 = spark.createDataFrame(
    [(20000101, 1, 'x'), (20000101, 2, 'y')],
    ('time', 'id', 'v2'))

def asof_join(l, r):
    return pd.merge_asof(l, r, on='time', by='id')

df1.groupby('id').cogroup(df2.groupby('id')).applyInPandas(
    asof_join, schema='time int, id int, v1 double, v2 string').show()
```

代码运行后的显示结果如下：

```
+--------+---+---+---+
|    time| id| v1| v2|
+--------+---+---+---+
|20000101|  1|1.0|  x|
|20000102|  1|3.0|  x|
|20000101|  2|2.0|  y|
|20000102|  2|4.0|  y|
+--------+---+---+---+
```

6. CSV 数据格式的查看

查看 CSV 数据格式的操作代码如下：

```
df.write.csv('foo.csv', header=True)
spark.read.csv('foo.csv', header=True).show()
```

代码运行后的显示结果如下：

```
+-----+------+---+---+
|color| fruit| v1| v2|
+-----+------+---+---+
|  red|banana|  1| 10|
| blue|banana|  2| 20|
|  red|carrot|  3| 30|
| blue| grape|  4| 40|
|  red|carrot|  5| 50|
|black|carrot|  6| 60|
|  red|banana|  7| 70|
|  red| grape|  8| 80|
+-----+------+---+---+
```

7. Parquet 数据格式的查看

Apache Parquet 是面向分析型业务的列式存储格式，由 Twitter 和 Cloudera 合作开发。Parquet 是一种与语言无关的列式存储文件类型，可以适配多种计算框架。查看 Parquet 数据格式的操作代码如下：

```
df.write.parquet('bar.parquet')
spark.read.parquet('bar.parquet').show()
```

代码运行后的显示结果如下：

```
+-----+------+---+---+
|color| fruit| v1| v2|
+-----+------+---+---+
|  red|banana|  1| 10|
| blue|banana|  2| 20|
|  red|carrot|  3| 30|
| blue| grape|  4| 40|
|  red|carrot|  5| 50|
|black|carrot|  6| 60|
|  red|banana|  7| 70|
|  red| grape|  8| 80|
+-----+------+---+---+
```

8. ORC 数据格式的查看

ORC 的全拼是 Optimized Record Columnar，字面意思为 "优化后的列式记录"。ORC 最初是为了加速 Hive 查询及节省 Hadoop 磁盘空间而生的。ORC 是一种自描述的列式存储文件类型，为大规模流式读取而特别优化，同时支持快速定位需要的行；列式存储使得用户可以只读取、解压和处理他们需要的值。查看 ORC 数据格式的操作代码如下：

```
df.write.orc('zoo.orc')
spark.read.orc('zoo.orc').show()
```

代码运行后的显示结果如下：

```
+-----+------+---+---+
|color| fruit| v1| v2|
+-----+------+---+---+
|  red|banana|  1| 10|
| blue|banana|  2| 20|
|  red|carrot|  3| 30|
| blue| grape|  4| 40|
|  red|carrot|  5| 50|
|black|carrot|  6| 60|
|  red|banana|  7| 70|
|  red| grape|  8| 80|
+-----+------+---+---+
```

9. 与 SQL 一起使用

DataFrame 和 Spark SQL 共享执行引擎，因此可以无缝地互换使用。例如，用户可以将 DataFrame 注册为一个表并轻松运行 Spark SQL，操作代码如下：

```
df.createOrReplaceTempView("tableA")
spark.sql("SELECT count(*) from tableA").show()
```

代码运行后的显示结果如下：

```
+--------+
|count(1)|
+--------+
|       8|
+--------+
```

此外，用户还可以在开箱即用的 Spark SQL 中注册和调用 UDF，操作代码如下：

```
@pandas_udf("integer")
def add_one(s: pd.Series) -> pd.Series:
    return s + 1

spark.udf.register("add_one", add_one)
spark.sql("SELECT add_one(v1) FROM tableA").show()
```

代码运行后的显示结果如下：

```
+----------+
|add_one(v1)|
+----------+
|         2|
|         3|
|         4|
|         5|
|         6|
|         7|
|         8|
|         9|
+----------+
```

这些 Spark SQL 表达式可以直接混合并用作 PySpark 列，操作代码如下：

```
from pyspark.sql.functions import expr

df.selectExpr('add_one(v1)').show()
df.select(expr('count(*)') > 0).show()
```

代码运行后的显示结果如下：

```
+----------+
|add_one(v1)|
+----------+
|         2|
|         3|
|         4|
|         5|
```

```
|           6|
|           7|
|           8|
|           9|
+------------+

+--------------+
|(count(1) > 0)|
+--------------+
|          true|
+--------------+
```

10.4　Spark Pandas API

　　Spark Pandas API 通过在 Apache Spark 上实施 Pandas DataFrame API 使数据科学家在与大数据交互时更加高效。Pandas 是 Python 中的标准（单节点）DataFrame 实现，而 Spark 是大数据处理的标准实现。使用 Spark Pandas API 的用户可以提高数据处理的效率，还可以拥有一个既适用于 Pandas（单机测试，较小的数据集）又适用于 Spark（分布式数据集）的代码库。

10.4.1　快速入门

　　本节展示 Pandas 和 Spark Pandas API 之间的一些主要区别。初学者可以打开 Apache Spark 官网提供的快速入门页面，进入 "Live Notebook:Spark Pandas API"，并在其中运行此示例。

　　通常，在 Spark 上导入 Spark Pandas API 的操作代码如下：

```
import pandas as pd
import numpy as np
import pyspark.pandas as ps
from pyspark.sql import SparkSession
```

1．创建对象

　　通过传递一个列表的数值在 Spark Series 上创建 Pandas 数据，让 Spark Pandas API 创建默认整数索引，输入代码如下：

```
s = ps.Series([1, 3, 5, np.nan, 6, 8])
```

　　另起一行，单写一个 s：

```
s
```

　　代码运行后的显示结果如下：

```
0    1.0
1    3.0
2    5.0
3    NaN
```

```
4    6.0
5    8.0
dtype: float64
```

通过传递对象的字典 dict 在 Spark DataFrame 上创建 Pandas，该字典可以转换为类似序列的对象。操作代码如下：

```
psdf = ps.DataFrame(
    {'a': [1, 2, 3, 4, 5, 6],
     'b': [100, 200, 300, 400, 500, 600],
     'c': ["one", "two", "three", "four", "five", "six"]},
    index=[10, 20, 30, 40, 50, 60])
```

另起一行，输入 psdf：

```
psdf
```

代码运行后的显示结果如下：

```
    a   b    c
10  1   100  one
20  2   200  two
30  3   300  three
40  4   400  four
50  5   500  five
60  6   600  six
```

通过传递带有日期时间 datetime 索引和标记列的 NumPy 数组创建 Pandas DataFrame。操作代码如下：

```
dates = pd.date_range('20130101', periods=6)
```

另起一行，输入 dates：

```
dates
```

代码运行后的显示结果如下：

```
DatetimeIndex(['2013-01-01', '2013-01-02', '2013-01-03', '2013-01-04',
               '2013-01-05', '2013-01-06'],
              dtype='datetime64[ns]', freq='D')
```

输入以下代码：

```
pdf = pd.DataFrame(np.random.randn(6, 4), index=dates, columns = list
('ABCD'))
```

另起一行，输入 pdf：

```
pdf
```

代码运行后的显示结果如下：

	A	B	C	D
2013-01-01	0.912558	-0.795645	-0.289115	0.187606

2013-01-02	-0.059703	-1.233897	0.316625	-1.226828
2013-01-03	0.332871	-1.262010	-0.434844	-0.579920
2013-01-04	0.924016	-1.022019	-0.405249	-1.036021
2013-01-05	-0.772209	-1.228099	0.068901	0.896679
2013-01-06	1.485582	-0.709306	-0.202637	-0.248766

现在，这个 Pandas DataFrame 可以在 Spark DataFrame 上转换为 Pandas，即 Pandas-on-Spark DataFrame。操作代码如下：

```
psdf = ps.from_pandas(pdf)
```

另起一行，输入 type(psdf)：

```
type(psdf)
```

代码运行后的显示结果如下：

```
pyspark.pandas.frame.DataFrame
```

PSDF 的外观和行为与 Pandas DataFrame 相同。查看 PSDF 数据的代码如下：

```
psdf
```

代码运行后的显示结果如下：

	A	B	C	D
2013-01-01	0.912558	-0.795645	-0.289115	0.187606
2013-01-02	-0.059703	-1.233897	0.316625	-1.226828
2013-01-03	0.332871	-1.262010	-0.434844	-0.579920
2013-01-04	0.924016	-1.022019	-0.405249	-1.036021
2013-01-05	-0.772209	-1.228099	0.068901	0.896679
2013-01-06	1.485582	-0.709306	-0.202637	-0.248766

此外，用户还可以轻松地从 Spark DataFrame 上创建 Pandas-on-Spark DataFrame。从 Pandas DataFrame 上创建一个 Spark DataFrame 的代码如下：

```
spark = SparkSession.builder.getOrCreate()
sdf = spark.createDataFrame(pdf)
sdf.show()
```

显示结果如下：

```
+-------------------+-------------------+--------------------+--------------------+
|                  A|                  B|                   C|                   D|
+-------------------+-------------------+--------------------+--------------------+
| 0.91255803205208|-0.7956452608556638|-0.28911463069772175| 0.18760566615081622|
|-0.05970271470242| -1.233896949308984|  0.3166246451758431|-1.2268284000402265|
|0.33287106947536615|-1.2620100816441786|  -0.4348444277082644|-0.5799199651437185|
```

```
|      0.924015846158991|-1.0220190956326003|     -0.4052488880650239|     -
1.0360212104348547|
|     -0.772209001655895|-1.2280986385313222|          0.0689011451939635|
0.8966790729426755|
|      1.4855822995785612|-0.7093056426018517|     -0.2026366848847041|-
0.24876619876451092|
     +-------------------+-------------------+---------------------+----------
----------+
```

创建一个来自 Spark DataFrame 的 Pandas-on-Spark DataFrame 数据。操作代码如下：

```
psdf = sdf.pandas_api()
psdf
```

代码运行后的显示结果如下：

	A	B	C	D
0	0.912558	-0.795645	-0.289115	0.187606
1	-0.059703	-1.233897	0.316625	-1.226828
2	0.332871	-1.262010	-0.434844	-0.579920
3	0.924016	-1.022019	-0.405249	-1.036021
4	-0.772209	-1.228099	0.068901	0.896679
5	1.485582	-0.709306	-0.202637	-0.248766

另外，用户还可以查看数据类型，目前支持 Spark 和 Panda 通用的类型。操作代码如下：

```
psdf.dtypes
```

代码运行后的显示结果如下：

```
A    float64
B    float64
C    float64
D    float64
dtype: object
```

下面讲解如何显示数据中的顶行。注意：在默认情况下，Spark DataFrame 中的数据不保持自然顺序，通过设置 compute.ordered_head 选项可以保持自然顺序，但会产生内部排序的计算开销。输入代码如下：

```
psdf.head()
```

代码运行后的显示结果如下：

	A	B	C	D
0	0.912558	-0.795645	-0.289115	0.187606
1	-0.059703	-1.233897	0.316625	-1.226828
2	0.332871	-1.262010	-0.434844	-0.579920
3	0.924016	-1.022019	-0.405249	-1.036021
4	-0.772209	-1.228099	0.068901	0.896679

显示索引（Index）、列（Column）和底层 NumPy 数据的操作代码如下：

```
psdf.index
```

代码运行后的显示结果如下：

```
Int64Index([0, 1, 2, 3, 4, 5], dtype='int64')
```

输入以下代码：

```
psdf.columns
```

代码运行后的显示结果如下：

```
Index(['A', 'B', 'C', 'D'], dtype='object')
```

输入以下代码：

```
psdf.to_numpy()
```

代码运行后的显示结果如下：

```
array([[ 0.91255803, -0.79564526, -0.28911463,  0.18760567],
       [-0.05970271, -1.23389695,  0.31662465, -1.2268284 ],
       [ 0.33287107, -1.26201008, -0.43484443, -0.57991997],
       [ 0.92401585, -1.0220191 , -0.40524889, -1.03602121],
       [-0.772209  , -1.22809864,  0.06890115,  0.89667907],
       [ 1.4855823 , -0.70930564, -0.20263668, -0.2487662 ]])
```

显示数据的快速统计摘要的操作代码如下：

```
psdf.describe()
```

代码运行后的显示结果如下：

```
              A               B               C               D
count  6.000000        6.000000        6.000000        6.000000
mean   0.470519        -1.041829       -0.157720       -0.334542
std    0.809428        0.241511        0.294520        0.793014
min    -0.772209       -1.262010       -0.434844       -1.226828
25%    -0.059703       -1.233897       -0.405249       -1.036021
50%    0.332871        -1.228099       -0.289115       -0.579920
75%    0.924016        -0.795645       0.068901        0.187606
max    1.485582        -0.709306       0.316625        0.896679
```

用于数据转置的操作代码如下：

```
psdf.T
```

代码运行后的显示结果如下：

```
          0               1               2               3               4               5
A    0.912558        -0.059703       0.332871        0.924016        -0.772209       1.485582
B    -0.795645       -1.233897       -1.262010       -1.022019       -1.228099       -0.709306
C    -0.289115       0.316625        -0.434844       -0.405249       0.068901        -0.202637
D    0.187606        -1.226828       -0.579920       -1.036021       0.896679        -0.248766
```

303

按索引排序的操作代码如下：

```
psdf.sort_index(ascending=False)
```

代码运行后的显示结果如下：

	A	B	C	D
5	1.485582	-0.709306	-0.202637	-0.248766
4	-0.772209	-1.228099	0.068901	0.896679
3	0.924016	-1.022019	-0.405249	-1.036021
2	0.332871	-1.262010	-0.434844	-0.579920
1	-0.059703	-1.233897	0.316625	-1.226828
0	0.912558	-0.795645	-0.289115	0.187606

按值排序的操作代码如下：

```
psdf.sort_values(by='B')
```

代码运行后的显示结果如下：

	A	B	C	D
2	0.332871	-1.262010	-0.434844	-0.579920
1	-0.059703	-1.233897	0.316625	-1.226828
4	-0.772209	-1.228099	0.068901	0.896679
3	0.924016	-1.022019	-0.405249	-1.036021
0	0.912558	-0.795645	-0.289115	0.187606
5	1.485582	-0.709306	-0.202637	-0.248766

2. 缺失数据的处理

Spark Pandas API 主要使用 NaN 表示缺失数据。在默认情况下，NaN 不包含在计算中。例如：

```
pdf1 = pdf.reindex(index=dates[0:4], columns=list(pdf.columns) + ['E'])
pdf1.loc[dates[0]:dates[1], 'E'] = 1
psdf1 = ps.from_pandas(pdf1)
psdf1
```

代码运行后的显示结果如下：

	A	B	C	D	E
2013-01-01	0.912558	-0.795645	-0.289115	0.187606	1.0
2013-01-02	-0.059703	-1.233897	0.316625	-1.226828	1.0
2013-01-03	0.332871	-1.262010	-0.434844	-0.579920	NaN
2013-01-04	0.924016	-1.022019	-0.405249	-1.036021	NaN

删除任何有缺失数据的行的操作代码如下：

```
psdf1.dropna(how='any')
```

代码运行后的显示结果如下：

	A	B	C	D	E
2013-01-01	0.912558	-0.795645	-0.289115	0.187606	1.0
2013-01-02	-0.059703	-1.233897	0.316625	-1.226828	1.0

填补缺失数据的操作代码如下：

```
psdf1.fillna(value=5)
```

代码运行后的显示结果如下：

```
                     A              B              C              D        E
2013-01-01   0.912558      -0.795645      -0.289115       0.187606      1.0
2013-01-02  -0.059703      -1.233897       0.316625      -1.226828      1.0
2013-01-03   0.332871      -1.262010      -0.434844      -0.579920      5.0
2013-01-04   0.924016      -1.022019      -0.405249      -1.036021      5.0
```

10.4.2 常用的操作运算

PySpark 还有其他常用的操作运算，熟练使用这些操作运算可以大幅提升数据处理的效率。本节讲解的操作运算有统计数据、PySpark 配置、分组和绘图。

1. 统计数据

执行描述性统计的操作代码如下：

```
psdf.mean()
```

代码运行后的显示结果如下：

```
A     0.470519
B    -1.041829
C    -0.157720
D    -0.334542
dtype: float64
```

2. PySpark 配置

PySpark 中的各种配置可以在 Spark Pandas API 中内部应用。例如，用户可以启用 Arrow 优化来大大加快 Pandas 内部的转换速度。Arrow 的具体使用方法请参阅 PySpark 文档中的 PySpark Usage Guide for Pandas with Apache Arrow。输入如下代码：

```
# 保持它的默认值
prev = spark.conf.get("spark.sql.execution.arrow.pyspark.enabled")
# 使用默认索引防止开销
ps.set_option("compute.default_index_type", "distributed")
import warnings
warnings.filterwarnings("ignore")   # 忽略 Arrow 优化带来的警告信息
```

继续输入如下代码：

```
spark.conf.set("spark.sql.execution.arrow.pyspark.enabled", True)
%timeit ps.range(300000).to_pandas()
```

代码运行后的显示结果如下：

```
900 ms ± 186 ms per loop (mean ± std. dev. of 7 runs, 1 loop each)
```

输入代码如下：

```
spark.conf.set("spark.sql.execution.arrow.pyspark.enabled", False)
%timeit ps.range(300000).to_pandas()
```

代码运行后的显示结果如下：

```
3.08 s ± 227 ms per loop (mean ± std. dev. of 7 runs, 1 loop each)
```

输入以下代码可以重置默认配置：

```
ps.reset_option("compute.default_index_type")
# 将其默认值设置回原来的值
spark.conf.set("spark.sql.execution.arrow.pyspark.enabled", prev)
```

3. 分组

分组指的是涉及以下一个或多个步骤的过程。

- 根据一些标准将数据分成几组。
- 将一个函数独立应用于每组。
- 将结果合并为一个数据结构。

下面看一个例子。首先创建一个 DataFrame 对象，操作代码如下：

```
psdf = ps.DataFrame({'A': ['foo', 'bar', 'foo', 'bar',
                           'foo', 'bar', 'foo', 'foo'],
                     'B': ['one', 'one', 'two', 'three',
                           'two', 'two', 'one', 'three'],
                     'C': np.random.randn(8),
                     'D': np.random.randn(8)})
```

继续输入如下代码：

```
psdf
```

代码运行后的显示结果如下：

```
     A      B         C          D
0  foo    one   1.039632  -0.571950
1  bar    one   0.972089   1.085353
2  foo    two  -1.931621  -2.579164
3  bar  three  -0.654371  -0.340704
4  foo    two  -0.157080   0.893736
5  bar    two   0.882795   0.024978
6  foo    one  -0.149384   0.201667
7  foo  three  -1.355136   0.693883
```

使用 groupby()对数据进行分组，并将 sum()函数应用于产生的组。操作代码如下：

```
psdf.groupby('A').sum()
```

代码运行后的显示结果如下：

```
          C          D
A
```

```
Bar     1.200513     0.769627
foo    -2.553589    -1.361828
```

按多列分组形成一个分层索引，这里可以再次应用 sum()函数。操作代码如下：

```
psdf.groupby(['A', 'B']).sum()
```

代码运行后的显示结果如下：

```
                    C            D
A       B
Foo     one      0.890248    -0.370283
        two     -2.088701    -1.685428
bar     three   -0.654371    -0.340704
foo     three   -1.355136     0.693883
bar     two      0.882795     0.024978
        one      0.972089     1.085353
```

4. 绘图

绘图函数为 plot()。读者可尝试输入以下代码，绘制曲线图：

```
pser = pd.Series(np.random.randn(1000),
                index=pd.date_range('1/1/2000', periods=1000))
psser = ps.Series(pser)
psser = psser.cummax()
psser.plot()
```

10.4.3　PySpark 使用方法的详细讲解

本节详细讲解 PySpark 的使用方法，主要涉及 7 方面的内容：①选项和设置；②Pandas 和 PySpark DataFrame 的相互转换；③转换和应用一个函数；④Spark Pandas API 的类型支持；⑤Spark Pandas API 中的类型提示；⑥与其他数据库管理系统（DBMSes）的交互；⑦最佳实践。

1. 选项和设置

Spark Pandas API 有一个选项系统，可以让用户定制其行为的某些方面、显示有关的选项，以及某些用户可能需要调整的内容。

选项有一个完整的"点阵式"、不区分大小写的名称（如 display.max_rows）。用户可以直接获取/设置选项，作为顶层选项属性的属性。操作代码如下：

```
>>> import pyspark.pandas as ps
>>> ps.options.display.max_rows
1000
>>> ps.options.display.max_rows = 10
>>> ps.options.display.max_rows
10
```

该 API 由 3 个相关函数/方法组成，可直接从 pandas_on_spark 命名空间获得。

- get_option() / set_option()：获取/设置单个选项的值。

- reset_option()：将一个或多个选项重置为其默认值。

```
>>> import pyspark.pandas as ps
>>> ps.get_option("display.max_rows")
1000
>>> ps.set_option("display.max_rows", 101)
>>> ps.get_option("display.max_rows")
101
```

（1）获取或设置选项。

如上所述，get_option()和set_option() 可以从 pandas_on_spark 命名空间获得。要改变一个选项，请调用 set_option('option name', new_value)：

```
>>> import pyspark.pandas as ps
>>> ps.get_option('compute.max_rows')
1000
>>> ps.set_option('compute.max_rows', 2000)
>>> ps.get_option('compute.max_rows')
2000
```

所有的选项都有一个默认值，用户可以使用 reset_option()方法来设置默认值：

```
>>> import pyspark.pandas as ps
>>> ps.reset_option("display.max_rows")

>>> import pyspark.pandas as ps
>>> ps.get_option("display.max_rows")
1000
>>> ps.set_option("display.max_rows", 999)
>>> ps.get_option("display.max_rows")
999
>>> ps.reset_option("display.max_rows")
>>> ps.get_option("display.max_rows")
1000
```

option_context 上下文管理器已经通过顶层的 API 显示出来，允许用给定的选项值执行代码。当用户退出 with 块时，选项值会自动恢复：

```
>>> with ps.option_context("display.max_rows", 10, "compute.max_rows", 5):
...     print(ps.get_option("display.max_rows"))
...     print(ps.get_option("compute.max_rows"))
10
5
>>> print(ps.get_option("display.max_rows"))
>>> print(ps.get_option("compute.max_rows"))
1000
1000
```

（2）对不同 DataFrame 的操作。

Spark Pandas API 默认不允许对不同的 DataFrame（或 Series）进行操作，以防止产生较大计算开销的操作。Spark Pandas API 在内部执行的是联结（Join）操作，这在一般情况下的开销是很大的。

可以通过将 compute.ops_on_diff_frames 设置为 True 来允许出现这种情况。请看下面的例子：

```
>>> import pyspark.pandas as ps
>>> ps.set_option('compute.ops_on_diff_frames', True)
>>> psdf1 = ps.range(5)
>>> psdf2 = ps.DataFrame({'id': [5, 4, 3]})
>>> (psdf1 - psdf2).sort_index()
   id
0 -5.0
1 -3.0
2 -1.0
3 NaN
4 NaN
>>> ps.reset_option('compute.ops_on_diff_frames')

>>> import pyspark.pandas as ps
>>> ps.set_option('compute.ops_on_diff_frames', True)
>>> psdf = ps.range(5)
>>> psser_a = ps.Series([1, 2, 3, 4])
>>> # 'psser_a' 不来自 'psdf' DataFrame，故它被认为不是来自'psdf'的一个 Series
Series
>>> psdf['new_col'] = psser_a
>>> psdf
   id  new_col
0   0      1.0
1   1      2.0
3   3      4.0
2   2      3.0
4   4      NaN
>>> ps.reset_option('compute.ops_on_diff_frames')
```

（3）默认索引的使用。

在 Spark Pandas API 中，默认索引在一些情况下被使用，如当 Spark DataFrame 被转换为 Pandas-on-Spark DataFrame 时。在这种情况下，Spark Pandas API 会在内部将一个默认的索引附加到 Pandas-on-Spark DataFrame 中。

有几种类型的默认索引可以通过 *compute.default_index_type* 进行配置，这些默认索引有 sequence、distributed-sequence、distributed。接下来对这 3 种默认索引进行介绍。

sequence 索引在 PySpark 的 set_option()函数中实现一个逐一增加的序列。由于 sequence 索引没有指定分区，因此 sequence 索引设置的序列可能会在单个节点上占用一个完整的分区。当数据很大时，应该避免使用这种索引。请看下面的例子：

```
>>> import pyspark.pandas as ps
>>> ps.set_option('compute.default_index_type', 'sequence')
```

```
>>> psdf = ps.range(3)
>>> ps.reset_option('compute.default_index_type')
>>> psdf.index
Int64Index([0, 1, 2], dtype='int64')
```

上述代码在概念上等同于下面的 PySpark 例子：

```
>>> from pyspark.sql import functions as F, Window
>>> import pyspark.pandas as ps
>>> spark_df = ps.range(3).to_spark()
>>> sequential_index = F.row_number().over(
...     Window.orderBy(F.monotonically_increasing_id().asc())) - 1
>>> spark_df.select(sequential_index).rdd.map(lambda r: r[0]).collect()
[0, 1, 2]
```

distributed-sequence 索引以分布式的方式实现单调递增的序列，索引增加的步长为 1。distributed-sequence 索引仍然在全局范围内生成顺序索引。如果默认索引必须是大数据集中的序列，就必须使用这个索引。请看下面的例子：

```
>>> import pyspark.pandas as ps
>>> ps.set_option('compute.default_index_type', 'distributed-sequence')
>>> psdf = ps.range(3)
>>> ps.reset_option('compute.default_index_type')
>>> psdf.index
Int64Index([0, 1, 2], dtype='int64')
```

上述代码在概念上等同于下面的 PySpark 例子：

```
>>> import pyspark.pandas as ps
>>> spark_df = ps.range(3).to_spark()
>>> spark_df.rdd.zipWithIndex().map(lambda p: p[1]).collect()
[0, 1, 2]
```

distributed 索引通过使用 PySpark 的 monotonically_increasing_id()函数，以完全分布式的方式实现一个单调递增的序列，索引增加的步长可以是任意正整数。序列中的索引值是不确定的。从性能上讲，与其他索引类型相比，这种索引几乎没有任何惩罚机制。请看下面的例子：

```
>>> import pyspark.pandas as ps
>>> ps.set_option('compute.default_index_type', 'distributed')
>>> psdf = ps.range(3)
>>> ps.reset_option('compute.default_index_type')
>>> psdf.index
Int64Index([25769803776, 60129542144, 94489280512], dtype='int64')
```

上述代码在概念上等同于下面的 PySpark 例子：

```
>>> from pyspark.sql import functions as F
>>> import pyspark.pandas as ps
>>> spark_df = ps.range(3).to_spark()
```

```
>>> spark_df.select(F.monotonically_increasing_id()) \
...     .rdd.map(lambda r: r[0]).collect()
[25769803776, 60129542144, 94489280512]
```

注意：这种索引非常不可能用于计算两个不同的数据框架，因为它不能保证在两个数据框架中具有相同的索引。如果用户使用这种默认索引并打开 *compute.ops_on_diff_ frames*，则会由于不确定的索引值，导致两个不同的 DataFrame 之间的操作结果很可能是一个意外的输出。

（4）其他可用选项。

其他可用选项如表 10-2 所示。

表 10-2　其他可用选项

选　　项	默　认　值	解　　释
display.max_rows	1000	设置了 Pandas-on-Spark 在打印各种输出时应该输出的最大行数。例如，这个值决定了在一个 DataFrame 中 repr()所显示的行数。设置其值为 None 可以解除对输入长度的限制
compute.max_rows	1000	用于设置当前 Pandas-on-Spark DataFrame 的数据行数限制。设置其值为 None 可以解除对输入长度的限制。当设置了限制时，数据被收集到驱动程序端，使用 Pandas API 进行处理，如果不设置限制，则由 PySpark 执行该操作
compute.shortcut_limit	1000	设置一个快捷方式的限制，用于计算指定的行数并使用其 Schema 模式。当数据框架的长度大于这个限制时，Pandas-on-Spark 会使用 PySpark 来计算
compute.ops_on_diff_frames	False	决定了是否要在两个不同的 DataFrame 之间进行操作。例如，combined_frames() 函数在内部执行了一个连接操作，这个操作的开销一般来说是很大的。因此，如果 compute.ops_on_diff_frames 的值不是 True，则该方法会抛出一个异常
compute.default_index_type	'distributed-sequence'	设置默认的索引类型：sequence、distributed-sequence、distributed
compute.ordered_head	False	设置是否用自然排序来操作 head。Pandas-on-Spark 不保证行的排序，故 head 可能会返回一些来自分布式分区的行。如果 compute.ordered_head 被设置为 True，那么 Pandas-on-Spark 会事先进行自然排序，但这将导致性能上的开销增大
compute.eager_check	True	设置是否为了验证而启动一些 Spark 作业。如果 compute.eager_check 被设置为 True，那么 Pandas-on-Spark 会事先进行验证，但会导致性能上的开销增大；否则，Pandas-on-Spark 会跳过验证，并与 Pandas 略有不同。受影响的 API 有 Series.dot、Series.asof、Series.compare、FractionalExtensionOps.astype、IntegralExtensionOps.astype、FractionalOps.astype、DecimalOps.astype
compute.isin_limit	80	设置通过 Column.isin(list)进行过滤的限制。如果 list 的长度超过了限制，那么为了获得更好的性能，会使用广播连接
plotting.max_rows	1000	设置基于 Top-N 的图的视觉限制，如 plot.bar 和 plot.pie。如果它被设置为 1000，那么前 1000 个数据点将被用于绘图
plotting.sample_ratio	None	设置基于样本的绘图的数据比例，如 plot.line 和 plot.area。该选项的默认值为'plotting.max_rows'
plotting.backend	'plotly'	用于绘图的后端，支持任何具有顶级.plot 方法的软件包，已知的选项有 [matplotlib, plotly]

2. Pandas 和 PySpark DataFrame 的相互转换

来自 Pandas 和/或 PySpark 的用户在 Spark 上使用 Pandas API 时可能会面临 API 兼容性问题。由于 Pandas API 在 Spark 上的数据不是 100%兼容 Pandas 和 PySpark 的，因此用

户需要做一些变通的工作来移植其 Pandas 或 PySpark 代码，或者熟悉 Pandas 在 Spark 上的 API。

（1）Pandas。

Pandas 用户可以通过调用DataFrame.to_pandas()方法来访问完整的 Pandas API。Pandas-on-Spark DataFrame 和 Pandas DataFrame 类似。然而，前者是分布式的，后者在单台机器上。当两者相互转换时，数据会在多台机器和单一客户端机器之间传输。

例如，如果需要调用 Pandas DataFrame 的 Pandas_df.values()方法，则可以按下面的方法做：

```
>>> import pyspark.pandas as ps
>>>
>>> psdf = ps.range(10)
>>> pdf = psdf.to_pandas()
>>> pdf.values
array([[0],
       [1],
       [2],
       [3],
       [4],
       [5],
       [6],
       [7],
       [8],
       [9]])
```

Pandas DataFrame 可以很容易地转换为 Pandas-on-Spark DataFrame：

```
>>> ps.from_pandas(pdf)
   id
0   0
1   1
2   2
3   3
4   4
5   5
6   6
7   7
8   8
9   9
```

注意：将 Pandas-on-Spark DataFrame 转换为 Pandas DataFrame 需要将所有的数据都收集到客户端机器上。因此，如果可能的话，建议使用 Spark Pandas API 或 PySpark API 来代执行数据转换操作。

（2）PySpark 的 DataFrame。

PySpark 用户可以通过调用DataFrame.to_spark()方法来访问完整的 PySpark API。

Pandas-on-Spark DataFrame 和 Spark DataFrame 几乎可以互换。

例如，当用户需要调用 Spark_df.filter(...)的 Spark DataFrame 时，可以按下面的方法做：

```
>>> import pyspark.pandas as ps
>>>
>>> psdf = ps.range(10)
>>> sdf = psdf.to_spark().filter("id > 5")
>>> sdf.show()
+---+
| id|
+---+
|  6|
|  7|
|  8|
|  9|
+---+
```

Spark DataFrame 可以轻松地转换为 Pandas-on-Spark DataFrame：

```
>>> sdf.pandas_api()
   id
0   6
1   7
2   8
3   9
```

然而，需要注意的是，当 Pandas-on-Spark DataFrame 由 Spark DataFrame 创建时，会创建一个新的默认索引。为了避免这种开销，在可能的情况下指定列作为索引：

```
>>> # 使用显示明确的索引创建一个 Pandas-on-Spark DataFrame
... psdf = ps.DataFrame({'id': range(10)}, index=range(10))
>>> # 保留显式索引
... sdf = psdf.to_spark(index_col='index')
>>> # 调用 Spark API
... sdf = sdf.filter("id > 5")
>>> # 使用显式明确的索引以避免创建默认索引
... sdf.pandas_api(index_col='index')
       id
index
6       6
7       7
8       8
9       9
```

3. 转换和应用一个函数

很多 API 都允许用户针对 Pandas-on-Spark 数据框架应用一个函数，如DataFrame.transform()、DataFrame.apply()、DataFrame.pandas_on_spark.transform_batch()、DataFrame.

pandas_on_spark.apply_batch()、Series.pandas_on_spark.transform_batch()等。每个函数都有不同的目的，其内部工作方式也不同。

DataFrame.transform() 和DataFrame.apply()之间的主要区别是，前者要求返回与输入相同的长度，而后者则没有这个要求。请看下面的例子：

```
>>> psdf = ps.DataFrame({'a': [1,2,3], 'b':[4,5,6]})
>>> def pandas_plus(pser):
...     return pser + 1   # 应始终返回与输入相同的长度
...
>>> psdf.transform(pandas_plus)

>>> psdf = ps.DataFrame({'a': [1,2,3], 'b':[5,6,7]})
>>> def pandas_plus(pser):
...     return pser[pser % 2 == 1]   # 允许任意长度
...
>>> psdf.apply(pandas_plus)
```

在这种情况下，每个函数都需要一个 Pandas Series，Spark Pandas API 以分布式方式计算函数，如图 10-4 所示。

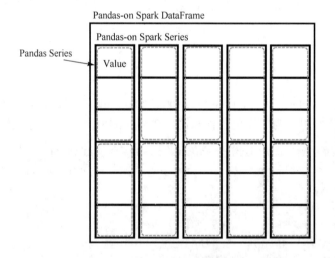

图 10-4　Spark 上以分布式方式计算函数的 Pandas API

在"列"轴的情况下，该函数将每行作为一个 Pandas Series：

```
>>> psdf = ps.DataFrame({'a': [1,2,3], 'b':[4,5,6]})
>>> def pandas_plus(pser):
...     return sum(pser)   # 允许任意长度
...
>>> psdf.apply(pandas_plus, axis='columns')
```

上面的例子是以 Pandas Series 形式来计算每行的总和的。下面看一下图 10-5。

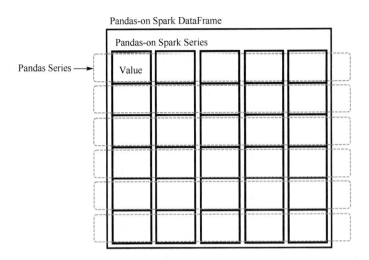

图 10-5 以 Pandas Series 形式计算每行的总和

在上面的例子中，为了简单起见，没有使用类型提示，但鼓励使用它们以避免性能损失。

对 于 pandas_on_spark.transform_batch() 和 pandas_on_spark.apply_batch()，以 及 DataFrame.pandas_on_spark.transform_batch()、DataFrame.pandas_on_spark.apply_batch()、Series.pandas_on_spark.transform_batch()等函数，batch 为后缀，指的是 Pandas-on-Spark DataFrame 或 Pandas Series 中的每个块。这些 API 将 Pandas-on-Spark DataFrame 或 Pandas Series 切片，并以 Pandas DataFrame 或 Pandas Series 为输入和输出，执行给定的函数。请看下面的例子：

```
>>> psdf = ps.DataFrame({'a': [1,2,3], 'b':[4,5,6]})
>>> def pandas_plus(pdf):
...     return pdf + 1  # 应始终返回与输入相同的长度
...
>>> psdf.pandas_on_spark.transform_batch(pandas_plus)

>>> psdf = ps.DataFrame({'a': [1,2,3], 'b':[4,5,6]})
>>> def pandas_plus(pdf):
...     return pdf[pdf.a > 1]  # 允许任意长度
...
>>> psdf.pandas_on_spark.apply_batch(pandas_plus)
```

上述两个例子中的函数都把 Pandas DataFrame 作为 Pandas-on-Spark DataFrame 的一个块，并输出一个 Pandas DataFrame。Spark Pandas API 将 Pandas DataFrame 合并为 Pandas-on-Spark DataFrame。

注意：DataFrame.pandas_on_spark.transform_batch()有长度限制，即要求输入和输出的数据长度应该相同，而 DataFrame.pandas_on_spark.apply_batch()则没有此限制。例如，当 DataFrame.pandas_on_spark.transform_batch()将 Pandas-on-Spark DataFrame 转换为 Pandas DataFrame 时，每次只转换一个数据块，如图 10-6 所示，第一次转换数据块 batch 0，转换完成后转换下一个数据块 batch 1，依次类推。这里每个数据块的长度都是受限的。然而，

315

需要知道的是，当 DataFrame.pandas_on_spark.transform_batch()返回一个 Pandas Series 数据时，输出属于同一个 Pandas DataFrame，用户可以通过不同 Pandas DataFrame 之间的操作来避免洗牌操作的发生。至于 DataFrame.pandas_on_spark.apply_batch()，其输出总是被当作属于一个新的不同的 Pandas DataFrame。

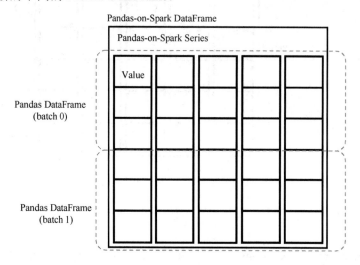

图 10-6　以 batch 形式处理的 Pandas DataFrame

Series.pandas_on_spark.transform_batch() 也 与 DataFrame.pandas_on_spark.transform_batch()类似，但是它将 Pandas Series 作为 Pandas-on-Spark Series 的一个数据块。请看下面的代码：

```
>>> psdf = ps.DataFrame({'a': [1,2,3], 'b':[4,5,6]})
>>> def pandas_plus(pser):
...     return pser + 1   # 应始终返回与输入相同的长度
...
>>> psdf.a.pandas_on_spark.transform_batch(pandas_plus)
```

上例中，每个数据块 Pandas-on-Spark Series 都被分割成多个 Pandas Series，每个函数在此基础上进行计算，如图 10-7 所示。

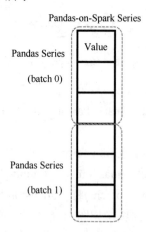

图 10-7　每个数据块 Pandas-on-Spark Series 被分割成多个 Pandas Series

4. Spark Pandas API 的类型支持

下面简要地介绍 Pandas-on-Spark DataFrame、PySpark DataFrame 和 Pandas DataFrame 之间转换时数据类型是如何变化的。

（1）PySpark 和 Spark Pandas API 之间的类型转换。

当对 Pandas-on-Spark DataFrame 与 PySpark DataFrame 进行相互转换时，数据类型会被自动转换为合适的类型。

下面的例子展示了数据类型是如何从 PySpark DataFrame 转换为 Pandas-on-Spark DataFrame 的：

```
# 1. 创建一个 PySpark DataFrame
>>> sdf = spark.createDataFrame([
...       (1, Decimal(1.0), 1., 1., 1, 1, 1, datetime(2020, 10, 27), "1",
True, datetime(2020, 10, 27)),
... ], 'tinyint tinyint, decimal decimal, float float, double double,
integer integer, long long, short short, timestamp timestamp, string string,
boolean boolean, date date')

# 2. 检查 PySpark 的数据类型
>>> sdf
DataFrame[tinyint: tinyint, decimal: decimal(10,0), float: float, double:
double, integer: int, long: bigint, short: smallint, timestamp: timestamp,
string: string, boolean: boolean, date: date]

# 3. 将 PySpark DataFrame 转换为 Pandas-on-Spark DataFrame
>>> psdf = sdf.pandas_api()

# 4. 检查 Pandas-on-Spark 的数据类型
>>> psdf.dtypes
tinyint                 int8
decimal                 object
float                   float32
double                  float64
integer                 int32
long                    int64
short                   int16
timestamp               datetime64[ns]
string                  object
boolean                 bool
date                    object
dtype: object
```

下面的例子展示了数据类型如何从 Pandas-on-Spark DataFrame 转换为 PySpark DataFrame：

```
# 1. 创建一个 Pandas-on-Spark DataFrame
>>> psdf = ps.DataFrame({"int8": [1], "bool": [True], "float32": [1.0],
"float64": [1.0], "int32": [1], "int64": [1], "int16": [1], "datetime":
```

```
[datetime.datetime(2020, 10, 27)], "object_string": ["1"], "object_decimal":
[decimal.Decimal("1.1")], "object_date": [datetime.date(2020, 10, 27)]})

# 2.使用'astype'进行类型转换
>>> psdf['int8'] = psdf['int8'].astype('int8')
>>> psdf['int16'] = psdf['int16'].astype('int16')
>>> psdf['int32'] = psdf['int32'].astype('int32')
>>> psdf['float32'] = psdf['float32'].astype('float32')

# 3. 检查 Pandas-on-Spark 的数据类型
>>> psdf.dtypes
int8                         int8
bool                         bool
float32                      float32
float64                      float64
int32                        int32
int64                        int64
int16                        int16
datetime              datetime64[ns]
object_string                object
object_decimal               object
object_date                  object
dtype: object

# 4. 将 Pandas-on-Spark DataFrame 转换为 PySpark DataFrame
>>> sdf = psdf.to_spark()

# 5. 检查 PySpark 的数据类型
>>> sdf
DataFrame[int8: tinyint, bool: boolean, float32: float, float64: double,
int32: int, int64: bigint, int16: smallint, datetime: timestamp,
object_string: string, object_decimal: decimal(2,1), object_date: date]
```

（2）Pandas 和 Spark Pandas API 之间的类型转换。

当把 Pandas-on-Spark DataFrame 转换为 Pandas DataFrame 时，数据类型与 Pandas 基本相同。请看下面的例子：

```
# 将 Pandas-on-Spark DataFrame 转换为 Pandas DataFrame
>>> pdf = psdf.to_pandas()

# 检查 Pandas 的数据类型
>>> pdf.dtypes
int8                         int8
bool                         bool
float32                      float32
float64                      float64
int32                        int32
int64                        int64
```

```
int16                    int16
datetime                 datetime64[ns]
object_string                object
object_decimal               object
object_date                  object
dtype: object
```

然而，有几种数据类型只有 Pandas 能够提供。请看下面的例子：

```
# Spark Pandas API 目前还不支持 pd.Catrgorical 类型
>>> ps.Series([pd.Categorical([1, 2, 3])])
Traceback (most recent call last):
...
pyarrow.lib.ArrowInvalid: Could not convert [1, 2, 3]
Categories (3, int64): [1, 2, 3] with type Categorical: did not
recognize Python value type when inferring an Arrow data type
```

以下这些 Pandas 特定的数据类型目前在 Spark Pandas API 中不被支持，但未来预计会被支持。

- pd.Timedelta。
- pd.Categorical。
- pd.CategoricalDtype。

以下这些 Pandas 特定的数据类型还没有计划在 Spark Pandas API 中得到支持。

- pd.SparseDtype。
- pd.DatetimeTZDtype。
- pd.UInt*Dtype。
- pd.BooleanDtype。
- pd.StringDtype。

（3）内部类型映射。

表 10-3 展示了在 Spark Pandas API 中，哪些 NumPy 数据类型与哪些 PySpark 内部数据类型相匹配。

表 10-3　NumPy 数据类型与 PySpark 内部数据类型的匹配关系

NumPy	PySpark
np.character	BinaryType
np.bytes_	BinaryType
np.string_	BinaryType
np.int8	ByteType
np.byte	ByteType
np.int16	ShortType
np.int32	IntegerType
np.int64	LongType
np.int	LongType
np.float32	FloatType

NumPy	PySpark
np.float	DoubleType
np.float64	DoubleType
np.str	StringType
np.unicode_	StringType
np.bool	BooleanType
np.datetime64	TimestampType
np.ndarray	ArrayType(StringType())

表 10-4 展示了在 Spark Pandas API 中，哪些 Python 数据类型与哪些 PySpark 内部数据类型相匹配。

表 10-4　Python 数据类型与 PySpark 内部数据类型的匹配关系

Python	PySpark
bytes	BinaryType
int	LongType
float	DoubleType
str	StringType
bool	BooleanType
datetime.datetime	TimestampType
datetime.date	DateType
decimal.Decimal	DecimalType(38, 18)

对于十进制类型数据，Spark Pandas API 使用 Spark 的系统默认精度和比例。用户可以通过使用 as_spark_type()函数来检查这种映射关系。请看下面的代码：

```
>>> import typing
>>> import numpy as np
>>> from pyspark.pandas.typedef import as_spark_type

>>> as_spark_type(int)
LongType

>>> as_spark_type(np.int32)
IntegerType

>>> as_spark_type(typing.List[float])
ArrayType(DoubleType,true)
```

用户也可以通过使用 Spark 访问器来检查 Pandas-on-Spark Series 的 PySpark 底层数据类型或 Pandas-on-Spark DataFrame 的 Schema 模式。请看下面的代码：

```
>>> ps.Series([0.3, 0.1, 0.8]).spark.data_type
DoubleType

>>> ps.Series(["welcome", "to", "Pandas-on-Spark"]).spark.data_type
```

```
StringType

>>> ps.Series([[False, True, False]]).spark.data_type
ArrayType(BooleanType,true)

>>> ps.DataFrame({"d": [0.3, 0.1, 0.8], "s": ["welcome", "to", "Pandas-
on-Spark"], "b": [False, True, False]}).spark.print_schema()
root
 |-- d: double (nullable = false)
 |-- s: string (nullable = false)
 |-- b: boolean (nullable = false)
```

需要注意的是，Spark Pandas API 目前不支持单列中的多种数据类型：

```
>>> ps.Series([1, "A"])
Traceback (most recent call last):
...
TypeError: an integer is required (got type str)
```

5. Spark Pandas API 中的类型提示

在默认情况下，Spark Pandas API 通过从输出中提取一些前面的记录来推断 Schema 模式，尤其在使用允许用户对 Pandas-on-Spark DataFrame 执行函数操作的 API 时，如 DataFrame.transform()、DataFrame.apply()、DataFrame.pandas_on_spark.apply_batch()、DataFrame.pandas_on_spark.apply_batch()、Series.pandas_on_spark.apply_batch()等。

然而，这样做的开销可能很大。如果在执行计划的上游有几个计算开销很大的操作，如 Shuffle，那么 Spark Pandas API 最终将执行两次 Spark 作业，一次是用 Schema 模式进行推断，另一次是用 Schema 模式处理实际数据。

为了避免这种后果，Spark Pandas API 有自己的类型提示方式。Spark Pandas API 理解返回类型中指定的类型提示，并将其转换为内部使用的 Pandas UDFs 的 Spark 模式。随着时间的推移，类型提示的方式也在不断发展。

注意：在 Spark Pandas API 中，对变量泛型的支持是实验性的和不稳定的。类型提式的方式在不同的次要版本之间可能会发生变化，这个过程可能没有任何警告。

（1）Pandas-on-Spark DataFrame 和 Pandas DataFrame。

在早期的 Pandas-on-Spark 版本中，引入了在函数中指定一个类型提示，以便将其作为 Spark 模式使用的机制。例如，用户可以通过使用 Pandas-on-Spark DataFrame 来指定如下返回类型提示：

```
>>> def pandas_div(pdf) -> ps.DataFrame[float, float]:
...     # pdf is a pandas DataFrame.
...     return pdf[['B', 'C']] / pdf[['B', 'C']]
...
>>> df = ps.DataFrame({'A': ['a', 'a', 'b'], 'B': [1, 2, 3], 'C': [4, 6,
5]})
>>> df.groupby('A').apply(pandas_div)
```

注意：函数 pandas_div()实际上接收并输出的是 Pandas DataFrame，而不是 Pandas-on-Spark DataFrame。因此，从技术上来说，正确的类型应该是 Pandas DataFrame 的数据类型。

在 Python 3.7 以上版本中，可以通过使用 Pandas 实例来指定类型提示：

```
>>> def pandas_div(pdf) -> pd.DataFrame[float, float]:
...     # pdf is a pandas DataFrame.
...     return pdf[['B', 'C']] / pdf[['B', 'C']]
...
>>> df = ps.DataFrame({'A': ['a', 'a', 'b'], 'B': [1, 2, 3], 'C': [4, 6, 5]})
>>> df.groupby('A').apply(pandas_div)
```

同样地，Pandas Series 也可以作为类型提示使用。请看下面的代码：

```
>>> def sqrt(x) -> pd.Series[float]:
...     return np.sqrt(x)
...
>>> df = ps.DataFrame([[4, 9]] * 3, columns=['A', 'B'])
>>> df.apply(sqrt, axis=0)
```

目前，Spark Pandas API 和 Pandas 实例都可以用来指定类型提示，但是 Pandas-on-Spark 计划在稳定性得到验证后，逐渐转向只使用 Pandas 实例来指定类型提示。

（2）带有名称的类型提示。

使用带有名称的类型提示是为了克服现有类型提示的局限性，特别是对于 DataFrame。当使用 DataFrame 作为返回类型提示时，如 DataFrame[int, int]，没有方法指定每个系列的名称。在旧方法中，Pandas API 在 Spark 上只生成了 C#的列名，这很容易导致用户丢失或忘记系列的映射关系。请看下面的例子：

```
>>> def transform(pdf) -> pd.DataFrame[int, int]:
...     pdf['A'] = pdf.id + 1
...     return pdf
...
>>> ps.range(5).pandas_on_spark.apply_batch(transform)
   c0  c1
0   0   1
1   1   2
2   2   3
3   3   4
4   4   5
```

Spark Pandas API 中类型提示的新风格与变量中常规的 Python 类型提示相似：Pandas-on-Spark Series 的列名被指定为一个字符串，而数据类型被指定在冒号之后。下面是一个简单的例子，其中，Pandas-on-Spark Series 的列名为 id 和 A、数据类型为 int：

```
>>> def transform(pdf) -> pd.DataFrame["id": int, "A": int]:
...     pdf['A'] = pdf.id + 1
...     return pdf
```

```
...
>>> ps.range(5).pandas_on_spark.apply_batch(transform)
   id  A
0  0   1
1  1   2
2  2   3
3  3   4
4  4   5
```

此外，Spark Pandas API 还动态地支持 dtype 实例和 Pandas 中的列索引。这样，用户就可以以编程方式生成返回类型提示和模式了。请看下面的例子：

```
>>> def transform(pdf) -> pd.DataFrame[
..        zip(sample.columns, sample.dtypes)]:
...    return pdf + 1
...
>>> psdf.pandas_on_spark.apply_batch(transform)
```

同样，来自 Pandas DataFrame 的 dtype 实例也可以单独使用，让 Spark Pandas API 生成列名。请看下面的例子：

```
>>> def transform(pdf) -> pd.DataFrame[sample.dtypes]:
...     return pdf + 1
...
>>> psdf.pandas_on_spark.apply_batch(transform)
```

（3）带索引的类型提示。

当类型提示中省略索引类型时，Spark Pandas API 会附加默认索引（*compute.default_index_type*），并且会丢失原始数据中的索引列和信息。默认索引有时需要开销较大的计算，如 Shuffle，因此最好一起指定索引类型。

（4）索引。

用下面的 Pandas DataFrame 来说明索引：

```
>>> pdf = pd.DataFrame({'id': range(5)})
>>> sample = pdf.copy()
>>> sample["a"] = sample.id + 1
```

下面的几种索引提示方式是允许使用常规索引的：

```
>>> def transform(pdf) -> pd.DataFrame[int, [int, int]]:
...     pdf["a"] = pdf.id + 1
...     return pdf
...
>>> ps.from_pandas(pdf).pandas_on_spark.apply_batch(transform)
```

在上述代码中，"->" 符号表示函数的返回类型注解。它可以用于指定函数的参数类型和返回类型。"->" 符号后跟要注解的类型。

例如，def transform(pdf) -> pd.DataFrame[int, [int, int]]表示函数 transform 的返回类型为 pd.DataFrame，其中，返回数据的索引类型为 int，列的数据类型为 [int,int]。

pd.DataFrame[int, [int, int]]表示一个具有整数索引和两列整数数据的 Pandas DataFrame 的类型提示。>>> def transform(pdf) -> pd.DataFrame[

```
...          sample.index.dtype, sample.dtypes]:
...      pdf["a"] = pdf.id + 1
...      return pdf
...
>>> ps.from_pandas(pdf).pandas_on_spark.apply_batch(transform)
```

在上述代码中，"->"指定函数返回的数据类型为 pd.DataFrame，并用 [sample.index.dtype, sample.dtypes]来注解返回数据 pd.DataFrame 的索引和列的数据类型。

```
>>> def transform(pdf) -> pd.DataFrame[
...          ("idxA", int), [("id", int), ("a", int)]]:
...      pdf["a"] = pdf.id + 1
...      return pdf
...
>>> ps.from_pandas(pdf).pandas_on_spark.apply_batch(transform)
```

在上述代码中，返回类型注解表示函数 transform 返回一个 Pandas DataFrame，即 pd.DataFrame。其中，索引名为 idxA，索引的数据类型为整数类型，列名分别为 id 和 a，对应的数据类型均为整数类型。

```
>>> def transform(pdf) -> pd.DataFrame[
...          (sample.index.name, sample.index.dtype),
...          zip(sample.columns, sample.dtypes)]:
...      pdf["a"] = pdf.id + 1
...      return pdf
...
>>> ps.from_pandas(pdf).pandas_on_spark.apply_batch(transform)
```

在上述代码中，返回类型注解指定了函数返回的数据类型为 pd.DataFrame。

[(sample.index.name, sample.index.dtype), zip(sample.columns, sample.dtypes)]这部分用于注解 pd.DataFrame 的索引和列的数据类型。

(sample.index.name, sample.index.dtype)是第一个元组，表示 pd.DataFrame 的索引信息。其中，sample.index.name 表示 pd.DataFrame 的索引名称，sample.index.dtype 表示 pd.DataFrame 索引的数据类型。

zip(sample.columns, sample.dtypes)是第二个元组，表示 pd.DataFrame 的列信息。其中，sample.columns 是 pd.DataFrame 的列名列表，sample.dtypes 是 pd.DataFrame 列的数据类型列表。zip()函数将这两个列表按列进行配对，得到一个元组列表，每个元组由列名和对应的数据类型组成。

（5）多重索引。

用下面的 Pandas DataFrame 来说明多重索引：

```
>>> midx = pd.MultiIndex.from_arrays(
...     [(1, 1, 2), (1.5, 4.5, 7.5)],
...     names=("int", "float"))
```

```
>>> pdf = pd.DataFrame(range(3), index=midx, columns=["id"])
>>> sample = pdf.copy()
>>> sample["a"] = sample.id + 1
```

下面的几种索引方式是允许使用多重索引的：

```
>>> def transform(pdf) -> pd.DataFrame[[int, float], [int, int]]:
...     pdf["a"] = pdf.id + 1
...     return pdf
...
>>> ps.from_pandas(pdf).pandas_on_spark.apply_batch(transform)
```

```
>>> def transform(pdf) -> pd.DataFrame[
...         sample.index.dtypes, sample.dtypes]:
...     pdf["a"] = pdf.id + 1
...     return pdf
...
>>> ps.from_pandas(pdf).pandas_on_spark.apply_batch(transform)
```

```
>>> def transform(pdf) -> pd.DataFrame[
...         [("int", int), ("float", float)],
...         [("id", int), ("a", int)]]:
...     pdf["a"] = pdf.id + 1
...     return pdf
...
>>> ps.from_pandas(pdf).pandas_on_spark.apply_batch(transform)
```

```
>>> def transform(pdf) -> pd.DataFrame[
...         zip(sample.index.names, sample.index.dtypes),
...         zip(sample.columns, sample.dtypes)]:
...     pdf["A"] = pdf.id + 1
...     return pdf
...
>>> ps.from_pandas(pdf).pandas_on_spark.apply_batch(transform)
```

6. 与其他数据库管理系统（DBMSes）的交互

在 Spark Pandas API 中，与其他数据库系统交互的 API 和 Pandas 中的 API 略有不同，因为 Spark Pandas API 利用 PySpark 中的 Java 数据库连接（Java Database Connectivity，JDBC）API 从/向其他数据库系统进行读/写操作。

从外部 DBMSes 进行读/写操作的 API 如表 10-5 所示。

表 10-5　从外部 DBMSes 进行读/写操作的 API

函　　数	用　　法
read_sql_table(table_name, con[, schema, ...])	将 SQL 数据库表读入一个 DataFrame 中
read_sql_query(sql, con[, index_col])	将 SQL 查询结果读入一个 DataFrame 中
read_sql(sql, con[, index_col, columns])	将 SQL 查询结果或数据库表读入一个 DataFrame 中

要让 Pandas-on-Spark 连接到数据库，需要提供一个规范的 JDBC URL 作为连接参数（con），而且需要通过额外的关键字参数来传递选项给 PySpark 的 JDBC API，用于进一步配置数据库连接和执行查询等操作。这样，Pandas-on-Spark 就可以使用 JDBC 来连接数据库，并利用 PySpark 的 JDBC API 来执行相关操作了。请看下面的代码：

```
ps.read_sql(..., dbtable="...", driver="", keytab="", ...)
```

下面讲解如何读取和写入 DataFrame。下面的例子将在 SQLite 中读和写一个表。首先，通过 Python 的 SQLite 库创建如下示例数据库（这将在以后被读到 Pandas-on-Spark 中）：

```
import sqlite3

con = sqlite3.connect('example.db')
cur = con.cursor()
# Create table
cur.execute(
    '''CREATE TABLE stocks
        (date text, trans text, symbol text, qty real, price real)''')
# Insert a row of data
cur.execute("INSERT INTO stocks VALUES ('2006-01-05','BUY','RHAT',100,
35.14)")
# Save (commit) the changes
con.commit()
con.close()
```

Spark Pandas API 需要一个 JDBC 驱动来读取，因此它需要用户的特定数据库的驱动在 Spark 的 classpath 上。对于 SQLite JDBC 驱动，用户可以使用 curl 命令从官网的 URL 中下载 sqlite-jdbc-3.34.0.jar：

```
curl -O <此处更换为 sqlite-jdbc-3.34.0.jar 驱动包的 URL>
```

用户应该先把它添加到自己的 Spark 会话中，一旦添加了它，Spark Pandas API 将自动检测 Spark 会话并利用它：

```
import os

from pyspark.sql import SparkSession

(SparkSession.builder
    .master("local")
    .appName("SQLite JDBC")
    .config(
        "spark.jars",
        "{}/sqlite-jdbc-3.34.0.jar".format(os.getcwd()))
    .config(
        "spark.driver.extraClassPath",
        "{}/sqlite-jdbc-3.34.0.jar".format(os.getcwd()))
    .getOrCreate())
```

现在，已经准备好表格可供阅读了：

```
import pyspark.pandas as ps

df = ps.read_sql("stocks", con = "jdbc:sqlite:{}/example.db".format
(os.getcwd()))
df
        date trans symbol    qty price
0 2006-01-05  BUY  RHAT   100.0 35.14
```

用户也可以把它写回 stocks 表：

```
df.price += 1
df.spark.to_spark_io(
    format="jdbc", mode="append",
    dbtable="stocks", url="jdbc:sqlite:{}/example.db".format(os.getcwd()))
ps.read_sql("stocks",
con="jdbc:sqlite:{}/example.db".format(os.getcwd()))
         date trans symbol    qty price
0 2006-01-05  BUY  RHAT   100.0 35.14
1 2006-01-05  BUY  RHAT   100.0 36.14
```

7. 最佳实践

（1）充分利用 Spark Pandas API。

Spark Pandas API 在 Hood 引擎下使用 Spark。因此，许多功能和性能优化在 Spark Pandas API 中也是可用的。利用并结合这些前沿功能，使用 Spark Pandas API 可以大大提升数据处理效率。

现有的 Spark 上下文和会话在 Spark Pandas API 中是开箱即用的。如果用户已经有自己配置的 Spark 上下文或会话在运行，那么 Spark Pandas API 会使用它们。

如果用户的环境中没有运行 Spark 上下文或会话（如普通的 Python 解释器），那么这种配置可以被设置为 SparkContext 和/或 SparkSession。一旦 Spark 上下文和/或会话被创建，Spark Pandas API 就可以自动使用这个上下文或会话。例如，如果用户想在 Spark 中配置执行器的内存，那么可以像下面这样做：

```
from pyspark import SparkConf, SparkContext
conf = SparkConf()
conf.set('spark.executor.memory', '2g')
# Spark Pandas API 自动使用已设置的 SparkContext 进行操作
SparkContext(conf=conf)

import pyspark.pandas as ps
...
```

另一个常见的配置可能是 PySpark 中的 Arrow 优化，对于 SQL 配置，可以按照以下方式设置到 SparkSession 中：

```
from pyspark.sql import SparkSession
builder = SparkSession.builder.appName("pandas-on-spark")
```

```
   builder = builder.config("spark.sql.execution.arrow.pyspark.enabled",
"true")
   # Spark Pandas API automatically uses this Spark session with the
configurations set.
   builder.getOrCreate()

   import pyspark.pandas as ps
   ...
```

所有的 Spark 功能，如历史服务器、网络用户界面和部署模式都可以在 Spark 上使用 Pandas API。读者如果对性能调优感兴趣，请参见 Tuning Spark。

（2）检查执行计划。

在实际计算之前，可以通过利用 PySpark API 中的 DataFrame.spark.explain()方法来预测较大的计算开销，因为 Spark 上的 Pandas API 是基于延迟执行的。例如：

```
>>> import pyspark.pandas as ps
>>> psdf = ps.DataFrame({'id': range(10)})
>>> psdf = psdf[psdf.id > 5]
>>> psdf.spark.explain()
== Physical Plan ==
*(1) Filter (id#1L > 5)
+- *(1) Scan ExistingRDD[__index_level_0__#0L,id#1L]
```

无论在哪种情况下，用户都可以检查实际的执行计划并预测可能出现较大计算开销的情况。尽管 Spark Pandas API 会尽力通过利用 Spark 优化器来优化和减少 Shuffle 操作，但在可能的情况下，最好尽量避免在应用程序端进行 Shuffle 操作。

（3）使用 checkpoint。

在对 Spark Pandas API 对象进行一系列操作后，由于生成的 Spark 执行计划变得庞大而复杂，因此底层的 Spark 规划器在执行运算时可能会变慢。如果 Spark 执行计划变得庞大或规划时间过长，则可以使用 DataFrame.spark.checkpoint()或 DataFrame.spark.local_checkpoint()方法进行 checkpoint 操作，以提高整体性能。请看下面的代码：

```
>>> import pyspark.pandas as ps
>>> psdf = ps.DataFrame({'id': range(10)})
>>> psdf = psdf[psdf.id > 5]
>>> psdf['id'] = psdf['id'] + (10 * psdf['id'] + psdf['id'])
>>> psdf = psdf.groupby('id').head(2)
>>> psdf.spark.explain()
== Physical Plan ==
*(3) Project [__index_level_0__#0L, id#31L]
+- *(3) Filter (isnotnull(__row_number__#44) AND (__row_number__#44 <=
2))
   +- Window [row_number() windowspecdefinition(__groupkey_0__#36L,
__natural_order__#16L ASC NULLS FIRST, specifiedwindowframe(RowFrame,
unboundedpreceding$(), currentrow$())) AS __row_number__#44], [__groupkey_
0__#36L], [__natural_order__#16L ASC NULLS FIRST]
      +- *(2) Sort [__groupkey_0__#36L ASC NULLS FIRST, __natural_order__
#16L ASC NULLS FIRST], false, 0
```

```
                    +-   Exchange   hashpartitioning(__groupkey_0__#36L,   200),   true,
[id=#33]
              +- *(1) Project [__index_level_0__#0L, (id#1L + ((id#1L * 10)
+ id#1L)) AS __groupkey_0__#36L, (id#1L + ((id#1L * 10) + id#1L)) AS id#31L,
__natural_order__#16L]
                 +- *(1) Project [__index_level_0__#0L, id#1L, monotonically_
increasing_id() AS __natural_order__#16L]
                    +- *(1) Filter (id#1L > 5)
                       +- *(1) Scan ExistingRDD[__index_level_0__#0L,id#1L]

>>> psdf = psdf.spark.local_checkpoint()  # or psdf.spark.checkpoint()
>>> psdf.spark.explain()
== Physical Plan ==
*(1) Project [__index_level_0__#0L, id#31L]
+-  *(1)  Scan  ExistingRDD[__index_level_0__#0L,id#31L,__natural_order__
#59L]
```

可以看到，之前那个计算复杂、开销较大的 Spark 计算计划被丢弃，并以一个简单的
计划开始。当调用 DataFrame.spark.checkpoint() 方法时，前一个 DataFrame 的结果被存储
在配置的文件系统中，而在调用 DataFrame.spark.local_checkpoint() 方法时，前一个
DataFrame 的结果被存储在执行器中。

（4）避开 Shuffle 操作。

有些操作（如 sort_values）在并行或分布式环境中比在单机内存中更难完成，因为这
些操作需要向其他节点发送数据，并通过网络在多个节点之间交换数据。请看下面的
例子：

```
>>> import pyspark.pandas as ps
>>> psdf = ps.DataFrame({'id': range(10)}).sort_values(by="id")
>>> psdf.spark.explain()
== Physical Plan ==
*(2) Sort [id#9L ASC NULLS LAST], true, 0
+- Exchange rangepartitioning(id#9L ASC NULLS LAST, 200), true, [id=#18]
   +- *(1) Scan ExistingRDD[__index_level_0__#8L,id#9L]
```

可以看到，Sort values 操作需要 Exchange，而 Exchange 涉及 Shuffle 操作，因此很可
能计算开销很大。

（5）避开在单一分区上进行计算。

目前，一些 API（如 DataFrame.rank）使用 PySpark 的 Window 而不指定分区规格。
这就把所有的数据都移到了单机的一个分区中，可能会导致系统性能严重下降。对于非常
大的数据集，应该避免使用这样的 API。请看下面的例子：

```
>>> import pyspark.pandas as ps
>>> psdf = ps.DataFrame({'id': range(10)})
>>> psdf.rank().spark.explain()
== Physical Plan ==
*(4) Project [__index_level_0__#16L, id#24]
```

```
    +- Window [avg(cast(_w0#26 as bigint)) windowspecdefinition(id#17L,
specifiedwindowframe(RowFrame, unboundedpreceding$(), unboundedfollowing$()))
AS id#24], [id#17L]
      +- *(3) Project [__index_level_0__#16L, _w0#26, id#17L]
        +- Window [row_number() windowspecdefinition(id#17L ASC NULLS FIRST,
specifiedwindowframe(RowFrame, unboundedpreceding$(), currentrow$())) AS
_w0#26], [id#17L ASC NULLS FIRST]
          +- *(2) Sort [id#17L ASC NULLS FIRST], false, 0
            +- Exchange SinglePartition, true, [id=#48]
              +- *(1) Scan ExistingRDD[__index_level_0__#16L,id#17L]
```

作为替代，请选用 GroupBy.rank，因为它的计算成本较低，可以为每个组分配数据和计算数据。

（6）避开保留列名。

在 Spark Pandas API 中，以双下画线开头或结尾的列名（如"__x"或"x__"）是 PySpark 类或对象内部保留使用的。这种做法的目的是处理类或对象内部操作运算。Spark Pandas API 使用了一些内部列，但是不鼓励在外部使用这样的列名，也不要让它们在外部参与操作运算。

（7）不要使用重复的列名。

Spark SQL 通常不允许使用重复的列名。Spark Pandas API 继承了这种行为。例如：

```
>>> import pyspark.pandas as ps
>>> psdf = ps.DataFrame({'a': [1, 2], 'b':[3, 4]})
>>> psdf.columns = ["a", "a"]
...
Reference 'a' is ambiguous, could be: a, a.;
```

此外，强烈不建议使用区分大小写的列名，因为 Spark Pandas API 默认是不允许的。请看下面的例子：

```
>>> import pyspark.pandas as ps
>>> psdf = ps.DataFrame({'a': [1, 2], 'A':[3, 4]})
...
Reference 'a' is ambiguous, could be: a, a.;
```

不过，用户可以在 Spark 配置中打开 spark.sql.caseSensitive，使其能够使用，此时风险自负：

```
>>> from pyspark.sql import SparkSession
>>> builder = SparkSession.builder.appName("pandas-on-spark")
>>> builder = builder.config("spark.sql.caseSensitive", "true")
>>> builder.getOrCreate()

>>> import pyspark.pandas as ps
>>> psdf = ps.DataFrame({'a': [1, 2], 'A':[3, 4]})
>>> psdf
  a A
```

```
0  1  3
1  2  4
```

（8）在从 Spark DataFrame 到 Pandas-on-Spark DataFrame 的转换中指定索引列。

当 Pandas-on-Spark DataFrame 从 Spark DataFrame 转换过来时，它会失去索引信息。此时，在 Pandas-on-Spark DataFrame 上使用 Pandas API 的默认索引。一般来说，与明确指定索引列相比，默认索引的效率很低，因此应该尽可能地指定索引列。

（9）使用 distributed 或 distributed-sequence 默认索引。

Spark 用户面临的一个常见问题是采用默认索引导致的性能低下。在未指定索引时，Spark Pandas API 会自动附加默认索引，如 Spark DataFrame 直接转换为 Pandas-on-Spark DataFrame。

请注意：序列操作是在单个分区上进行计算的，通常不鼓励这样做。如果想在生产中处理大规模数据，则可以通过更改 compute.default_index_type 的配置选项来设置默认索引的类型，将其设置为 distributed 或 distributed-sequence，使其成为分布式索引，这样可以在处理大规模数据时获得更高的性能。

（10）减少对不同 DataFrame（或 Series）的操作。

Spark Pandas API 默认不允许对不同的 DataFrame（或 Series）进行操作，以防止计算开销较大的操作。因为当对不同的 DataFrame（或 Series）进行操作时，Spark Pandas API 会在内部执行一个连接操作，这个连接操作一般来说是计算开销较大的，所以不建议这样做。只要有可能，就应该避免这种操作。

（11）尽可能直接在 Spark 上使用 Pandas API。

尽管 Spark Pandas API 具有大多数与 Pandas 等效的 API，但仍有一些 API 尚未实现或明确不受支持。例如，Spark Pandas API 没有实现__iter__()，以防止用户从整个集群中将所有数据都收集到客户端（驱动程序端）。

Pandas 用户经常遇见的第一种操作模式是要求数据是可迭代的。例如，许多外部 API（如 Python 内置函数，如 min()、max()、sum()等）要求给定的参数是可迭代的。如果是 Pandas，那么它可以在开箱即用的情况下正常工作，如下面的代码所示：

```
>>> import pandas as pd
>>> max(pd.Series([1, 2, 3]))
3
>>> min(pd.Series([1, 2, 3]))
1
>>> sum(pd.Series([1, 2, 3]))
6
```

Pandas 数据集存在于单台机器上，自然可以在同一台机器上进行本地迭代。然而，Pandas-on-Spark 数据集存在于多台机器中，并且它们是以分布式方式计算的。此时，要做到本地迭代是很难的，而且用户很可能在不知情的情况下将所有数据都收集到客户端。因此，最好坚持使用 Pandas-on-Spark API。上面的例子可以转换成下面的样子：

```
>>> import pyspark.pandas as ps
>>> ps.Series([1, 2, 3]).max()
3
```

```
>>> ps.Series([1, 2, 3]).min()
1
>>> ps.Series([1, 2, 3]).sum()
6
```

Pandas 用户的第二种常见模式是列表推导式或生成器表达式。然而，这也需要假设数据集在本地是可迭代的。因此，列表推导式或生成器表达式在 Pandas 中的工作是无缝的：

```
>>> import pandas as pd
>>> data = []
>>> countries = ['London', 'New York', 'Helsinki']
>>> pser = pd.Series([20., 21., 12.], index=countries)
>>> for temperature in pser:
...     assert temperature > 0
...     if temperature > 1000:
...         temperature = None
...     data.append(temperature ** 2)
...
>>> pd.Series(data, index=countries)
London      400.0
New York    441.0
Helsinki    144.0
dtype: float64
```

然而，对于 Spark Pandas API，由于上述同样的原因，它并不工作。上面的例子也可以改成直接使用 Pandas-on-Spark API 的形式：

```
>>> import pyspark.pandas as ps
>>> import numpy as np
>>> countries = ['London', 'New York', 'Helsinki']
>>> psser = ps.Series([20., 21., 12.], index=countries)
>>> def square(temperature) -> np.float64:
...     assert temperature > 0
...     if temperature > 1000:
...         temperature = None
...     return temperature ** 2
...
>>> psser.apply(square)
London      400.0
New York    441.0
Helsinki    144.0
dtype: float64
```

10.5 实验

本实验的目的是掌握 DataFrame 数据操作和 Spark Pandas API 的操作。首先需要准备实验环境，打开 PySpark 官方网站，单击 "Live Notebook" 按钮，如图 10-8 所示。

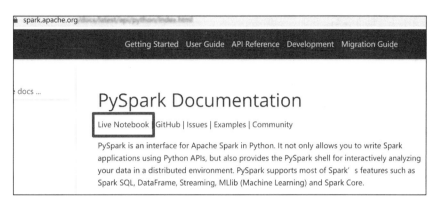

图 10-8　PySpark 官方文档中的 Live Notebook

之后进入"Jupyter quickstart_df"页面，如图 10-9 所示。在这里，可以对 DataFrame 数据进行操作，也可以对 Spark Pandas API 进行操作。

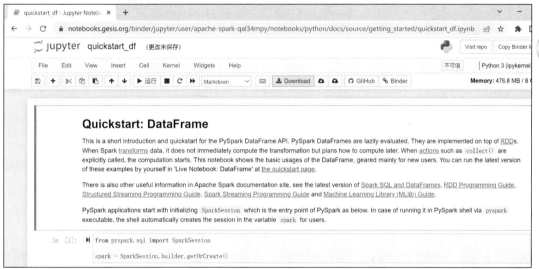

图 10-9　"Jupyter quickstart_df"页面

10.5.1　DataFrame 数据操作

首先导入 SparkSession 包，如图 10-10 所示。

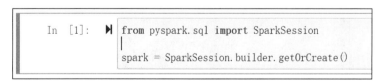

图 10-10　导入 SparkSession 包

然后就可以创建 DataFrame 数据了，如图 10-11 所示。

```
In [2]:  ▶ from datetime import datetime, date
            import pandas as pd
            from pyspark.sql import Row

            df = spark.createDataFrame([
                Row(a=1, b=2., c='string1', d=date(2000, 1, 1), e=datetime(2000, 1, 1, 12, 0)),
                Row(a=2, b=3., c='string2', d=date(2000, 2, 1), e=datetime(2000, 1, 2, 12, 0)),
                Row(a=4, b=5., c='string3', d=date(2000, 3, 1), e=datetime(2000, 1, 3, 12, 0))
            ])
            df

Out[2]: DataFrame[a: bigint, b: double, c: string, d: date, e: timestamp]
```

图 10-11 创建 DataFrame 数据

接着可以查看所创建的 DataFrame 数据，如图 10-12 所示。

```
In [7]:  ▶ df.show(1)

            +---+---+-------+----------+-------------------+
            |  a|  b|      c|         d|                  e|
            +---+---+-------+----------+-------------------+
            |  1|2.0|string1|2000-01-01|2000-01-01 12:00:00|
            +---+---+-------+----------+-------------------+
            only showing top 1 row
```

图 10-12 查看所创建的 DataFrame 数据

最后选择和访问数据，如图 10-13 所示。

```
In [16]:  ▶ df.a

Out[16]: Column<b'a'>
```

图 10-13 选择和访问数据

此外，还可以进行以下操作：应用函数进行操作、数据分组、获取指定格式的输入与输出数据（如写入或读出 CSV 格式的数据）。也可以将 DataFrame 与 SQL 语句结合使用。这些操作步骤在 Apache Spark 的 Live Notebook 中有对应提示，用户只需根据提示完成对应操作即可。

10.5.2 Spark Pandas API 的操作

首先需要导入 Spark Pandas API 的包，如图 10-14 所示。

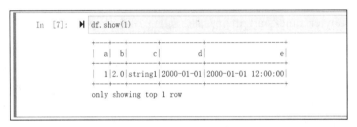

```
In [1]:  ▶ import pandas as pd
            import numpy as np
            import pyspark.pandas as ps
            from pyspark.sql import SparkSession
```

图 10-14 导入 Spark Pandas API 的包

然后可以创建对象，如图 10-15 所示。

```
In [2]:  ▶|  s = ps.Series([1, 3, 5, np.nan, 6, 8])

In [3]:  ▶|  s

Out[3]:  0    1.0
         1    3.0
         2    5.0
         3    NaN
         4    6.0
         5    8.0
         dtype: float64
```

图 10-15　创建对象

另外，还可以进行以下操作。

（1）通过字典创建 Pandas-on-Spark DataFrame。

（2）从 Pandas DataFrame 创建 Spark DataFrame。

（3）从 Spark DataFrame 创建 Pandas-on-Spark DataFrame。

（4）显示 DataFrame 数据的前几行。

（5）显示索引、列和底层 NumPy 数据。

（6）显示数据的快速统计摘要。

（7）实现数据的转置、按数值排序、缺失数据的处理、分组、绘图等功能。

这些操作步骤在 Apache Spark 的 Live Notebook 中有对应文字与代码提示，用户只需根据提示完成对应操作即可。

10.6　本章小结

本章对 PySpark 的使用做了系统的介绍。首先介绍了 Spark 的基本组成与架构、Spark 编程模型与 Spark 集群架构，紧接着讲解了 PySpark 与 Spark 的关系、PySpark 部署与快速启动 DataFrame，最后详细介绍了 Spark Pandas API 的创建对象与缺失数据的处理相关知识。通过这些内容，读者可以学会使用 PySpark 进行大数据的任务处理。

10.7　习题

一、单选题

1. 下面哪个不是 Spark 的四大组件？（　　　）

   A. Spark Streaming　　　　　　　　　B. MLib

   C. GraphX　　　　　　　　　　　　　D. Spark R

2. Spark Job 默认的调度模式是（　　　）。

   A. FIFO　　　　　　　　　　　　　　B. FAIR

   C. 无　　　　　　　　　　　　　　　D. 运行时指定

335

3．Stage 的 Task 数量由什么决定？（　　　）

    A．Partition   B．Job

    C．Stage   D．TaskScheduler

4．DataFrame 和 RDD 最大的区别是（　　　）。

    A．科学统计支持   B．多了 Schema

    C．存储方式不一样   D．外部数据源支持

二、简答题

Spark 是基于内存计算的大数据计算平台，请阐述其主要特点。

## 第 11 章

综 合 案 例

本章通过构建搜索引擎来介绍如何开发一个基于 Hadoop 平台的大数据系统，让读者在实践中学习大数据相关技术，掌握大数据相关技术和大数据系统的开发原理，从而利用现有大数据技术解决现实中相关的问题。

11.1 实验准备

实验所需的相关 jar 包和资源文件已经放置在本书的配套资源中，请读者自行获取。

11.2 实验环境

要实现搜索引擎的构建，对开发环境的要求如下。

（1）开发工具：IntelliJ IDEA、JDK1.8、Tomcat。

（2）运行环境：①CentOS 7；②已经部署好的 Hadoop 环境。

11.3 实验目的

通过本次实验操作，使读者了解和掌握大数据处理、存储、分析等方面的技术和工具，提高数据分析和处理能力。通过实际操作，读者可以积累实践经验，加强实际操作的动手能力，提高运用大数据技术的水平。本实验的主要目的是通过构建搜索引擎，掌握数据预处理、数据入库、构建索引表、构建搜索引擎等大数据处理过程。

具体实验目的如下：

（1）理解数据辨析、抽取、清洗等预处理过程，掌握 awk 命令的使用方法。

（2）理解数据入库的处理过程和常用的入库处理方法，熟练掌握 HBase 命令创建表，并将数据加载到所创建的表中。

（3）理解构建索引，熟练掌握使用 IntelliJ IDEA 开发工具编写 MapReduce 程序，通过此程序处理数据库表中的数据，并将其打包成 jar 包，在集群中运行 jar 包来创建 HBase 索引表。

（4）理解构建搜索引擎，掌握将 Tomcat 部署到 IDEA 中的方法，以及部署 Web 工程到 Tomcat 中的操作。

11.4 数据预处理

由于数据质量对数据的可用性起着决定性的作用，因此在使用数据前，需要对数据进行预处理。数据预处理就是对已接收的数据进行辨析、抽取、清洗等。通过预处理可以使残缺的数据变完整，并将错误的数据纠正、多余的数据去除，进而将所需的数据挑选出来，并进行数据集成。

本实验数据文件为 test.csv，其数据格式如表 11-1 所示。

表 11-1　test.csv 文件的数据格式

字 段 名 称	字 段 描 述
商品名称	手机相关名称和描述（内容较长）
商家店名	销售该手机的店名
价格	手机价格
评价人数	该商品的评论人数
商品链接	该商品的京东链接
当前时间	数据获取的时间

将本章配套的资源文件 test.csv 复制到 Linux 系统的/experience 目录中，复制之后，使用 head 命令查看 test.csv 的前 10 行，如图 11-1 所示。

```
[root@master experiment]$ head -10 test.csv
```

```
[root@master experiment]# head -10 test.csv
商品名称,商家店名,价格,评价人数,商品链接,当前时间
"OPPOK10x极光8GB+128GB67W超级闪充5000mAh长续航120Hz高帧屏6400万三摄高通骁龙695拍照5G手机【120Hz高帧屏｜67W超级闪充｜5000mAh长续航】【K9x爆款优惠】","OPPO京东自营官方旗舰店","1399.00","10万+","https://item.jd.com/100037311057.html","2023-03-0516:42:32"
"荣耀X40120HzOLED硬核曲屏5100mAh快充大电池7.9mm轻薄设计5G手机8GB+128GB彩云追月【限时优惠100元，到手价1599元，限时6期免息】120HzOLED硬核曲屏,5100mAh快充大电池,7.9mm轻薄机身,奢华设计！X30极致性价比","荣耀京东自营旗舰店","1699.00","20万+","https://item.jd.com/100037437645.html","2023-03-0516:42:33"
"小米13徕卡光学镜头第二代骁龙8处理器","小米京东自营旗舰店","4599.00","10万+","https://item.jd.com/100049486743.html","2023-03-0516:42:33"
"OPPOK9x8GB+128GB银紫超梦天玑8105000mAh长续航33W快充90Hz电竞屏6400万三摄拍照5G手机oppok9x【5000mAh超大电池｜6400万超清摄像｜90Hz电竞屏】【K10x爆款优惠】","OPPO京东自营官方旗舰店","1199.00","50万+","https://item.jd.com/100031192618.html","2023-03-0516:42:33"
"vivoiQOOZ6x8GB+256GB黑镜6000mAh巨量电池44W闪充6nm强劲芯5G智能手机iqooz6x【学生购教育优惠版赠XE160耳机&半年延保】iQOOZ6PLUS会员赠耳机！","iQOO京东自营官方旗舰店","1499.00","10万+","https://item.jd.com/100034042697.html","2023-03-0516:42:33"
"OPPOA366GB+128GB晴川蓝高通骁龙6805000mAh长续航90Hz炫彩屏大内存游戏拍照手机oppoa36【高通骁龙680，90Hz炫彩屏，5000mAh长续航】【A55s热卖爆款♥与店铺以旧换新享补贴】","OPPO京东自营官方旗舰店","899.00","10万+","https://item.jd.com/100019459625.html","2023-03-0516:42:33"
```

图 11-1　test.csv 的前 10 行

awk 是一种编程语言，用于在 Linux/UNIX 系统下对文本和数据进行处理。数据可以来自标准输入、一个或多个文件，或者其他命令的输出。它支持用户自定义函数和动态正则表达式等先进功能，是 Linux/UNIX 系统下一个强大的编程工具。它在命令行中使用，但更多时候作为脚本来使用。

awk 在处理文本和数据时，逐行扫描文件，从第一行到最后一行，寻找匹配的特定模式的行，并在这些行上进行所需的操作。如果没有指定处理动作，则 awk 会把匹配的行显示到标准输出（屏幕）上；如果没有指定模式，则所有被操作指定的行都将被处理。

（1）将数据的第 5 列（商品链接）和第 1 列（商品名称）进行调换，这里使用 awk 来

实现，将新的记录保存至 test1.csv 文件，其中，-F 用于指定字段间的分隔符，并使用 head
命令查看 test1.csv 的前两行：

```
[root@master experiment]$ awk -F, '{print $5","$2","$3","$4","$1","$6 >
"test1.csv"}' test.csv
[root@master experiment]$ head -2 test1.csv
```

运行结果如图 11-2 所示。

```
[root@master experiment]# head -2 test1.csv
商品链接,商家店名,价格,评价人数,商品名称,当前时间
"https://item.jd.com/100037311057.html","OPPO京东自营官方旗舰店","1399.00","10万+","OPPO K10x极光8GB+128GB67W超级闪充50
00mAh长续航120Hz高帧屏6400万三摄高通骁龙695拍照5G手机【120Hz高帧屏丨67W超级闪充丨5000mAh长续航】【K9x爆款优惠】","2023
-03-0516:42:32"
```

图 11-2　运行结果

（2）因为数据可能存在空值，导致切分时出现问题，所以去除不是以 "https:" 开头的
数据，并将过滤后的文件存储在 test2.csv 中：

```
[root@master experiment]$ awk '/^\"https:/ { printf "%s\n", $0 > "test2.
csv"}' test1.csv
```

11.5　数据入库

数据入库就是指从各个数据源提取数据，对数据进行预处理并最终加载到数据仓库维
度表中，以开展后续分析。在本节中，首先启动 Hadoop 环境，然后将 11.4 节经过预处理
的数据加载到 HBase 数据库中。

11.5.1　启动 Hadoop 环境

（1）启动 Hadoop 集群。

在 master 节点上运行如下命令：

```
[root@master experiment]$ cd
[root@master ~]$ start-dfs.sh
[root@master ~]$ start-yarn.sh
```

此时出现如图 11-3 所示的日志提示信息，表明 Hadoop 集群启动成功。

```
[root@master ~]# start-dfs.sh
Starting namenodes on [master]
上一次登录：四 3月 23 15:38:04 CST 2023从 192.168.203.1pts/0 上
Starting datanodes
上一次登录：四 3月 23 16:01:25 CST 2023pts/0 上
Starting secondary namenodes [slave01]
上一次登录：四 3月 23 16:01:27 CST 2023pts/0 上
您在 /var/spool/mail/root 中有新邮件
[root@master ~]# start-yarn.sh
Starting resourcemanager
上一次登录：四 3月 23 16:01:31 CST 2023pts/0 上
Starting nodemanagers
上一次登录：四 3月 23 16:04:02 CST 2023pts/0 上
您在 /var/spool/mail/root 中有新邮件
```

图 11-3　日志提示信息 1

（2）启动 ZooKeeper 集群。

从 master 节点进入 ZooKeeper 的 bin 目录，执行启动脚本命令：

```
[root@master bin]$ zk.sh start
```

此时出现如图 11-4 所示的日志提示信息，表明 ZooKeeper 集群启动成功。

```
[root@master ~]# zkServer.sh stop
ZooKeeper JMX enabled by default
Using config: /export/servers/apache-zookeeper-3.8.0-bin/bin/../conf/zoo.cfg
Stopping zookeeper ...  STOPPED
[root@master ~]# zk.sh start
---------- zookeeper master 启动 -----------
ZooKeeper JMX enabled by default
Using config: /export/servers/apache-zookeeper-3.8.0-bin/bin/../conf/zoo.cfg
Starting zookeeper ... STARTED
---------- zookeeper slave01 启动 -----------
ZooKeeper JMX enabled by default
Using config: /export/servers/apache-zookeeper-3.8.0-bin/bin/../conf/zoo.cfg
Starting zookeeper ... STARTED
---------- zookeeper slave02 启动 -----------
ZooKeeper JMX enabled by default
Using config: /export/servers/apache-zookeeper-3.8.0-bin/bin/../conf/zoo.cfg
Starting zookeeper ... STARTED
您在 /var/spool/mail/root 中有新邮件
```

图 11-4　日志提示信息 2

（3）启动 HBase 集群。

在 master 节点上使用 start-hbase.sh 命令启动 HBase 集群：

```
[root@master ~]$ start-hbase.sh
```

此时出现如图 11-5 所示的日志提示信息，表明 HBase 集群启动成功。

```
[root@master ~]# start-hbase.sh
/export/servers/hbase/conf/hbase-env.sh:行111: i#: 未找到命令
running master, logging to /export/servers/hbase/logs/hbase-root-master-master.out
slave02: /export/servers/hbase/conf/hbase-env.sh:行111: i#: 未找到命令
slave01: /export/servers/hbase/conf/hbase-env.sh:行111: i#: 未找到命令
slave02: running regionserver, logging to /export/servers/hbase/logs/hbase-root-regionserver-slave02.out
slave01: running regionserver, logging to /export/servers/hbase/logs/hbase-root-regionserver-slave01.out
master: /export/servers/hbase/conf/hbase-env.sh:行111: i#: 未找到命令
master: running regionserver, logging to /export/servers/hbase/logs/hbase-root-regionserver-master.out
```

图 11-5　日志提示信息 3

11.5.2　数据导入 HBase

（1）上传处理好的数据集 test2.csv 文件至 HDFS 根目录：

```
[root@master ~]$ hadoop fs -put /experiment/test2.csv /
```

（2）进入 HBase Shell，创建数据表 goodinfo，运行以下命令定义该表的列簇名为 info：

```
[root@master ~]$ hbase shell
hbase(main):001:0> create 'goodinfo','info'
```

运行后，将在数据库中创建 goodinfo 表，如图 11-6 所示。

```
[root@master ~]# hbase shell
/export/servers/hbase/conf/hbase-env.sh:行111: i#: 未找到命令
HBase Shell
Use "help" to get list of supported commands.
Use "exit" to quit this interactive shell.
For Reference, please visit: http://hbase.apache.org/2.0/book.html#shell
Version 2.5.2, r3e28acf0b819f4b4a1ada2b98d59e05b0ef94f96, Thu Nov 24 02:06:40 UTC 2022
Took 0.0012 seconds
hbase:001:0> create 'goodinfo','info'
Created table goodinfo
Took 0.9822 seconds
⇒ Hbase::Table - goodinfo
```

图 11-6 在数据库中创建 goodinfo 表

（3）使用 exit 命令退出 HBase Shell，使用导入语句将数据导入 goodinfo 表中，HBase 会将数据的第 1 列作为 Rowkey，将其他列作为列簇，只需指定每一列的列名即可：

```
hbase(main):002:0> exit
[root@master ~]$ hbase org.apache.hadoop.hbase.mapreduce.ImportTsv -Dimporttsv.separator="," -Dimporttsv.columns=HBASE_ROW_KEY,info:smallname,info:price,info:comment,info:goodname,info:time goodinfo /experiment/test2.csv
```

（4）导入成功之后，进入 HBase Shell 查看 goodinfo 表中是否已经存在数据了：

```
[root@master ~]$ hbase shell
hbase(main):001:0> scan 'goodinfo'
```

命令运行后，可以看到 goodinfo 表中的内容，如图 11-7 所示。

```
"https://item.jd.com/8717360.  column=info:goodname, timestamp=2023-03-23T18:25:23.577, value="\xE9\xA3\x9E\xE5\x88\xA
html"                          9\xE6\xB5\xA6PHILIPSE258\xE7\xA7\xBB\xE5\x8A\xA8 ∧ \xE8\x81\x94\xE5\x80\x9A2G\xE5\xAE\x9D
                               \xE7\x9F\xB3\xE8\x93\x9D\xE7\x9B\xB4\xE6\x9D\xBF\xE6\x8C\x89\xE9\x94\xAE\xE8\x80\x81\xE
                               4\xBA\xBA\xE6\x9C\xBA\xE8\x80\x81\xE4\xBA\xBA\xE6\x9D\x8B\xE6\x9C\xBA\xE8\x80\x81\xE5\x
                               B9\xB4\xE5\x8A\x9F\xE8\x83\xBD\xE6\x89\x8B\xE6\x9C\xBA\xE5\xAD\xA6\xE7\x94\x9F\xE6\x89\
                               x8B\xE6\x9C\xBA\xE5\x8A\x9F\xE8\x83\xBD\xE6\x9C\xBA\xE5\xA4\x87\xE7\x94\xA8\xE6\x9C\xBA
                               \xE9\xA3\x9E\xE5\x88\xA9\xE6\xB5\xA6\xE5\x9C\xBA\xE9\x99\x85\x81\xE7\x89\x89\xE5\xAD\xE
                               5\xA4\xA7\xE5\xAD\x97\xE5\xA4\xA7\xE6\x8C\x89\xE9\x94\xAEFM\xE4\xB8\x80\xE9\x94\xAE\xE6
                               \x8B\xA8\xE5\x8F\xB7\xE4\xB8\x80\xE9\x94\xAE\xE8\xA7\xA3\xE9\x94\x81\xE6\x89\x8B\xE7\x9
                               4\xB5\xE7\xAD\x92\xE8\x85\xB6\xE5\x95\x8F\xE8\x80\x81\xE5\x85\xA6\xE5\x80\x81\xE5\xB9\x
                               B4\xE6\x89\x8B\xE6\x9C\xBA\xE8\x80\x81\xE4\xBA\xBA\xE6\x9C\xBA\xE5\xAD\xA6\xE7\x94\x9F\
                               xE6\x9C\xBA\xE5\xA4\x87\xE7\x94\xA8\xE6\x9C\xBA\xE6\x9C\x8C\xE6\xAC\xBE4G\xE5\x85\xA8\x
                               E7\xBD\x91\xE9\x80\x9A\xE5\x85\xA8\xE8\xAF\xAD\xE9\x9F\xB3\xE6\x88\xB3"
"https://item.jd.com/8717360.  column=info:price, timestamp=2023-03-23T18:25:23.577, value="159.00"
html"
"https://item.jd.com/8717360.  column=info:smallname, timestamp=2023-03-23T18:25:23.577, value="\xE9\xA3\x9E\xE5\x88\x
html"                          A9\xE6\xB5\xA6\xE6\x89\x8B\xE6\x9C\xBA\xE4\xBA\xAC\xE4\xB8\x9C\xE8\x87\xAA\xE8\x90\xA5\
                               xE6\x97\x97\x88\xE8\xB0\xE5\xBA\x97"
"https://item.jd.com/8717360.  column=info:time, timestamp=2023-03-23T18:25:23.577, value="2023-03-0516:48:19"
html"
1086 row(s)
Took 1.4415 seconds
```

图 11-7 goodinfo 表中的内容

（5）使用 exit 命令退出 HBase Shell：

```
hbase(main):002:0> exit
```

11.6 构建索引表

索引表是指示逻辑记录和物理记录之间对应关系的表，通过此对应关系能够大大加快数据的检索速度。索引表的缺点是其中的索引项需要占用物理空间。当对索引表中的数据进行增加、删除和修改时，索引也要动态维护，减慢了数据的维护速度。

11.6.1 创建 Jingdong 工程

（1）打开 Windows 下的 IntelliJ IDEA，前面章节已具体讲解过 IntelliJ IDEA 的安装与配置，这里不再赘述。

（2）在 IntelliJ IDEA 主界面选择"File"→"New"→"Project..."选项，如图 11-8 所示。

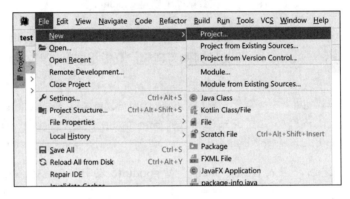

图 11-8　IntelliJ IDEA 主界面

（3）在弹出的对话框中，选择左侧的"New Project"选项，在右侧的"Name"文本框中输入工程名称"Jingdong"，单击"Create"按钮，如图 11-9 所示。

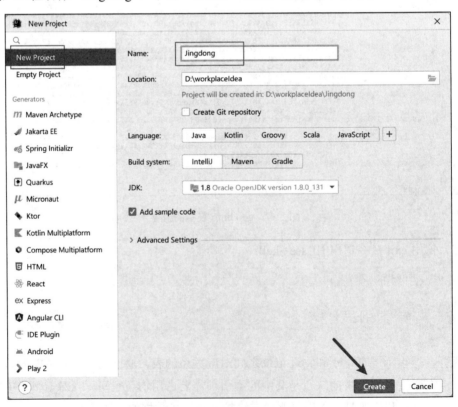

图 11-9　输入工程名称

（4）如图 11-10 所示，可以看到，已经创建好了 Jingdong 工程。

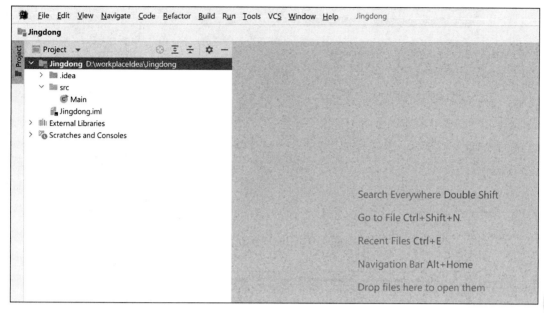

图 11-10　Jingdong 工程创建完成

11.6.2　导入相关 jar 包

（1）如图 11-11 所示，右击工程名，在右键菜单中选择"New"→"Directory"选项，创建新目录，目录名称为 lib，如图 11-12 所示。

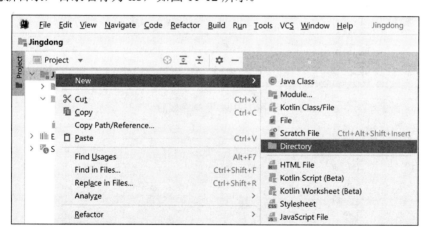

图 11-11　创建过程

（2）在本章配套的资源文件中找到 jingdong 目录，将其中所有的 jar 包都复制到所创建的 lib 目录下。复制完成后如图 11-13 所示。

（3）选择"File"→"Project Structure…"选项，如图 11-14 所示。

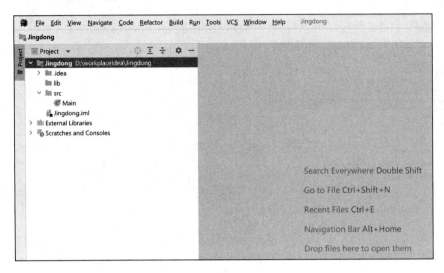

图 11-12　lib 目录创建完成

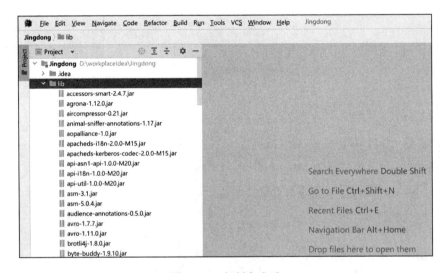

图 11-13　复制完成后

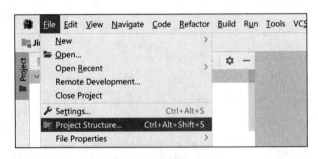

图 11-14　选择 "File" → "Project Structure…" 选项

（4）在弹出的对话框中选择 "Modules" 选项并选择 Jingdong 项目，单击 "Dependencies" 选项卡，并单击 "+" 图标，在弹出的下拉菜单中选择 "1 JARs or Directories…" 选项，如图 11-15 所示。

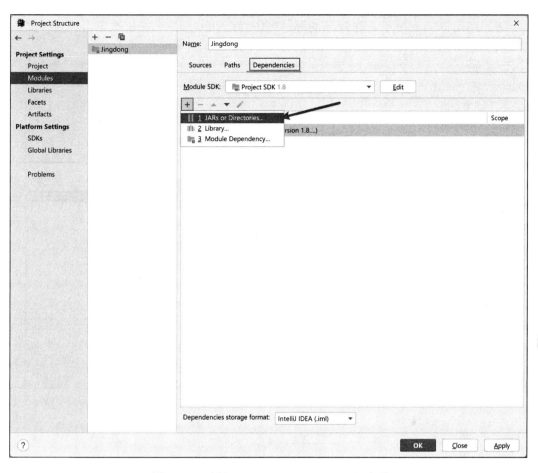

图 11-15 选择 "1 JARs or Directories..." 选项

（5）找到 Jingdong 项目中的 lib 目录（jar 包所在的本地路径）并选择，单击 "OK"
按钮，如图 11-16 所示。

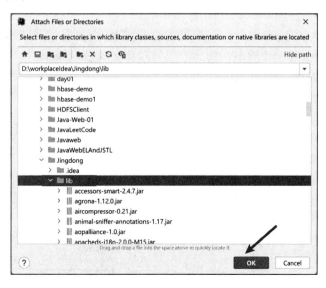

图 11-16 找到 Jingdong 项目中的 lib 目录

（6）如图 11-17 所示，在弹出的对话框中勾选 lib 文件，并依次单击"Apply"→"OK"按钮。至此，所有的 jar 包都被加载到了环境中。

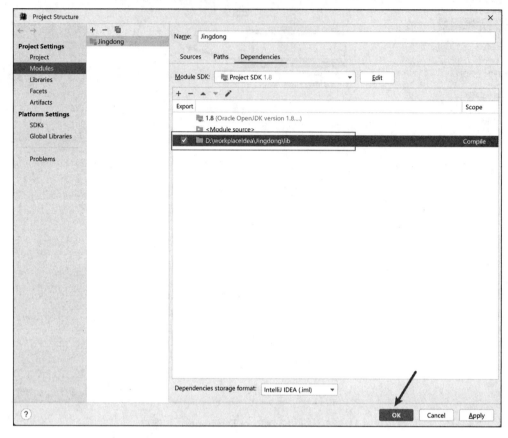

图 11-17　勾选 lib 文件

11.6.3　创建 ItemsInfo 实体类

（1）选择项目中的 src 目录，并单击鼠标右键，在右键菜单中选择"New"→"Package"选项，如图 11-18 所示。创建的包名为 jingdongpackage。

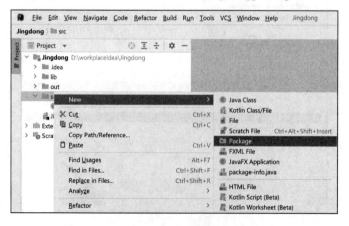

图 11-18　创建包的过程

（2）右击创建好的空包 jingdongpackage，在右键菜单中选择"New"→"Java Class"选项，如图 11-19 所示。

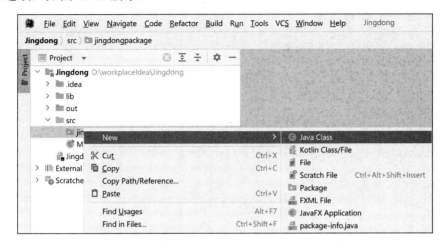

图 11-19　选择"New"→"Java Class"选项

（3）在弹出的对话框中，输入类名 ItemsInfo，用于保存对象和获取数据，如图 11-20 347 所示。

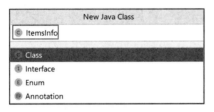

图 11-20　输入类名

（4）在类 ItemsInfo 中编写代码，创建属性和各个属性的传值和获取方法：

```java
public class ItemsInfo {
String Smallname;
String Price;
String Comment;
String Goodname;
String Time;
String Address;
public String getSmallname() {
    return Smallname;
}
public void setSmallname(String smallname) {
    Smallname = smallname;
}
public String getPrice() {
    return Price;
```

```
    }
    public void setPrice(String price) {
        Price = price;
    }
    public String getComment() {
        return Comment;
    }
    public void setComment(String comment) {
        Comment = comment;
    }
    public String getGoodname() {
        return Goodname;
    }
    public void setGoodname(String goodname) {
        Goodname = goodname;
    }
    public String getTime() {
        return Time;
    }
    public void setTime(String time) {
        Time = time;
    }
    public String getAddress() {
        return Address;
    }
    public void setAddress(String address) {
        Address = address;
    }
}
```

11.6.4　编写创建 HBase 索引表的代码

有了数据之后，需要对 HBase 中的数据建立索引表。这里建立索引表使用 MapReduce 程序来处理数据，并利用斯坦福中文分词器对数据进行分词处理，分词所需的相关文件已经放置在本章配套资源中。

（1）选择项目中的 src 目录，单击鼠标右键，在右键菜单中选择"New"→"Package"选项，如图 11-21 所示。创建的包名为 createindex。

（2）右击工程名，在右键菜单中选择"New"→"Directory"选项，如图 11-22 所示。创建的目录名为 stanford。

（3）将本章配套资源文件中的 stanford-segmenter-3.6.0.jar 复制到所创建的 stanford 目录中，结果如图 11-23 所示。

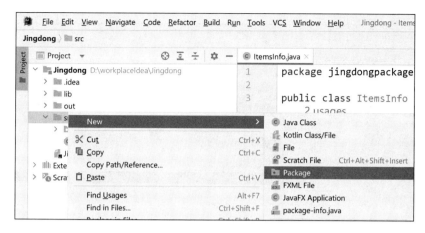

图 11-21 创建包

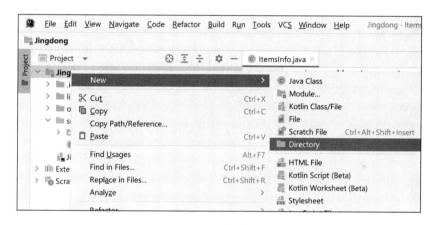

图 11-22 创建目录

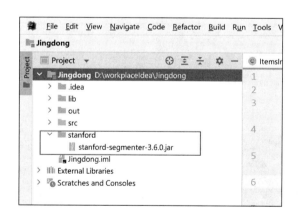

图 11-23 复制结果

（4）按照 11.6.2 节中的方法，将 stanford-segmenter-3.6.0.jar 包加载到环境中，如图 11-24 所示。

（5）右击创建好的空包 createindex，在右键菜单中选择"New"→"Java Class"选项，创建类，如图 11-25 所示。

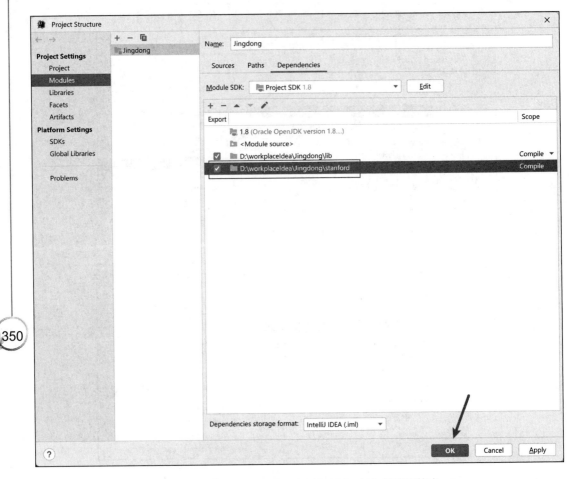

图 11-24　将 stanford-segmenter-3.6.0.jar 包加载到环境中

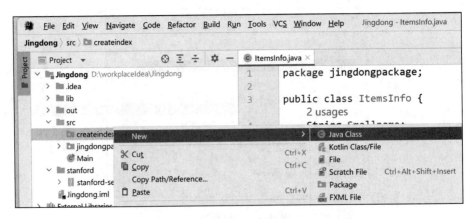

图 11-25　创建类

（6）在弹出的对话框中，输入类名 BuildSegmenter，用于保存对象和获取数据，如图 11-26 所示。

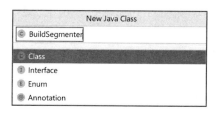

图 11-26　输入类名 BuildSegmenter

（7）在类 BuildSegmenter 中创建 BuildSeg()方法。该方法利用本地提供的文件创建并返回一个分词器对象：

```java
import java.util.Properties;
import edu.stanford.nlp.ie.crf.CRFClassifier;
import edu.stanford.nlp.ling.CoreLabel;

public class BuildSegmenter {
    public CRFClassifier<CoreLabel> BuildSeg() {
        String basedir = "/experiment/segdata";
        Properties props = new Properties();
        props.setProperty("sighanCorporaDict", basedir);
        props.setProperty("serDictionary", basedir + "/dict-chris6.ser.gz");
        props.setProperty("inputEncoding", "UTF-8");
        props.setProperty("sighanPostProcessing", "true");
        CRFClassifier<CoreLabel> segmenter = new CRFClassifier<>(props);
        System.out.println(basedir);
        segmenter.loadClassifierNoExceptions(basedir + "/ctb.gz", props);
        return segmenter;
    }
}
```

（8）在包 createindex 中创建 IndexMap 类。右击 createindex 包，在右键菜单中选择"New"→"Java Class"选项，如图 11-27 所示。

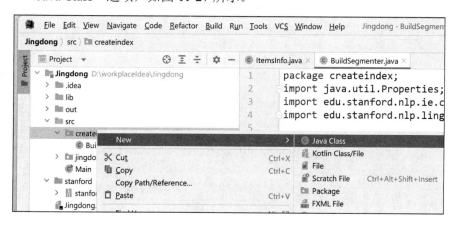

图 11-27　新建类

351

（9）在弹出的对话框中，输入类名 IndexMap，用于保存对象和获取数据，如图 11-28 所示。

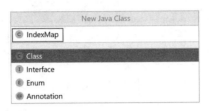

图 11-28　输入类名 IndexMap

（10）编写 IndexMap 类：先通过 setup()方法创建好一个分词器；然后在 map()方法中读取 HBase 表 goodinfo，对商品标题进行分词，将分词结果做词频统计；最后将结果发送到 reduce 中，发送的数据格式为"关键字,出现次数##URL"。

```
import java.io.IOException;
import java.util.ArrayList;
import java.util.HashMap;
import java.util.List;
import java.util.Map;
import org.apache.hadoop.hbase.client.Result;
import org.apache.hadoop.hbase.io.ImmutableBytesWritable;
import org.apache.hadoop.hbase.mapreduce.TableMapper;
import org.apache.hadoop.hbase.util.Bytes;
import org.apache.hadoop.io.Text;
import org.apache.hadoop.mapreduce.Mapper;
import edu.stanford.nlp.ie.crf.CRFClassifier;
import edu.stanford.nlp.ling.CoreLabel;

public class IndexMap extends TableMapper<Text, Text> {
    CRFClassifier<CoreLabel> segmenter = null;

    protected void setup(Mapper<ImmutableBytesWritable, Result, Text,
Text>.Context context)
            throws IOException, InterruptedException {
        super.setup(context);

        if (segmenter == null) {
            BuildSegmenter bs = new BuildSegmenter();
            try {
                segmenter = bs.BuildSeg();
            } catch (Exception e) {
                // TODO Auto-generated catch block
                e.printStackTrace();
            }
        }
    }

    public void map(ImmutableBytesWritable key, Result value, Context
context)
```

```
            throws IOException, InterruptedException {

        String URL = Bytes.toString(key.get());
        Map<String, Integer> wordmap = null;

        String title = "";
        byte[]  bytes  =  value.getValue(Bytes.toBytes("info"),  Bytes.
toBytes("goodname"));

        if (bytes != null && bytes.length > 0) {
            title = Bytes.toString(bytes);
        }

        List<String> keyWordSeg = new ArrayList<String>();
        keyWordSeg = segmenter.segmentString(title);

        wordmap = new HashMap<String, Integer>();
        for (String word : keyWordSeg) {
            if (wordmap.containsKey(word)) {
                wordmap.put(word, (Integer) wordmap.get(word) + 1);
            } else {
                wordmap.put(word, 1);
            }
        }

        for (String word : wordmap.keySet()) {
            context.write(new  Text(word),  new  Text(wordmap.get(word)  +
"##" + URL));
        }
    }

}
```

（11）在包 createindex 中创建 IndexReduce 类。右击 createindex 包，在右键菜单中选择“New”→“Java Class”选项，如图 11-29 所示。

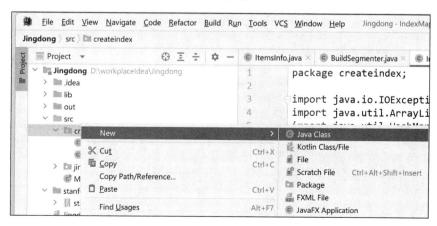

图 11-29　在 createindex 中创建 IndexReduce 类

（12）在弹出的对话框中，输入类名 IndexReduce，用于保存对象和获取数据，如图 11-30 所示。

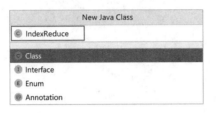

图 11-30　输入类名 IndexReduce

（13）编写 IndexReduce 类，用于接收从 IndexMap 中传入的数据，经过底层的 Shuffle 阶段，所有具有相同关键字的 value 都汇聚到一个 Text 中，此时获取每个 value，用 "####" 拼接成一个长字符串 str（去除最后个 "####"），关键词为 Rowkey，以字符串作为列簇 info 中列 val 的值，将其存入索引表：

```java
import java.io.IOException;
import org.apache.hadoop.hbase.client.Put;
import org.apache.hadoop.hbase.io.ImmutableBytesWritable;
import org.apache.hadoop.hbase.mapreduce.TableReducer;
import org.apache.hadoop.hbase.util.Bytes;
import org.apache.hadoop.io.Text;

public class IndexReduce extends TableReducer<Text, Text, Immutable-
BytesWritable> {
    protected void reduce(Text key, Iterable<Text> values, Context
context) throws IOException, InterruptedException {
        String str = "";

        for (Text value : values) {
            str += value.toString() + "####";
        }

        if (str != null && str.length() > 4) {
            str = str.substring(0, str.length() - 4);
        }
        Put put = null;
        try {
            if (!"".equals(key.toString())) {
                put = new Put(Bytes.toBytes(key.toString()));
            }
        } catch (Exception e) {
            System.out.println("key is :　" + key.toString());
            System.out.println(e.getMessage());
        }
        if (put != null) {
            put.addColumn(Bytes.toBytes("info"),　Bytes.toBytes("val"),
Bytes.toBytes(str));
```

```
            context.write(new   ImmutableBytesWritable(Bytes.toBytes(key.
toString())), put);
            }
        }

    }
```

（14）在包 createindex 中创建 IndexMain 类，用于指定 Map 和 Reduce 任务及相关配置。右击 createindex 包，在右键菜单中选择"New"→"Java Class"选项，如图 11-31 所示。

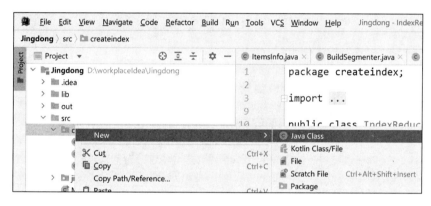

图 11-31　在包 createindex 中创建 IndexMain 类

（15）在弹出的对话框中，输入类名 IndexMain，用于保存对象和获取数据，如图 11-32 所示。

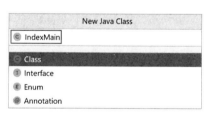

图 11-32　输入类名 IndexMain

（16）定义 IndexMain 类，主要用来连接 HBase 数据库，配置 MapReduce 任务、Map 任务输入和 Reduce 任务输出：

```
import org.apache.hadoop.conf.Configuration;
import org.apache.hadoop.hbase.HBaseConfiguration;
import org.apache.hadoop.hbase.client.Scan;
import org.apache.hadoop.hbase.mapreduce.TableMapReduceUtil;
import org.apache.hadoop.io.Text;
import org.apache.hadoop.mapreduce.Job;

public class IndexMain {
    public static void main(String[] args) throws Exception {
```

355

```
// 初始化 conf 文件
Configuration conf = HBaseConfiguration.create();
// HBase 配置
conf.set("hbase.zookeeper.quorum",    "master:2181,slave01:2181,
slave02:2181");// 用户的 ZooKeeper 的地址
conf.set("zookeeper.znode.parent", "/hbase");

// 定义任务
Job job = new Job(conf, "IndexMain");
job.setJarByClass(IndexMain.class);

Scan scan = new Scan();
scan.setCaching(500); // 默认是 1，应该设置得大一些
scan.setCacheBlocks(false);

// 设置 Map
TableMapReduceUtil.initTableMapperJob("goodinfo", // input table
        scan, // Scan
        IndexMap.class, // mapper class
        Text.class, // mapper output key
        Text.class, // mapper output value
        job);

// 设置 Reduce (output table , reducer class , job)
TableMapReduceUtil.initTableReducerJob("indexinfo", IndexReduce.
class, job);

// 运行 job
System.exit(job.waitForCompletion(true) ? 0 : 1);
    }

}
```

11.6.5 将程序打包成 jar 包

（1）创建 resource 目录。选择项目文件，单击鼠标右键，在右键菜单中选择"New"→"Directory"选项，如图 11-33 所示，创建的目录名为 resource。

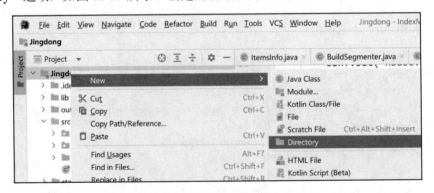

图 11-33　创建 resource 目录

（2）选择 "File" → "Project Structure…" 选项，如图 11-34 所示。

图 11-34　选择 "File" → "Project Structure…" 选项

（3）在弹出的对话框中选择 "Artifacts" 选项，单击 "+" 图标，在下拉菜单中选择 "JAR" → "From modules with dependencies…" 选项，如图 11-35 所示。

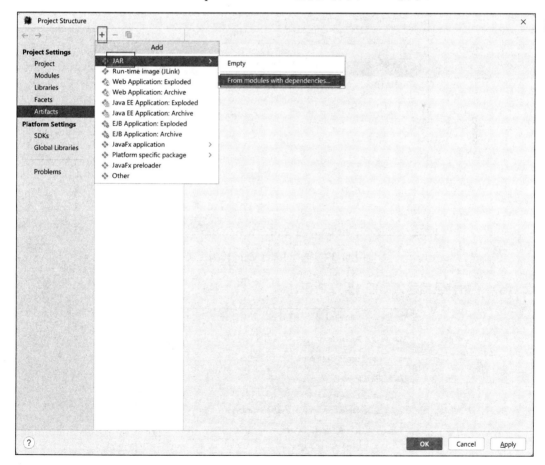

图 11-35　选择 "JAR" → "From modules with dependencies…" 选项

（4）在弹出的对话框中，单击目录图标，如图 11-36 所示。

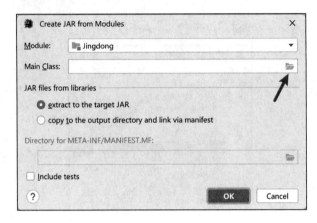

图 11-36　单击目录图标 1

（5）在弹出的对话框中，选择 IndexMain 作为主类，单击"OK"按钮，如图 11-37 所示。

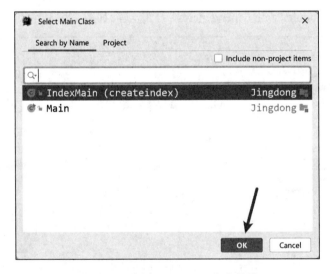

图 11-37　选择 IndexMain 作为主类

（6）单击目录图标，如图 11-38 所示。

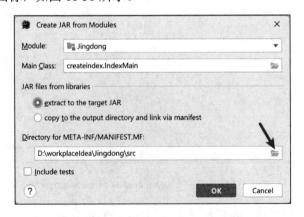

图 11-38　单击目录图标 2

（7）在弹出的对话框中选择刚才所建的 resource 目录，单击"OK"按钮，如图 11-39 所示。

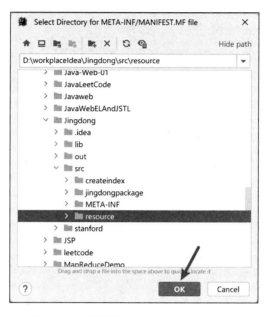

图 11-39 选择刚才所建的 resource 目录

（8）在弹出的对话框中单击"OK"按钮，如图 11-40 所示。至此，基本配置已经完成。

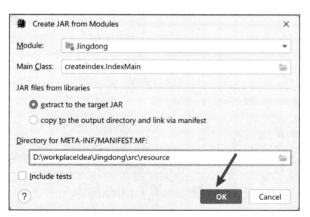

图 11-40 单击"OK"按钮

（9）如图 11-41 所示，在弹出的对话框中依次单击"Apply"→"OK"按钮，退出 Project Structure 窗口。

（10）选择"Build"→"Build Artifacts..."选项，如图 11-42 所示。

（11）选择"Jingdong.jar"→"Build"选项，此时 Output Directory 便出现了 jar 包，如图 11-43 所示。

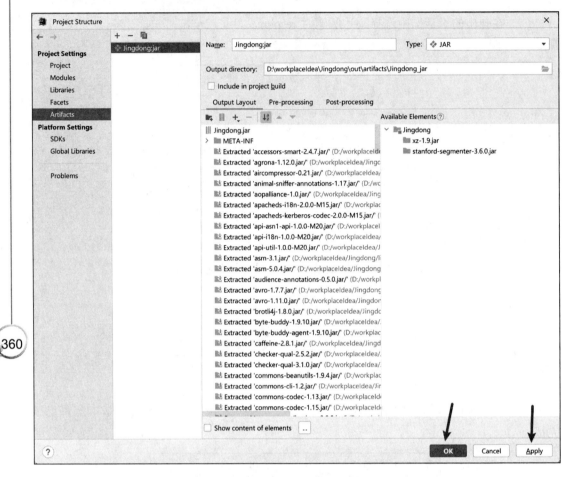

图 11-41　依次单击 "Apply" → "OK" 按钮

图 11-42　选择 "Build" → "Build Artifacts …" 选项

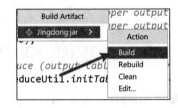

图 11-43　选择 "Jingdong.jar" → "Build" 选项

（12）导出 jar 包后如图 11-44 所示。

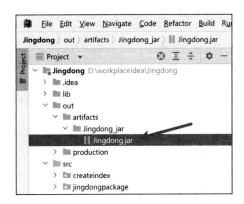

图 11-44　导出 jar 包后

11.6.6　运行环境配置

（1）将 Jingdong.jar 包上传到 Linux 系统的/experience 目录下，同时将本章配套资源文件中的 segdata 目录分别复制到 3 台虚拟机（master、slave01、slave02）的/experience 目录下。另外，还需要复制一些 jar 包到从节点，因为从节点在执行 Map 或 Reduce 任务时一般找不到主节点上的包或文件。

```
    [root@master  ~]$  cp  /experiment/segdata/stanford-segmenter-3.6.0.jar
/export/servers/hadoop-3.3.4/share/hadoop/common/lib/
    [root@master  ~]$  scp  /experiment/segdata/stanford-segmenter-3.6.0.jar
slave01:/export/servers/Hadoop-3.3.4/share/hadoop/common/lib/
    [root@master  ~]$  scp  /experiment/segdata/stanford-segmenter-3.6.0.jar
slave02:/export/servers/hadoop-3.3.4/share/hadoop/common/lib/
    [root@master ~]$ scp -r /experiment/segdata/ slave01:/experiment/
    [root@master ~]$ scp -r /experiment/segdata/ slave02:/experiment/
```

（2）修改 hadoop-env.sh 配置：

```
[root@master ~]$ cd /export/servers/hadoop-3.3.4/etc/hadoop
[root@master hadoop]$ vim hadoop-env.sh
```

运行以上命令后，在所打开的配置文件中找到 HADOOP_HEAPSIZE，设置其值为 2000，如图 11-45 所示。

```
# The maximum amount of heap to use, in MB. Default is 1000.
export HADOOP_HEAPSIZE=2000
#export HADOOP_NAMENODE_INIT_HEAPSIZE=""

# Extra Java runtime options.  Empty by default.
export HADOOP_OPTS="$HADOOP_OPTS -Djava.net.preferIPv4Stack=true"

# Command specific options appended to HADOOP_OPTS when specified
export HADOOP_NAMENODE_OPTS="-Dhadoop.security.logger=${HADOOP_SECURITY_LOGGER:-INFO,RFAS} -Dhdfs.audit.
export HADOOP_DATANODE_OPTS="-Dhadoop.security.logger=ERROR,RFAS $HADOOP_DATANODE_OPTS"

@
   INSERT
```

图 11-45　设置 HADOOP_HEAPSIZE 的值为 2000

（3）修改 mapred-site.xml：

```
[root@master hadoop]$ vim mapred-site.xml
```

运行以上命令后，在所打开的配置文件中添加如下内容，完成后利用:wq 保存退出：

```
<property>
    <name>mapreduce.map.memory.mb</name>
    <value>4096</value>
</property>
<property>
    <name>mapred.child.java.opts</name>
    <value>-Xmx2000m</value>
</property>
```

（4）修改 yarn-site.xml：

```
[root@master hadoop]$ vim yarn-site.xml
```

运行以上命令后，在所打开的配置文件中添加如下内容，完成后利用:wq 保存退出：

```
<property>
    <name>yarn.nodemanager.vmem-check-enabled</name>
    <value>false</value>
</property>
```

（5）同步到从节点：

```
[root@master hadoop]$ scp hadoop-env.sh slave01: /export/servers/hadoop-
3.3.4/etc/hadoop/
[root@master hadoop]$ scp hadoop-env.sh slave02: /export/servers/hadoop-
3.3.4/etc/hadoop/
[root@master hadoop]$ scp mapred-site.xml slave01: /export/servers/
hadoop-3.3.4/etc/hadoop/
[root@master hadoop]$ scp mapred-site.xml slave02: /export/servers/
hadoop-3.3.4/etc/hadoop/
[root@master hadoop]$ scp yarn-site.xml slave01: /export/servers/hadoop-
3.3.4/etc/hadoop/
[root@master hadoop]$ scp yarn-site.xml slave02: /export/servers/hadoop-
3.3.4/etc/hadoop/
```

（6）回到根目录，重启集群：

```
[root@master hadoop]$ cd
[root@master ~]$ stop-hbase.sh
[root@master ~]$ stop-yarn.sh
[root@master ~]$ stop-dfs.sh
[root@master ~]$ zk.sh stop
[root@master ~]$ start-dfs.sh
[root@master ~]$ start-yarn.sh
[root@master ~]$ zk.sh start
[root@master ~]$ start-hbase.sh
```

（7）进入 HBase Shell，创建 indexinfo 表，列簇为 info，并利用 exit 退出 HBase Shell：

```
[root@master ~]$ hbase shell
hbase(main):001:0> create 'indexinfo','info'
hbase(main):002:0> exit
```

11.6.7 运行程序

（1）将 Jingdong.jar 保存到 Linux 系统的/experiment 目录下，并利用 hadoop 命令运行：

```
[root@master ~]$ hadoop jar Jingdong.jar
```

运行以上命令后，等待片刻得到如图 11-46 所示的结果，表示建立索引表成功。

```
2023-03-23 19:17:13,129 INFO mapreduce.Job:  map 100% reduce 0%
2023-03-23 19:17:22,189 INFO mapreduce.Job:  map 100% reduce 100%
2023-03-23 19:17:23,205 INFO mapreduce.Job: Job job_1679558647287_0001 completed successfully
2023-03-23 19:17:24,120 INFO mapreduce.Job: Counters: 67
        File System Counters
                FILE: Number of bytes read=2047147
                FILE: Number of bytes written=4733259
                FILE: Number of read operations=0
                FILE: Number of large read operations=0
                FILE: Number of write operations=0
                HDFS: Number of bytes read=99
                HDFS: Number of bytes written=0
                HDFS: Number of read operations=1
                HDFS: Number of large read operations=0
                HDFS: Number of write operations=0
```

图 11-46　建立索引表成功

（2）进入 HBase Shell 查看索引表的内容：

```
[root@master ~]$ hbase shell
hbase(main):001:0> scan 'indexinfo'
```

运行以上命令后，可以看到 indexinfo 表中的内容，如图 11-47 所示。

```
\xEF\xBC\x9B          column=info:val, timestamp=2023-03-23T19:17:20.704, value=2##"https://item.j
                      d.com/100020180467.html"####1##"https://item.jd.com/100042255518.html"####1#
                      #"https://item.jd.com/10066216867471.html"####1##"https://item.jd.com/100488
                      60550782.html"####5##"https://item.jd.com/10067422411199.html"####1##"https:
                      //item.jd.com/10048635238727.html"####1##"https://item.jd.com/10049922894671
                      .html"####1##"https://item.jd.com/10067554537766.html"####1##"https://item.j
                      d.com/10049121256922.html"####1##"https://item.jd.com/10042598120147.html"##
                      ##2##"https://item.jd.com/10067626869571.html"####3##"https://item.jd.com/10
                      067595747831.html"####2##"https://item.jd.com/10067626870375.html"####2##"ht
                      tps://item.jd.com/10067466118580.html"####1##"https://item.jd.com/1005860467
                      4801.html"####2##"https://item.jd.com/100046912339.html"####2##"https://item
                      .jd.com/100043341601.html"####2##"https://item.jd.com/100024975558.html"####
                      1##"https://item.jd.com/10051809803849.html"####1##"https://item.jd.com/1004
                      2230577184.html"####1##"https://item.jd.com/10065484875558.html"####1##"http
                      s://item.jd.com/10045416290778.html"####2##"https://item.jd.com/100675563788
                      90.html"####1##"https://item.jd.com/10058520754102.html"####2##"https://item
                      .jd.com/10067580799217.html"####2##"https://item.jd.com/10033285751069.html"
                      ####1##"https://item.jd.com/100041889746.html"####1##"https://item.jd.com/10
                      0051994513.html"####4##"https://item.jd.com/100045363757.html"####2##"https:
                      //item.jd.com/10033279204401.html"
```

图 11-47　indexinfo 表中的内容

11.7　构建搜索引擎

通过本节的讲解，读者可以构建基于 HBase 的搜索引擎，在搜索引擎页面，可以进行指定字段的手机搜索。

11.7.1　创建 Java Web 工程

（1）安装 Tomcat。

打开本章配套资源文件，找到 apache-tomcat-8.5.87-windows-x64.zip 压缩包，将其解压到 D:\developmentTools\Tomcat 目录下。

（2）在 IntelliJ IDEA 中创建新的 Java Web 工程。选择"File"→"New"→"Project…"选项，如图 11-48 所示。

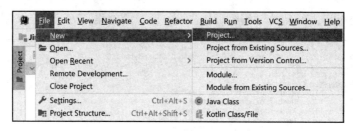

图 11-48　创建新的 Java Web 工程

（3）在弹出的对话框中选择"New Project"选项，输入项目名称"SearchEngines"，单击"Create"按钮，完成创建，如图 11-49 所示。

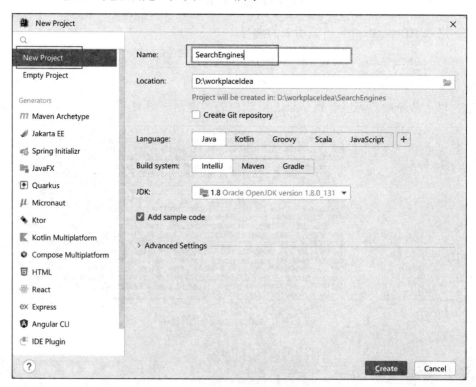

图 11-49　创建 SearchEngines 项目

（4）右击 SearchEngines 项目，添加框架支持，如图 11-50 所示。

图 11-50　添加框架支持

（5）勾选"Web Application"复选框，创建 web.xml 文件，单击"OK"按钮，如图 11-51 所示。

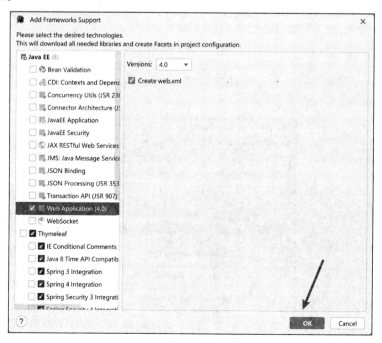

图 11-51　创建 web.xml 文件

此时出现 web 目录,说明添加框架支持成功,如图 11-52 所示。

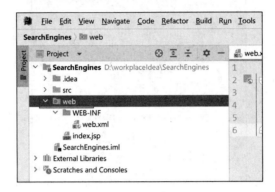

图 11-52　添加框架支持成功

11.7.2　导入相关 jar 包

(1)右击 WEB-INF 目录,在右键菜单中选择"New"→"Directory"选项,创建新目录,如图 11-53 所示。目录名称为 lib,按 Enter 键,创建目录完成。

图 11-53　创建 lib 目录

(2)找到本章配套资源,将 SearchEngines 下所有的 jar 包都复制到刚才创建的 lib 目录下。复制结果如图 11-54 所示。

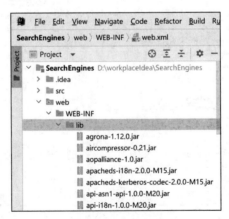

图 11-54　复制结果

（3）根据 11.6.2 节的步骤，将所有的 jar 包都加载到环境中，如图 11-55 所示。

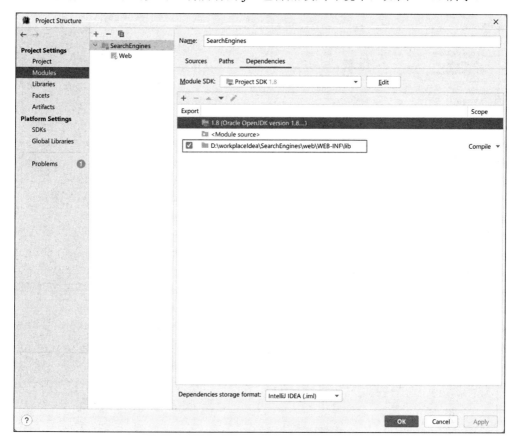

图 11-55　将所有的 jar 包都加载到环境中

11.7.3　部署 Tomcat 到 IntelliJ IDEA 中

（1）单击导航栏中的"Current File"下拉按钮，在弹出的下拉菜单中选择"Edit Configurations…"选项，如图 11-56 所示。

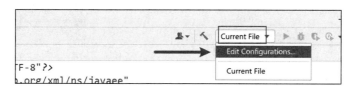

图 11-56　选择"Edit Configurations…"选项

（2）在弹出的对话框中单击"+"图标，在下拉菜单中选择"Tomcat Sever"→ "Local"选项，如图 11-57 所示。

（3）在弹出的对话框中，先单击"Configure…"按钮，再单击"+"图标，选择自己的 Tomcat 目录即可，如图 11-58 所示。

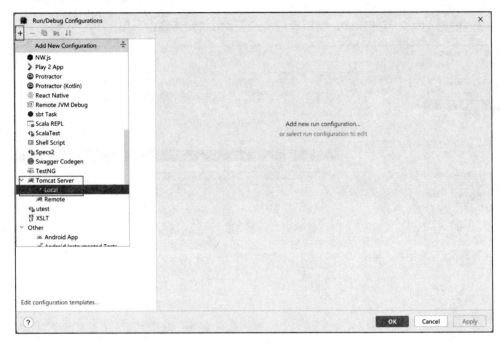

图 11-57　选择"Tomcat Sever"→"Local"选项

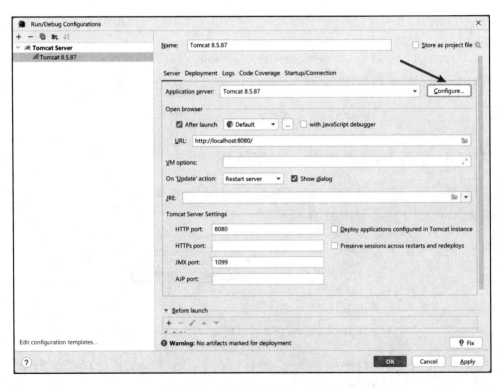

图 11-58　选择自己的 Tomcat 目录

（4）首先单击"Deployment"选项卡，配置自己的项目名称，即外部访问的项目名称；再单击"+"图标，在下拉菜单中选择发布方式（第一个选项为 war 包，第二个选项为源码），这里选择"Artifact…"选项，如图 11-59 所示。

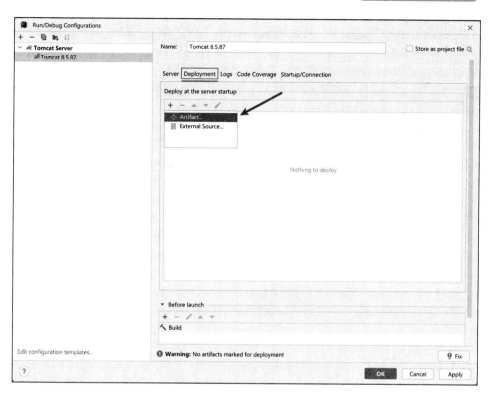

图 11-59　选择发布方式

（5）设置对外访问路径，一般与项目名称一致，如图 11-60 所示。

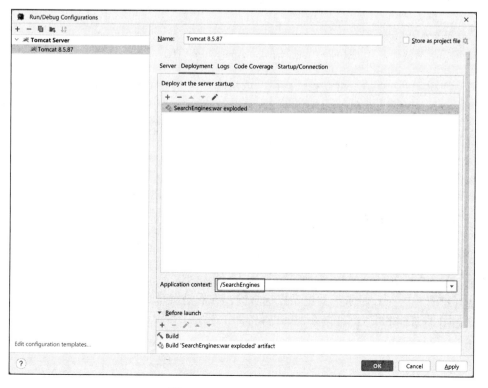

图 11-60　设置对外访问路径

（6）回到"Server"选项卡，依次单击"Apply"→"OK"按钮，如图 11-61 所示。

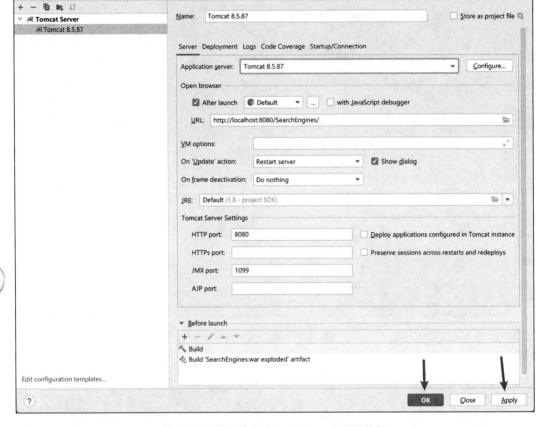

图 11-61　依次单击"Apply"→"OK"按钮

（7）如图 11-62 所示，可以看到，已经成功添加了一个 Tomcat 服务器。

图 11-62　添加 Tomcat 服务器成功

11.7.4　创建相关类

（1）在 Web 工程的 src 目录中创建包 service。

首先将 src 目录中的 Main 类删除，如图 11-63 所示。

选择项目中的 src 目录，并单击鼠标右键，在右键菜单中选择"New"→"Package"选项，如图 11-64 所示。创建的包名为 service。

（2）右击创建好的空包 service，在右键菜单中选择"New"→"Java Class"选项，如图 11-65 所示。

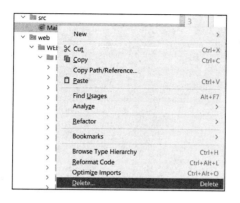

图 11-63 将 src 目录中的 Main 类删除

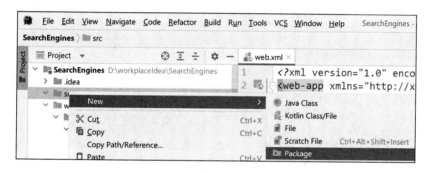

图 11-64 创建 service 包的过程

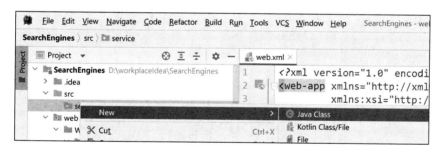

图 11-65 选择 "New" → "Java Class" 选项 1

（3）在弹出的对话框中，输入类名 ItemsInfo，用于保存对象和获取数据，如图 11-66 所示。

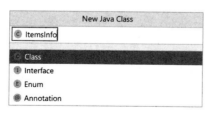

图 11-66 输入类名 ItemsInfo

（4）编写类 ItemsInfo，用来保存要存入或读取的 HBase 中的数据：

```java
package service;

public class ItemsInfo {
    String Smallname;
    String Price;
    String Comment;
    String Goodname;
    String Time;
    String Address;

    public String getSmallname() {
        return Smallname;
    }

    public void setSmallname(String smallname) {
        Smallname = smallname;
    }

    public String getPrice() {
        return Price;
    }

    public void setPrice(String price) {
        Price = price;
    }

    public String getComment() {
        return Comment;
    }

    public void setComment(String comment) {
        Comment = comment;
    }

    public String getGoodname() {
        return Goodname;
    }

    public void setGoodname(String goodname) {
        Goodname = goodname;
    }

    public String getTime() {
        return Time;
    }

    public void setTime(String time) {
```

```
        Time = time;
    }

    public String getAddress() {
        return Address;
    }

    public void setAddress(String address) {
    }
}
```

（5）右击包 service，在右键菜单中选择"New"→"Java Class"选项，如图 11-67 所示。

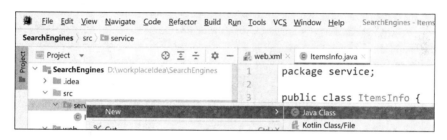

图 11-67　选择"New"→"Java Class"选项 2

（6）在弹出的对话框中，输入类名 TableSearch，如图 11-68 所示。

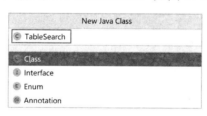

图 11-68　输入类名 TableSearch

（7）编写类 TableSearch。该类主要通过传入的关键词首先在索引表中查询对应的商品 URL，然后根据 URL 在商品表中查询该商品的所有信息，最后通过条数参数 pageNum 决定输出几条数据。

```
package service;

import java.io.IOException;
import java.util.ArrayList;
import java.util.HashMap;
import java.util.List;
import java.util.Map;

import org.apache.hadoop.conf.Configuration;
import org.apache.hadoop.hbase.HBaseConfiguration;
import org.apache.hadoop.hbase.TableName;
```

```
import org.apache.hadoop.hbase.client.Connection;
import org.apache.hadoop.hbase.client.ConnectionFactory;
import org.apache.hadoop.hbase.client.Get;
import org.apache.hadoop.hbase.client.Result;
import org.apache.hadoop.hbase.client.Table;
import org.apache.hadoop.hbase.util.Bytes;


public class TableSearch {
    private static final Configuration configuration = HBaseConfiguration.
create();
    private static Connection connection;
    static {
        // 根据用户的实际 IP 地址来编写代码，也可以使用域名
        configuration.set("hbase.zookeeper.quorum",         "master,slave01,
slave02");
//      configuration.set("fs.defaultFS",  "hdfs://192.168.203.100:8020");
        configuration.set("zookeeper.znode.parent", "/hbase");

        try {
            connection = ConnectionFactory.createConnection(configuration);

        } catch (IOException e) {
            e.printStackTrace();
        }
    }

    public static List<ItemsInfo> getItemsInfoList(String searchWord,
int pNum) throws IOException {
        List<ItemsInfo> itemsInfoList = new ArrayList<ItemsInfo>();
        TableName tbname = TableName.valueOf("indexinfo");
        Table table = null;
        Result result = null;
        table = connection.getTable(tbname);
        result = table.get(new Get(Bytes.toBytes(searchWord)));
        byte[] byteURLs = result.getValue(Bytes.toBytes("info"), Bytes.
toBytes("val"));
        String URLs = "";
        if (byteURLs != null && byteURLs.length > 0) {
            URLs = new String(byteURLs);
        }
        // 带个数的URL（次数##URL），每个URL中间用####隔开
        String[] comURLarr = null;
        if (URLs != null && URLs.length() > 0) {
            comURLarr = URLs.split("####");
        }
        Map<String, Integer> URLmap = new HashMap<>();
```

```
                for (String URLandnum : comURLarr) {
                    String[] tim = URLandnum.split("##");
                    URLmap.put(tim[1], Integer.parseInt(tim[0]));
                }
                // 查询商品表
                if (comURLarr != null && comURLarr.length > 0) {
                    TableName tbname2 = TableName.valueOf("goodinfo");
                    Table table2 = null;
                    table2 = connection.getTable(tbname2);
                    List<Get> list = new ArrayList<Get>();
                    Get get = null;
                    for (String comURL : comURLarr) {
                        String[] arr = comURL.split("##");
                        if (arr != null && arr.length > 1) {
                            get = new Get(Bytes.toBytes(arr[1]));
                            list.add(get);
                        }
                    }
                    Result[] results = table2.get(list);

                    for (Result re : results) {
                        System.out.println(Bytes.toString(re.getRow()) + ": "
                                + Bytes.toString(re.getValue(Bytes.toBytes("info"),
Bytes.toBytes("goodname"))));
                    }
                    List<Object[]> itemsList = new ArrayList<>();

                    for (Result res : results) {
                        ItemsInfo item = new ItemsInfo();
                        Object[] item2 = new Object[2];
                        item.setAddress(Bytes.toString(res.getRow()));
                        item.setSmallname(Bytes.toString(res.getValue(Bytes.
toBytes("info"), Bytes.toBytes("smallname"))));
                        item.setPrice(Bytes.toString(res.getValue(Bytes.toBytes
("info"), Bytes.toBytes("price"))));
                        item.setComment(Bytes.toString(res.getValue(Bytes.
toBytes("info"), Bytes.toBytes("comment"))));
                        item.setGoodname(Bytes.toString(res.getValue(Bytes.
toBytes("info"), Bytes.toBytes("goodname"))));
                        item.setTime(Bytes.toString(res.getValue(Bytes.toBytes
("info"), Bytes.toBytes("time"))));
                        item2[0] = item;
                        item2[1] = URLmap.get(item.getAddress());
                        itemsList.add(item2);
                    }
                    for (Object[] objarr : itemsList.subList(0, Math.min(pNum,
itemsList.size()))) {
```

```
            System.out.println(objarr[1]);
            itemsInfoList.add((ItemsInfo) objarr[0]);
        }
    }
    return itemsInfoList;
    }
}
```

（8）选择项目中的 src 目录，单击鼠标右键，在右键菜单中选择"New"→
"Package"选项，如图 11-69 所示。创建的包名为 servlet。

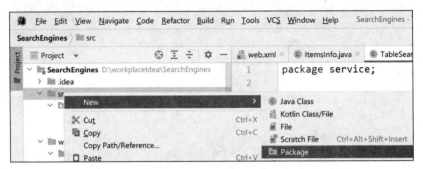

图 11-69　选择"New"→"Package"选项

（9）右击创建好的空包 servlet，在右键菜单中选择"New"→"Java Class"选项，如
图 11-70 所示。

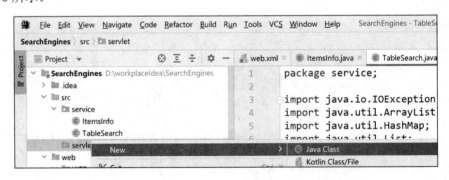

图 11-70　选择"New"→"Java Class"选项 3

（10）在弹出的对话框中，输入类名 GetData，如图 11-71 所示。

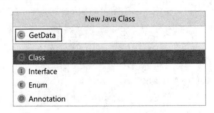

图 11-71　输入类名 GetData

（11）编写类 GetData。该类是一个标准的 Java servlet，主要用于前台参数的传递，以
及与后台的交互。该类首先接收前台传递的 searchword 和 pagenum 参数，然后调用

TableSearch 类进行后台查询。

```java
package servlet;

import java.io.IOException;
import java.util.ArrayList;
import java.util.List;
import javax.servlet.ServletException;
import javax.servlet.http.HttpServlet;
import javax.servlet.http.HttpServletRequest;
import javax.servlet.http.HttpServletResponse;
import service.ItemsInfo;
import service.TableSearch;

public class GetData extends HttpServlet {
    private static final long serialVersionUID = 1L;

    /**
     * @see HttpServlet#HttpServlet()
     */
    public GetData() {
        super();
        // TODO Auto-generated constructor stub
    }

    /**
     * @see  HttpServlet#doGet(HttpServletRequest  request, HttpServlet-
Response
     *         response)
     */
    protected void doGet(HttpServletRequest request, HttpServletResponse
response)
            throws ServletException, IOException {
        // TODO Auto-generated method stub
        doPost(request, response);
    }

    /**
     * @see  HttpServlet#doPost(HttpServletRequest  request, HttpServlet-
Response
     *         response)
     */
    protected void doPost(HttpServletRequest request, HttpServletResponse
response)
            throws ServletException, IOException {
        // TODO Auto-generated method stub
        response.setContentType("text/html;charset=UTF-8");
        response.setHeader("content-type", "text/html;charset=utf-8");
```

```
            response.setCharacterEncoding("UTF-8");
        try {
            String    searchWord    =    new    String(request.getParameter
("searchWord").getBytes("iso-8859-1"), "utf-8");
            String    pageNumStr    =    new    String(request.getParameter
("pageNum").getBytes("iso-8859-1"), "utf-8");
            int pageNum = 1;
            try {
                pageNum = Integer.parseInt(pageNumStr);
            } catch (NumberFormatException e) {
                // TODO: handle exception
                System.out.println("页数不是整数，默认为1");
                pageNum = 1;
            }
            if (searchWord.isEmpty()) {
                searchWord = "无搜索词";
            }
            List<ItemsInfo> itemsInfoList = null;
            try {
                itemsInfoList = TableSearch.getItemsInfoList(searchWord,
pageNum);
            } catch (Exception e) {
                e.printStackTrace();
                itemsInfoList = new ArrayList<ItemsInfo>();
            }
            request.removeAttribute("itemsInfoList");
            request.removeAttribute("searchWord");
            request.removeAttribute("pageNumStr");
            request.removeAttribute("pageNum");

            request.setAttribute("itemsInfoList", itemsInfoList);
            request.setAttribute("searchWord", searchWord);
            request.setAttribute("pageNumStr", pageNumStr);
            request.setAttribute("pageNum", pageNum);
            request.getRequestDispatcher("DataSearch.jsp").forward
(request, response);
        } catch (Exception e) {
            // TODO: handle exception
        }
    }

}
```

11.7.5   创建前端页面 DataSearch.jsp

（1）删除 index.jsp，如图 11-72 所示。

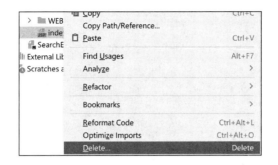

图 11-72 删除 index.jsp

（2）右击 web 目录，在右键菜单中选择"New"→"JSP/JSPX"选项，如图 11-73 所示。在弹出的对话框中输入文件名称 DataSearch。

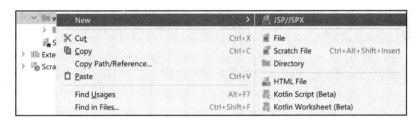

图 11-73 选择"New"→"JSP/JSPX"选项

（3）编辑 DataSearch.jsp。该文件是一个前端展示页面，用于提供表单，进行后台查询，并返回结果展示。

```jsp
<%@page import="service.ItemsInfo"%>
<%@page import="java.util.*"%>
<%@ page import="servlet.GetData"%>
<%@ page language="Java" contentType="text/html; charset=UTF-8"
    pageEncoding="UTF-8"%>
<%
String searchWord = "";
String pageNumStr = "";
String msg = "";
String basePath = request.getRequestURI();
%>
<!DOCTYPE html PUBLIC "-//W3C//DTD HTML 4.01 Transitional//EN"
"http://www.w3.org/TR/html4/loose.dtd">
<html>
<head>
<meta http-equiv="Content-Type" content="text/html; charset=UTF-8">
<title>京东数据搜索</title>
<script type="text/Javascript" src="js/jquery-1.11.3.min.js"></script>
<script type="text/Javascript" src="js/bootstrap.min.js"></script>
</head>
```

```
    <body>
        <div
            style="overflow: hidden; width: 400px; margin: 0 auto; padding-
top: 100px;">
            <span id="character"
                style="text-align: center; float: inherit; margin-top: 10px;
font-size: 32px;"><font><b>在线商品搜索引擎</b></font></span>
        </div>
        <script type="text/javascript">

            var i=0;
            setInterval('changeColor()',500);
             function changeColor(){
                var div=document.getElementById('character'); //获得div元素
             var  colorArr=['#8A2BE2','#DEB887','#7FFF00','#008B8B','#FF1493'];
                                                    //建立颜色库

                if(i==colorArr.length){
                    i=0;
                 }else{
                     div.style.color=colorArr[i++%colorArr.length];
                                            //循环颜色

                 }
                }
        </script>
        <div class="container">
            <div style="height: 100px"></div>
            <div class="formStyle col-md-offset-1 col-md-10 ">
                <form                class=""                method="post"
action="/SearchEngines/GetData">
                    <div class="form-group col-md-7 mySearchMar">
                        <input   type="text"   class="form-control  "  id=
"searchWord"
                            name="searchWord" placeholder="请输入搜索的内容">
                    </div>
                    <div class="form-group col-md-2 myPageMar">
                        <div class="input-group">
                            <input   type="text"   class="form-control"   id=
"pageNum"
                                name="pageNum" placeholder="1">项
                        </div>
                    </div>
                    <button type="submit" class="btn btn-default col-md-1"
                        onclick="showMsg()">检索</button>
                </form>
```

```
        </div>
        <div class="tableStyle col-md-offset-1 col-md-10">
            <div id="msg"></div>
        </div>
        <div class="tableStyle col-md-offset-1 col-md-10">
            <table class="table table-striped">
                <thead>
                    <tr>
                        <th>#</th>
                        <th>商品名称</th>
                        <th class="col-md-1">商品价格</th>
                        <th>评论热度</th>
                        <th class="col-md-2">在售店铺</th>
                        <th>抓取时间</th>
                    </tr>
                </thead>
                <tbody>
                    <%
                    List<ItemsInfo> itemsInfoList = new ArrayList
<ItemsInfo>();
                    if (null != request.getAttribute("itemsInfoList")) {
                        itemsInfoList = (ArrayList<ItemsInfo>) request.
getAttribute("itemsInfoList");
                        searchWord = (String) request.getAttribute
("searchWord");
                        pageNumStr = (String) request.getAttribute
("pageNumStr");
                        int pageNum = (Integer) request.getAttribute
("pageNum");

                        msg = "共获取数据 <b>" + itemsInfoList.size() +
"</b> 条,搜索词为 <b>" + searchWord + "</b>";
                        if ("无搜索词".equals(searchWord)) {
                            searchWord = "";
                            msg = "共获取数据 <b>" + itemsInfoList.size()
+ "</b> 条,请输入搜索词! ";
                        }
                        int len = itemsInfoList.size();
                        for (int i = 0; i < len; i++) {
                    %>
                    <tr>
                        <td><%=i + 1%></td>
                        <td><%=itemsInfoList.get(i).getGoodname()%></td>
                        <td><%=itemsInfoList.get(i).getPrice()%></td>
```

381

```
                            <td          width="100px"><%=itemsInfoList.get(i).
getComment()%></td>
                            <td><%=itemsInfoList.get(i).getSmallname()%>
</td>
                            <td><%=itemsInfoList.get(i).getTime()%></td>
                        </tr>
                        <%
                        }
                        }
                        %>


            </table>
        </div>
    </div>
    <script type="text/Javascript">
        $("#searchWord").val("<%=searchWord%>");
        $("#pageNum").val("<%=pageNumStr%>");
        $("#msg").html("<%=msg%>
        ");

        function showMsg() {
            $("#msg").text("正在检索...");
        }
    </script>
</body>
</html>
```

11.7.6　加载 hbase-site.xml 配置文件

（1）右击工程名，在右键菜单中选择"New"→"Directory"选项，创建新目录，如
图 11-74 所示。目录名称为 resources。

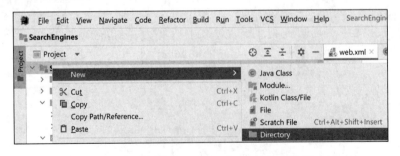

图 11-74　选择"New"→"Directory"选项

（2）打开 Project Structure 界面，将 resources 目录类型设置为 Resources，并依次单击
"Apply"→"OK"按钮，设置完成，如图 11-75 所示。

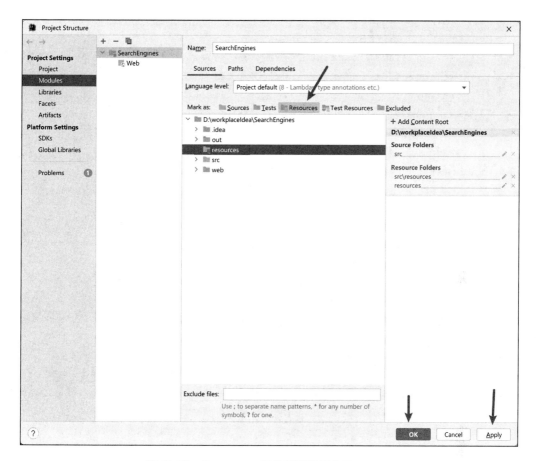

图 11-75　将 resources 目录类型设置为 Resources

（3）将 Linux 系统的 HBase 安装目录中的 hbase-site.xml 文件复制到 resources 目录中。为了方便起见，可以在本章配套资源文件中找到 hbase-site.xml 文件。复制后的结果如图 11-76 所示。

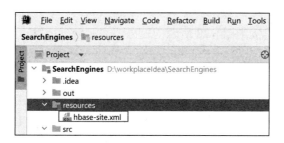

图 11-76　复制后的结果

（4）编辑 WEB-INF 目录下的 web.xml 文件：

```
<?xml version="1.0" encoding="UTF-8"?>
<web-app  xmlns:xsi="http://www.w3.org/2001/XMLSchema-instance"  xmlns=
"http://xmlns.jcp.org/xml/ns/javaee"   xsi:schemaLocation="http://xmlns.jcp.
org/xml/ns/javaee  http://xmlns.jcp.org/xml/ns/javaee/web-app_4_0.xsd"  id=
"WebApp_ID" version="4.0">
```

```
    <display-name>test</display-name>
    <welcome-file-list>
        <welcome-file>index.html</welcome-file>
        <welcome-file>index.jsp</welcome-file>
        <welcome-file>index.htm</welcome-file>
        <welcome-file>default.html</welcome-file>
        <welcome-file>default.jsp</welcome-file>
        <welcome-file>default.htm</welcome-file>
    </welcome-file-list>
    <servlet>
        <!-- servlet 的内部名称，自定义。尽量有意义 -->
        <servlet-name>getData</servlet-name>
        <!-- servlet 的类全名：包名+简单类名 -->
        <servlet-class>servlet.GetData</servlet-class>
    </servlet>
    <!-- servlet 的映射配置 -->
    <servlet-mapping>
        <!-- servlet 的内部名称，一定要与上面的内部名称保持一致!! -->
        <servlet-name>getData</servlet-name>
        <!-- servlet 的映射路径（访问 servlet 的名称） -->
        <url-pattern>/GetData</url-pattern>
    </servlet-mapping>
</web-app>
```

（5）单击"开始"按钮，启动 Tomcat 服务器，如图 11-77 所示。

图 11-77　启动 Tomcat 服务器

（6）稍等片刻，出现如图 11-78 所示的日志即表示启动成功。

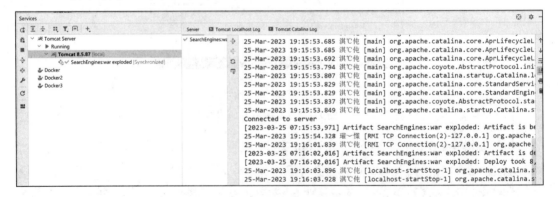

图 11-78　启动成功

11.8 页面访问

本节通过已经部署完成的搜索引擎系统进行商品的搜索。

（1）在访问页面的地址栏中输入 IP 地址/工程名/页面名（http://localhost:8080/SearchEngines/DataSearch.jsp），即可以访问项目，如图 11-79 所示。

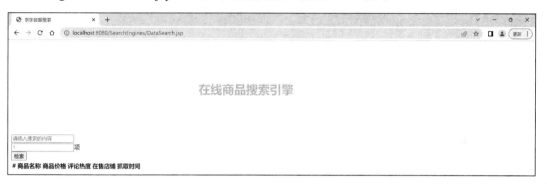

图 11-79 访问项目

（2）在搜索框中输入搜索内容，指定展示条数，单击"检索"按钮，稍等片刻，即可看到检索结果，如图 11-80 所示。

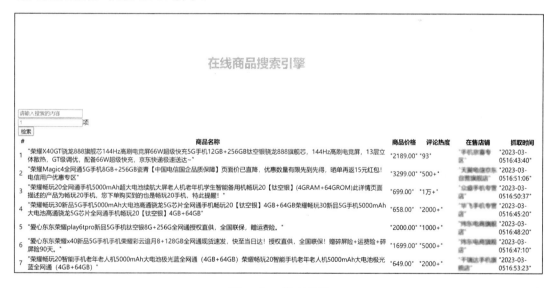

图 11-80 检索结果

至此，一个简单的搜索引擎构建完毕。这里只以手机为例，真实环境中的搜索引擎的数据量更大，分词、查找算法更加复杂。读者可以举一反三，尝试构建一个自己的搜索引擎。

11.9　本章小结

　　通过完成搜索引擎的构建，读者不仅能够对数据预处理有更深刻的理解，还能够熟练使用 HBase 进行数据存储，掌握在 IntelliJ IDEA 环境下进行大数据案例的开发，进一步加强对 Hadoop 的理解。

参 考 文 献

[1] 徐鲁辉. Hadoop 大数据原理与应用[M]. 西安：西安电子科技大学出版社，2020.

[2] 杨治明，许桂秋. Hadoop 大数据技术与应用[M]. 北京：人民邮电出版社，2019.

[3] 黄东军. Hadoop 大数据实战权威指南[M]. 北京：电子工业出版社，2019.

[4] 林子雨. 大数据技术原理与应用[M]. 北京：人民邮电出版社，2017.

[5] 朱洁，罗华霖. 大数据架构详解：从数据获取到深度学习[M]. 北京：电子工业出版社，2016.

[6] 郭景瞻. 图解 Spark：核心技术与案例实战[M]. 北京：电子工业出版社，2017.

[7] 朱峰，张韶全，黄明. Spark SQL 内核剖析[M]. 北京：电子工业出版社，2018.

[8] 王家林，段智华，夏阳编. Spark 大数据商业实战三部曲：内核解密商业案例性能调优[M]. 北京：清华大学出版社，2018.

[9] 耿嘉安. Spark 内核设计的艺术：架构设计与实现[M]. 北京：机械工业出版社，2018.

[10] 陈明. 大数据概论[M]. 北京：科学出版社，2021.

[11] 娄岩. 大数据应用基础[M]. 北京：科学出版社，2018.

[12] EMC Education Services. Data Science and Big Data Analytics: Discovering, Analyzing, Visualizing and Presenting Data[M]. Hoboken: Wiley,2015.

[13] CIELEN D, MEYSMAN A, ALI M .Introducing Data Science: Big Data, Machine Learning, and more, using Python tools[M].Greenwich:Manning Publications Co,2016.

[14] 刘寒. 大数据环境下数据质量管理、评估与检测关键问题研究[D]. 长春：吉林大学，2019.

[15] 刘广一，朱文东，陈金祥，等. 智能电网大数据的特点、应用场景与分析平台[J]. 南方电网技术，2016,10(5):102-110.

[16] 胡楷宸，孙颜，刘泳慷. 试析大数据技术在信息安全领域中的应用[J].数字技术与应用，2019,037(001):208,210.

[17] 张淋. 浅析计算机技术在信息安全中的应用：以大数据分析为例[J].黑河学刊，2019,000(004):29-30.

[18] 张高鹏.以大数据分析为例浅析计算机技术在信息安全中的应用[J].数字化用户，2019,25(005):174.

[19] 张朝阳.大数据技术在信息安全系统中的应用[J].数字通信世界，2019(10):201.

[20] 千锋教育高教产品研发部. Hadoop 大数据开发实战[M]. 北京：人民邮电出版社，2021.

[21] 温春水，毕洁馨. 从零开始学 Hadoop 大数据分析（视频教学版）[M]. 北京：机械工业出版社，2019.

[22] 张伟洋. Hadoop 大数据开发实战[M]. 北京：清华大学出版社，2019.

[23] 马延辉，孟鑫，李立松. HBase 企业应用开发实战[M]. 北京：机械工业出版社，2014.

[24] 胡争，范欣欣. HBase 原理与实践[M]. 北京：机械工业出版社，2019.

[25] 安俊秀. Linux 操作系统基础教程[M]. 北京：人民邮电出版社，2017.

[26] 黑马程序员. Hadoop 大数据技术原理与应用[M]. 北京：清华大学出版社，2019.

[27] 智酷道捷内容与产品中心. Hadoop 大数据技术与应用[M]. 北京：中国铁道出版社，2021.

[28] 黑马程序员. Hive 数据仓库应用[M]. 北京：清华大学出版社，2021

[29] 汪明. Python 大数据处理库 PySpark 实战[M]. 北京：清华大学出版社，2021.